国家林业局职业教育"十三五"规划教材

特色经济林栽培

林向群　主编

中国林业出版社

内容简介

本书以生产过程为逻辑主线,结合经济林栽培的典型生产任务,依次开展认识经济林木、经济林良种选育、经济林苗木繁育、经济林建园规划设计与栽植、经济林园地管理、特色经济林木栽培6个项目的实施,基本满足经济林木栽培的生产需要,也符合我国职业教育的特点,有利于学生技能培养和提高。

本书可作为林业技术等相关、相近专业的教材,也可供生产一线从事经济林生产、管理及经济林产品加工、营销相关人员学习参考。

图书在版编目(CIP)数据

特色经济林栽培 / 林向群主编. —北京:中国林业出版社,2016.7(2024.2 重印)
国家林业和草原局职业教育"十三五"规划教材
ISBN 978-7-5038-8625-6

Ⅰ.①特… Ⅱ.①林… Ⅲ.①经济林–栽培技术–高等职业教育–教材 Ⅳ.①S727.3

中国版本图书馆 CIP 数据核字(2016)第 167618 号

国家林业和草原局生态文明教材及林业高校教材建设项目

中国林业出版社·教育出版分社

策　划:肖基浒　吴卉	责任编辑:肖基浒　高兴荣
电　话:(010) 83143555	传　真:(010) 83143561
E-mail:jiaocaipublic@163.com	

出版发行:中国林业出版社(100009　北京市西城区德内大街刘海胡同7号)
　　　　　电话:(010) 83143500
　　　　　http://www.forestry.gov.cn/lycb.html
经　销:新华书店
印　刷:河北京平诚乾印刷有限公司
版　次:2016 年 8 月第 1 版
印　次:2024 年 2 月第 5 次印刷
开　本:787mm×1092mm　1/16
印　张:26.5
字　数:662 千字
定　价:66.00 元

未经许可,不得以任何方式复制或抄袭本书之部分或全部内容。
版权所有　侵权必究

《特色经济林栽培》编写人员

主　编
　　林向群（云南林业职业技术学院）

副　主　编
　　陶仕珍（云南林业职业技术学院）

编写人员（按姓氏笔画排序）
　　肖亚琼（云南林业职业技术学院）
　　胡振全（辽宁林业职业技术学院）
　　张志兰（云南林业职业技术学院）
　　张孟仁（河南林业职业技术学院）
　　邵源春（云南农业大学）
　　唐宗英（云南林业职业技术学院）
　　郭吉朋（云南省森林自然中心）

前言

本教材以职业教育特征为基本要求，按照"工作过程系统化"的理念设计教材的构架，根据真实生产中经济林木栽培的项目和任务设计教材内容，围绕"项目教学，任务驱动"的教学方法实施教学，让学生在"做中学，学中做"，掌握专业知识和技能的同时，培养认真严谨的工作态度、积极进取的吃苦耐劳精神、团结协作的友好情感，使学生们完成学习任务后获得分析问题和解决问题的能力，以适应实际生产的要求。

《特色经济林木栽培》以生产过程为逻辑主线，结合经济林栽培的典型生产任务，依次开展认识经济林木（经济林木种类认识、经济林木生长习性及枝芽特性调查）、经济林良种选育、经济林苗木繁育（苗圃地的建立、实生苗繁育、营养苗繁育、设施育苗、组培育苗、容器育苗、无土育苗）、经济林建园规划设计与栽植（建园规划设计、经济林木栽植）、经济林园地管理（经济林土肥水管理、经济林木树体管理、经济林低产低效林改造和管理）、特色经济林木栽培（干鲜果类树种栽培、木本油料树种栽培、木本香料树种栽培、木本药用树种栽培、木本蔬菜栽培、木本淀粉树种栽培、纤维类树种栽培、饲料和肥料树种栽培、饮料类树种栽培、工业原料类树种栽培）6个项目的实施，基本满足经济林木栽培的生产需要。

本书在编写过程中参考、选用了大量以往出版和发表的文献资料，得到了云南省森林自然中心、昆明市盘龙区林业局、云南省保山市林业推广总站等单位的大力支持，在此表示真挚的感谢。但因为编者水平有限，参考资料较少，编写教材中难免存在不足，敬请各位读者、专家和同行给予批评指正。

编　者

2016年1月

目录

前言

项目1　认识经济林木　1
　　任务1　经济林木种类认识　3
　　任务2　经济林木生长习性及枝芽特性调查　13

项目2　经济林良种选育　23
　　任务1　选择育种　25
　　任务2　引种技术　31
　　任务3　杂交育种　37
　　任务4　良种繁育　48

项目3　经济林苗木繁育　59
　　任务1　苗圃地的建立　61
　　任务2　实生苗繁育　70
　　任务3　营养苗繁育　85
　　任务4　设施育苗　99
　　任务5　组培育苗　110
　　任务6　容器育苗　134
　　任务7　无土育苗　144

项目4　经济林建园规划设计与栽植　157
　　任务1　建园规划设计　159
　　任务2　经济林木栽植　167

项目5　经济林园地管理　175
　　任务1　经济林土肥水管理　177
　　任务2　经济林木树体管理　191

| 任务 3 | 低产低效林改造和管理 | 203 |

项目 6　特色经济林木栽培　　207

子项目 1　干鲜果类树种栽培　　210
- 任务 1　核桃栽培　　210
- 任务 2　猕猴桃栽培　　217
- 任务 3　山楂栽培　　222
- 任务 4　枣的栽培　　226
- 任务 5　榛子栽培　　231
- 任务 6　仁用杏栽培　　240

子项目 2　木本油料树种栽培　　255
- 任务 7　油茶栽培　　255
- 任务 8　油桐栽培　　263
- 任务 9　油用牡丹栽培　　270

子项目 3　木本香料树种栽培　　277
- 任务 10　花椒栽培　　277
- 任务 11　八角栽培　　281
- 任务 12　肉桂栽培　　286

子项目 4　木本药用树种栽培　　289
- 任务 13　红豆杉栽培　　289
- 任务 14　辣木栽培　　293
- 任务 15　枸杞栽培　　298
- 任务 16　萝芙木栽培　　301
- 任务 17　五味子栽培　　305
- 任务 18　黄柏栽培　　315

子项目 5　木本蔬菜栽培　　321
- 任务 19　香椿栽培　　321
- 任务 20　刺五加栽培　　324
- 任务 21　龙牙楤木栽培　　326

子项目 6　木本淀粉树种栽培　　331
- 任务 22　板栗栽培　　331
- 任务 23　银杏栽培　　335

子项目 7　纤维类树种栽培 ··· 339
任务 24　竹子栽培 ··· 339
任务 25　构树栽培 ··· 343
任务 26　棕榈栽培 ··· 346

子项目 8　饲料和肥料树种栽培 ··· 350
任务 27　桑树栽培 ··· 350
任务 28　榆树栽培 ··· 357

子项目 9　饮料类树种栽培 ··· 362
任务 29　沙棘栽培 ··· 362
任务 30　咖啡栽培 ··· 367
任务 31　山葡萄栽培 ·· 378
任务 32　树莓栽培 ··· 387

子项目 10　工业原料类树种栽培 ··· 397
任务 33　漆树栽培 ··· 397
任务 34　紫胶寄主树栽培 ··· 402
任务 35　皂荚栽培 ··· 406
任务 36　苏木栽培 ··· 409

参考文献　　　　　　　　　　　　　　　　　　　　　　　　　　　　　412

项目 1
认识经济林木

任务 1　经济林木种类认识
任务 2　经济林木生长习性及枝芽特性调查

任务 1
经济林木种类认识

➜ 任务目标
1. 知识目标：了解经济林的分类及地位。
2. 能力目标：掌握我国经济林的分布状况及经济林资源特点。

➜ 任务描述
特色经济林生产在我国林业生产中占有极其重要的地位，其产品在国民经济生产和生活中发挥着重要的功能和作用。结合实际生活和林业生产，对林业生产的五大林种之一经济林进行描述与分类，并以中国地图为依据区划出我国经济林的分布，阐述经济林资源特点。

➜ 任务实施

1. 工作准备

图片、实物、视频等资料，现有经济林园地树木等。

2. 认识经济林

列举经济林种类，阐述经济林资源特点。

种类	举例	资源特点
果品类		
木本油料类		
淀粉类		
纤维类		
香料、调料类		
中药类		
饲料、肥料类		
放养类		
蔬菜类		
饮料类		

(续)

种类	举例	资源特点
鞣料、染料类		
树脂、橡胶、漆料类		
栓皮、活性炭、软木类		
农药类		
色素、皂素、维生素类		
其他		

3. 区划我国经济林分布

根据我国气候特点区划为8个大区，全国划分为八大经济林区：东北地区、内蒙古地区、甘新地区、华北地区、华中地区、华南地区、康滇地区、青藏地区。

→任务评价

班级			组号			日期	
序号	评分项目	分值	组内自评	组间互评	教师评价	平均分	说明
1	经济林分类举例	40					
2	当地经济林资源特点	15					
3	经济林区划	15					
4	报告	20					
5	态度、合作等	10					
	总分						

→背景知识

1. 经济林的概念

1.1 经济林的概念

我国《森林法》中规定："经济林是以生产果品、食用油料、饮料、工业原料和药材等为主要目的的林木"。其产品是指除用作木材以外的树木的果实、种子、花、叶、皮、根、树脂、树液等直接产品或是经加工制成的油脂、食品、能源、药品、香料、饮料、调料、漆料、蜡料、胶料、树脂、单宁、纤维等间接产品，国外称之为非木材(质)林产品(Non-wood forest product，NWFP)。经济林是集经济效益、社会效益和生态效益于一体的林种。经济林产业已成为我国林业产业的主体，占我国林业产业总产值的60%以上，在国民经济中具有重要的作用。

(1) 广义概念

就森林的生产功能来说，广义的经济林概念是指除木材之外生产其他林副产品为栽培目的的林分。包括栽培人工林和野生、半野生林分。

（2）狭义概念

除了水果类经济树种以外的其他所有经济树种的经济林。

（3）经济林概念的外延

森林具有多功能性——木材生产、生态环境效益、观赏价值等。由此提出的生态型经济林（水土保持经济林、水源涵养经济林、环保经济林）、公益经济林（观赏经济林、旅游经济林）。

1.2 经济林的直接效益和间接效益

经济林如此繁多的产品，不仅为工农业生产提供原料，同时为人民生活直接提供果品、油料、粮食、香料、调料、饮料以及中药材。其中许多产品是传统的外贸出口商品，每年为国家创汇数亿美元。

（1）经济林的直接效益

果品、油料、药材以及其他林副土特产品；木材及枝柴（燃料）；

（2）经济林的间接效益

①生态效益　水土保持、水源涵养、防风固沙、固岸护堤、净化水质和大气、降低噪声、庇荫遮雨。

②观赏效益　树姿、树叶、花果、造景。

③其他效益　国防、科学研究、科普。

经济林生产是开发建设农村、实现农民脱贫致富的重要途径；改善和提高人民群众的生活水平；促进工农业生产的发展；绿化美化环境，改善生态质量；增加出口创汇。

2. 我国经济林资源的特点

（1）种类繁多，资源丰富

我国具有经济开发价值的经济乔灌木树种达1 000余种。其中木本油料树种400余种，干鲜果树种200余种，工业原料、药材和香料树种400余种，其他类有百余种。经营历史较久的树种有：油茶、油桐、漆树、乌桕、厚朴、杜仲、山茱萸、核桃、板栗、枣、柿、山楂、银杏、苹果、梨、桃、杏、葡萄、香椿、花椒、玫瑰、枸杞等百余种，有的已形成一定的产业规模，产品畅销于市场。一些主要的经济林类型（如苹果、梨、枣、板栗、银杏、油桐籽、油茶籽、生漆、杜仲、厚朴等）的面积和产量均居世界第一位。

（2）栽培历史悠久，生产经验丰富

几千年来，栗、枣、柿在人民经济生活中占有重要地位，桑、茶、竹、漆在我国也有数千年的栽培利用历史。油茶、核桃的栽培利用历史在2000年以上，而油桐、乌桕的栽培和利用也有几千年以上，上述这些栽培历史悠久的树种，都可在我历代有关的农书记载中得到证实。由于经济林木有着悠久的栽培历史，在长期生产实践中选育出许多优良品种，逐渐形成许多著名的产区，林农积累了丰富的栽培管理经验，也创造出不少高产纪录。

（3）多用途、多方面开发利用

绝大多数经济林树种都是多用途的，如银杏不仅种核可作食用和药用，叶子也有很高的药用价值，又是宝贵的饮料原料，木材很珍贵，也可作绿化观赏用。又如，核桃、香榧、腰果、巴旦杏等，既是重要的干果树又是著名的木本油料树，木材的利用价值也很高。因此，很多经济林树种可包括在用材林和观赏树木中。经济林树种可以多层次开发利用，一是林木可利用的各部分器官(如芽、花、叶、果实、种子、树干、枝条、树皮、树液)的分别加工利用；二是一种产品可以多层次深入开发利用，例如，油茶种子榨油，茶饼又可作肥料、农药，经处理后可作饲料，还可以提取皂素，作混凝土的黏合剂、洗发香波及香皂的原料。

(4) *野生与人工栽培，适生范围广*

经济林并非全是人工栽培群落，野生资源的开发利用，占产品的比重极大。例如，杜仲、厚朴、山杏、余甘子、文冠果、翅果油树、毛梾等，野生资源的产品成了主要部分，人工林的产品却不占优势。在人工林栽培的某些经济林中，园艺化栽培的丰产园极少，例如，油茶、油桐、乌桕等；还有不少种依靠实生繁殖，实生林木的产品占主要部分，如香椿、翅果油树等。人工栽种中，从国外或地区引进的经济林树种，有的已具有产业性，如巴西橡胶、油棕、咖啡、黑穗醋栗、油橄榄等。在选择经济林树种造林时，应优先选用乡土树种。

(5) *产品竞争力强*

目前全国经济林产品年总产量近 2×10^{12} t，形成了以干鲜果品、木本粮油、工业原料、森林食品、森林药材、调料香料、饮料及其加工品为主的产供销一体的产业链，为振兴地方经济发挥了重要作用。同时还有不少独特产品是我国传统的出口物资，如生漆、油桐、樟脑、桂皮、八角、银杏、核桃、板栗、杏仁、大枣、杜仲、枸杞、茶、蚕丝等，在国际市场上具有很强的竞争力。

3. 我国经济林生产的现状和发展前景

3.1 我国经济林生产的现状

3.1.1 我国经济林生产现状

多年以来我国各级政府和林业主管部门十分重视经济林产业的发展，把发展经济林产业作为改善和加强山区、西部地区生态环境建设，保障粮食安全，优化人民膳食结构，增加农民收入和促进新农村建设的重要内容来抓，在政策、项目、资金等方面给予大力扶持，使得经济林产业迅速发展，产业规模不断扩大，产量明显增加，质量、效益显著提高。"十一五"期间我国以油茶等木本粮油、干鲜果品、茶、中药材以及森林食品在内的经济林产品的种植与采集业产值成为林业第一产业的亮点，以木、竹加工为主的林业第二产业主要产品产量持续增长，我国经济林业产业初步形成了以市场需求为导向、基地建设为手段、精深加工为带动、多主体共同发展的新格局。龙头企业不断涌现，企业建基地、基地连农户的模式对产业发展推动作用明显。"十二五"期间，主要经济林产品总产量达到 2×10^8 t，产值 7 000 亿元。在全国建立起一大批布局科学合理、主导优势明显、产业特色突出、市场竞争力强的用材林基地县、油茶县、核桃县、红枣县、板栗县、花卉县、竹子县等林业产业集群，逐步形成能够在农民增收致富和县域经济发展中发挥主导性、支柱性作用的产业。各省(自治区、直辖市)根据比较优势,大力发展区域特色经济林产业基地。在浙江、安徽、福建、江西、河南、湖北、湖南、广东、广西、重庆、四川、贵州、云南、山西、山东、内蒙古、河北、陕西、新疆、甘肃、西藏等省份,大力发展以油茶、核桃、油橄榄、仁用杏为重点的木本油料产业基地;在北京、河北、山西、辽宁、安徽、广西、山东、河南、湖北、陕西、宁夏、新疆等省份,发展以板栗、枣、柿子为重点的木本粮食产业基地;在长江中上游地区发展茶叶、花椒、杜仲、厚朴、黄柏为主的特色经济林产业基地。

(1)经济林产业建设步伐加快,发展模式多样化

在经济林建设中,依靠全社会力量,多形式、多层次、多渠道筹措建设资金,在营林生产中,坚持多林种、多树种、多品种的有机结合,使经济林发展走上了健康发展的轨道。

(2)经济林区域化布局初步形成,结构调整取得较大成效

根据国家林业局提出的经济林建设要实行"特色化、区域化布局"的总体构想,全国各地加大经济林结构调整力度,大力发展名特优新经济林树种和品种。各地在经济林发展中,因地制宜,及时调整树种、品种结构,一方面结合农村产业结构调整,重点发展见效快、效益高的干杂果、药材和调香料等经济树种,减少大众鲜果的发展,同时把引进和栽培优良品种,发展商品化果品作为重点工作来抓。

(3)果树林占有绝对优势,食用原料林发展潜力大

我国果树林面积占经济林面积的一半,其中又以鲜果为主。果品市场供给充足,甚至出现了"卖果难"问题。而一些干杂果及药材、调香料和工业原料林等品种仍供不应求。当今世界,开发木本食用油已成为解决食用油的主要渠道和趋势,不少国家已基本实现食用油木本化,发达国家人均达到20kg以上,而我国人均占有量仅有0.1kg。茶油作为木本食用油主要品种之一,产业链条长,综合利用价值高,对带动农村工业发展、促进农村劳动力转移也具有积极作用,市场前景看好。我国地域辽阔,一些地方土壤、气候非常适合油茶生长,并拥有丰富的种质资源和2 300多年的栽培历史,油茶产业发展潜力巨大。

(4)经济林资源以人工和个人所有为主,稳定性不高

人工经济林占经济林面积比重达95%以上。个人经营的经济林面积占经济林的比重达85%以上。由于林农的自发栽植,制约因素较多,效益好时栽,效益不好卖不出去时挖,没有规划、盲目发展,很难形成优势和支柱产业。

3.1.2 存在问题

虽然我国经济林发展取得了很大的成绩,也积累了一些成功的经验,但也存在一些亟待解决的问题。

(1)个别地区经济林发展缺乏科学的规划布局,宏观指导不够

一些地方的经济林发展由于缺乏科学的规划和布局,市场信息不畅,往往一哄而上,盲目发展,造成经济林发展的大起大落,经济林稳定性差,尤其是以混农林业为主的平原地区。由于经济林稳定性差,许多经济林栽下还没有产生效益就被砍掉,造成人力和土地资源的极大浪费,影响了经济林经济、生态效益的充分发挥。另外,由于一些地方没有遵循因地制宜的适地适树、适地适品种的原则,造成经济林产量低、效益差,残次经济林比重大。

(2) 重造轻管，重面积轻质量的问题仍然存在

我国经济林总体经营强度不高，各地的经营水平也不均衡，个别地方栽培技术落后，经营粗放，有的地方只造不管。由于我国经济林以个体经营为主，随着农村劳动力外出务工的增加，投入于农业生产的劳动力相对减少，一些家庭因缺少劳动力基本停止了对自家经济林的经营，造成一些经济林处于自生自灭荒芜状态。全国有近 $200 \times 10^4 \text{hm}^2$ 经济林处于荒芜和老化状态，产量低、效益差，应及时进行改造。以油茶为例，目前，我国部分地区油茶由于缺少管理，亩产茶油一般只为 3~5kg，全国年产茶油仅 $20 \times 10^4 \text{t}$，仅占我国食用植物油总产量的 1.8%。

(3) 经济林树种、品种结构不合理

一是近年来，虽然苹果、梨等水果在经济林中的比重有所下降，但仍然偏多，而干杂果、食用原料、药用及林化工业原料林偏少；二是低产、低质和低效经济林面积比重大，而名特优新和错季型品种比重小，名特优新经济林面积比重不高；三是果品中鲜食品种偏多，加工品种偏少。由于鲜食果品供应市场的时间过分集中，产品供大于求，致使个别地方出现了产果不摘果、增果不增收、栽树又砍树的惨痛现象，严重挫伤了农民的积极性。

(4) 经济林生产的产业化程度低，综合效益不高

我国经济林生产主要以一家一户式的分散经营为主，组织化程度低，由于经营面积小而分散，难以形成规模经营，市场竞争能力弱。存在着产量不高，品质不优，产品附加值低，生产的专业化、社会化程度低等突出问题，与市场经济发展的需要很不相适应。

3.2 今后发展前景

(1) 林地利用率和生产力提升空间很大

目前，全国有林地面积约 $1.8 \times 10^8 \text{hm}^2$，仅占林业用地面积的 60%，尚有较大发展潜力。可以通过建立健全良种、造林、抚育、保护、管理投入补贴制度，从根本上提高产出能力；通过加强森林经营工作，可以有效解决经营粗放、质量效益低下的问题；通过加强造林更新，调整树种和林龄结构、林分密度，提高森林质量、林地利用率和生产力。同时，近些年林下经济的快速发展，已成为提高林地生产力的重要手段。

(2) 物种资源开发利用潜力巨大

我国有木本植物 8 000 多种、陆生野生动物 2 400 多种、野生植物 30 000 多种，其中有 1 000 多个经济价值较高的树种。这些物种绝大部分在山区林区，为广大农民群众大力发展培育种植业、养殖业和加工业，增加农村就业和农民收入，提供了丰富的资源条件。林业很多物种资源还可以作为发展战略性新兴产业的重要物质基础和占领未来发展制高点的重大战略资源。

(3) 林产品市场需求潜力巨大

我国正处于工业化、城市化阶段，日益增长的社会需求形成了国内林产品市场的巨大空间，为农村发展林业生产提供了广阔的市场。城乡居民消费层次和消费结构不断升级，对林业的需求已呈现出明显的多样化趋势，木材等可再生性原材料和生物质能源需求增长显著，木本粮油产品、森林食品、药品及保健品需求日趋旺盛，森林旅游快速发展，这些都为培育林业新的经济增长点提供了动力。

(4)林业解决劳动力就业优势明显

今后一个时期，我国将继续大力推进生态建设，深入实施重点工程，营造林仍保持较大规模，森林抚育经营任务繁重，需要大量的劳动力参与才能保障生态建设各项任务顺利完成。集体林权制度改革的稳步推进，吸引了大量农民务林创业，有效拓展了农民就业空间。以劳动密集型为特点的林业产业，可以有效拉动城乡就业。

(5)人们对经济林产品需求的增长

我国经济林生产将在现有基础上得到进一步发展。

一是经济林生产实现可持续化。可持续经济林生产是今后经济林发展的方向，也是环境保护的需要。实现经济林生产的可持续化，不仅需有正确的认识、严格的管理，更需要依靠科学技术水平的提高。

二是经济林种苗实现良种化、无性化。良种是保证经济林高产、优质的基础，在经济林生产中占据极其重要的地位。良种繁育是良种化途径的重要环节，经济林的良种繁育大多采用无性繁殖，以保证亲本优良性状的稳定遗传与表达。近年来，经济林无性系良种的推广应用给生产者带来巨大的经济效益，但也使基因资源过度流失。因此，经济林树种基因资源的收集、保存、研究、评价和利用在未来几十年里将是一项长期而又艰巨的任务。

三是经济林栽培实现密植矮化、集约化。树体矮化便于各项生产作业和集约栽培，也便于密植，有利于达到早期丰产、稳产和优质的效果。集约栽培包括树体管理、土壤管理、病虫害管理、营养生长与生殖生长调节等主要内容。近年来，设施栽培在经济林栽培上也得到一定范围的应用，这种栽培方式有利于扩大栽培区域、控制病虫害发生以及实现无公害栽培。

四是经济林经营生产实现规模化、基地化、工厂化。经济林生产需要面向国际市场，必须利用各地的优良品种和特定生态条件来生产优质的经济林产品，并使生产经营实现基地化、规模化。经济林产品的工业化生产技术将从根本上改变传统的栽培与经营模式。随着科学技术的迅猛发展及其在经济林产业中的应用，未来某些经济林产品将可实现工厂化生产。工厂化生产不受外界环境条件和生产季节的影响，可实现周年生产，对珍稀野生药用经济林产品的生产具有十分重要的意义。

五是经济林产品实现加工利用广度化与深度化。随着加工利用技术的提高和市场的需要，经济林产品将会得到进一步开发和利用。除继续发展木本粮油产品外，还将大力发展其他各类产品，特别是对一些经济林产品粗加工后的废弃物进行深度加工，充分挖掘出其利用价值，提高经济效益，以满足经济建设和人民日常生活的需要，并有利于防止环境污染。

4. 经济林的分类

4.1 经济树木的分类

经济树种种类繁多，为便于研究、生产和开发，需要一个合理的分类体系。

1934年，奚铭《工业树种植法》按树种的用途分为油料类树种、单宁类树种等10类。20世纪50年代初，陈植《特用经济树木》根据原料类别分为油脂、药用、香料等12类。

1961年，中国科学院植物研究所《中国经济植物志》分为纤维、淀粉及糖、油脂等10类。1948年，苏联M.伊里亚《原料植物野外调查法》首先分成工艺植物和自然原料植物两大部分，然后再细分为18大类68个小类。

4.2 经济林分类依据与分类体系

(1) 分类依据

按照经济树种的原料类别和利用特性，对经济树种进行分类。

(2) 分类体系

① 果品类　水果亚类、干果亚类、杂果亚类。

② 木本油料类　食用油料亚类、工业用油料亚类。

③ 淀粉类　使用淀粉亚类、工业用淀粉亚类。

④ 纤维类　编制亚类、纸浆亚类、纺织亚类、绳索亚类。

⑤ 香料、调料类　香料亚类、调料亚类。

⑥ 中药类

⑦ 饲料、肥料类　饲料亚类、肥料亚类。

⑧ 放养类　蜜源亚类、蚕茧亚类、虫蝇虫蜡亚类。

⑨ 蔬菜类　木本菜芽亚类、仁用杏亚类、食用菌亚类、野菜亚类。

⑩ 饮料类　茶叶饮料亚类、树液饮料亚类、咖啡可可亚类、果汁果茶亚类。

⑪ 鞣料、染料类　鞣料亚类、染料亚类。

⑫ 树脂、橡胶、漆料类　树胶亚类、树漆亚类、树脂亚类。

⑬ 栓皮、活性炭、软木类　栓皮亚类、活性炭亚类、软木亚类。

⑭ 农药类

⑮ 色素、皂素、维生素类　色素亚类、皂素亚类、维生素亚类。

5. 经济树木的分布和经济林的区划

5.1 经济树木的分布区划

5.1.1 决定经济树木分布的因素

(1) 气候因素

决定经济树木大的地带性分布区域，同时也对局部区域的分布产生影响，包括直接影响和间接影响。

① 直接影响　由于地理位置和地形对气候的影响而引起。

② 间接影响　由于气候影响下土壤的发育差异，间接影响树木的分布。

(2) 经济树木

经济树木自身的适应能力、忍耐能力和繁殖传播能力，都会对其分布有影响。

(3) 环境因素

古地质地理和气候变迁等环境因素也影响着经济树木的分布。

(4) 海拔、地势、地形以及人为因素

人类生活生产中开发利用经济树木情况也对经济树木的分布传播产生重大影响。

5.1.2 经济林的栽培区域区划

中国经济林栽培区划，虽是全国性区划，但关系的仅是经济林一个林种，一个产业，仍属部门区划。

在进行栽培区划和以后的实施中，要正确认识经济林是一个生态系统及其特点。经济林系统是人工系统，是由人类直接干预或创造的系统。组成经济林人工系统的要素主要有三个：一是人的实践活动，是主体要素；二是自然条件首先是土地，是客观要素；三是某一个经济林树种作为中介。经济林人工系统是有社会性的，因而这系统生产力的高低，是受社会因素制约的。经济林是作为资源生产系统来经营的，油料、淀粉、果品、香料、中药材等，都是这个系统的产物。经济林木优育品种的优良性状得以表现出来，有严格生态环境要求的。生态环境是有地域差异的，因而良种不是放之"四海而皆准"的。板栗是广布种，我国南北均有栽培，但其享誉海外的只有京东栗。京东栗栽培分布仅局限于燕山山脉东段南侧的迁西、迁安、遵化等地，在这个范围之外则非京东栗。京东栗外销占全国出口量的80%，创汇占95%。真正优质、薄壳的漾濞核桃只能生长在云南漾濞。油橄榄在世界上仅分布在地中海沿岸的国家，适生于地中海气候型的特定环境，如此事例不胜枚举。物种、品种栽培区域性是自然规律，这就是科学。当然引种是可以的，但必须按引种程序进行，决非一朝一夕之功。

在全国范围内经济林在什么地方应发展什么种类、品种，后续如何组织，形成多大经营规模？应由政府根据栽培区划，根据国内外市场需求，进行严格宏观调控、指导，这是在社会主义市场经济条件下的政府职能，也是在经济林生产中落实两个根本性转变的具体行动，使中国经济林生产走向有序，产品以优良的质量，适宜的数量，保证国内市场需求，参与国际竞争。因此，经济林栽培区划是从经济林栽培要求出发，真正做到因地制宜，适地适树，科学经营，达到优质、高产的目的。

(1) 区划意义

我国幅员辽阔，气候条件千差万别，加之地貌特征貌引起的湿热条件的再分配及人为作用的影响，导致了我国经济树木地带性分布规律性和局部区域分布的特异性。

在研究经济树木分布特征和分布规律的基础上，按照一定的区划原则，对经济林的地理分布进行区域划分，为开展经济树木的引种驯化、制定经济林的发展规划和基地建设提供科学的理论依据。

(2) 经济林区划依据

依据大的气候特征的差异性和经济林地带性分布的规律性，同时照顾到行政区域的完整性和连贯性进行区划。

(3) 区划系统

全国划分为八大经济林区：东北地区、内蒙古地区、甘新地区、华北地区、华中地区、华南地区、康滇地区、青藏地区。

5.2 经济树种栽培区域区划

(1) 区划依据

经济树木的分布特征、栽培历史、栽培规模和栽培技术水平。

(2) 区划

一般情况下,可以简单的将每个树种的栽培区域分为中心产区、边缘产区和引种栽培区。

①中心栽培区　指该经济树种分布最为集中、栽培历史悠久、生长和结实最好、栽培规模最大的区域。

在这一区域内,该经济树种生长最好、产量最高、品质最佳、品种和类型最为丰富、栽培技术先进配套、集约化栽培程度高、单位投入产出高。

②边缘产区　指中心产区以外、自然分布的边缘区域。

在这一区域内经济树木生长良好,能完成整个生活史,但多分布零散、栽培粗放、产量较低、品质较差、效益不佳。

③引种栽培区　指自然分布区域以外、经引种进行栽培的区域。

在这一区域内,经济树种需选择特殊的生态环境,或需要一定防护措施才能安全越冬或度过不良环境,并完成生长和结实过程,栽培规模较小。但随着引种树种适应能力的增强,生长和结实特性将逐步得以改善。

(3) 我国主要经济树种栽培区域区划实例

①中国板栗栽培区域区划　长江中下游产区、北方产区、南方产区。

②中国核桃栽培区域区划　东部沿海栽培区、西北黄土区栽培区、新疆栽培区、中南栽培区、西南栽培区、西藏栽培区。

③中国茶树栽培区域区划　岭南栽培区、江南栽培区、江北栽培区、西南栽培区、淮北栽培区。

任务 2

经济林木生长习性及枝芽特性调查

➡ 任务目标

1. 知识目标：了解经济林木的生命周期和生长发育规律。
2. 能力目标：掌握调查经济林木的枝芽特性，能正确分析经济林木的各生长时期的特点并采用对应的栽培管理措施。

➡ 任务描述

选择当地经济林木进行生长习性和枝芽特性的调查与分析，根据经济林木的自然寿命、各年龄时期生长特点和栽培上的经济目的，采取相应的技术措施，促进与调节其生长发育的过程，达到早实、丰产、稳产、优质的目的。

➡ 任务实施

1. 工作准备

（1）材料

当地局域代表性的经济林树种结果树2～5株、具有实生根系或根蘖根系的幼树1～2株。

（2）工具

钢卷尺、放大镜、皮尺、游标卡尺、修枝剪、解剖刀、解剖镜、锄头、水桶、镊子、铅笔等文具。

2. 调查

（1）枝芽特性调查

①枝类组成：主干、主枝、副主枝等。

②枝条的类型：按枝条性质分生长枝、结果枝、结果母枝；按枝条年龄分当年生枝、一年生枝、二年生枝、多年生枝；按枝条抽生的季节分春梢、夏梢、秋梢、冬梢。落叶经济林木长梢在一年中明显分为两段，习惯上称为春梢和秋梢。

③芽的类型：按位置分顶芽和侧芽；按芽的结构分鳞芽、裸芽；按芽的性质分叶芽、花芽，花芽又分为纯花芽和混合花芽；按芽在叶腋的位置和形态分主芽和副芽；按同一节上芽的数量分单芽和复芽；按芽的生理状态分早熟性芽、活动芽和潜伏芽。

（2）根系类型与结构的调查

①开挖根系调查剖面：在近冠径的外缘，与以树干为中心的外围做一切线，沿此线开沟。沟长较树冠要大些，沟宽60cm，深80～100cm。

②根系类型调查：实生根系主根明显、根蘖根系根系浅。

③根的种类调查：按分布分为水平根和垂直根；按结构分为主根、侧根和须根；按初生根的形态、结构和功能分为生长根和吸收根。

④根系分布调查：在土面上作出10cm×10cm的方格，观察每个内不同粗度的根系，在记录本

上用不同的符号画出根系断面图。根系的标记符号为："·"表示直径2mm以下的细根；"。"表示2~10mm的根；"⊙"表示5~10mm的根；"◎"表示10mm以上的大根；"×"表示死根。根系图上部记录、树木种类、品种、树龄、砧木、树体大小、生长结果、地点和土壤层次等。

(3) 编撰调查报告

整理记录并完成调查报告。

→任务评价

班级		组号			日期	
序号	评分项目	分值	组内自评	组间互评	教师评价	平均分	说明
1	枝芽特性调查	20					
2	根系类型与结构的调查	20					
3	报告	30					
4	态度及保护意识	10					
5	吃苦耐劳	10					
6	团结合作	10					
	总分						

→背景知识

1. 经济树木的生长发育

1.1 经济树木的生长发育周期

1.1.1 生长和发育的概念

生长和发育是两个相关而又不同的概念。生长，又称营养生长，是指经济树木个体重量和体积的变化，即量的变化。这种变化从个体形成到衰老以前是不断增加的，而在衰老以后则开始逐渐减小，即所谓负生长。发育，又称生殖生长，是指经济树木生活史中，组织和器官的构造和功能从简单到复杂的变化过程，即性的成熟。

1.1.2 生长发育的相关性

生长和发育存在密切的相关性。营养生长是生殖生长的基础，开花结实是营养生长积累到一定程度的必然结果。二者伴随进行。

生长发育的相关性存在经济树木的各个方面：地上部分与地下部分的相关性；叶片与果实(种子)的相关性，即源库关系；顶端优势与侧方抑制(萌芽、抽枝、枝条发育、花芽发育及坐果)。

1.1.3 生长发育周期

经济树木生长发育周期包括生命周期和年周期两个过程

(1) 生命周期

雌雄配子受精成为合子，进而发育成胚和种子，种子萌发后形成苗木，苗木进一步生长发育成大树，开花结实，最后衰老死亡。这一经济树木个体从形成到繁荣、到衰老死亡的整个过程，称为经济树木的生命周期。

(2)年周期

经济树木在一年中，随着春季温度的升高，树液开始流动，继而萌芽、抽梢、展叶并开花坐果和果实生长发育；与此同时，地上部分进行着花芽分化，地下根系进行着分生和延长；秋季到来之后，生长速率逐渐减缓，营养物质开始回流并转入贮存态，叶片逐渐发黄脱落，树体进入休眠状态，这一过程称为经济树木生长发育的年周期。

1.1.4 影响经济树木生长发育周期的因素

经济树木的生长发育周期受其遗传基因的调控，自然条件下各生长发育阶段是不可逾越的，也是不可逆的。但环境条件和人为干预对经济树木生长发育节律也产生一定影响。适宜的环境条件和合理的栽培技术措施有利于促进经济树木提早结实，提高产量，延长经济寿命。

1.2 经济树木生长发育的生命周期

1.2.1 营养生长期(幼年期)

(1)起始与结束特征及相关的影响因素

起始与结束特征：这一时期是从苗木定植(直播造林为播种)以后，到植株第一次开花结实或开始收获时为止。营养生长期又称为幼年期。

相关的影响因素：这一时期的长短除与树种、品种的遗传特性有关外，还与环境条件、栽培技术、苗木起源有关。

(2)生长发育特点

处于幼年期的经济树木，其生长发育特点是以营养生长为中心，离心营养生长旺盛，地下和地上占据的生长空间迅速扩大。

这一时期的前半期，在生长特点上表现为以地下生长为主，如一年生的核桃地下部分生物量占60%~80%，一年生银杏地下部分占60%~70%。2~3年以后，地上部分开始加速生长，随着分枝数量的增加，植株开始形成树冠和树体骨架结构，营养面积和同化能力逐步提高，为开花结实奠定了物质和形态结构的基础。

(3)关于营养繁殖个体的幼年期问题

利用嫁接、扦插等营养繁殖方法获得的植株，在发育阶段上，因地上部位由达到性成熟阶段的接穗(芽)或插穗发育而成，已通过幼年期的阶段发育，只要经过一定阶段的营养生长即能开花结实。

无性繁殖植株开花前持续的时期称为营养期或营养性成年期，此期不能开花的原因完全是生理上的原因，与处于幼年期阶段的实生树有本质的区别。

(4)栽培技术措施

在栽培技术措施上，保成活、促生长、形成良好的骨架结构是此期的主要追求目标。

①促成活　造林后要连续2~3次浇水或在树盘上覆膜，秋季造林要对苗木培土防寒保墒，有条件的地方可在苗干上套袋，雨季要连续松土除草，及时防治病虫害，以提高新建经济林的成活率和保存率。

②促生长　生长期要加强肥水管理，采取浇水、施肥、覆膜、覆草、压青、中耕及深翻扩穴等措施，改善土壤结构和理化性质，培肥土壤，提高土壤肥力，以促进幼树生长。

③整形修剪　根据树种及品种特性、立地条件、栽植密度等因素，对幼树进行定干和整形，促进分枝和树冠的形成，培养透光良好、结构稳定而丰产的树形。

④注意事项　一些生产单位往往只顾眼前利益，不重视对幼树的整形修剪和肥水管理，过早地对幼树环剥、拉枝、摘心、刻芽，片面地追求早期产量，结果只能是杀鸡取卵，虽然收获期提早几年，但产量低、衰老快、效果差。

1.2.2　结果始期(始收期)

(1) 起始与结束特征

从开始结实到大量结实以前所持续的一段时期。持续时间长短除与树种、品种特性有关外，也与栽培措施密切相关，其持续期一般4~10年。

经济树木个体随着体内营养物质的积累、各类营养物质比例的调整及体内各种激素水平和种类的变化，各种细胞、组织和器官相继分化产生，最终分化形成花芽并开花结实。

(2) 影响花芽分化的因素

花芽分化与经济树木各器官生长发育存在着密切的相关性。

①枝梢生长　枝梢生长是花芽分化的组织基础和营养基础。新梢生长过旺，停止生长过晚，营养物质消耗多，难以达到花芽分化要求的营养物质临界浓度和激素水平，难以分化形成花芽。通常，经济树木的花芽分化是在枝梢生长缓慢或停止生长后开始的。

②叶片　与花芽分化的关系体现在一定的叶片数量或叶面积上，叶片数量多、叶面积大，则分化形成花芽的机率大

③年开花结实　花量大，结实量大，果实在树上存留时间长，对花芽分化的抑制作用大。大量开花坐果消耗较多营养而抑制了枝叶和根系的生长和养分积累，大量开花坐果后导致抑花激素(GA、IAA)大量积累，使果枝及其附近部位难以分化形成花芽。

④根系　根系是合成氨基酸和酶的场所，根尖可产生CTK、GA和IAA等激素，花芽分花期适当施用铵态氮，以及后期使用磷钾肥，均能促进花芽分化。

(3) 阶段生长发育特征

这一阶段的前期，营养生长仍然是树体生长发育的中心。树冠继续迅速扩大，分枝量增加，但分枝角度逐渐开张，骨干枝的离心生长若于缓和。

这一阶段的后期，树体营养生长逐渐缓和，生长发育中心开始向生殖生长转化，并逐渐过渡到生殖生长，开花结实量逐渐增多，经济林产品进入收获期。

(4) 栽培技术要点

这一时期要做好两个方面的工作：

①要加强土肥水管理，进一步促进树体健壮生长；同时要加强整形修剪工作。培养牢固的骨架结构和稳定的结果枝系，为经济林的丰产打下基础。

②要合理浇水施肥，控制树体旺长，促进生长发育向生殖生长转化；同时要采取措施，加大枝条开张角度，改善树体的光照条件和营养状况，并采取各种辅助措施，促进开花结果。

1.2.3　盛果期(盛收期)

(1) 起始与结束

从产量大幅度上升到产量大幅度下降，期间为经济树木的盛果期。这一时期是经济树木大量开花结实或收获高峰期，是栽培上最有经济价值的时期。实现经济林生产的高产、

稳产、优质、延长盛果期年限是这一时期经济林经营的目标。

(2) 生长发育特点

这一时期持续时间的长短除与树种、品种特性有关外，也受立地条件和栽培技术措施的影响，而产量的高低和质量的优劣在很大程度上取决于立地条件和经营的集约化程度。

结果盛期的经济树木生长发育的中心已由营养生长转入生殖生长，无论是地下根系和地上树冠，其扩大生长均已达到最大程度，骨干枝的离心生长停止，结果枝大量增加，产量达到高峰。

连年大量结实，消耗大量营养，造成营养物质在同化、运转和分配之间以及积累与消耗之间的平衡关系失调，致使各年份之间的产量产生波动，即形成所谓大小年。

经济树木各年份之间由于气候条件的差异、病虫害的危害程度以及管理措施上的差异，形成产量波动是难以避免的，因此"消灭大小年"的提法也是不确切的。生产上关键是要采取合理措施减小大小年的波动幅度，保证经济树木连年丰产稳产。

相临年份之间产量波动在10%~20%的范围内是正常的，但如果超过40%则说明大小年比较严重，应采取一定措施加以调整。

(3) 栽培技术要点

要加强对林分的土、肥、水管理，特别要注意施足肥料，有条件的地方应进行土壤营养诊断和叶片营养诊断，以做到配方施肥，保证树体的营养平衡和健壮生长，防止因连年大量结果引起树体养分亏缺，树势下降。

通过合理修枝调整营养生长和开花结果的关系，改善树体光照状况，并结合疏花疏果确定一定的负载量，避免只顾眼前利益追求某一年份的高产。

在加强对果实病虫害防治的同时，加强对主干和叶片的病虫害防治；保护好叶片，延长功能叶的寿命。

1.2.4 结果衰退期（收获减退期）

(1) 生长发育特点

在这一时期，经济树木个体生长势明显减弱，开花结实能力逐渐降低，骨干枝完全停止延长生长，并开始向心枯死。侧芽的萌发和成枝能力降低，新梢数量减少，内膛徒长枝相继萌发。

(2) 影响因素

结果衰退期出现的早晚，除与树种和品种有关外，在更大程度上受立地条件和栽培技术措施的影响。

(3) 栽培措施

加强土、肥、水管理，改善树体的营养状况，提高树势。在树体管理中要视树势的衰弱程度，采取不同强度的回缩修剪，并利用徒长枝经短截、摘心，培养新的结果枝组。加强病虫害的防治，保证树体健壮生长。

1.2.5 衰老更新期

(1) 生长发育特点

树势全面严重衰退，萌芽更新能力差，病虫害严重，产量低、质量差，已经没有栽培价值。

(2) 影响因素

与树种和品种特性有关,也与栽培措施和管理水平有关。盲目追求早期产量、忽视土肥水管理和病虫害防治,加剧了衰老期的提前到来。

(3) 栽培措施

及时更新。由于土壤治病微生物、线虫、有毒物质积累等原因,不宜当年马上造林,尤其要避免用相同树种当年造林。可以实行轮作农作物3~5年后造林。

1.3 经济树木生长发育的年周期

1.3.1 根系及其生长

(1) 根系的生长发育过程

经济树木的根系一年中无自然休眠现象,但常因不良的土壤温度及水分状况而产生波动。根系活动起点温度较低,一般3~5℃即开始生长,较地上部分为早。多数经济树种,一年中根系有2~3次生长高峰。

(2) 根系的年周期生长发育过程

春季3月下旬至4月中、下旬,随着土温的升高,根系生长加快,出现第一次生长高峰。4月中旬以后,随着地上部分抽梢、展叶和开花坐果,根系生长逐渐减弱。

6~7月,新梢速生期和果实迅速膨大期过后,根系出现第二次生长高峰,在此期间发根数量多、根系生长量大、速生期持续时间长。之后由于果实膨大和花芽分化对营养物质的消耗增加,根系生长减缓。

果实采收以后,树体营养状况明显改善,根系又出现第三次生长高峰。之后随着土温的降低,根系生长再度减缓。

(3) 影响根系生长发育的因素

①土壤含水量;②土壤质地;③地上部分的有机营养水平;④年周期内树体生长发育中心的转移和营养分配关系。

(4) 促进根系生长发育的技术措施

造林时细致整地,改善土壤物理结构和化学性质。重点时加深活土层厚度,减少土壤中石砾含量,打破隔离层;通过客土、改土措施,改良土壤的化学性质,提高土壤的透气性和缓冲性。

造林后连年深翻扩穴、中耕除草、增施有机肥,能有效地加深活土层厚度、改善土壤物理结构,提高土壤肥力,改善土壤微生态环境,促进根系的生长和吸收功能的提高。

1.3.2 萌芽展叶

(1) 影响萌芽早晚的因素

萌芽展叶期的早晚及持续期的长短,主要受树种品种、气候条件特别是温度的影响。就同一树种而言,生长在低纬度、低海拔、阳坡的萌芽展叶期较早。同一树体上树冠不同部位的侧芽,同一枝条上处于不同节位上的芽子,由于环境条件、营养状况及生长物质浓度的差异,在饱满程度、生长势、萌芽力及芽子的性质等方面均存在着明显的差异,这种差异称为芽的异质性。

(2) 单叶扩展和叶幕层的形成

单叶面积的扩展、功能变化过程及影响因素;叶幕层的形成过程及影响因素;群体叶幕层空间分布与光能利用；合理叶面积指数。

(3) 萌芽率与成枝力

芽子萌发以后抽生枝条的能力称为成枝力。成枝力的强弱以抽生枝条的数量占总芽数的百分率高低表示。

树种及品种不同、树体或其上部的枝条及芽子发育状况不同则成枝力不同。

树种之间的差异——桃、杏、石榴、李子等成枝力较强；板栗、柿树等成枝力较弱。

品种之间的差异——板栗中金丰、石丰等品种成枝力较强；红栗、红光等品种成枝力较弱。

位置之间的差异——粗壮枝条或枝条上部的芽子、树冠上部及外围枝条上的芽子萌发后成枝力较强。

(4) 促进萌芽展叶的技术措施

加强树体管理和土壤管理，尤其要重视秋季管理(采摘以后)，提高树势，促进枝梢和芽子健壮发育；加强春季萌芽期林地土壤肥水管理，促进萌芽展叶；通过修剪措施，疏除弱小枝条，减少营养消耗，促进保留枝条芽子的萌动；采取刻芽措施，促进局部芽子萌动。

1.3.3 新梢生长期

(1) 影响新梢生长的因素

树种和品种特性、土壤肥水条件及树体营养状况、修剪甚至病虫害的危害等方面，都会影响经济树木的枝梢生长。一般落叶经济树种一年抽枝 1~2 次，第一次为春梢，或再抽生 1 次秋梢。如柿树、板栗、核桃、花椒等树稀一年抽生 1 次梢，苹果、枣树一年可抽生 2 次梢，桃树、茶树、乌桕一年可抽 4~5 次梢。同一树种不同品种之间，抽枝特性有一定差异。如板栗，多数品种一年只抽生 1 次梢，但金丰、石丰等品种一年可抽生 2~3 次梢。土壤肥水条件良好，树体营养生长旺盛，抽枝次数增加。修剪能增加抽枝次数。如北方茶树在自然生长条件下一年抽梢 2~3 次，在采芽条件下一年可抽梢 4~6 次。不同树龄，由于生长势不同，抽梢次数也不同。例如，乌桕成年树一年抽梢 3 次，而幼龄树可抽梢 4~5 次。

(2) 栽培技术措施

生产中应通过合理的土、肥、水管理和整形修剪措施，促进春梢的健壮生长，减少秋梢的抽生数量，节约有效的养分用于促进花芽分化、开花坐果及果实的生长发育。土、肥、水措施：提高土壤肥力，促进树体生长，提高生长势；修剪措施：开展树冠和枝条开张角度，改善通风透光条件，促进枝梢发育；疏除过旺枝和细弱枝，减少营养消耗；提早摘心。

1.3.4 花芽分化期

(1) 花芽分化的过程

花芽分化的进程和质量受树种、品种树龄、经营水平和环境条件的影响。花芽分化依据其分化进程划分为生理分化期、形态分化期和性细胞分化期三个阶段：

生理分化——在芽的生长点内由叶芽生理状态向花芽生理状态的转化过程，大致开始于开花以后 1 个月。

形态分化期——各种花器官的分化发育过程，从生理分化到完成形态分化大约需要 1.5~4 月，持续时间较长。

性细胞分化期——花芽萌发以后、开花以前较短时间内完成。

(2)花芽的类型和特征

花芽类型可分为混合花芽和纯花芽。

混合花芽中除含有花原基外,还含有叶原基,并可进一步分为完全混合花芽(同时含有雌雄花原基和叶原基)和不完全混合花芽(只含有雌性或雄性花原基和叶原基)。

枣、杏、李、樱桃、花椒、香椿等树种的花芽为完全混合花芽。板栗、石榴的双性花芽为完全混合花芽,雄花芽为纯花芽。核桃的雌、雄花芽均为不完全混合花芽。杜仲、银杏等树种雌雄异株,花芽为不完全混合花芽。

(3)影响花芽分化的因素

①光照 花芽分化期要求充足的光照,光照不足则光合速率降低,树体营养状况恶化,花芽分化受到影响。强光能抑制新梢内生长素的合成,减缓新梢生长势,有利于花芽分化。紫外线可诱导乙烯的合成,钝化和分解生长素,从而间接促进花芽分化。海拔较高,光照充足的地区,经济林往往提早结果,且丰产优质。

②温度 花芽分化要求适宜的温变范围,大多数经济树种在花芽生理分化阶段需20℃左右的温度,但在生理分化到性细胞分化之间。需要一定的低温条件才能完成整个分化过程,否则易发生败育或花器发育不全等现象。

③水分条件 水分条件对花芽分化有一定影响,适当控制水分可抑制新梢旺长,有利于光合产物的积累,提高细胞液的浓度,同时能在一定程度上增加 ABA 的含量,抑制 GA 和 IAA 的合成,促进花芽的分化。

④营养水平 树体的营养状况对花芽分化的影响极大。花芽分化要消耗大量的氮、碳、磷、钾、锌等,需要良好的碳素营养作保证。营养物质供应不足,花芽分化少且分化质量差,形成大量不完全花芽,导致后期开花,授粉受精和坐果异常,加剧落花落果。

1.3.5 开花坐果期

(1)开花进程

经济树木的开花进程分为4个时期:显蕾期;开花始期(5%的花开放);开花盛期(50%的花开放);开花末期(仅剩下5%的花未开放)。

(2)影响开花的因素

包括树种和品种;环境因素的影响;位置效应。

①树种和品种 树种和品种是影响开花的内在因素,受遗传基因控制。

②气候条件有关,特别与温度条件关系密切 气温和有效积温高则花期早,持续时间短;持续低温或连续阴雨天则花期推迟,持续期延长。不同树种开花对温度的要求不同。枣树虽是温带树种,但开花需要 18~20℃ 以上的温度,要到5月中、下旬才开花;核桃开花需 17~20℃ 温度,花期提早于4月中、下旬;油茶、茶树虽为亚热带树种,但开花要求温度低,仅为 11~17℃,花期出现在秋冬季节;文冠果、巴旦杏花期适宜温度分别是 8~12℃ 和 7~15℃;油棕、橡胶等树种则在 22~25℃ 才能开花。

同一树种不同地理位置、不同海拔高度及不同坡向引起花期的差异,都是由于温度条件的不同造成的。

③位置效应 同一单株树冠不同位置的花、同一母枝不同部位果枝上的花、同一果枝处于不同芽位的花、同一花序不同部位的花以及整个花期内不同开放时间的花,质量差异很大,其受精、坐果的能力甚至果实的发育都受到影响。一般树冠外围和上部的花、结果

母枝中上部抽生果枝上的花、结果枝中部的花、同一花序中间的花(聚伞状花序)或基部的花(柔荑状花序)质量较好。人工疏花、疏花芽乃至于修剪时要了解和掌握这一特点,以便正确地进行操作。

(3)传粉

花朵开放以后,花药开裂,花粉散出,在风力或昆虫的作用下传到雌蕊柱头,完成授粉。能否完成传粉不仅受天气和昆虫的限制,也受开花特征的影响。雌雄异株的树种,以及自花授粉结实率低的树种——有效传粉距离——授粉品种——坐果率。雌雄异熟性树种(核桃、乌桕)——花期不一致——自花授粉坐果率较低。生产中应根据具体情况,在营建经济林时配置一定比例的授粉树或授粉品种,以保证正常的授粉需要。

(4)受精与亲和性

①受精过程 花粉传播到柱头上以后,在适宜的条件下花粉萌发,花粉管沿着花柱不断延长生长,最后到达子房和珠心,完成受精。

②受精影响因素 从花粉的萌发到完成受精,这一整个过程能否正常进行,常受雌雄亲和性、性器官的发育程度、气候条件及树体营养状况的影响。

③雌雄受精的亲和性 多数杏、石榴、枣的品种,以及少数李、樱桃品种自花授粉能大量结实;甜樱桃、多数李和杏及板栗的品种,自花授粉结实率低甚至不能结实。柿树中的多数品种,不经授粉即能产生无籽果实。但无籽果实并不都是单性结实形成的,如无籽葡萄、无核枣等,是因为受精后种子败育引起的。

(5)落蕾与落花

在开花过程中,落蕾落花是一种常见现象,如枣树花量很大,自然坐果率仅为花量的0.1%~1.5%。落蕾落花的持续期从现蕾开始到坐果后的1~2周。前期落蕾主要是营养物质供应不足以及各种原因引起的花芽发育进程受抑所致。落花是因为营养缺乏和没有授粉受精引起。坐果早期的幼果脱落实际上也属于落花,是因为受精不良或没有受精导致幼果发育中止引起。

1.3.6 果实生长发育

1.3.6.1 果实生长发育的阶段

根据果实的体积、直径和重量的增长动态,可以将其生长发育过程分为三个时期:第一期为迅速膨大期,即从受精到发生生理落果之间的时间。此期果实细胞大量分裂、细胞数量迅速增加,到细胞停止分裂时结束,外观上表现为幼果直径的迅速膨大。第二期为果实缓慢增长期。此期生理落果高峰已过,果实细胞不再分裂,细胞体积增长缓慢。但胚或种子在此期内迅速发育,种皮或内果皮逐渐硬化成硬核。第三期为熟前增长期。此期果肉细胞迅速增大,内含物质不断转化积累,果实体积迅速增大,重量增加,外貌逐渐着色,风味增进,直到种子完全变褐成熟。

1.3.6.2 影响果实膨大的因素及措施

(1)影响因素

有机营养对果实的增长至关重要。蛋白质是构成原生质的主要物质,原生质的积累是细胞分裂的先决条件。细胞体积的膨大和内含物质的积累也需要充足的有机物质。氮、磷和碳水化合物供应充足,易于形成大而优质的果实;反之,则产生小而瘪的果实。水分是维持细胞膨压,促进细胞膨大的先决条件。

(2)技术措施

通过增施肥料、合理修剪、疏花疏果、叶面喷肥、保护叶片以提高其功能等措施，改善树体的营养状况，使养分集中供应用于果实生长。矿质元素供应充足有利于促进有机物质向果实内的运转和贮藏，提高酶的活性，增大果实的体积，改善果实的品质，同时还能提高果实的抗病能力，促进果实着色。细胞膨大需要维持一定的膨压，充足的水分供应有利于促进果实膨大，水分不足则膨压小甚至膨压消失，果实膨大受抑。

1.3.6.3 落果问题

(1)落果现象

落果波相受树种和品种特性、气候条件、土壤条件及栽培技术条件影响。大部分经济树种果实发育期内有 1~3 次落果高峰。

(2)落果原因

①树体自身原因 从树体本身的原因看，生理落果主要与胚发育中止、贮藏营养不足及同化养分竞争有关。营养重心多，营养分散；贮藏营养是萌芽、抽梢、展叶、开花和坐果的基础，进入 5 月份，贮藏营养消耗将尽，新的枝叶开始同化营养，树体处于营养转换期，营养状况最差。储存营养状况：贮藏营养多，则树体平稳转换，落果少；反之，则因营养亏缺引起大量落花落果。生理性落果是经济树木落果的主要原因。

②胚的发育 胚因为各种原因引起的发育中止也是引起落果的原因。大量观察证明，果实中种子数量少或种子败育，则难以坐果。果实和营养器官的竞争：果实间的竞争主要表现在发育状况好的果实抑制发育状况较差的果实，进而引起其养分供应不足而脱落；果实发育的前期枝梢停止生长过晚，或新梢数量多时，枝梢的形态建成与果实发育竞争养分，引起落果。一些树种采取果前梢摘心措施，能明显提高坐果率。

③环境因子 光照与坐果关系最大。调查表明，喜光树种在幼果发育阶段，当光强低于 1 000~2 000lx，即发生大量落果。在 6 月下旬至 7 月中旬不同阶段对柿树遮阴 5d，均会加重落果，尤以 7 月上旬落果最重。水分与落果的关系。主要表现在处在水分逆境时，植株的内源 IAA 和 CTK 失活，乙烯释放，ABA 积累，从而导致落果。一般而言，当土壤含水率为田间最大持水量 30% 以下或 80% 以上，落果加重。温度、土壤、大气及生物因子对落果均有一定影响。

1.3.6.4 减少落果的技术措施

加强土壤肥水管理，促进树体生长，提高生长势；改善群体光照条件，增加同化物质积累；加强采后管理，注意保护叶片，重视秋季营养；合理确定负载，适当修剪和疏花疏果；花期喷施叶面肥和外源生长调节物质。

1.3.7 落叶休眠期

落叶经济树种秋季在光周期和低温的诱导下，体内产生大量脱落酸，导致叶片中有机物降解回流，最终叶柄基部产生离层而脱落，树木进入休眠期。

常绿经济树种虽然不落叶，但在年生长发育周期中，往往在夏季高温干旱或冬季低温季节进入休眠，以躲过不良的环境条件。

经济树木的休眠是对不良环境条件的适应。为了提高经济树木抗性和适应性，使其安全度过极端环境，生产中应采取相应措施，如秋季防止徒长，促进木质化和秋后储存营养，以提高越冬能力。

项目 2

经济林良种选育

任务1 选择育种
任务2 引种技术
任务3 杂交育种
任务4 良种孕育

任务 1 选择育种

➜ 任务目标

1. 知识目标：知道济植物良种选育中的选择育种的主要方法。
2. 能力目标：能进行优良单株选择。

➜ 任务描述

经济植物良种选育技术是以遗传理论为基础探索育种和良种繁育的原理和技术，主要采用选择育种、引种和杂交育种 3 种技术。结合实际情况进行经济树木的优良单株选择操作，为选择育种奠定基础。

➜ 任务实施

1. 工作准备

（1）材料

结实的经济树木。

（2）工具

直尺、皮尺、游标卡尺、笔、记录表、授粉毛刷、培养皿、天平、水分测定仪、油脂测定仪、手持糖度计等。

2. 优良单株选择

（1）地点

野生种群或栽培圃地。

（2）具体操作

采种、脱粒、编号等。

（3）鉴定并填表

入选株经济性状登记表。

入选株经济性状登记表

树种：				日期：	采种人：		
编号	直径(cm)	重量(g)	颜色	含水率(%)	含油率(%)	含糖量(%)	其他指标
1							
2							
3							

（4）总结

将入选株和邻近株进行综合性状和目标性状比较观察鉴定后得出结论。

→ 任务评价

班级		组号				日期	
序号	评分项目	分值	组内自评	组间互评	教师评价	平均分	说明
1	采种程序	20					
2	指标测定方法	20					
3	测定结果	20					
4	报告	20					
5	态度、环保意识	10					
6	团结合作	10					
	总分						

→ 背景知识

1. 遗传和变异

所谓良种是指遗传品质和播种品质均优良的树木品种或繁殖材料。遗传品质是基础，播种品质是保证，只有在两种都优良的情况下才能称为良种。

1.1 遗传和变异

1.1.1 遗传

自然界的生物体最重要的共同特征就是通过自我繁殖产生与自身形状相似的后代，使种族繁衍下去。这种亲代与子代之间性状相似的现象就是遗传现象。俗话所说的"种瓜得瓜，种豆得豆"就是这种现象的具体体现。

1.1.2 变异

生物的遗传稳定性只是相对的，尽管亲子代之间性状相似，但不完全相同。"一娘生九子，九子各不同。"这种亲子代之间或子代个体之间存在的性状差异就是变异。变异根据能否遗传可分为遗传的变异和不遗传的变异两大类。

遗传和变异是生物体繁衍过程中普遍存在的现象。生物有了遗传，才能保持物种的相对稳定，品种的优良特征才能被利用。有了变异，生物体才有新类型的出现，才能不断地有低级向高级发展，实现从简单到复杂的进化。

1.1.3 遗传变异规律

生物体遗传变异的主要规律是分离规律、自由组合规律、连锁与互换规律。分离规律、自由组合规律是奥地利遗传学家孟德尔采用严格的自花授粉的豌豆为材料进行杂交试验，根据实验结果，明确指出了杂交亲本的性状是相互独立地遗传给后代，双亲的性状在杂种后代中还能分离出来。连锁与互换规律是美国遗传学家摩尔根根据果蝇的杂交试验发现并得出的，证明基因存在于染色体上并呈直线排列。这三大遗传规律基本上适用于整个生物界。

2. 植物的自然变异

2.1 形态特征的变异

①花型、花色。
②叶形、叶色。
③芳香。
④株型。

2.2 生理生态特征的变异

①生理特征的变异。
②生态特征的变异。
③抗性变异。

3. 选择育种的概念

选择育种就是从自然或人工创造的群体中，根据育种目标挑选具有优良性状的个体或群体，通过比较、鉴定和繁殖，使选择的优良性状稳定地遗传下去。

选择是植物进化、育种及良种繁育工作的基本途径之一。达尔文认为，选择确定生物进化的方向，即选择虽不能创造变异，但它的作用并不是单纯的筛选，而是通过不断选择，将微小的不定变异加以积累和巩固，成为明显的遗传性状，最终创造出新品种，这就是选择的创造性作用。

选择不仅是独立培育良种的手段，也是其他育种方式及良种繁育中不可缺少的重要环节之一。没有选择，不去劣留优，就不可能培育出符合人们要求的优良品种。所以，人工选择多属"方向性选择"。

3.1 选择育种的程序

3.1.1 优良单株选择

在野生种群或栽培圃地中根据育种目标和选择标准选择优良单株。当选单株应分别采种、脱粒、编号。选择时，将入选株和邻近株进行综合性状和目标性状比较观察鉴定。

3.1.2 株行试验

将上年当选的材料一"株"一行种成"株行"，每隔一定行数种一行原品种作为对照。在各个生育时期进行观察鉴定，严格选优，这是选择育种的关键。最后可保留几个，十几个，最多几十个优良株行，其余淘汰。入选的株行各成一个品系，于来年参加品种比较试验，个别表现优异但尚有分离的株行可继续选株，第三年仍参加株行试验。

3.1.3 品系比较试验

决定品种的取舍和利用价值的试验是品系比较试验。试验要求精确、全面、细致、可靠。试验条件应接近生产栽培条件，保证试验的代表性。要严格地进行观察记载，根据育种目标的规定,综合评价每个材料的优缺点,最后挑选1~2个符合育种目标要求,并超过对照品种的优良的品系参加区域试验。

3.1.4 区域试验与生产试验

在不同的自然区域进行区域试验,测定新品种的利用价值,适应性和适宜推广地区。并在接近生产的栽培条件较大面积的圃地进行生产试验,对新品种进行更客观地鉴定。

在区域试验的同时,根据需要可进行生产试验和栽培试验。如有特殊需要,也可进行多点试验和生态试验。

3.1.5 品种审定与推广

在品系比较试验、区域试验和生产试验中表现优异,品质和抗性等符合推广条件的新品种,由省级及以上政府林业主管部门组织对其进行品种审定,审定合格后定名推广。

对表现优异的品系,从品系比较试验阶段开始,就应加速繁殖种子,以便能及时大面积推广。

3.2 实生选择

实生选种是自然授粉产生的种子在播种后形成的实生植株群体中,采用混合选择或单株选择得到新品种的方法。

3.2.1 混合选择

按照某些观赏特性和经济性状,从一个原始的混杂群体或品种中,选出彼此相似的优良植株,然后把它们的种子或种植材料混合起来种在同一块地里,翌年再与标准品种进行鉴定比较。如果对原始群体的只进行一次选择就繁殖推广的,称为一次混合选择。如果对原始群体进行不断地选择之后,再用于繁殖推广的,称为多次混合选择。例如,对天然授粉草花百日草、鸡冠花等,可实行多次混合选择法(图2-1)。

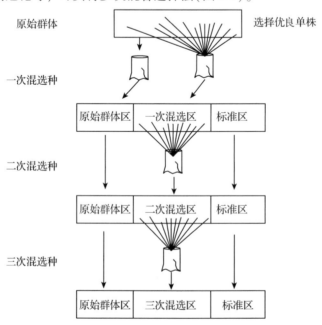

图2-1 多次混合选择

混合选择的优点是：手续简便，易于掌握，且不需要很多土地与设备就能迅速地从混杂的原始群体中分离出优良的类型；能获得较多的种子或种植材料，便于及早推广；能保持较丰富的遗传性，以维持和提高品种的种性。

混合选择的缺点是：在选择时由于将当选的优良单株的种子或种植材料混合繁殖，因而不能鉴别一个单株后代遗传性的真正优劣，可能使仅在优良环境条件下外观表现良好而实际上遗传性并不优良的个体也被当选，从而降低了选择的效果。但这种缺点在多次混合选择的情况下，会得到一定程度的克服。因为那些外观良好而遗传性并不优良的植株后代，在此后的继续选择过程中会逐步被淘汰；其次，在开始进行混合选择时，由于原始群体比较复杂，容易得到显著的效果，但在以后各代所处环境条件相对不变的情况下，选择的效果就趋于不显著了，此时就需要采用单株选择或其他育种措施。

3.2.2　单株选择

单株选择就是把从原始群体中选出的优良单株的种子或种植材料进行分别收获，分别保存，分别繁殖的方法，在整个育种过程中，如只进行一次以单株为对象的选择，而以后就以各家系为取舍单位的称一次单株选择。如先进行连续多次的以单株为对象的选择，然后再以各家系为取舍单位的，就称为多次单株选择（图2-2）。

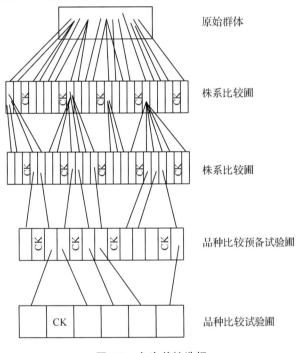

图 2-2　多次单株选择

一次单株选择又称株选法，通常在按一定任务和标准加以比较鉴定后，即可进行营养繁殖，形成稳定的营养系。例如，我国牡丹、梅花、山茶、紫薇等存在形形色色的品种，绝大多数都是株选的成果。

单株选择的优点是：由于所选优株分别编号和繁殖，单个优株的后代就成为一个家系，经过几年的连续选择和记载，可以确定各编号的真正优劣，淘汰不良家系，选出真正属遗传性变异（基因型变异）的优良类型。缺点是：要求较多的土地、设备以及较长的时间。

自花授粉的植物，营养繁殖的植物，由于后代一般不分离，容易稳定，所以常用一次混合选择法。异花授粉植物，由于杂种后代一般多发生分离现象，必须采用多次混合选择或多次单株选择法。

实生选择法另外还有其他一些方法，如评分比较选择法、相关选择法。

3.3 无性系选择

无性系选择是从普通种群中，或从人工杂交和天然杂交的原始群体中挑选优良的单株，用无性繁殖方式之后进行选择的方法。由于同一无性系植株的基因型相同，所以无性系内选择是无效的。为了提高选择效果，必须结合无性系鉴定进行。

由于无性系选择是将挑选出来的优良单株采用无性繁殖方式推广，能够保存优良单株的全部性状。因此，对可采用无性繁殖的、而遗传基础又很复杂的杂种，采用无性系选择效果较好。

无性系选择的优点：能在个体发育的任何时期进行选择从而大大缩短育种周期。此外，这种方法简单，见效快。

无性系选择的缺点：一个无性系就是一种基因型，因而无性系内除非产生新的突变体，否则没法进行多世代育种；无性系遗传基础过窄，往往适应性较差，大规模应用时可能会造成严重不良后果。

3.4 提高选择效果的基本途径

（1）选择要在大群体中进行

大群体具有广泛选择新类型的可能性，可以实行优中选优，但是群体越大，对应的工作量也就越大，选种前要作出充分估计。

（2）选择要在相对一致的环境条件下进行

品种性状的表现是基因型和环境条件共同作用的结果。在花圃生产的品种群体中进行选择，必须考虑在土壤肥力、耕作方法、施肥水平和其他环境条件相对一致的条件下进行。只有保证肥力均匀，营养面积一致，生长正常，基因型作用趋势大体一致，优劣植株才较易分辨。在不均匀的田间地块上选择，某些基因型一般的个体，因生长在好的条件下而表型出众，会被误选；某些具有优良基因型的个体因生长条件差，优良性状未能充分表现而落选，这样就影响选择的效果。

（3）选择要根据综合性状有重点地进行

选择时既要考虑经济价值，又要考虑相关的生物学性状，但也不是等量齐观，要有重点地进行选择。如果只根据单方面表现或个别特别突出的性状进行选择，有时难以选出满意的品种。

任务 2

引种技术

➜ 任务目标

1. 知识目标：知道经济植物良种选育中引种的主要方法。
2. 能力目标：能结合实际生产分析经济树木引种因素，会引种。

➜ 任务描述

经济植物良种选育技术是以遗传理论为基础探索育种和良种繁育的原理和技术，主要采用选择育种、引种和杂交育种 3 种技术。结合实际进行当地经济树木引种案例分析，总结引种成功和失败的经验。

➜ 任务实施

1. 工作准备

（1）材料

当地引种经济树木。

（2）工具

直尺、皮尺、游标卡尺、笔、记录表等。

2. 引种分析

结合当地实际生产分析当地某种植物引种成功或失败的因素，并制定相应的引种措施。

引种树种	引种年份	经济性状（树高、地径、树势、产量、单果重等）	结论

➜ 任务评价

班级			组号			日期	
序号	评分项目	分值	组内自评	组间互评	教师评价	平均分	说明
1	材料收集	20					
2	数据采集	20					
3	分析结果	10					

(续)

序号	评分项目	分值	组内自评	组间互评	教师评价	平均分	说明
4	汇报	30					
5	态度、环保意识	10					
6	团结合作	10					
	总分						

→ 背景知识

1. 植物引种概述

引种是指通过人工栽培，使野生植物变为栽培植物，外地植物变成本地植物，并形成栽培品种的技术经济活动。在植物引种过程中，由于植物易地而栽，易境而生，会存在适应性问题。当适应新环境条件时，植物生长良好；不适应时，植物生长不良，甚至不能生长。通常把引种分为直接引种和间接引种。直接引种是指易境栽培的植物，在新的环境条件下能正常生长发育，并产生预期的经济效果；间接引种则是指植物易境栽培之后，在新的环境条件下，不能正常生长发育，不能产生预期的经济效果，必须通过特别的选育和栽培，才能良好生长。所以，间接引种需要经历引入试栽、适应锻炼、选优栽培等引种育种过程。鉴于此，人们通常把直接引种称为自然归化或自然驯化；而把间接引种称为风土驯化。

1.1 植物引种驯化成功的标准

引种植物适应新的环境条件的表现如下。
①引种植物不需要特殊的保护措施，能够安全越冬或越夏，且生长良好。
②能够用原来的繁殖方法(有性和无性繁殖)进行正常的繁殖。
③没有明显或致命的病虫害。
④没有降低原来的观赏和经济价值。
⑤形成了品种或栽培类型。
⑥引种与生态环境安全。

引种工作在给人类带来丰厚利益的同时，也带来了各种问题，有的问题影响相当严重，应该引起人们的关注。例如，防止有害生物传入；外来物种威胁乡土物种的生存；生态失调和生物多样性减少等。

为了确保生态环境安全。必须严格把握引种这一关，引种项目要制定总体规划，从引种目标到效果预测，以及风险评估，都要进行认真地调查研究和充分论证，坚持严谨的科学态度，杜绝盲目引种。外来物种引进后，要建立健全技术档案、散据库，持续开展跟踪调查、评估等方面的研究工作。

1.2 植物引种原理(因素论)

植物引种驯化理论的核心是植物与环境的关系问题。在原产地，植物与环境间的矛盾达到了统一，植物生长正常；当被引入至新的环境栽培时，能够达成新的统一，则引种成功；否则，引种失败。当然，植物与环境的矛盾斗争不是简单的、机械的。一方面，植物本身要发挥其适应性的最大潜能，来适应新的环境；另一方面，人可以发挥主观能动性来选择和改造环境，满足引种植物的需要。通过理论和实践的综合分析，李国庆和刘君慧于1981年提出，植物引种驯化受两个方面五大因素的制约，这两个方面五大因素之间的关系就集中体现了植物与环境的对立统一关系（表2-1）。

(1) 引种植物的生物学因素
① 引种植物生物学特性。
② 引种植物的生长发育规律。
③ 引种植物的分布规律。

(2) 系统发育历史因素
① 森林植物带。
② 植物的历史分布。

表 2-1 植物引种驯化因素综合分析表

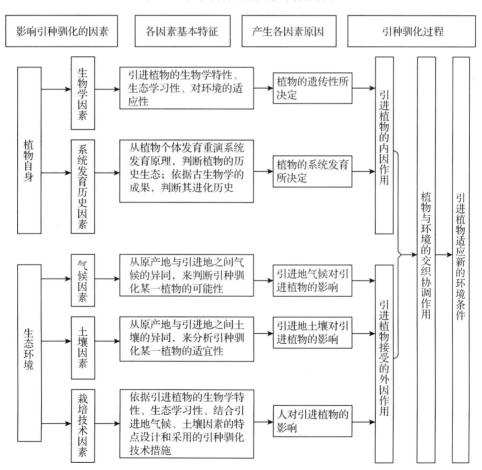

③植物的进化和变异程度。

(3)环境中的气候因素

①气温因素(年平均气温、年有效积温、最高最低气温及持续时间、无霜期、季节交替速度和昼夜温差等)。

②光照因素(日照时间、日照强度、昼夜交替的光周期现象)。

③水和大气湿度以及风的因素。

(4)环境中的土壤因素

①土壤溶液的pH值。

②土壤含盐量。

③土壤微生物。

④土壤营养状况。

引种植物所适应的不是单个因素,而是整个生态环境。在引种过程中,各因素的作用不总是同等重要,要分析主导因素,抓矛盾的主要方面来解决问题。

2. 引种工作步骤和措施

2.1 引种工作步骤

(1)引种材料的收集和筛选

植物种类繁多,性状各异,生态学习性也不相同。引种前,首先根据育种目标了解种的分布范围和种内变异类型,然后根据引种原理分析、筛选出适合引进的植物种类。应把引种植物自然分布与栽培分布范围内的各种生态类型同时引入至新的环境条件下,以便分析比较它们在新环境中的反应,从中选出最适宜的类型,作为进一步引种实验的原始材料。

(2)种苗检疫

引种是传播病虫害和杂草(导致外来物种入侵)的一个途径,国内外在这方面都有许多严重的教训。引种中,必须对新引进的植物材料进行严格的检疫。还要通过特设的检疫圃隔离种植,以便及时发现新的病虫害和杂草,采取处理措施。

(3)登记编号

对引进的植物,一旦收到材料,就应详细登记;只要地方不同,或收到的时间存在差异,都要分别编号。登记的主要内容包括:名称、来源、材料种类(插条、球茎、种子、苗木等)和数量,寄送单位和人员,收到日期及收到后采取的处理措施等。

(4)引种试验

新引进的品种在推广之前,必须先进行引种试验,以确定其优劣和适应性。试验时应以当地具有代表性的优良品种作为对照。试验的一般程序如下。

①种源试验 种源试验是指对同一种植物分布区中不同地理种源提供的种子或苗木进行的栽培对比试验。通过种源试验可以了解植物不同生态类型在引进地区的适应情况,以便从中选出适应性强的生态型进行下一步试验。种源试验中,要注意选择引进地区有代表性的多种地段栽培,以便了解各种生态型适宜的环境条件。

②品种比较试验　通过观察鉴定将表现优良的种类做有重复的品种比较试验。试验中观测的主要项目包括：植物学性状、物候期、抗性、适应性等。

③区域试验　区域试验是在完成或基本完成品种比较试验时开始的。目的是为了查明适于引种植物的推广范围。因此，需要把在少数地区进行品种试验的初步成果，拿到更大的范围和更多的试验点上进行栽培。

(5)品种鉴定、审(认)定与登录

专家组的技术鉴定、地方行政管理部门的审(认)定是品种形成所必须的环节。品种的国际登录是知识产权保护的前提。

(6)扩大繁殖与推广

引种试验往往是由少数科教单位和企业实施的，引种试验成功的植物，还必须及时推广后才能使成果产生经济效果。良种繁育是推广的前提。

2.2　引种栽培技术措施

(1)播种期和栽植密度

由于我国南北方日照长短不同，植物向北引种时，可适当延期播种，这样做可减少植物的生长，增强植物组织的充实度，提高抗寒能力。反之，向南引种时，可提早播种以增加长日照下的生长期和生长量。

在栽植密度上，可采用簇播和适当密植，使植株形成相互保护的群体，以提高向北引种植物的抗寒性。向南引种时，则要适当增大株行距，以利于植物生长。

(2)苗期管理

向北引种时，在苗木生长后期，应减少灌溉，少施氮肥，适当增施磷、钾肥，有利于促进组织木质化，提高抗寒性。向南引种时，为了延迟植株的封顶时间，提高越夏能力，应多施氮肥和进行追肥，增加灌溉次数。

(3)光照处理

向北引种的植物，苗期宜早、晚遮光，进行 8~10h 短日照处理，可使植物提前形成顶芽，缩短生长期，增强越冬抗寒能力。而向南引种的植物，可采用长日照处理以延长植物生长期，提高生长量，增强越夏抗热能力。

(4)土壤 pH 值

生长在南方酸性土壤上的植物，向北移时可选山林隙地微酸性土壤试种。对 pH 值反应敏感的花木，如栀子、茉莉、桂花等，可适当浇含有硫酸亚铁螯合物等微酸性的水，或多施有机肥，从而改良北方碱性土壤。对于北方含盐量大的土壤，要注意在雨后覆盖土壤，防止因水分蒸发而产生的反盐现象。向南引种时，植物移栽到南方酸性土壤上，可适当施些生石灰以提高土壤 pH 值，保证植物正常生长。

(5)防寒、遮阴

向北引种的植物，在苗木生长的第一、二年的冬季要适当地进行防寒保护。如采用设置风障、基部培土、覆草等措施，以提高温度、降低风速，从而使幼苗、幼树安全越冬；而对于由北向南引种的植物，为使其安全越夏，可在夏季搭遮荫棚，给予适当的遮阴。

(6)种子的特殊处理

在种子萌动时，进行低温、高温或变温处理，可促使种子萌芽。在种子萌动以后给予干燥处理,有利于增强植物的抗旱能力。另外,也可做耐盐、抗寒锻炼。

(7)接种共生微生物

松类、豆科等植物具有与某些微生物共生的特性,引进此类植物时,要注意同时引进与其根部共生的土壤微生物,以保证引种成功。

2.3 注意引育结合

引种要结合选择进行。引种的品种栽培在不同于原产地的自然条件下,必然会发生变异,变异的大小取决于原产地和引种地区自然条件的差异程度以及品种本身遗传性的稳定程度。新品种引入后,要防止品种退化,采用混合选择法去杂保纯,或者引进该品种的种子进行选择和繁殖,以便推广。在引进的品种群体中还可挑选优良单株或建立优良单株的无性系,以便于进一步培育新品种。

当引种地区的生态条件不适于外来植物生长时,常通过杂交的方式以改变种性,增强对新地区的适应性。

引种植物通过诱变处理,也经常能够获得生育期、形态、适应性等方面的突变体。

任务 3
杂交育种

➡任务目标
1. 知识目标：知道经济植物良种选育中杂交育种的主要方法。
2. 能力目标：能进行经济树木的授粉。

➡任务描述
经济植物良种选育技术是以遗传理论为基础探索育种和良种繁育的原理和技术，主要采用选择育种、引种和杂交育种三种技术。结合实际进行经济树木授粉操作，总结授粉的技术要点。

➡任务实施

1. 工作准备

（1）材料

开花的经济树木。

（2）工具

直尺、皮尺、游标卡尺、笔、记录表、授粉毛刷、培养皿、天平等。

2. 授粉

（1）母株与花朵的选择

选择品种纯正、生长健壮，开花结实正常的母本植株优良单株。选择植株中上部向阳的雄花。

（2）去雄与套袋

杂交前需将花蕾中未成熟开裂的花药除去。去雄后应立即套袋隔离，去雄时用的工具必须用70%的酒精消毒，以杀死黏着的花粉。套袋后应挂上标牌，注明去雄日期。

（3）授粉

确定最佳授粉时间，可用授粉工具如毛笔、棉花球等蘸上花粉授于柱头上。可连续2~3次授粉。授粉后就立即套袋隔离，挂上标牌，注明杂交组合和授粉日期，授粉次数等。

（4）杂交后的管理

授粉后，当柱头枯萎时说明已经受精，可将套袋除去，以免影响幼果生长发育。同时进行相应的管理如摘心、施肥、病虫害防治。

（5）总结

做好记录工作，并观察授粉结果，整理档案，对结果提出建议。

→ 任务评价

班级		组号				日期	
序号	评分项目	分值	组内自评	组间互评	教师评价	平均分	说明
1	母株与花朵选择	15					
2	去雄与套袋	15					
3	授粉	20					
4	杂交后管理	20					
5	报告	10					
6	态度、环保意识	10					
7	团结合作	10					
	总分						

→ 背景知识

1. 杂交育种技术

1.1 杂交育种概述

杂交育种是以基因型不同的植物种或品种进行交配形成杂种，通过培育选择，获得新品种的方法。它是现在国内外应用最普遍、成效最显著的育种方法之一。

根据杂交亲本亲缘关系的远近，有性杂交又分为近缘杂交和远缘杂交两大类。近缘杂交是指同一种内品种间或类型间的杂交。近缘杂交的亲合力较高，杂种后代的稳定比远缘杂交快，选育新品种的时间短，是杂交育种最常用的方法。远缘杂交是指不同种间、属间、科间或地理上相距很远的不同生态型的杂交。远缘杂交由于亲缘关系较远，杂交亲本之间的亲合力较弱，并出现杂交不孕、杂种不育、杂种分离范围广泛、世代长等现象，其育种难度较高。

此外，杂交育种若与其他育种方法相结合，如引种、倍性育种、诱变育种等，常会取得更好的效果。

植物在自然选择的作用下，向着有利于自身的方向发展。而杂交育种是以满足人类的需要为目的的，使植物定向发展。

2. 杂交育种程序

2.1 育种程序

一般由以下几个内容不同的试验圃组成，如图 2-3 所示。

图 2-3　杂交育种程序示意

(1) 原始材料圃和亲本圃

种植国内外搜集来的原始材料的试验地称为原始材料圃。设立原始材料圃的目的是为了观察研究各种原始材料在当地条件下的生长发育特性，并每年从中选出一定数量的优良的原始植株作为杂交亲本，种于亲本圃内。在亲本圃内，根据杂交组合的需要对双亲花期进行调节，为便于杂交操作亲本圃内的植株应加大行距，有时还要将亲本种于温室或进行盆栽。

(2) 选种圃

种植杂种后代的试验地称为选种圃。在选种圃内，对杂种后代应按照组合，单株的或混合的进行多次选择，直到选出优良一致的品系为止。选种圃内应种植亲本作为对照。杂种株系在选种圃的年限，因性状稳定所需要的世代而异。

(3) 鉴定圃

鉴定圃是种植由选种圃所选出的优良品系的试验圃地。其任务是鉴定各品系后代的整齐一致性，同时进一步对各性状进行观察比较。通常种植在鉴定圃内的材料数目多，而每份材料的种数量较少，因此，小区面积较小，一般几平方米至十几平方米；小区重复次数少，为 2~3 次。小区多采用顺序排列，并应每隔几个小区设一对照区。试验条件应接近栽培生产地的条件。

(4) 品种比较试验圃

品种比较试验圃是种植由鉴定圃选择出的优良品系的圃地，它是在较大的面积上进行的更精确，更有代表性的栽培试验，并对品种的生育期、抗性品质等进行更详细而全面的研究。品种比较试验的小区面积较大，可增至 20~40m²；重复次数较多，可增至 4~5次。排列顺序多采用随机区组法。对照则按试验品种对待参加试验。试验地的条件要力求接近栽培生产地的条件，以提高试验的代表性。为保证试验结果精确可靠，一般品种比较试验应进行 2~3a，然后选出最优良的品种参加区域试验。

对突出优异的品种，在鉴定圃或品种比较试验阶段就可着手原种的生产，并进行繁殖。同时，还可在较大面积的生产条件下开展生产试验以及结合主要栽培措施进行栽培试验。

2.2　加速育种进程的方法

(1) 加速世代进程

杂种后代的遗传要经过一定世代才能逐步稳定，按 1 年 1 代则需 5~6a 的时间才能进入鉴定圃。如采用北种南繁异地加代或利用温室就地加代方法，1 年就可种植 2~3 代，是加速世代进程的有效方法。

(2) 加速试验进程

可根据具体情况，适当地改进育种方法和程序，以加速试验进程，缩短育种年限。如对优异的材料可越级提升等。

(3) 利用无性繁殖或组合培养技术

新品种定型后,为了推广应用就需要大量的种苗,对于能用无性繁殖的植物,要充分利用其营养繁殖器官,扩大繁殖系数。

(4) 利用花药培育的单倍体育种新技术

利用花药培养单倍体可使杂种一代育纯,可大大缩短育种年限。

2.3 杂交育种技术

2.3.1 杂交育种计划的制订和准备工作

杂交育种首先应制订详细的育种计划和做好育种的准备工作。育种计划包括育种目标、杂交组合、杂交方式、亲本研究、花期调整、杂交数量、杂交进程和操作规程等。

(1) 育种目标的确定

一般杂交中,一次只要求解决一个重点问题,切不可面面俱到。

(2) 亲本选择

要在深入研究原始材料的基础上,遵循以下几项原则选择亲本。

①亲本应具备育种目标所要求的目的性状,综合性要好,优点要多,缺点要少,父母本优缺点能够互补。

②选择地理上起源相距较远,生态型差别较大的亲本杂交可以丰富杂种后代的遗传组成,有较大的杂种优势。

③亲本选择时要考虑两个亲本遗传传递能力的强弱。一般来说,野生种比栽培种,老的栽培种比新的栽培种,当地品种比外来品种,纯种比杂种,成年植株比幼年实生苗,自根植株比嫁接在其他种砧木上的植株,遗传传递能力要强。另外,母本对杂种后代的影响常比父本强,因此,要尽可能选择优良性状较多的作母本。

④选择的亲本一般配合力要高。一般配合力是指某一亲本品种与其他若干品种杂交后,杂种后代在某个性状上表现的平均值与群体平均值的离差。一般配合力是由基因的加性效应决定的。用一般配合力高的品种做亲本,杂交后代可能出现超亲变异。

另外,要选择结实性强的种类做母本,而以花粉多而正常的做父本,以保证获得较多种子。

⑤应选用当地的推广品种作为亲本之一。尤其在一些自然条件严酷、气候多变的地区,选用地方品种作为亲本,常能得到抗逆性强的品种。

(3) 杂交方式的确定

①成对杂交 成对杂交又称单交,简称杂交。即由一个母本和一个父本配制成对的杂交,以 A×B 表示。当两个亲本优缺点可以互补,性状总体基本上能符合育种目标时,采用单交。单交只需杂交一次即可完成,杂交及后代选择的规模不需很大,而且方法简便,杂种后代的变异较为稳定。单杂交时,正交、反交最好都做,以资比较。

②复式杂交 复式杂交又称复交,是指在多亲本之间进行的杂交。一般是将两亲本杂交产生的杂种,再与另一个或多个亲本杂交,或者是两个杂交种进行杂交。复交的方式因采用亲本的数目及杂交方式不同,又分以下几种:三交(A×B)×C、双交(A×B)×(C×D)、四交[(A×B)×C]×D 等。复交各亲本的排列顺序根据各亲本的优缺点互补的可能性,一般将综合性状好并且有主要目的性状的亲本排在最后一次杂交,这样后代出现主要

目的性状的可能性大。

复交与单交相比所需年限较长,工作量大,所需试验地面积,人力、物力都较多,所以仅限于育种目标要求方面广,必须多个亲本性状综合起来才能达到育种要求时采用。

③回交 两亲本杂交获得的杂种,再与亲本之一进行杂交,称作回交。其杂交方式如图2-4所示。

用于回交的亲本,叫轮回亲本。非回交亲本,叫非轮回亲本。回交只进行一次,称一次回交,进行多次,称多次回交。回交次数应根据实际需要确定。

一般在第一次杂交时选择具有优良特性多的品种作母本,而在以后各次回交时作父本。回交的目的是使亲本的优良特性在杂种后代中慢慢加强,直至把某一优点完全转移到杂种中。

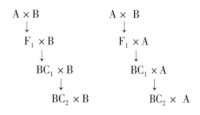

图2-4 回交图式

④多父本混合授粉 多父本混合授粉实际也属于复式杂交的范围,其杂交方式是选择两个或更多的父本花粉,将它们授于同一个母本植株上,可用 A×(B+C+D+…) 表示。这种方式有时可以收到综合杂交的效果,减少多次杂交的麻烦,同时还可以解决远缘杂交不孕现象,能提高杂交亲合性和结实率,提高后代生活力,甚至改变后代遗传性。某些植物去雄后任其天然杂交,实际上也是多父本混合授粉。利用天然杂交育种,方法简单易行,而且后代分离类型丰富,有利于选择。

2.3.2 杂交的实施和杂交技术

2.3.2.1 花期调整

影响花期迟早的主要环境因素是温度、光照和光周期。同种植物的花期一般南方比北方早、低海拔比高海拔早、阳坡比阴坡早。在调整花期之前,要先研究清楚影响花期的主导因素,然后采取相应的措施,促使花期相遇。

采取适当的栽培措施也能调整花期。另外,通过生长素类化学试剂的处理也可促进开花。例如,用赤霉素处理牡丹、山茶、小茶梅、杜鹃、仙客来等,能够提早开花。

通过异地采粉或花粉贮藏,可延长花粉的寿命和可授期,实际上起到延迟花期的作用。

2.3.2.2 花粉技术

(1)父本花粉的收集

为了保证父本花粉的纯洁性,在授粉前对即将绽蕾的花朵应予先套袋隔离。待花药成熟弹粉时,可直接采摘父本花朵,对母本进行授粉。也可把花朵或花序剪下,在室内阴干后,将花粉收集于器皿中备用。

(2)花粉的贮藏

花粉的贮藏与运输可以打破杂交育种中双亲时间上和空间上的隔离,扩大了杂交育种的范围。花粉贮藏的原理在于创造一定条件,降低花粉代谢强度,延长花粉寿命。花粉寿命的长短,因植物种类不同而异。一般在自然条件下,自花授粉植物花粉寿命常比异花授粉植物短。花粉寿命还与温度、湿度有密切关系,通常高温高湿花粉呼吸旺盛,很快失去生命力;但在极干的条件下,花粉失去水分,也不利于保存。因此,延期使用的花粉,应妥善保存。

花粉收集后,工作程序如下。

①干燥　把花粉放在散光下晾干、阴干或放在盛有氯化钙的干燥器中初步干燥,一般以花粉由相互枯结至极易分散为度(即不黏附在玻璃容器壁上),这种状态的花粉,其含水量在10%左右。

②去杂　花粉在贮藏前要过筛去杂,花粉筛的孔径不可过大,以50~70μm为妥。操作时轻轻摇动筛子,使花粉落下,夹杂物留于筛上,不能用毛笔、刷子等用劲在筛上扫刷,因为花丝及花粉壁碎片会通过筛孔混入花粉,影响贮藏和发芽试验。

③冷藏　经处理好的花粉分别装入指形管或小玻璃瓶中不要装满,以占1/5或更少些为宜,以免发热长霉。瓶口用双层纱布或棉花包扎,不可用橡皮塞或软木塞,否则瓶内与瓶外隔绝,无法控制湿度。瓶外贴上标签,注明花粉名称和贮藏周期,然后把小瓶花粉放在干燥器中。干燥器的底腔可放置一些控制湿度的化合物,如硫酸、氯化钙、醋酸钠饱和溶液等,在0℃条件下,它们能控制的相对湿度分别为30%、32%和22%。最后,把干燥器放在冰箱中,保持在0~2℃以下,这样可以贮藏较长时间,如果没有这些设备,可把装有花粉的小瓶子放在盛有石灰的箱子中,置于阴凉干燥的黑暗处,也可起到短期的贮藏作用。

(3)花粉生活力测定

经长期贮藏或从外地寄来的花粉,在杂交前必须对花粉生活力进行测定,以便对杂交结果进行分析研究。花粉生活力测定的常用方法如下。

①直接授粉法　将花粉直接授在清洁的另一同种植株的花柱头上,并做好隔离工作。隔一定时间检查花粉萌发情况。

②染色法　利用四唑盐测定花粉生命力的原理,主要是无色药液进入花粉遇到活组织里的脱氢酶,接受氢离子,还原成红色三苯基甲䐶,结果使有生命的花粉染上红色,死花粉不着色;花粉生活力强弱有异,染色深浅也有不同。

③花粉发芽实验　配制培养基,播种花粉,在一定温湿度条件下,使花粉发芽,在显微镜下观察发芽情况。一般认为,发芽率在40%以上的花粉可用。

2.3.2.3　杂交技术

(1)母株与花朵的选择

母本植株必须选择品种纯正、生长健壮,开花结实正常的优良单株。去雄的花朵以选择植株中上部向阳的花为好。每株(或每枝)保留的花朵数一般以2~3朵为宜,种子和果实小的可适当多留一些,多余的摘去,以保证杂种种子的营养。

(2)去雄与套袋

凡属两性花的品种为防止自交,杂交前需将花蕾中未成熟开裂的花药除去。去雄后应立即套袋隔离以防止天然杂交。去雄和套袋时间都应在雌雄蕊未成熟时进行,但也不宜过早,以免影响花蕾的发育。一般在花蕾开始变松软,花药开始呈现黄色时摘除为宜。单性花不必去雄,但须套袋隔离。去雄时,可用手轻剥花蕾,然后,用镊子或小剪刀摘除花中雄蕊。去雄要细致、彻底,不要损伤雌蕊,也不要碰破花药。去雄时使用的工具必须用70%的酒精消毒,以杀死黏着的花粉。

隔离用的袋子必须能防水、透光、透气,一般可采用薄而透明的硫酸纸做袋子,虫媒花可用细纱布或亚麻布做袋子。袋子的大小因种而异,一般以能套住花朵或花序并留有适当的空间为宜，套袋后应挂上标牌，注明去雄日期。

(3) 授粉

去雄后，当柱头分泌黏液而发亮时，表示雌蕊成熟，即要授粉，这时授粉的结实率最高。授粉时可用授粉工具如毛笔、棉花球等蘸上花粉授于柱头上。如量多而干燥的花粉可使用喷粉器喷粉。一般授粉时，如果花粉用量多，则结实率高而且种子多。为确保授粉成功，也可连续2~3次授粉。授粉后就立即套袋隔离，挂上标牌，注明杂交组合和授粉日期，授粉次数等。

(4) 杂交后的管理

授粉后，当柱头枯萎时说明已经受精，可将套袋除去，以免影响幼果生长发育。在除袋的同时，可对杂交结实率作第一次检查。有的花灌木要随时摘心、去杂、追施磷钾肥、以增加杂交种子的饱满度。有的还要采取适当的防冻、保暖措施，以减少病虫害及其他意外的损失。随时做好观察记载工作。

(5) 室内切枝杂交

对种子小而成熟期短的植物如菊花、杨树、柳树、榆树等，可剪取枝条，在温室内水培杂交。

水培时母本枝条应长且粗壮，以保证供给种子成熟必须的营养，父本枝条可稍短。采回的枝条未培前要把无花芽的徒长枝和有病虫害的枝条修剪掉。母本花枝保留花朵不宜过多，以免过多消耗枝条养分，影响种子发育。为收集大量花粉，父本花枝应尽量保留全部花芽。

把修剪好的枝条，插在盛有清水的广口瓶中，每隔3~4d换一次清水，天热时要勤换水，如发现枝条切口变色或黏液过多，须及时修剪切口，以免影响水分输导。室内要通风透光，防止病虫害发生。

室内切枝杂交的去雄、隔离、授粉以及杂种采收等均如前述，只是对于单性花的隔离，如条件允许可把父、母本枝条分放在不同室内，且室内又无其他植物花粉干扰时，则可不用套袋。

2.3.2.4 克服远缘杂交不孕和杂种不育的方法

远缘杂交中因亲本之间在形态、生理、生态上差别过大，不能完成受精和结实过程的现象，称作远缘杂交的不孕性，或称作杂交的不亲合性。具体表现为：远缘亲本的花粉在柱头上不能萌发；或虽能萌发，但花粉管生长缓慢或花粉管太短，不能进入子房到达胚囊；或虽能到达胚囊，但不能受精；或只有卵核或极核发生单受精。以上这些不亲合现象又称为配子的不亲合性。此外，还可表现为雌、雄配子虽能受精，但因胚、胚乳、子房停止发育或发育不正常，致使幼胚不发育；杂交种子的幼胚、胚乳和子房组织之间缺乏协调性，胚乳不能为杂种胚提供正常生长所需的营养，从而影响杂种胚的发育等。

远缘杂种(F_1)不能正常结实的现象，称作杂种不育。

远缘杂交育种有三大困难，即杂交不亲合，杂种不育和杂种分离复杂。但多数植物可能无性繁殖，克服了杂种分离的问题。因此，远缘杂交育种主要解决前两个问题。

(1) 克服远缘杂交不孕的方法

①选择适当亲本并注意正反交　选配适当亲本，可提高远缘杂交的成功率。杂种常表现有较高的亲合力，所以选用杂种做母本，特别是选用第一次开花的实生苗效果良好。

远缘杂交还经常出现正反结果不同的现象。例如山茶和怒江山茶，连蕊茶和茶花的正反交存在显著差异。

②改变授粉方式　混合授粉和多次重复授粉是克服远缘杂交不亲合性常用的方法。米丘林曾在用玫瑰与桂蔷薇直接杂交失败后，采取少量的玫瑰花粉混入桂蔷薇花粉中授粉，则获得成功。重复授粉，即在同一母本花的蕾期，开放期进行多次重复授粉。由于雌蕊发育成熟度不同，它的生理状况有所差异，受精选择性也就有所不同，有可能促进受精率的提高。

③预先无性接近法　米丘林曾用梨和楸杂交没有成功。后来，他用普通花楸和黑色棉楸先进行有性杂交，将杂种幼龄实生苗的芽条嫁接到成年梨树的树冠上，经六年时间，接穗受母本影响，它们在生理上逐渐接近，当杂种花楸开花时授以梨的花粉，这样便成功地获得了梨与花楸远缘杂交种。

④柱头移植或涂抹柱头液　由于远缘杂交缺乏许多促进花粉萌芽与生长的活性物质，因此，在授粉前取父本柱头的汁液涂在母本柱头上，或者将父本的小片柱头移植到母本的柱头上，然后再进行授粉，杂交易于成功。

⑤媒介法　当甲与乙直接杂交不能成功时，可以用两亲之一先与第三类型丙进行杂交，将杂交得到的杂种再与另一亲本杂交，这种媒介的方法，有时较易获得成功。

⑥化学药剂处理　应用赤霉素、萘乙酸、吲哚乙酸、硼酸等化学药剂处理可克服某些远缘杂交不结实的缺点。

⑦组织培养技术的应用　有些杂种幼胚发育很不正常，甚至在未形成有生活力的种子以前就中途夭折。用幼胚培养法可以克服上述现象，以获得杂种苗。

⑧改变授粉条件　在金花茶与山茶的远缘杂交中，在二月份如温暖少雨，结实率显著提高，如低湿多雨，结实下降，甚至不结实。因此，在深冬和早春的花卉杂交中，宜在温室或保护地进行，从而改善授粉受精条件。

（2）克服杂种不育的方法

①杂种胚的离体培养　在多数情况下，种属间杂种，虽然结了实，但得到成熟杂交种子瘦瘪，胚的发育大多不健全，而将杂交所得的不饱满种子或未成熟种子，或在其发育中取出幼胚，置于一定的培养基中培养，由于适合的营养和优良的培养条件，其出苗率大为提高。

②杂种染色体的加倍　杂种一代在减数分裂时联会过程受阻，不能产生正常有效的雌雄配子，故不能结实。体细胞染色体数加倍，获得异源四倍体，可提高结实率。

③回交法　在亲本染色体数不同和减数分裂不规则的情况下，杂种产生的雌配子并不都是无效的，其中有一部分可以接受正常花粉而结实。因此，当染色体数目较多，采用染色体加倍法不易成功时，可考虑用回交法来克服杂种不育。不同回交亲本对提高杂种结实率有很大差异，回交时不必局限于原来的亲本，可用不同品种多次回交。

④自由授粉　远缘杂交第一代植株在自由授粉下，比人工套袋隔离强迫自交的情况容易结实。因为柱头有自由选择花粉的机会，以及有可能在同株异花间或相邻种植的亲本之一自由回交，选择到更适宜的配子完成受精，达到部分结实。

⑤延长杂种培育世代　远缘杂交的结实性，往往随着生育年龄和有性世代的增加而逐步提高。

2.3.3 杂交后代的选育

选择的原则一般是先选组合,后选单株。杂交组合好,杂交后代优良单株出现的机会也就多。自花授粉植物或常异花授粉植物的亲本,大多是纯合体,一般杂交第一代不分离,此时主要进行组合选择,中选组合不必进行株选,只需淘汰不良植株,再按组合采收种子。由于隐性优良性状和各种基因的重组类型在 F_1 代尚未出现,所以对组合的选择不能太严;杂种二代(F_2)性状强烈分离,为了使优良性状能在 F_2 及其后代中表现出来,F_2 群体要大,一般每一组合的 F_2 应种几百甚至千余株。F_2 主要根据目标性状进行单株选择。而异花授粉植物因亲本多为杂合的,故在杂种第一代就发生分离,因此在第一代进行优良组合选择的同时就可进行优良单株选择。对木本植物,杂种的优良性状要经过一段生长才能逐步表现出来,所以杂种植物淘汰要慎重。一般要经过 3~5 年观察比较;特别是初期生长缓慢的树种,时间应更放长一些。否则就有可能把已到手的有潜力的杂种丢失了。

杂种选择的时期,应贯穿于从种子开始至杂种培育的整个生长发育过程的各个阶段,而且应在实生苗各种性状表现最明显的时期深入现场进行观察比较。例如,抗湿、抗病性状的选择,要在雨期进行观察;抗热性状,则在夏季高温期间观察;抗旱性状,在旱期观察;抗寒性状在严冬季节观察;早花的选择,在孕蕾期进行等。选择时重点性状还要与综合性状相结合。

3. 新技术育种

除了上述3种育种技术外,一些新的育种技术也应用到生产中,简要介绍如下:

3.1 辐射诱变育种

植物辐射育种是人为地利用物理诱变因素,如 X 射线、γ 射线、β 射线、中子、激光、电子束、离子束、紫外线等诱发植物产生可遗传的变异,在较短时间内获得有利用价值的突变体,根据育种目标要求,选育成的新品种直接生产利用,或育成新种质作亲本在育种上利用(突变体的间接利用)的育种途径。射线引起变异的原因是基因突变和染色体断片重排造成基因的重新排列与组合,从而引起生物有关性状的变异。

3.2 化学诱变育种

化学诱变育种是指人们利用化学诱变剂,如烷化剂、叠氮化物、碱基类似物等诱发植物产生可遗传的变异,再将有用的突变体选育成新品种的过程。化学诱变育种具有操作简便、价格低廉、专一性强、可重复试验等优点。

植物的各个部分都可用化学诱变剂进行处理。突变育种大多是从多细胞组织开始的,常用的有种子、芽或插条等。根据育种需要,人们还希望处理块茎、鳞茎或球茎、休眠的插条或木本嫩枝、已发根的插条或正在生长的植株及繁殖该植物时最方便的其他类型的器官。此外,也可以处理花粉、合子和原胚,这些材料能避免产生突变嵌合体,利于提高诱变频率和选择效率。

3.3 多倍体育种

选育细胞核中具有3组以上染色体优良新品种的方法,称为多倍体育种。多倍体品种一般表现为巨大性、可孕性低、适应性强、有机合成速率增加、可克服远缘杂交不育性等特征。

多倍体品种通常有3种类型：

①同源多倍体品种　即细胞中包含的染色体组来源相同，如同源三倍体AAA、同源四倍体AAAA。

②异源多倍体品种　即细胞中包含的染色体组来源不同，如AABB。形成于不同种的亲本(至少一个是多倍体)杂交而来；还可由不同的种杂交，所获得的不孕性二倍体杂种染色体加倍而来，后者称双二倍体。

③非整倍性多倍体品种　即细胞中染色体数目有零头的多倍体，如栽培菊花大多为六倍体，$2n=6x=54$，$x=9$，但其中有不少是非整倍性多倍体，如染色体最少的品种为$5x+2=47$，染色体最多的品种$2n=8x-1=71$。

3.4　单倍体育种

利用植物仅有一套染色体组之配子体而形成纯系的育种技术称为单倍体育种。20世纪60年代有人用曼陀罗花药进行组织培养，首次培养出了大量的单倍体植株。随后很多国家相继在烟草、矮牵牛、水稻、小麦、辣椒、油菜、杨树、三叶橡胶、茶树等几十种植物中分别诱导出单倍体植株，有的单倍体植株进一步培育成了新品种。单倍体育种有以下3条途径。

①孤雄生殖　不经过受精作用，直接从花粉培养成单倍体植株的过程，又称花药培养，简称花培。

②孤雌生殖　使卵细胞不经过受精作用直接分化成单倍体植株的过程。

③无配子生殖　由极核、助细胞、反足细胞直接分化成单倍体植株的过程。目前花药培养技术成熟，应用广泛。

单倍体植物不能结种子，生长又较弱小，没有单独利用的价值。但在育种工作中作为一个中间环节能很快培育纯系，加快育种速度。在杂交育种，杂种优势利用，诱变育种，远缘杂交等方面具有重要意义。具体表现为：①克服杂种分离，缩短育种年限；②快速获得异花、授粉植物的自交系；③作为新材料，可提高辐射诱变和化学诱变育种效率；④克服远缘杂种不孕性与不易稳定的现象；⑤开辟了杂种起源的植物育种的有效途径。

3.5　基因工程育种

运用分子生物学技术，将目的基因(DNA片段)通过载体或直接导入受体细胞，使遗传物质重新组合，经细胞复制增殖，新的基因在受体细胞中表达，最后从转化细胞中筛选出有价值的新类型构成工程植株，从而创造新品种的定向育种新技术称为基因工程育种。其特点如下。

①分子生物学揭示了生物都有共同的遗传密码，这使人类、动植物和微生物之间的基因交流成为可能，为创造新品种开拓了广阔的前景。

②遗传性的改变完全根据人类的目的进行有计划的控制，因而可定向地改造生物，甚至创造出全新的生物类型。

③由于直接操作遗传物质，育种速度大大加快，避免杂交育种后代分离和多代自交、

重复选择等，在短时间内可稳定形成新品种、新类型。

④能改变观赏植物的单性状，而其他性状保持不变。基因工程是 20 世纪 70 年代初期才发展起来的一门新技术，至 70 年代末运用这一技术已能通过微生物生产人的胰岛素和干扰素等药品。80 年代以后，逐渐把此技术应用到高等生物的物种改良和新品种的培育上。目前转基因树木有 10 科 22 属 35 种以上，杨树、欧洲落叶松等重要树种已经有转基因植株。

3.6 航天育种

航天技术育种是指利用返回式卫星和高空气球所能达到的空间环境对植物(种子)的诱变作用以产生有益变异，在地面选育新种质、新材料，培育新品种的作物育种新技术。空间环境具有长期微重力状态、空间辐射、超真空、交变磁场和超净环境等主要特征。科学实验证明，空间辐射和微重力等综合环境因素对植物种子的生理和遗传性状具有强烈的影响作用，使种子的基因产生地面上难以实现的有益变异，从而缩短地面育种周期，提高育种效率，生产出地面育种所达不到的新品。因而在过去的几十年里一直受到国内外研究者的广泛关注。

自 1987 年以来，我国进行了 10 多次植物空间搭载试验，先后搭载了上百种农作物和木本经济树种，搭载的种子经多年地面选育，已培育出水稻、小麦、青椒、番茄、莲子等新品种，有的产品已经产业化。并已探索出旨在改良植物产量、品质、抗性等重要遗传性状的植物育种新方法。空间技术育种在有效创造罕见突变基因资源和培育花卉新品种方面能够发挥更重要的作用。

任务 4

良种繁育

➡任务目标
1. 知识目标：知道采穗圃营建的方法。
2. 能力目标：会进行采穗圃营建。

➡任务描述
良种繁育是运用遗传育种的理论和技术，在保持并不断提高良种种性与生活力的前提下迅速扩大良种数量的一套完整的种苗生产技术。良种繁育是选育工作的继续，是新品种推广中不可缺少的重要环节。结合实际对现有采穗圃进行分析，总结采穗圃建立的程序和技术要点。

➡任务实施

1. 工作准备

（1）材料

经济树木采穗圃。

（2）工具

直尺、皮尺、游标卡尺、笔、记录表等。

2. 分析采穗圃营建技术

根据当地实际生产情况选择一采穗圃基地的建设案例（包括其建设目的、时间、规模、管理技术措施、效益等内容）结合查阅资料，进行分析，总结出采穗圃营建成功的程序和技术要点。

采穗圃	营建时间	规模	管理技术措施	年产穗条量	其他

➡任务评价

班级		组号				日期	
序号	评分项目	分值	组内自评	组间互评	教师评价	平均分	说明
1	案列选择	20					
2	案例分析	20					
3	汇报	30					

(续)

序号	评分项目	分值	组内自评	组间互评	教师评价	平均分	说明
4	态度、环保意识	15					
5	团结合作	15					
	总分						

→ 背景知识

1. 良种繁育概述

良种繁育是运用遗传育种的理论和技术，在保持并不断提高良种种性与生活力的前提下迅速扩大良种数量的一套完整的种苗生产技术。良种繁育是选育工作的继续，是新品种推广中不可缺少的重要环节。

良种繁育的传统基地是母树林、采穗圃和种子园，目前组织培养技术也渐趋成熟。良种繁育的途径应根据树种特性和地区条件合理选用。经济树种一般采用优良无性系建立纯系采穗圃。

1.1 品种退化的原因

品种退化是指品种在生产和繁育过程中，由于种种原因会逐渐丧失其优良性状，失去原品种典型性的现象。从狭义上来说，品种退化是指优良品种在种性遗传上的劣变、不纯；从广义上来说，则包括由于栽培条件、栽培方法不适，病虫害严重危害，繁殖材料质量不高，以及机械混杂等诸多因素影响，而造成的优良品种在生产上、应用上、观赏上价值降低的现象。

品种退化有以下几方面原因。

（1）机械混杂与生物学混杂

机械混杂指在采种、晒种、贮藏、包装、调运、播种、移栽等栽培和繁殖过程中，把一个品种的种子或苗木机械地混入了另一个品种之中，从而降低了品种的纯度，随之丰产性，物候期的一致性，观赏价值也都降低。机械混杂的危害不仅能影响当代，而且会进一步引发生物学混杂，从而影响后代遗传品质，造成品种更为严重的退化，这不仅给栽培管理带来不便，在混杂程度严重的情况下，甚至失去品种栽培的利用价值。

生物学混杂是指由于品种间或者是种间产生一定程度的天然杂交，造成一个品种中渗入了另一个品种的基因，从而大大降低了品种的纯度和典型性。生物学混杂在异花授粉植物和常异花授粉植物的品种间和种间最易发生，自花授粉的植物中也间或发生。

（2）良种自身遗传性发生变化和突变

尽管良种是一个纯系，但在各株之间的遗传性上或多或少地存在差异，由于这些内在因素的作用，加之环境条件、栽培技术等外界因素的影响，在繁育过程中，繁殖材料本身不断发生变化，差异增多。

异花授粉的花木自交系是同品种植株间相互传粉，内部的差异不断积累，促使纯系杂化，由量变的积累过渡到质变的发生，会使良种失去原有的优良性状。

(3) 不适宜的外界环境条件和栽培技术

优良栽培品种都直接或间接地来自野生种，其野生性状在良好的栽培条件下处于潜伏的隐性状态。如果栽培技术不当，外界条件不能满足品种优良种性的要求时，优良的种性就会向着对自然繁衍有益的野生性状变异，某些优良性状就不表现出来，长期下去，处于隐性状态的野生不良性状将代替优良性状，导致品种退化。

(4) 缺乏经常的选择

有许多园林花木品种具有复色花、叶，若不注意对其特点性状的选择，或缺乏对影响其特点性状因素的抑制，也会发生品种退化现象。这是由于在具有嵌合体的植物组织内部，细胞分裂速度不同，在不同条件下，对外界环境的适应能力不同，所以在缺乏选择时，会发生退化现象。

(5) 长期进行无性繁殖或近亲繁殖造成生活力衰退

用无性繁殖方法得到的植物都是由体细胞繁殖而来的，除了产生突变以外，基因型是相同的，由于其后代始终是前代营养体发育的继续，得不到有性复壮的机会，致使后代生活力逐渐降低。长期进行自花传粉、近亲繁殖使不利的隐性性状得到表现，出现生活力衰退现象。

(6) 病毒侵染

当组织和细胞受到病毒或类菌质体等侵染后，会破坏其生理上的协调性，甚至引起细胞内某些遗传物质的变异，如良种繁育时在病株上留种或选取繁殖材料，或将已带病毒的种子或芽条进行繁殖，均会引起品种衰退。

1.2 防止品种退化的措施

防止品种退化可采取以下一些措施：

(1) 防止机械混杂

严格遵守良种繁育制度和种子苗木的检验制度，特别要注重以下几个环节。

①采种　由专人负责按照成熟期及时采收。落地的种子宁舍勿留。先收获最优良的品种，种子采收后即时标以品种名称。盛种子的容器必须干净，如用旧纸袋应消除原有名称或标记。晒种时各品种要分别用不同的盛器，并间隔一定的距离。

②播种育苗　播种要选无风天气，相似品种最好不在同一畦内育苗，播后必须插上标牌作标记，并绘制播种布局图。合理轮作，避免隔年种子萌发造成混杂。

③移植　移植要专人起苗、专人移栽。移植后及时记下定植点。

④去杂　在移苗、定植、初花期、盛花期和末花期分别进行一次去杂，及时拔除杂株。

(2) 防止生物学混杂

①空间隔离　生物学混杂的媒介主要是昆虫和风。一般在风力大又处于同一方向上，花粉量多，质地轻，容易飞散，花瓣少，天然杂交率高，播种面积大，缺乏天然障碍物的情况下，隔离距离要大；反之则小。在种植面积小，数量少的情况下可以用纱布、铁纱、塑料纱网或罩子等防止昆虫传粉。也可以采取分区播种，分地保管品种资源，防止混杂。

②时间隔离　又分为同年度时间隔离和跨年度时间隔离两种。同年度时间隔离指同一

年内对品种材料进行分期播种,分期定植,错开花期。此种方法对于一些光周期不敏感的花卉较适用,如翠菊、百日草、大丽菊等。跨年度时间隔离是把全部品种分成两组或三组,每组内品种间杂交率不高,每年只播一组,将收获的种子妥善保存,可用2~3年。此种方法对种子有效贮存期长的植物适用。

木本植物以空间隔离为主。在建立母树林和种子园时,要规划出空间,建立隔离林带,或者利用地形作屏障进行隔离。

(3)改善栽培条件

①选择土壤　土壤理化性质要与植物的要求一致。应选择质地和酸碱适中,通透性好,排灌方便的土壤作繁育地。

②合理轮作　轮作可以防治病虫害,合理利用地力;能防止混杂,提高植株特别是球根花卉的生活力。

③避免不良砧木和种条的影响　采用嫁接繁殖的木本植物,宜选用幼龄砧木,尤以本砧实生苗为好。接穗、插条也要选择幼年阶段的材料。

(4)经常选择

选择是防止退化的有效方法。根据不同类型的植物,可考虑在植物的全生长期内进行多次选择。选择可以采用去劣法,也可采用选优法。

要注意选留具有品种典型优良性状的植株。品种中同一植株不同花序部位产生的种子,其品质的典型性也不同。通常在留种植株上最先开的花比晚开的花能产生更好的后代,表现为花较大,花期较早。

(5)改变生活条件,提高生活力

品种长期在同一地区生长,某些不利因素对种性经常发生影响时,则品种的优良特性可能变劣。如果用改变生育条件的办法有可能使种性复壮,保持良好的生活力。

①改变播种期　使植物在幼苗和其他发育时期遇到与原来不同的生活条件,促使植物同化这种条件,从而提高生活力。

②异地换种　将在一个地区长期栽培的良种,定期地换到另一地区繁殖栽培,经1~2a再拿回原地栽培,或两个地区将相同品种互换,也可以将同一品种分成两部分,分别换到另外两个地区栽培1~2a,然后拿回原地混合起来栽培,上述处理都能在一定程度上提高品种的生活力。

此外,采用低温锻炼幼苗和种子,或高温和盐水处理种子,用萌动的种子进行干燥处理,也都能在一定的程度上提高植物的抗逆性和生活力。

(6)利用有性过程增加内部矛盾,提高生活力

在保持品种性状一致性的条件下,利用有性杂交能增加植物体内部矛盾,提高生活力。例如,在自花授粉植物同一品种的不同植株间可进行品种内杂交,此种处理产生的生活力优势一般可维持4~5代;在品种间选择具有杂种优势的组合,通过品种间杂交,可利用杂种一代的优势,提早开花期,提高生活力,增进品质和抗性。

(7)无性繁殖和有性繁殖相结合

有性繁殖能够得到发育阶段较低,生活力旺盛的后代,但其遗传性容易发生变异,由于此类原因,优良品种进行有性繁殖时往往变得不优良。无性繁殖可以保持植物的优良性状,但长期进行营养繁殖,阶段发育将逐渐老化。因此,无性繁殖与有性繁殖在良种繁育

中交替使用，既可以保持优良种性，又可得到有性复壮。

(8) 脱毒处理

许多植物特别是营养繁殖的花卉，容易感染病毒，引起退化。脱毒处理，可恢复良种种性，提高生活力。脱毒处理的主要方法是组织培养法。

2. 采穗圃营建技术

2.1 建立采穗圃的意义

为了保证良好种质资源及有计划供应良种，必须建立固定的林木种子繁育基地：一是便于集约经营管理，采用各种新技术，达到丰产的目的；二是可以进行系统地物候观测，为精确地预测产量及改进经营管理措施提供依据；三是可以进行良种选育繁育工作，培养出大量遗传品质优良的林木种子。种子基地主要包括母树林、种子园、采穗圃等。良种繁育的途径应根据树种特性和地区条件，合理选用。一般针叶用材林树种，宜采用建立母树林、种子园等有效繁殖的途径，油茶、油桐、核桃等经济树种，果树以及部分阔叶树种，采用优良无性系建立纯系采穗圃。

采穗圃是用优树或优良无性系作材料，为生产遗传品质优良的枝条、接穗或种根而建立起来的树木良种繁育场所。其目的是为生产性苗圃提供大量优良无性繁殖材料，是经济植物的主要良种繁育形式。建立采穗圃的优点如下。

①穗条产量高，产量稳定，可以每年大量地向生产上提供优良的种条。由于采穗圃年年平茬，无位置效应和成熟效应的繁殖材料。

②由于采取修剪、施肥等措施，种条生长健壮、充实、粗细适中，可以提高嫁接成活率或发根率。

③由于采穗圃用无性繁殖，所以种条的遗传品质有所保证。

④采穗圃如设置在苗圃附近，劳力安排容易，可以适时采条，避免长途运输和保管，既可提高成活率，又可提高工效，减低成本。

2.2 采穗圃的种类和特点

(1) 根据建圃形式和建圃材料的不同分类

①普通采穗圃（初级采穗圃） 建圃材料是未经子代测定的优树。其特点是提供无性系测定和资源保存所需的枝条和接穗材料，也可提供培育无性系苗木所需的插穗。

②改良采穗圃（高级采穗圃） 建圃材料是经过无性系测定的优良无性系或人工杂交选育定型的材料，其特点是提供建立改良无性系种子园或优良无性系的推广应用材料。

建成的初级采穗圃可以根据无性系测定的结果，进行留优去劣，保留和扩大遗传品质优良的无性系，改建为高级采穗圃。

(2) 按所提供的繁殖材料分类

①接穗采穗圃 以生产供嫁接用的接穗为目的。其经营特点是作业方式通常为乔林式。栽植密度一般株行距为4~6m。

②条、根采穗圃 以生产供繁殖用的枝条和根为目的。其经营特点是作业方式通常采

用垄作式或畦作式，成垄或成畦栽植，更新周期一般为3~5a，一般栽植密度株距为0.2~0.5m，行距0.5~1.0m。

2.3 采穗圃的建立及抚育管理

(1) 采穗圃的规划设计

采穗圃的面积大小，一般按育苗总面积的1/10计算。

采穗圃宜选在气候适宜，土壤肥沃，地势平坦，便于排灌，交通方便的地方，并尽可能在苗圃附近。如设置在山地，要选择坡度不大的半阳坡，以便进行管理，并有利于采穗树的生长。采穗圃地址选定后，对圃地进行精耕细作，施足基肥，合理设置排灌系统。

采穗圃按品种或无性系进行区分，同一种材料为一个小区，但要画好定植图，注明每一个品系所在的位置，挂上标牌，防止品种混杂。

(2) 采穗母树的培育

采穗母树可根据树种的特性，分别采用嫁接、扦插或埋根等无性方法繁殖，其接穗、插穗和种根除来源于优树外，还可以包括适合于当地生长的优良类型。

采穗树的树形对生产的种条数量和品质，以及采穗树的经营管理方式，均有直接的关系，所以，采穗树的树形培育，是采穗圃营造技术中的中心环节。

采穗母树的树形要根据树种特性，各地自然条件和利用方式等不同进行整形。培养采穗母树树形的人工措施就是整形修枝，主要包括截干和修枝两个内容。截干的目的就是削弱顶端优势，降低分枝部位和整个母树的高度；修枝会使母树的枝条发育良好，增加种条数量，并且便于经营管理。

(3) 采穗圃的管理

①土壤管理　采穗圃的土壤管理是提高采穗树质量的重要措施之一，应及时松土除草，间种植绿肥，适时灌水，增加土壤肥力。

②树体管理　包括除蘖、定条、防治病虫害和树体更新等内容。

3. 种质资源

种质资源又称因资源，是指含有特定物种全部或部分遗传信息的所有生物材料，小到植物器官、组织、细胞、染色体甚至基因，大到植物个体、群体甚至近缘种群。实指植物的栽培种、野生种的繁殖材料以及利用这些材料人工创造的遗传材料。对于栽培植物常称为品种资源。

在育种工作中，常把种质资源也称为育种资源。因为种质资源提供了植物育种的原材料，是培育和改良品种的物质基础。因此，广泛调查，大量收集，有效保存，科学评价，深入研究和正确利用种质资源，对于选育新品种具有决定意义。

植物种质资源是一个国家最有价值、最有战略意义的财富，人们概括为："一个物种可以左右一个地区的经济命脉""一个基因可以影响一个国家的兴衰""一粒种子改变了世界"。未来植物性产业的发展，在很大程度上将取决于掌握和利用植物种质资源的程度。

我国地域辽阔，气候、土壤、地貌和植被类型多样，原产我国的植物种质资源不仅数量多，而且变异广泛，类型丰富。

3.1 种质资源的作用

3.1.1 种质资源是育种的物质基础

利用自然资源是人类生活所必需的,变野生植物为栽培植物更是人类文明的标志。现有的栽培植物种类都起源于野生种。自然种质资源中除了能被直接利用的种类外,更有大量材料可被间接利用。今天栽培的植物种类只是可利用植物种类的很小一部分,随着人类需求的多元化发展以及育种新技术的出现,更多更好的野生种质资源将被源源不断地发掘出来,如沙棘、红豆杉、白皮松、七叶树、番木瓜、金银花等正在向品种化栽培发展。

3.1.2 种质资源起着更新品种,满足多种需求的作用

随着经济的发展,生产工艺的改革,社会对植物产品的需求不管是数量还是花色品种都将与日俱增,只有以丰富多彩的种质资源作保证,才能适应这种要求。如沙棘,过去人们只把它作为水土保持灌木,因它根系发达,枝繁叶茂,有根瘤,可以防风固沙、改良土壤。后来发现沙棘果实的用途更大,果汁是营养丰富的饮品,种子油有很高的药用价值。从此,果实累累的种质类型被人们发掘出来,发挥出其经济效用。目前有人还看好其观赏价值(品种)的进一步开发。

3.1.3 种质资源具有不断改良栽培品种的作用

栽培品种化的过程,是植物群体或个体遗传基础变窄的过程。因为一个品种的形成就意味着淘汰了品种基因型以外的大量基因。如果没有丰富的种质资源作后盾,如果不是不断地引进和补充新的基因资源,当品种的经济性状与适应性和抗性间发生矛盾时将无从补救。

现代育种是人工促进植物向人类所需要的方向进化的科学。即用不同来源的、能实现育种目标的各种种质资源,按照理想的组合方式,采用适合的育种方法,把一些有利的基因组合到另一个基因型中去。

3.2 种质资源分类

分类是认识和区别种质资源的基本方法。正确的分类可以反映资源的历史渊源和系谱关系,反映不同资源彼此间的联系和区别,为调查、保存、研究和利用资源提供依据。

3.2.1 按栽培学分类

(1) 种

又称物种,是植物分类的基本单位。它具有一定的形态特征与地理分布,常以种群形式存在,一般不同种群在生殖上是隔离的。但是植物中,有些种间常能杂交,如杨、松、茶等可种间杂交育成新品种。

(2) 变种

同种植物在某些主要形态上存在着差异的类群。如桃、油桃、碧桃、寿星桃等变种。

(3) 类型

种和变种以下的分类单位,通常是指在形态上、生理上、生态上有一定差异的一群个体。如杜仲有光皮类型和粗皮类型;核桃有早实类型和晚实类型;油茶有红花类型、白花类型。

(4) 品系

在遗传学上，一般是指通过自交或多代近交，所获得的遗传性状比较稳定一致的群体。在育种学上，是指遗传性状比较确定一致而起源于共同祖先的群体。在栽培实践中，往往将某个表现较好的类型的后代群体称之为品系。

(5) 家系

某株母树经自由授粉或人工控制授粉所产生的子代统称家系。前者称为半同胞家系，后者称为全同胞家系。

(6) 无性系

由同一植株上采集枝、芽、根段等材料，利用无性繁殖方式所获得的一群个体称无性系。

(7) 品种

经过人工选育的，具有一定的经济价值，能适应一定的自然及栽培条件，遗传性状稳定一致，在产量和品质上符合人类要求的栽培植物群体。

品种是育种的成果，品种可以由优良类型、优良品系、优良家系、优良无性系上升而来。现代意义上的品种实际上就是优良家系或优良无性系。对于无性繁殖的植物，品种就是优良无性系。一个品种的生物学性状和观赏性状的表现，乃是本身遗传特性和外界环境相互作用的结果，优良品种必须在良好的栽培条件下，才能更好地发挥作用。

品种是经济范畴的概念，而不是植物分类单位；任何一个品种从分类学的角度都有一定的归属，都可以根据其进化系统、亲缘关系划归到不同的科、属、种、变种等中去。品种只是栽培植物的特定群体，在野生植物中，就只有不同的类型，而无品种之分。品种适应于特定地区和与之配套的栽培方法。品种有时效性，随着经济社会文化的发展，老的品种便不能适应，需不断地选育新品种，满足新需求。

3.2.2 按来源分类

(1) 本地种质资源

指在当地的自然和栽培条件下，经过长期选育形成的植物品种或类型。本地种质资源的主要特点如下。

①对当地条件具有高度适应性和抗逆性，品质等经济性状基本符合要求，可直接用于生产。

②有多种多样的变异类型，只要采用简单的品种整理和株选工作就能迅速有效地从中选出优良类型。

③如果还有个别缺点，易于改良。

(2) 外地种质资源

指从国内外其他地区引入的品种或类型。外地种质资源具有多样的栽培特征和基因贮备，正确地选择和利用它们可以大大丰富本地的种质资源。

(3) 野生种质资源

指天然的、未经人们栽培的野生观赏植物。野生种质资源多具高度的适应性，有丰富的抗性基因，并大多为显性。但一般经济性状较差，品质、产量低而不稳。因此，常被作为杂交亲本和砧木利用。

(4) 人工创造的种质资源

指应用杂交、诱变、转基因等方法所获得的种质资源。现有的种类中,并不是经常有符合需要的综合性状,仅从自然种质资源中选择,常不能满足要求,这就需要用人工方法创造具有优良性状的新品类。新品类既可能满足生产者和消费者对品种的复杂要求,又可为进一步育种提供新的育种材料。

3.3 种质资源的调查、收集和保存

3.3.1 种质资源的调查

自20世纪50年代初以来,我国在野生经济植物资源调查、药用植物资源调查、野生花卉资源调查、果树资源调查、森林资源调查中,对有用经济植物都做了大量相关内容的调查。虽然我国野生植物资源已开发利用了2 000多年,但新的发现在每次调查中仍层出不穷。植物资源调查的主要内容包括如下。

(1) 地区情况调查

包括社会经济条件和自然条件两方面。

(2) 植物概况调查

包括栽培历史和分布,种类和品种,繁殖方法和栽培管理特点,产品的产、供、销和利用情况,以及生产中的问题和对品种的要求。

(3) 植物种类品种代表植株的调查

①一般概况　来源、栽培历史、分布特点、栽培比重、生产反应。
②生物学特性　生长习性、开花习性、物候期、抗病性、抗旱性、抗寒性等。
③形态特征　株型、枝条、叶、花、果实、种子等。
④经济性状　产量、品质、用途、贮运性、效益值。

(4) 标本采集和图表制作

除按各种表格进行记载外,对叶、枝、花、果等要制作浸渍或蜡叶标本。根据需要对叶、花果实和其他器官进行绘图和照相,以及进行芳香成分和特异品质的分析鉴定。

(5) 资源调查资料的整理与总结

根据调查记录,应该做好最后的资料整理和总结分析工作,如发现有遗漏应予补充,有些需要深入研究的也要及时落实。总结内容主要包括如下。

①资源概况调查　包括调查地区的范围、社会经济状况、自然条件、栽培历史、品种种类、分布特点、栽培技术、贮藏加工、市场前景、自然灾害、存在问题、解决途径、资源利用和发展建议。
②品种类型调查　包括记载表及说明材料,同时要附上照片和图表。
③绘制植物种类品种分布图及分类检索表。

3.3.2 种质资源搜集

搜集的样本,应能充分代表收集地植物的遗传变异性,要求有一定的群体。采集样本时,必须详细记录品种或类型名称,产地的自然、栽培条件,样本的来源(山野、农田、庭院、集市等),主要形态特征、生物学特性和观赏性状,群众反映及采集的地点、时间等。

种质资源搜集的实物一般是种子、苗木、枝条、花粉,有时也有组织和细胞等。材料

不同其繁殖方式也不同。栽培所搜集到的种质资源的圃地称为种质资源圃。种质资源圃要有专人管理，并要建立详细资源档案。记载包括编号、种类、品种名称、征集地点、材料种类（种子、苗木、枝条等）、原产地、品种来历、栽培特点、生物学特性、经济特性、在原产地的评价、研究利用的要求、苗木繁殖年月、收集人姓名等内容。

对木本植物来说，每个野生种原则上栽植10~20株，每个品种选择有代表性的栽植4株。搜集到的种质资源还要及时研究其利用价值。

3.3.3 种质资源保存

（1）种质资源的保存范围

①为进行遗传和育种研究的所有种质。包括主栽品种、当地历史上应用过的地方品种、原始栽培类型、野生近缘种、其他育种材料等。

②可能灭绝的稀有种和已经濒危的种质，特别是栽培种的野生祖先。

③具有经济利用潜力而尚未被开发的种质。

④在普及教育上有用的种质。如分类上的各个栽培植物种、类型、野生近缘种等。

（2）种质资源的保存方式

①就地保存　将植物连同它生存的环境一起保护起来，达到保存种质的目的。就地保存有两种形式：一是建立自然保护区；二是保护古树和名木。

②异地保存　指把整株植物迁离它自然生长的地方，保存在植物园、树木园或育种原始材料圃等地方。

③离体保存　指将种子、花粉、根和茎等的组织、器官、甚至细胞在贮藏条件下保存起来。

a. 库存法：库存法就是利用人工创造的低温、干燥、密闭等条件，抑制呼吸，使种子长期处于休眠状态的原理保存的。

b. 组培法：20世纪70年代以来，国内外开展了用试管保存组织或细胞的方法，可有效地保存种质资源材料。目前，保存材料有愈伤组织、悬浮细胞、幼芽生长点、花粉、花药、体细胞、原生质体、幼胚、组织块等。利用这种方法，可以解决种子库存法所不易保存的某些资源材料，如高度杂合性的、不育的多倍体材料和无性繁殖植物等；可以大大缩小保存空间，节省土地和劳力；繁殖速度快，可避免病虫危害等。

c. 超低温法：近十余年来，逐渐建立和发展了植物器官、组织和细胞的超低温冰冻保存技术。超低温是指-80℃（干冰低温）至-196℃（液氮低温），在这种温度条件下，细胞的整个代谢和生长活动都完全停止，因此，组织细胞在超低温的保存过程中，保证不会引起遗传性状的变异，也不会丧失形态发生的潜能。

种质资源的保存，除对材料本身的保存外，还应包括种质资源的各种资料。每一份种质资源材料应有一份档案，档案中记录编号、名称、来源、研究鉴定年度和结果。档案资料建立数据库，以便于检索、分类、研究和交流。

我国已建成了包括种质管理数据库、特性评价数据库和国内外种质信息管理系统在内的国家农作物种质管理系统。在杭州、广州、南宁、武汉等地建成一批中期保存库，形成布局合理的、长中期保存相结合的网络。

项目 3

经济林木苗木繁育

任务1　苗圃地的建立
任务2　实生苗繁育
任务3　营养苗繁育
任务4　设施育苗
任务5　组培育苗
任务6　容器育苗
任务7　无土育苗

任务 1
苗圃地的建立

➤任务目标

1. 知识目标：知道苗圃选择的要求，明确苗圃规划与建设的流程和圃地整理的内容。
2. 能力目标：能根据所学知识和建圃要求进行苗圃的选择和规划建设；会进行圃地土壤耕作、土壤处理和苗床制作。

➤任务描述

是否有茁壮合格的苗木是经济林丰产的重要物质基础之一，而苗圃是生产优良苗木的场所，它的好坏直接影响着苗木的产量、质量和育苗成本。因此，必须严格选择育苗地，并通过精耕细作、合理施肥等措施，为种子发芽、苗木生长创造良好环境。结合当地情况开展苗圃地调查、苗圃规划设计、苗圃地整地等工作。

➤任务实施

1. 工作准备

（1）材料

肥料、农药等。

（2）工具

锄头、铲子、地形图、钢卷尺、皮尺、直尺、绘图铅笔等。

2. 苗圃地调查

（1）资料收集

调查前对当地气象资料、地形图等资料进行收集。

（2）踏勘

到实地进行现地踏勘和调查访问，大致了解圃地的历史、现状、地势、土壤、植被、水源等，提出改造各项条件的初步意见。

（3）实地调查

对实地进行测量，绘出1/500~1/1 000的平面图，注明地形、地势、水文等情况。

对现地自然条件（包括地形地势、土壤、植被、病虫害等）、经营条件（位置、交通等）进行实地详细调查。

3. 苗圃规划设计

（1）苗圃区划

根据外业调查结果，进行资料整理和分析，然后进行苗圃生产用地和辅助用地的区划及面积计算，对道路系统、排灌系统等进行设计。绘制苗圃规划平面图。

（2）编制苗圃规划设计书

包括苗圃地调查资料、区划图、年度育苗技术设计表格、人员编制及配置的设备和工具、苗圃建设投资概算说明等。并附相关材料。

4. 苗圃地整地

4.1 土壤耕作

（1）耕地

耕地先从地头边缘挖起，逐渐向前推移，随翻随打碎土块，要全部翻到，每次的翻地宽度以1~1.3m为好，此法整地较深（一般为30cm左右），但费工较多。为提高工效，有条件的地区可采用各种机具耕地。整地要求平整，要达到平、松、匀、细，并达到一定深度。要避免漏耕和重耕，对于两端未耕到的地段，应在进行横耕。

（2）耙地

为了保墒和细碎土壤，翻地后要及时耙地。可用圆盘耙或钉齿耙先与耕地成垂直方向横耙，或用对角线法反复进行2~3次耙地，深度要达到8~12cm，耙后用六齿耙分段平地，并要清除杂草、苗根和石块等。耕耙土地均防止在土壤过湿时进行。

4.2 施基肥

根据苗圃土壤情况和育苗要求，可选择厩肥、饼肥等有机肥，配合施用少量化肥，根据用量要求，结合圃地情况选择撒施、沟施或穴施，将肥料施入土中。基肥要充分腐熟、倒细倒碎，并要求将肥料均匀的撒到苗地上，撒开后要立即翻耕。

4.3 土壤灭菌消毒

根据苗圃土壤病虫害调查结果选择适宜的化学药剂例如福尔马林、辛硫磷等按照要求进行土壤灭菌消毒。用消毒药剂时绝对不允许超过规定的数量。

4.4 作苗床

（1）高床

作床时先从经营区的一边按上述规格定点画线，在步道的位置上用锄或犁把土壤翻到床面上，使床面高出步到12~15cm，并用锄把床边切成45°，然后拍紧，再用六齿耙耙碎床面土块，耙出杂草、苗根和石块，最后将床面搂平，修好步道。

（2）低床

作床时要根据规格定点画线，用锄将床面两侧的心土堆成床埂。筑埂时要分2~3次上心土，每上一次土就要踩实一次。最后将床面耙平。

（3）平床

作床时要根据规格定点画线，用锄将床面耙平，床面与步道平齐。

→任务评价

班级		组号				日期	
序号	评分项目	分值	组内自评	组间互评	教师评价	平均分	说明
1	苗圃区划图	30					
2	苗圃规划设计书	15					
3	苗圃地耕地	10					
4	苗圃地施基肥	10					
5	作苗床	20					
6	吃苦耐劳精神	10					
7	团结合作	10					
	总分						

→背景知识

1. 苗圃地的选择

建立果园苗圃时，选择适宜的苗圃地很重要，果园苗圃选择适宜与否直接影响培育苗木的种类、产量、质量以及生产成本等。如果选择不当，会给生产带来难以弥补的损失。

1.1 苗圃的位置

苗圃地应设在交通方便的地方，即靠近公路、铁路等附近，以便于苗木和育苗生产材料的运输，但要避开人、畜、禽经常活动或出入的地方，并且周边环境无污染源。

由于苗圃地在生产中需要较多劳力，因此应靠近村、镇等居民地，以保证有充足的劳力来源，同时便于解决电力、住房等问题。

1.2 地形

苗圃地应选择在地势平坦或自然坡度在3°以下、排水良好、避风向阳、便于机械化作业的地方。但在土黏、雨水多的地区，苗圃地不宜过平，可选3°~5°的坡地。在山区坡度较大的地方建立苗圃应修筑水平梯田，并选择缓坡、土厚的地方，其坡向的选择与地区和地形等有关，在南方温暖多雨地区建苗圃时，应选光照和温度条件较好的东南坡、东坡或东北坡为宜，南坡、西南坡或西坡因阳光直射、土壤干燥不宜选作苗圃地；北方地区气候寒冷、生长期短，春季干旱、风大，秋冬易遭西北风为害，宜选则光照条件较好、昼夜温差小、土壤湿度相对较大的东南坡。低洼地，不透光的峡谷，长期积水的沼泽地，洪水线以下的河滩地，风口处和完全暴露的坡顶、高岗等地段，均不宜选作苗圃地。

1.3 土壤

从传统育苗方式来说，苗圃地土壤的质地、结构、酸碱度等因素是影响苗木质量和产量的重要条件之一。为了提高苗木的质量和产量，选择苗圃地时必须重视土壤条件。

苗圃地的土壤以砂壤土、壤土和轻黏土为好。这三类土壤具有较好的团粒结构、透水性和通气性。砂壤土和壤土石砾含量少，结构疏松，透水和透气性良好，降雨时能充分吸收降水，地表径流少，灌溉时土壤渗透均匀，有利于幼苗出土和根系发育，也便于土壤耕作和起苗等工作。这类土壤适合于绝大多数植物，特别是针叶植物苗木。土层厚度一般应选择在50cm以上深厚、肥沃、含石砾少的地方。不同植物对土壤酸碱度的适应能力不同，大多数针叶植物适合于中性或微酸性土壤（pH 5.0~7.5），大多数阔叶植物适合于中性或微碱性土壤（pH 6.0~8.0）。在盐渍土地区应注意土壤的含盐量不应超过0.1%~0.5%。重盐碱地必须经过土壤改良才能育苗，否则很多植物的苗木因受盐类的毒害而影响生长甚至死亡。较重的盐碱土不利于苗木生长，一般不适宜做苗圃地。

1.4 水源

水是培育壮苗的重要条件，因此在选择苗圃地时必须注意水源来源，苗圃地应设在河流、湖泊、池塘或水库附近，但距离不宜太近。如无以上水源，则应考虑有无可利用的地下水，打井或设立蓄水池。但地上水源优于地下水源，因地上水温度高，水质软，并含一定的养分，要尽量利用，灌溉用水最好为淡水，含盐量不超过0.1%~0.15%。地下水位不宜过深或过浅，一般砂壤土和壤土为1.5~2.0 m，轻黏土为2.5m左右。

1.5 病虫害

在育苗过程中,常因病虫危害而使育苗工作遭到损失。在选择苗圃地时应该详细进行病虫害的调查,如果发现土壤中有地下害虫或感染病菌,要及早采取防范措施,以防病虫的传播与蔓延,病虫为害严重的土地不宜选作苗圃地。若选用长期种植棉花、蔬菜、马铃薯等的地方作苗圃时,应在育苗前进行土壤消毒、灭菌和杀虫等工作。

选择苗圃要综合考虑以上条件,但要找到各种条件都符合要求的苗圃地存在一定难度,因此,选择苗圃地时首要考虑影响的决定性因素,并通过改进其他条件来达到要求。

2. 苗圃地的区划

苗圃地选定以后,为了合理布局,充分利用土地和便于生产管理,必须对苗圃地进行区划。区划之前,应先对苗圃地进行测量,绘制出平面图,并注明地势、水文、土壤、病虫害等情况。然后根据生产情况,各类苗的育苗特点、植物特性和苗圃的自然条件进行综合区划。区划包括生产用地区划和辅助用地区划两个方面。

2.1 生产用地(生产区)

2.1.1 生产用地区划

生产用地是指直接用于苗木生产的圃地。生产用地区划的基本单位为作业区,一般为长方形,各作业区用道路分隔,同一类作业区规划在一起。根据育苗特点可将生产区分为:

①播种区 培育播种苗的生产区。播种区应放在苗圃地中地势平坦、土壤肥沃、背风向阳、灌溉和管理方便的地方。如果是坡地,则应选择最好的坡向和设在最好的地段上。

②营养繁殖区 养繁殖区又称无性繁殖区,是培育扦插、埋条、分蘖和嫁接等苗木的生产区。一般应设在土层深厚、土壤疏松湿润、排灌良好的地段。

③移植区 培育根系发达、苗龄较大的苗木的生产区。根据移植苗龄和培育时间长短不同又可分为小苗移植区和大苗移植培育区。可设在土壤条件中等、地块较大而整齐的地方。

④采条母树区 又称采穗圃,可设在圃地边缘、土壤条件中等的地方。

⑤试验区 验区可以安排在场院附近,水源方便,便于管理的地段。如果生产区的面积太大,为便于管理,可划分出若干个耕作区,各耕作区的长短大小基本一致。

⑥设施育苗区 利用温室、大棚、荫棚等设施进行育苗的生产区。一般应设在房屋场院附近,以便供电、供水方便。

2.1.2 生产用地面积确定

苗圃地的面积应包括全部生产用地面积和全部辅助用地面积。生产用地面积包括各种苗木生产区及其休闲地的面积,生产用地面积可以根据各种苗木的生产任务、单位面积的产苗量及轮作制来计算。各苗木单位面积产苗量通常是根据各个地区自然条件和技术水平所确定。如果没有产苗量定额,则可以参考生产实践经验来确定。计算公式为:

$$S = \frac{N \times A}{n} \times \frac{B}{C}$$

式中　S——某苗木所需的育苗面积；

　　　N——该苗木计划产苗量；

　　　n——该苗木单位面积的产苗量；

　　　A——苗木的培育年龄；

　　　B——轮作区的总区数；

　　　C——每年育苗所占的区数。

依上述公式的计算结果是理论数值。实际生产中，在苗木抚育、起苗、假植、窖藏和运输等过程中会有一定损失，因此计划每年生产的苗木数量时，应适当增加3%~5%的损耗，育苗面积亦相应地增加。各种苗木育苗所占面积的总和即为生产用地的总面积。生产用地的总面积一般占到80%左右。

2.2　辅助用地

辅助用地是非生产用地，它主要包括道路网、排灌溉系统、防风带和院舍等。

2.2.1　道路网设置

一是主道，纵横苗圃中央与苗圃大门、仓库相连接，可设置一条或相互垂直的两条主干道，宽度4~8m；二是支道（副道）：一般与主道相垂直，一般宽为2~4m；三是步道，便于职工通行，设在耕作区与小区之间，宽为0.7~1m，小苗圃的步道可与排灌毛渠相结合；四是周围圃道，供车辆回转和通行，一般设置在苗圃地周围（大型苗圃才设置）。

2.2.2　排灌系统的设置

它是苗圃基本建设的主要部分，它主要由水源、水渠和引水三部分组成。

水源有河水、塘水和井水等。若水源位置较高，可引水灌溉。利用井水或蓄水池灌溉的苗圃地，井或蓄水池的数量应根据井的出水量和苗圃地一次灌溉量而定，并力求均匀地分布在各生产区。

引水，主要依靠渠道网引水。主渠道直接由水源引水，经支渠供给各生产区，再由毛渠从支渠引水供给各耕作区用水。渠道的规格由灌溉面积和一次灌溉量而定，主渠和支渠可修明沟，有条件的苗圃可设置管道或暗渠，或采用喷灌、滴灌进行灌溉。

排水系统以排水、排涝为目的，一旦遇上水涝，应能及时将水排走。南方各省份，降水多，且多暴雨，排水设施很重要，排水沟应设在道路两侧，地势较低的地方。

2.2.3　房舍场院和场篱的设置

房屋主要包括办公室、宿舍、仓库、工具房等，场院主要包括劳动集散地、晒场、肥场等，可根据苗圃地大小和需求设立。一般设在地势高、水电方便、土壤条件差不适宜育苗的地方。苗圃地周围可以设置篱和沟，以防家畜和野生动物等的危害。

2.2.4　防风林带设置

为了给苗木创造良好的生长环境，苗圃周围可设置宽4~8m的防风林带。植物应用乡土植物，但不能用苗木病虫害的中间寄生植物。

总的原则是辅助用地尽可能少，一般不超过苗圃总面积的20%~25%。

生产用地的总面积加上辅助用地的总面积则为苗圃地的总面积。

3. 苗圃地的土壤耕作、处理与作业方式

3.1 土壤耕作

3.1.1 土壤耕作的作用

苗圃土壤耕作也就是苗圃整地。通过土壤耕作，使土壤结构疏松，增加土壤的通气和透水性，提高土壤蓄水保墒和抗旱能力；翻耕、混拌肥料改善了土壤水、肥、气、热状况，促进有机质分解，提高了土壤肥力；可以改善种子发芽、苗木生根和幼苗出土的生长发育条件，提高出苗率；同时还可消除杂草，减少竞争，在一定程度上起到预防病虫害的作用。苗圃地只有通过深耕、细耙，才能更好地发挥轮作和施肥的效果，为苗木生长提供适宜的环境条件。

3.1.2 土壤耕作的环节

苗圃土壤耕作要求做到及时耕耙，适当深耕，精耕细作，除净石块和杂草，地平土碎。主要包括耕地和耙地两个环节。

（1）耕地

耕地也叫翻地、犁地。耕地的关键是要掌握好适宜的深度。耕地深度因苗圃地条件和育苗要求而定。一般地区为20cm左右，干旱地区20~30cm；培育大苗、营养繁殖苗、移植苗、果树苗，耕地深度为30~35cm；沙土地为防风蚀，防止水分蒸发应适当浅耕；春耕比秋耕的土壤厚度应浅些。

耕地的季节要根据气候和土壤而定，一般在秋季进行，但沙土宜春耕。具体耕地时间应在土壤不湿也不黏时，即土壤含水量为其饱和含水量的60%左右时最合适。

（2）耙地

耙地的作用主要是疏松表土，破碎土块，耙平地面，清除杂草，镇压保墒。耙地时间对耕地效果影响很大，应根据气候和土壤条件而定。

为了保墒和细碎土壤，翻地后要及时耙地。耙地可根据情况进行1~3次，深度要达到8~12cm，要求做到耙实耙透。

南方土质一般黏性较重，冬季雨水较多，冬耕后不耙，经暴晒和冰冻后，到翌年春季后再浅耕耙地，并尽量做到三犁三耙。

3.2 土壤处理

3.2.1 施基肥

基肥又称底肥，是在育苗前施入土壤中的肥料。施基肥的主要目的是能在较长的时期内为苗木、植物生长提供各种养分和改善土壤条件。我国苗圃地的土壤肥力一般较差，为了改良土壤，基肥是不可缺少的，沙土更为需要。

3.2.1.1 基肥的种类

（1）有机肥

植物的残体或人畜的粪尿等有机物经微生物分解腐熟而成。苗圃中常用的有机肥主要有厩肥、堆肥、绿肥、人粪尿、饼肥等。有机肥含多种营养元素，肥效长，能改善土壤的

理化状况。

(2) 无机肥

称矿质肥料,包括氮、磷、钾三大类和多种微量元素。无机肥易被幼苗吸收,肥效快,但肥分单一,连年单纯施用会使土壤物理性能变坏,常搭配有机肥一起使用。

(3) 菌肥

土壤中分离出来,对植物生长有益的微生物制成的肥料。菌肥中的微生物在土壤和生物条件适宜时会大量繁殖,在植物根系上和周围大量生长,与植物形成共生或伴生关系,帮助植物吸收水分和养分,防止有害微生物对根系的侵袭,从而促进植物健康生长。

(4) 菌根菌

这是一种真菌,它与幼苗形成一种互利的共生关系。它能代替根毛吸收水和养分。接种了菌根菌的苗木,吸收能力大大加强,生长速度也大大加快,尤其在瘠薄土壤上生长的幼苗表现更加突出。

①Pt 菌根剂 这是一种人工培育的菌根菌肥,对促进幼苗生长,增强抗逆性,大幅度提高成活率,促进幼苗生长具有非常显著的效果。Pt 菌根剂适用范围广,松科、壳斗科、桦木科、杨柳科、胡桃科、桃金娘科等 70 多种针阔叶植物都适用。

②根瘤菌 它能与豆科植物共生形成根瘤,固定空气中的氮,供给植物利用。

③磷细菌肥 这是一类能将土壤固定的迟效磷转化为速效磷的菌肥。它适用范围广,可用于浸种、拌种或作基肥、追肥。

④抗生菌肥 5406 抗生菌肥是一种人工合成的具有抗生作用的放线菌肥。它能转化土壤中迟效养分,增加速效态的氮、磷含量,对根瘤病、立枯病、锈病、黑斑病等均有抑制病菌和减轻病害作用,同时能分泌激素促进植物生根、发芽。5406 抗生菌肥适用范围广,可用作浸种、种肥和追肥。

3.2.1.2 基肥的施用方法

基肥的施用方法主要有撒施、局部施和分层施 3 种,在施用时根据具体情况选择。常采用全面撒施,即将肥料在第一次耕地前均匀地撒在地面上,然后翻入耕作层。在肥料不足或条播、点播、移植育苗时,也可以采用沟施或穴施,将肥料与土壤拌匀后再播种或栽植。还可以在作苗床时将腐熟的肥料撒于床面,浅耕翻入土中。

对于根部有菌根菌共生的植物,则在育苗前要进行接种,大部分植物主要采用客土的办法接种,方法是从相应植物的老苗圃地或原生长地挖取表层湿润的菌根土撒在苗床上或播种沟内即可,同时施入适量的磷肥,有助于菌根菌的繁殖,并立即覆盖,防止日晒或干燥。也可购商品菌肥按照说明施用。

基肥的施用以有机肥料为主,如堆肥、厩肥、绿肥或草皮土,以及塘泥等,也可适当搭配磷、钾,间接肥料以改良土壤为目的,如石灰和硫黄也与基肥一起同时施入。

3.2.1.3 基肥的施用量

一般每公顷施堆肥、厩肥 37.5~60.0t,或施腐熟人粪尿 15.0~21.5t,或施饼肥 1.5~2.3t。在北方土壤缺磷地区,要增施磷肥 150~300kg;南方土壤呈酸性,可适当增施石灰。所施用的有机肥必须充分腐熟,以免发热灼伤苗木或带来杂草种子和病虫害。如果土壤瘠薄,或培育需肥较多的植物,或施用人粪尿、饼肥、颗粒肥料时,除在翻耕时施入大部分外,还应留下少部分在作床作垄时施在上层土壤中,以达到分期分层施肥目的,实践证明，70%秋耕时施入，30%春耕时施入效果好。

3.2.2 土壤灭菌杀虫

用旧圃地或农作地育苗，为减少土壤中的病原菌和地下害虫对苗木危害，在土壤耕作时必须进行灭菌杀虫。生产上常用药剂处理和高温处理，其中以药剂处理为主。

3.2.2.1 药剂处理

可用硫酸亚铁、福尔马林、五氯硝基苯合剂、必速灭、六六粉等进行土壤灭菌杀虫。

(1) 硫酸亚铁

为了预防立枯病，可于播种前7~10d，用浓度为2%~3%的硫酸亚铁溶液3~4L/m²喷洒于苗床，以浸湿床面3~5cm，也可与基肥混拌或制成药土撒于苗床后浅耕，每亩用药量15~20kg。

(2) 福尔马林

用量为10mL/m²，加水6~12L，于播种前10~15d喷洒在苗床上，用塑料薄膜严密覆盖，播种1周后打开薄膜通风。

(3) 必速灭

必速灭对土壤基质中的线虫、地下害虫和非休眠杂草种子及块根等消毒(杀灭)非常彻底，且无残毒，是一种理想的土壤熏蒸剂。将待消毒的土壤或基质整碎整平，1m²土壤或基质用药15g的用量撒上必速灭颗粒，拌匀，浇透水后覆盖薄膜。3~6d后揭膜，再等待3~10d，等待期间翻动1~2次。消毒过的土壤或基质，其效果可维持连续几茬。

(4) 辛硫磷

能有效地消灭地下害虫。可用辛硫磷乳油拌种，药种比例为1:300。也可用50%辛硫磷颗粒剂制成药土预防地下害虫，每公顷用量为30~40kg。还可制成药饵诱杀地下害虫。

3.2.2.2 高温处理

常用的高温处理方法有蒸汽消毒和火烧消毒两种。温室土壤消毒可用带孔铁管埋入土中30cm深，通蒸汽维持60℃，经30min，可杀死绝大部分真菌、细菌、线虫、昆虫、杂草种子及其他小动物。蒸汽消毒应避免温度过高，否则可使土壤有机物分解，释放出氨和亚硝酸盐及锰等毒害植物。

少量的基质或土壤，可放在铁板上或铁锅内，用烧烤法处理。30cm厚的土层，90℃维持6h可达到消毒的目的。

在苗床上堆积柴草燃烧，既可消毒土壤，又可增加土壤肥力。但此法消耗柴草量大，劳动强度大。

国外有用火焰土壤消毒机对土壤进行高温处理，可消灭土壤中的病虫害和杂草种子。

3.3 作业方式

作业方式又称育苗方式，可根据种子和培育要求等选择不同的育苗方式。

3.3.1 苗床育苗

(1) 高床

高床是指苗床面高出步道的苗床。其规格为床面高出步道10~25cm，床面宽度1~1.2m，步道宽为40~60cm，苗床的长度可依地形而定，一般为10~20m。

作床前应选定基线，区划好苗床与步道，然后作床。苗床走向以南北向为好，在坡地应使苗床上边与等高线平行。

高床的优点是排水良好，增加了肥土层的厚度，通透性较好，便于侧方灌溉和排水，床面不易板结，能提高土壤温度。缺点是做床费工，成本高。高床适用于排水不良、降水较多、地下水位高、土壤黏重的地区，也适用于不耐水湿的植物。

(2) 低床

低床是指苗床面低于步道的苗床。其规格为床面低于步道 15~20cm，床面宽 1~1.2m，步道宽一般为 40cm，长度依地形而定。

低床的优点是利于保持土壤水分，便于灌溉，但灌水后土壤容易板结，通透性差。一般用于降水较少，无积水的干旱地区或培育对水分要求不严格的植物。

通常情况下，苗床育苗可就地利用原圃地土壤作床培育苗木，但培育难发芽、幼苗易发病或珍贵的种子，可用营养土做成种床(根据情况选作高床或低床)，先在种床上播种育苗，然后再移栽到普通苗床或容器上。对于用来摆放容器苗的苗床，可根据情况选作高床、低床或者平床，床面要整平、夯实，为防止苗床根系穿透容器扎入土中，底部可铺一层厚塑料膜，膜上铺 2cm 厚的河沙，苗床周边可用砖、木板等作围栏或用土作埂，以防容器倒塌。

(3) 平床

平床是指苗床面与步道一样平齐的苗床。其规格为床面宽 1~1.2m，步道宽一般为40cm，长度依地形而定。

3.3.2 大田育苗

大田育苗是采用和农作物相似的作业方式进行育苗。大田育苗便于机械化生产，工作效率高，节省劳力。由于株行距大，光照通风条件好，苗木生长健壮整齐，可降低成本提高苗木质量，但苗木产量略低，一般在面积较大的苗圃中多采用大田式育苗。常采用大田播种的树种有山桃、山杏、海棠、君迁子等。大田式育苗分为平作和垄作两种。

平作是在土地整平后即播种或移植育苗，一般采用多行带播，能提高土地利用率和单位面积产苗量，便于机械化作业，但灌溉不便，宜采用喷灌。

垄作目前使用较多，其通气条件较好、地温高、有利于排涝和根系发育，适用于怕涝树种，如合欢等。高垄规格一般要求垄底宽 60~80cm，垄高 20~30cm，垄顶宽度30~40cm。

任务 2
实生苗繁育

→任务目标
1. 知识目标：知道实生种子的特性、播种期、播种后种子发芽生根展叶等现象及特点，能归纳实生苗繁殖的技术要点和苗木管理知识。
2. 能力目标：会进行实生种子的采集、处理、播种、苗期管理等操作。

→任务描述
采用种子育苗在经济林苗木生产中占有一定比例，特别是用作砧木的砧木苗是通过实生种子繁育而来的。通过种子选择、采集处理、育苗地准备、苗木管理等生产环节的实施为植物生产提供合格的实生苗木。

根据种子的特性，结合育苗地的地势、地形及土壤特性选择不同类型的苗床，并采取相应的处理方式，恰当的播种方法，较好的苗期管理，为高质量苗木的生产提供良好的基础。

→任务实施

1. 工作准备
（1）材料

当地几种树种的种子、农药、肥料等。

（2）工具

布袋、枝剪、锄头、铲子、喷壶等。

2. 育苗地准备
根据苗圃地准备前述内容，结合所播种子和苗圃地情况，对育苗地进行土壤耕作、消毒和施基肥，并根据地势和要求做好所需苗床(高床、低床、平床)。

3. 种子处理
（1）采种

根据种实是否表现成熟特征确定采种期，切忌采集未成熟果实。对于种子轻小、脱落后易飞散的树种及色泽鲜艳、易招引鸟类啄食的果实和需提前采集的种子，适用采摘法。对于大粒种子，如栎类、核桃、桂花、假槟榔等，适用地面收集法。上树采种必须佩带安全带，注意安全。

（2）种实调制

对不同类型的果实根据种实类型、水分含量高低等选用晒干法、阴干法、堆沤法进行种实脱粒，然后依据重量、大小、密度等差异选用风选、水选、筛选、粒选中的一种进行净种，再根据种子含水量高低、种皮结构、种粒大小等选择阴干法或晒干法进行种子干燥，最后进行分级。

（3）种子贮藏

对于要贮藏至下一个季度或第二年以后用的

种子，需要采取合适的贮藏方法。根据种子安全含水量的高低选择普通干藏、密封干藏或者沙藏法进行贮藏。

（4）种子消毒

播种前根据种子情况，选择不同的药剂按照说明对种子进行消毒，注意消毒的浓度和时间。

（5）种子催芽

对于短期休眠的种子可以采用一定温度的水浸泡一定时间进行催芽，对于长期休眠的种子采用低温层积催芽或者变温层积催芽进行催芽。

4. 播种

（1）播种

根据种子大小选择撒播、条播或穴播进行播种。经过催芽的种子切记勿使胚芽干燥，播种时如土壤干燥应先灌水然后播种。控制好合理播种量，使种子播种均匀，出苗整齐，才能提高产苗量。条播时，开沟深度要适宜而一致，覆土厚度要适宜均匀。穴播时穴距和大小应均匀一致。

（2）覆土

播后按照种子短轴直径的2~3倍厚度采用细土或疏松的腐殖土等材料进行覆盖。

（3）镇压

在干旱地或土壤疏松地适当进行镇压。

（4）覆盖

对于播种小粒种子的苗床地，用稻草、松针等材料进行均匀覆盖，厚度以不见土为宜。

（5）浇水

用喷壶浇透水。

5. 苗期管理

（1）遮阴

对于易发生日灼的幼苗需要采用遮阴措施，可根据情况选用苇帘、竹帘、茅草、遮阳网等材料进行侧方遮阴或者上方遮阴。

（2）灌溉与排水

在苗木生长阶段的出苗期和幼苗期要注意浇水要量少次多，保证出苗和幼苗生长，在速生期则次少量多，浇则浇足，苗木生长后期则减少浇水。并注意在雨季排水，施苗床不要积水。

（3）松土除草

在苗木生长旺盛期，有杂草时要及时铲除苗圃杂草，松土结合除草同时进行。

（4）间苗和补苗

在幼苗期要进行间苗，减掉生长细弱的、病虫危害的、机械损伤的、生长不良的、过分密集的苗木，分2~3次进行。在稀缺处补上间掉的生长良好的小苗。间补苗后及时浇水。

（5）施肥

在苗木生长期，根据苗木生长情况及时进行追肥，追肥以无机速效肥为主，选用沟施、穴施、撒施、浇施方法，可结合根外追肥（叶面追肥）进行。

任务评价

班级		组号				日期	
序号	评分项目	分值	组内自评	组间互评	教师评价	平均分	说明
1	育苗地准备	15					
2	种子处理	10					
3	播种	30					
4	苗期管理	20					
	态度、吃苦精神	15					
	团结合作	10					
	总分						

背景知识

采用种子繁殖是大多数植物繁殖的基本方式之一。种子繁殖也称有性繁殖或实生繁殖，是利用植物种子培育幼苗的一种繁殖方式。所培育的苗木叫实生苗，是嫁接繁殖中砧木苗的主要来源。

利用种子繁殖的后代，根系强大，生活力旺盛，适应性强，寿命长。但也有一定缺点，如后代易出现分离，开发结实较晚等特点。

1. 播种期

适时播种对于种子发芽、苗木生长及培育期长短、苗木产量和质量等有很大影响，因此在育苗工作中，必须根据植物特性和当地的气候、土壤条件，选择适宜的播种时期。

我国地域辽阔，树种繁多。南方大部分地区气候温暖，雨量充沛，一年四季都可播种；而北方冬季气候干燥寒冷，多数树种适于春、秋两季播种，尤以春季为主。

1.1 春播

春季是很多地区和许多植物的主要播种季节，例如，余甘子、杨梅、猕猴桃、木瓜、香椿、山苍子等。春季播种种子在土壤中存留的时间短，可以减少人、畜、鸟、兽、病、虫等危害的机会，缩短管理时间。春季土壤不易板结，有利于种子发芽，在一般情况下苗木不易受低温和霜冻的危害，在管理方面也较省工。但某些植物采用春播，需要经过贮藏和催芽，因而增加育苗成本。

春播应在不受晚霜危害的情况下，尽量提前，以地表5cm处平均地温稳定在7～9℃为适宜。幼苗发芽早、扎根深，能使幼苗根茎在炎夏到来之前基本木质化，有利于抗病、抗旱、抗日灼，提高苗木质量。

1.2 夏播

在当年夏天，种子成熟后立即采下播种。夏播可以省去种子贮藏工序，提高出苗率，但生长期短，当年苗木小。

夏播适用于春、夏季成熟而又不易久藏的植物，如八角、腰果、胡颓子等。夏播成败取决于土壤水分条件和地表温度的高低，因此播种时间应尽可能提前，当种子成熟后，立即采下播种，以延长苗木生长期，提高苗木质量，使其安全越冬。由于夏季气温高，土壤易干燥，幼苗易被强光灼伤，必须细致管理。

1.3 秋播

秋季也是符合自然规律的播种期，能够在秋季播种的树种很多，除小粒种子外，大多数种子都可以在秋季播种。例如，刺梨、金樱子、竹柏、胡椒等。其优点是：种子在土壤中完成催芽过程，节省了种子贮藏和催芽环节，翌年春季种子发芽早、扎根深，苗木生长期长，抗旱能力强。但种子在土壤中时间较长，易遭鸟、兽、病虫等危害；一些含水量大的种子还会遭受冻害；在风大地区，播种行易遭土埋或风蚀，造成发芽困难；在南方，秋季土壤比较干燥的地方，含水量大的种子难以保存；而且翌春土壤易板结，在黏土区则更为严重，对小粒种子发芽尤为不利。

秋播时间在秋末冬初，土壤未冻结以前。对一些休眠期长的种子，如花椒、漆树等，可适当提前，甚至随采随播；但对那些强迫休眠的种子则必须适当推后，以免当年发芽，幼苗在冬季遭受冻害。此外，为了减轻鸟兽、风霜危害，一般以晚播为宜。

1.4 冬播

在我国南方，气候温暖，冬季土壤不冻结，雨水充沛，可进行冬播。冬播时期1~2月份较好，最晚不能晚于3月上旬。冬播实际上是春播的提前和秋播的延续，兼有春播和秋播的优点，且时值农闲，劳力便于安排。

2. 播种苗的繁殖

为了保证种子具有良好的播种品质，达到出苗快、齐、匀、全、壮的目的，缩短育苗年限，提高苗木产量和质量，从种子采集到播种技术均应按照要求进行。

2.1 种实采集与处理

2.1.1 采集的原则

采种时应选择生长健壮、无病虫害、无机械损伤、品种纯正的植株作为采种母株。采种时要掌握好种子的成熟度。种子的成熟一般包括生理成熟和形态成熟，大多数植物的种子必须等到充分成熟后才能采收，即达到形态成熟时采收，但有些长期休眠的种子如山楂、水曲柳、椴树等，用生理成熟的种子播种能缩短休眠期，提高发芽率。多数植物是在生理成熟之后进入形态成熟，但也有少数植物，如银杏等，虽在形态上已表现出成熟的特征，而种胚还未发育完全，需经过一段时间才具有发芽能力，称为生理后熟。

2.1.2 种子采收期

种子采收期主要根据种子成熟和脱落时间来决定。由于环境条件对种子成熟有一定的影响，每年种子成熟的时间可能有所不同，所以在每年采前，都要进行实地调查，确定合适的采种期。对于成熟后立即脱落或因成熟而易开裂的果实、易随风飞散的小粒种子，须在果实成熟后、脱落前采收；对于肉质果的种子，须在果实充分成熟并且足够软化后采集，以利于去掉肉质部分；有些长期休眠的种子如山楂、椴树，可在生理成熟后形态成熟前采种，采后立即播种或层积处理，以缩短休眠期，提高其发芽率。采收方法可根据种实大小和特性选择地面收集法或者树上采集法。

2.1.3 种实处理

种实处理也称种实调制，其目的是为了获得纯净的、适于运输、贮藏或播种用的优良种子。种实采集后，要尽快调制，以免发热、发霉、降低种子的品质。种实处理的内容包括种实脱粒、净种、干燥、分级等。根据种子情况，有的只须通过一项或几项处理即可。

（1）脱粒

根据种实的构造不同，脱粒的方法也不同。球果类主要是松、杉、柏类一般采用自然干燥或人工干燥的方法进行脱粒。干果类如蒴果、荚果、坚果等根据种子安全含水量的高低和种粒大小不同采取相应的方法，安全含水量高和种粒极小的种子用阴干法，安全含水量低的非极小粒种子用日晒法，果实干燥后翻动或用木棒敲打，种子即可脱出。肉质果果皮含有较多的果胶、糖类及大量水分，容易发酵腐烂，因此，采种后必须及时调制，用水浸沤，待果肉软化，揉搓后用水漂洗，即可得纯净种子。也可采后堆沤起来，待果皮软腐后，搓去果肉取出种粒。

有的植物采后可放坑或木箱中，洒上石灰水沤1周左右取种，阴干后使用，如苦楝等。有的地区带果肉晾干果实，进行贮藏或播种。

(2) 净种

净种是去掉种子中的混杂物，以利于种子贮藏、播种及苗木培育。根据种子和夹杂物的密度及大小不同，可以采用不同的净种方法，有风选(重量差异)、筛选(大小差异)、水选(密度差异)、粒选(大小、外观差异)等方法。

从果实中取出种子并经净种后，可计算出种率，即从单位重量的果实中提取种子的重量所占的百分数。

(3) 干燥

净种后的种子还应及时进行干燥，才能安全贮运。种子干燥的程度一般以种子能维持其生命活动所必需最低限度的水分为准，这时的含水量称为种子安全含水量(临界含水量)。根据植物种子安全含水量的高低、种子粒大小、种皮情况等选择相应的干燥方法。安全含水量高、皮薄、粒小、含挥发性油脂的种子，一般选用阴干法；反之，可采用晒干法。

(4) 分级

种粒分级是把同一批种子按大小加以分类。经过分级的种子，播种后出苗整齐，苗木生长均匀，抚育管理方便，降低生产成本。

种粒分级的方法，大粒种子如栎类、核桃、油桐等可用粒选分组；中小粒种子可用不同孔径的筛子进行分组。

2.1.4 种子贮藏

种子的寿命除了由其本身的遗传特性决定外，还受到采后处理、加工及保存条件的影响。温度、水分及通气状况是影响种子贮藏寿命的关键因素，而且它们相制约，共同影响贮藏的种子寿命。因此，在入库前应该使种子达到良好的入库状况。例如，种子净度高、充分成熟、无机械损伤等，并创造有利于种子贮藏的温度、湿度、通气等环境条件，以延长种子的寿命和延缓品质的下降。

根据种子特性，种子贮藏的方法主要分为干藏法和湿藏法两大类：

(1) 干藏法

将充分干燥的种子，置于干燥的环境中贮藏的方法称为干藏法。这种方法要求有一定的低温和适当干燥的条件。适用于安全含水量比较低的种子。干藏法又分为普通干藏法(用布袋、麻袋、木箱等容器)和密封干藏法(用塑料袋、玻璃罐等密封容器)两种。

(2) 湿藏法

将种子置于湿润、低温、通气的条件下贮藏的方法称为湿藏法。此法适用于安全含水量高的种子。一般情况下，湿藏还可以解除种子的休眠，为发芽创造条件，所以对一些深休眠的种子也多采用湿藏法。

湿藏方法很多，根据种子多少选露天挖坑埋藏法、用木箱、竹筐等埋藏或者室内堆藏。湿藏期间要保持湿润、适度低温、通气良好。层间物可选用蛭石、沙子等，通气材料可选择秸秆或带孔竹筒，用沙子时其湿度约为饱和含水量的60%左右(以手握湿沙成团，但不滴水，触之即散为宜），种子和层间物可以混合放或者分层放。在贮藏期间要定期检查种子情况，防止种子干燥、发热、发霉等。

2.2 种子处理

种子经过贮藏，可能发生虫蛀、霉烂等现象。为了获得净度高、品质好的种子，并确定合理的播种量，播种前还需要进行精选（方法同净种）。为了提高发芽率和出苗率，播种前还应对种子进行消毒和催芽。

2.2.1 种子消毒

为了消灭附着在种子上的病菌，预防幼苗发生病害，播种前或催芽前应进行种子消毒。

①高锰酸钾 0.5%的高锰酸钾溶液浸种2h，或用2%~3%高锰酸钾溶液浸种0.5h，然后取出，用清水冲净。阴干后播种。但如胚根已突破种皮，则不宜采用此法。

②退菌特 用80退菌特800倍液浸种15min。

③五氯硝基苯 用75%的五氯硝基苯粉剂拌种，用药量为种子重量的0.2%~0.3%，每千克种子用2~3g药，先与10~15倍细沙混拌配成药土，再进行拌种消毒。拌种后堆起密封一昼夜，再进行种子催芽或播种，效果良好。

若处理膨胀后的种子，则应缩短处理时间，若消毒后催芽，则应先把黏附的药液冲洗干净。

2.2.2 种子催芽

催芽是通过人为措施，打破种子休眠状态，促进种子提早萌动的过程。种子通过催芽不仅可以解除休眠，而且可以使幼芽适时出土，发芽迅速而整齐，缩短出苗期，提高场圃发芽率。同时还可增强幼苗的抗性，提高幼苗的产量及质量。

种子催芽的方法很多，根据植物特性、休眠深度、取材种类、催芽时间长短等而定，生产上常用的有以下几种：

（1）水浸催芽

浸种催芽是将精选的种子在水中浸泡一定时间，待种子吸水膨胀后，捞出置暖湿条件下催芽的一种促进种子萌发的方法。浸种时的水温和浸泡时间是重要条件，有凉水（25~30℃）浸种、温水（55℃）浸种、热水（70~75℃）浸种和变温（90~100℃，20℃以下）浸种等。后两种适宜有厚硬壳的种子，如核桃、山桃、山杏、山楂等，可将种子在热水中浸泡数秒搅拌至冷，再在冷水中浸泡吸胀。种子吸胀快慢与种皮结构、水温高低有关，种皮薄的只需几个小时即可吸胀，种皮坚硬致密的需要3~5d或更长时间，凡超过12h的都要每天换水1~2次。种子吸胀后可放入箩筐以湿麻袋覆盖，保温、保湿进行催芽，发芽快的植物约2~3d，发芽慢的约7~10d（如苦楝等），当种子咧嘴露白者占30%即可播种。

（2）层积催芽

层积催芽是把种子和湿润物混合或分层放置，用以解除种子休眠，促其发芽的方法。此法适用于长期休眠的种子。方法同种子贮藏中的湿藏法。

层积催芽要求一定的环境条件，其中低温、湿润和通气条件最重要。因植物特性不同，对温度的要求也不同，多数植物为0~5℃，极少数植物为6~10℃。同时，还要求用湿润物和种子混合起来（或分层放置），含水量一般为饱和含水量的60%。层积催芽还必须有通气设备,种子数量少时,可用秸秆通气,种子数量多时可设置专用的通气孔。其方法有低温(1~7℃)层积催芽、变温(高温 20~25℃、低温 0~5℃ 交替进行)层积催芽、雪藏催芽(适于冬季降雪较多的地区)。

(3)药物法

常用的化学药剂主要是酸类、盐类和碱类,如浓硫酸、稀盐酸、小苏打、溴化钾、高锰酸钾等,其中以浓硫酸和小苏打最为常用。如皂荚、梧桐等种皮坚硬不易透水,经浓硫酸浸泡 10~15min 后,用清水浸涤 2~3 次,然后沙藏,其发芽率显著提高。浓硫酸处理时要用瓷盆以防腐蚀,操作时不断搅拌。种皮具有油质或蜡质的种子,如黄连木、海桐、乌桕等树种,用 1% 苏打水浸种,有较好的催芽效果。

用微量元素、植物激素等溶液浸种,如赤霉素、萘乙酸、硼、铜、钼等处理,对种子都有一定的催芽效果。

(4)机械擦伤

主要用于种皮坚硬或肥厚的种子,通过擦伤种皮处理,改变了种皮的物理性质,增加种皮的透性。常用的工具有:锉刀、锤子、砂纸、石磙等。

2.3 播种技术

2.3.1 播种量的确定

播种量是指单位面积或单位长度(播种行)上所播种子的重量。科学的确定播种量,才能降低成本,生产出最多的优质苗木。合理的播种量在理论上主要是根据单位面积(或单位长度)上的计划产苗量、种子的净度、千粒重、发芽势等指标及种苗损耗系数确定,可用下式计算:

$$X = (A \times W) \div (P \times G \times 1\,000^2) \times C$$

式中 X——单位面积(或单位长度)实际所需的播种量(kg);

A——产苗数(单位面积或长度);

W——千粒重(g);

P——净度(小数);

G——发芽势(或种子生活力);

C——损耗系数。

种苗损耗系数植物、圃地的环境条件、育苗技术和病虫害等很多因素的影响变幅很大。损耗系数 C 值的变化范围大致如下:大粒种子(千粒重在 700g 以上),C 略大于 1;中、小粒种子(千粒重在 300~700g 之间),$1<C<5$(如油松种子:$1<C<2$),极小粒种子,$C>5$(如桉植物子 $10<C<20$)。

2.3.2 播种方法

常用的播种方法有条播、撒播和点播。应根据植物特性、种子情况、育苗技术及自然条件等因素选用不同的播种方法。

条播是目前苗圃常用的方法,可采用手工或机具播种。根据苗木品种、生长速度、培育年限、自然条件和播后管理技术水平按一定行距和播幅(播种沟宽度)开沟播种,多用于中粒种子。为了克服条播产苗量低的缺点,目前生产上多采用宽幅条播。苗床条播的方向应有利于作业进行。

撒播是将种子全面均匀地播于苗床（或垄）上的一种播种方法。一般适用于小粒或极小粒种子，如杨、柳、桉等，较小的种子可先用干净的细沙拌匀后再播。

点播是按一定株行距挖穴播种，或先按行距开沟后，再在沟内按一定株距播种。一般多用于大粒种子，如核桃、板栗、银杏、油茶、油桐等。一些珍贵植物，因种子来源少或种子价格高，播种时也多采用点播。点播时应根据植物特性和培育年限确定其株行距。

播种前如果土壤过干，则应在播前提前几天灌水，保证底墒充足。

2.3.3 播后措施

（1）覆土

播种后要立即覆土，以免土壤和种子干燥，影响发芽。覆土厚度对种子发芽和幼苗出土关系极为密切，覆土过厚，土壤通气不良、土温过低，不仅不利于种子萌芽，而且幼苗出土困难；覆土过薄，种子容易暴露，不仅得不到发芽所需水分，也易受鸟、兽、虫害。应根据种子发芽特性、圃地的气候、土壤条件，播种期和管理技术而定一般覆土厚度，一般以种子短轴直径的2~3倍为宜。且覆土应均匀，使苗木出苗一致，生长整齐。

覆土材料可采用原床土，如原床土黏重，则用细沙或腐殖土、锯屑等进行覆盖，对于小粒或极小粒种子，应用过筛的细土覆盖或者用疏松细碎的材料覆盖。总之，覆土材料以有利幼苗出土为原则，尽量因地制宜，就地取材。

（2）镇压

覆土后要及时镇压，镇压是为了使种子与土壤紧密相接，以便供应种子发芽时所需要的水分。在比较干旱的地区镇压更为必要，但在黏土区或土壤过湿时，则不宜镇压，以免土壤板结，不利于幼苗出土。

（3）覆盖

覆盖就是用草类或其他轻型材料遮盖播种地。目的是保持土壤湿润，调节地表温度，防止表土板结和杂草滋生等，覆盖对覆土较薄的小粒种子更为重要。

覆盖材料，一般用稻草、麦秆、茅草、松针、苔藓等。覆盖材料不要带有杂草种子和病原菌。覆盖的厚度要适宜，枝条、草类，以不见地面为度。

覆盖后要经常检查，以防止覆盖材料被风吹跑。当幼苗出土达60%~70%左右时，要及时分期（一般分2~3次）撤除覆盖物，撤除时间，最好在傍晚或阴天，并注意勿伤幼苗。在条播地上，可先将覆盖物移至行间，直到幼苗生长健壮后，再全部撤除。

覆盖费工费料，增加育苗成本，因而对于不需要覆盖幼芽能顺利出土的苗床，可不进行覆盖，以减少投资。

（4）喷水

播种后或者覆盖后，再用细雾喷头喷一次水，浇透，让种子与土壤和覆盖材料充分接触。

3. 苗期管理

苗期管理是指幼苗出土前后对的圃地的管理，其目的是为了给幼苗创造良好的生长条件，培育苗壮的苗木。

3.1 遮阴

植物在幼苗期组织幼嫩，为避免烈日灼伤幼苗，必要时应采取遮阴措施，以降低育苗地的地表温度，使幼苗免遭日灼。

遮阴透光度的大小和遮阴时间长短，对苗木质量都有明显的影响。为了保证苗木质量，透光度宜大些，一般为1/2~2/3。遮阴时间长短因植物和气候条件而异，原则上从气温较高、会使幼苗受害时开始，到苗木不易受日灼为害时停止。我国北方，在雨季或更早时间即可停止遮阴；而在南方，如浙江、广西秋季酷热，遮阴时间可延续到秋末。有条件的苗圃，可在10:00左右开始，17:00左右撤除，阴雨天和凉爽天气不遮阴。

遮阴一般以苇帘、竹帘、茅草、遮阳网等为材料搭设遮阴棚进行遮阴。方法可采用南侧或西侧进行侧方遮阴，或者在苗床或播种带的上方设荫棚进行上方遮阴，目前生产上多采用水平式上方遮阴，这种荫棚透光度均匀，能很好地保持土壤湿度，床面空气流通，有利于苗木生长。

但是遮阴由于光照不足，降低苗木的光合作用，会使苗木质量下降，因此，能不遮阴即可正常生长的植物，就不要遮阴；对于需要遮阴的植物，在幼苗木质化程度提高以后，一般在速生期的中期可逐渐取消遮阴。

3.2 灌溉与排水

3.2.1 灌溉

苗期灌溉是育苗技术的重要组成部分。适时合理的灌溉对于苗木良好生长具有至关重要的作用。合理灌溉要根据树种生物学特性、各地气候和土壤条件进行。有的树种需水较少，有的树种需水较多，如落叶松、马尾松等需水较柳杉和杉木少；各树种在出苗期和幼苗期对水分需要量少但敏感，在速生期需水量较多，进入苗木硬化期，为加快苗木木质化、防止徒长，应减少或停止灌溉。气候干燥或土壤干旱时灌溉量宜多；反之宜少。

灌溉方法有侧方灌溉、漫灌、喷灌、滴灌等。侧方灌溉适用于高床和高垄作业，灌后土壤表面不易板结，但用水量大；漫灌一般用于平床和大田平作，在地面平坦处进行省工、省力，比侧方灌溉省水，但易破坏土壤结构，造成土壤板结；喷灌与降雨相似，省水、便于控制水量、效率较高、土壤不易板结，但灌溉受风力影响较大，风大时灌溉不均；滴灌是新的灌溉技术，具备喷灌所有的优点，非常省水。后两者建设投资大，设备成本高。

3.2.2 排水

要及时排除过多的雨水或灌溉后多余的尾水，达到外水不滞，内水能排，雨过沟干。

3.3 松土除草

在种子发芽和幼芽出土前后，如出现土壤板结和杂草，应及时进行松土、除草。在苗木旺盛生长期，杂草生长茂盛，为避免杂草与苗木争光夺肥，要及时铲除。

除草应掌握"除早、除小、除了"的原则，及时将杂草拔出，除草次数各地根据圃地杂草生长情况而定，除草一般结合松土进行。松土的深度取决于苗木根系生长的情况，初期应浅，约2~4cm，以后逐渐加深至6~12cm；为了不伤苗根，苗根附近松土宜浅，行间、带间宜深。

3.4 间苗、补苗

3.4.1 间苗

由于播种量偏大或播种不匀，出苗不齐，造成苗木过密或分布不均，故需通过间苗调整苗木密度，同时淘汰生长不良的苗木。间苗应贯彻"早间苗，晚定苗"的原则。

间苗应留优去劣、留疏去密，其对象为受病虫危害的、机械损伤的、生长不良的、过分密集的苗木。

间苗的时间主要是根据幼苗密度和生长速度而定。一般是在苗木幼苗期，分1~3次进行。第一次在幼苗出齐后长到5cm时进行，以后大约每隔20d间苗1次。早期间苗，苗木扎根浅，易拔除，可减少水分和养分的消耗。定苗在幼苗期的后期或速生期初期进行，定苗量应大于计划产苗量的5%~10%。

间苗最好在雨后或灌溉后，土壤比较湿润时进行。拔除苗木时，注意不要损伤保留苗，间苗后要及时灌溉，使苗根与土壤密切结合。

3.4.2 补苗

补苗应结合间苗进行，通常从较密的苗木处起苗补植于较稀处。起苗前要充分灌水，用锋利的小铲或其他工具掘苗，然后用小棒补植于较稀处，随即适当压实土壤，并浇水。补植在阴天或雨天进行。补苗后的苗木株数应达到计划留床苗的株数。

3.5 施肥

在苗木培育过程中，苗木不仅从土壤中吸收大量营养元素，而且出圃时还将带走圃地大量表层肥沃土壤和大部分根系，使土壤肥力逐年下降。为了提高土壤肥力，弥补土壤营养元素不足，改善土壤理化性质，给苗木生长发育创造有利环境条件，需进行科学施肥。

在施肥前，可以通过对植物外观和色泽判断、叶片分析、土壤测定等方法诊断植物是否缺少某种元素以及缺多少，从而确定科学的施肥方案。

3.5.1 施肥的原则

合理施肥是减少养分损失，提高肥料利用率、经济效益和土壤肥力的一项生产技术措施。要做到合理施肥，应该遵循以下几个原则：

（1）根据气候条件施肥

确定施肥措施时，要考虑育苗地区的气候条件，如苗木生长期中某一时期温度的高低、降雨量的多少及分配情况条件等。

温度的高低、土壤湿度大小直接影响营养元素状况和苗木对肥料的吸收能力。温度低时，苗木对氮磷吸收受到限制，而对钾的吸收影响少些，温度高时，苗木吸收的养分多，在气温正常偏高年份，苗木第一次追肥时间可适当提早一些。夏季大雨后，土壤中的硝态氮大量淋失，这时追速效氮肥效果较好，在下大雨前或雨天一般不宜施肥以免肥料的淋失。在气候温暖多雨地区有机质分解快，施有机肥料时宜用分解慢的半腐熟的有机肥料，追肥次数宜多但每次用量宜少；在气候寒冷地区则宜用腐熟程度高一些的有机肥料，但不要腐熟过度一面损失氮素。降雨少，追肥次数可少但量可增加。

(2)根据土壤条件施肥

施肥时要根据土壤的性状,如土壤质地、结构、pH、养分状况等,确定合适的施肥措施,即"看土施肥"。在缺乏有机质和氮的苗圃地,要达到改良土壤结构的目的,应施大量厩肥、堆肥和绿肥,种植绿肥也有显著的效果。南方红黄壤、赤红壤、砖红壤以及侵蚀性土壤应注重施磷肥。

酸性沙土要适当施用钾肥,在酸性或强酸性土壤中,磷易被土壤固定不能被植物吸收,故应施用钙镁磷、磷矿粉以及草木灰等,氮素肥料选用硝态氮较好,可施用生石灰调节土壤酸碱度,每亩施生石灰 25~50kg。在碱性土壤中氮素肥料以氨态氮肥如硫酸铵或氯化铵等效果较好,在碱性土壤中,磷易被固定,磷酸三钙残留于土壤中,不易被苗木吸收,选水溶性磷肥,如过磷酸钙或磷酸铵等,可增施硫黄或石膏等调节土壤酸碱度,硫黄每亩用量 50~100kg。

(3)根据苗木特性施肥

苗木不同种类和生育阶段,对养分种类、数量及比例有不同的要求。

不同的植物其营养特性不同。一般阔叶类植物对氮肥的反应比针叶类要好;豆科植物、果树等对磷需要量大;橡胶树却要多施钾肥。

一般苗圃里的幼苗,主要是营养生长,对氮的要求较高,对高旺盛生长的苗木可适当补充钾肥;而在幼苗移栽的当年,根系往往未能完全恢复,吸收养分能力差,宜施用磷肥和有机肥。

(4)根据肥料特性施肥

要合理使用肥料,必须了解肥料本身的特性及其在不同的土壤条件上对苗木的效应。例如,磷矿粉生产成本低,来源较广,后效长,在南方酸性红壤上使用很有价值,而北方的石灰性土壤就不适宜,因为磷矿粉在强酸条件下,磷容易溶解释放出来,应作基肥,颗粒越细越好,分散使用。钙镁磷肥的使用可适当集中使用(防止被固定)。

氮素化肥应适当集中使用,因为少量氮素化肥在土壤中分散使用往往没有显著的增产效果。在苗圃中使用磷、钾必须在氮素比较充足的基础上,才是经济合理的,否则会因磷、钾无效而造成浪费。

有机肥料、饼肥、磷肥等,除当年具有肥效以外,还有较长时间后效,因此在苗圃施肥时也要考虑到前 1~2 年所施肥料的数量、种类和作用,以节约用肥,降低育苗成本。

(5)与其他措施的配合

要使植物能良好地生长发育,各项技术措施应结合在一起进行配合。如灌溉排水、中耕除草、抚育管理、防治病虫害等措施常与施肥配合,这不仅能提高其他措施的效益,而且能更好地发挥肥料的作用。

3.5.2 施肥方法

苗期施肥主要是追肥,追肥是在苗木生长发育期间施用的肥料。目的是及时补给代谢旺盛的苗木对养分的大量需要,追肥以速效肥料为主,常用的肥料有尿素、碳酸氢铵、氨水、氯化钾、腐熟人粪尿、过磷酸钙等,人粪尿要经过腐熟再用。为了使肥料施得均匀,一般都要加几倍的土拌匀或加水溶解稀释后使用。施用的方法有:

(1)沟施法

沟施法又称条施,在行间开沟,把矿质肥料施在沟中。苗根分布浅的施肥宜浅,分布深的施肥宜深。施肥后,必须及时覆土,以免造成肥料的损失。

(2) 撒施法

撒施法是把肥料与干土混合后(数倍或10几倍的干细土)撒在苗行间,撒施肥料时,严防撒到苗木茎叶上,否则会严重灼伤苗木致使死亡。施肥后必须盖土或松土,否则会影响肥效。

(3) 浇灌法

浇灌法是把肥料溶于水后浇于苗木行间根系附近,这种施肥方法比较省工。浇灌时要注意掌握安全浓度,浓度太高容易引起"烧苗"。

(4) 穴施

在植物的行、株间挖穴,将肥料施于穴内,然后覆土。该方法与条施的特点基本相同。

(5) 根外追肥

将速效性肥料配成一定浓度的溶液,喷洒在植物的茎叶上的施肥方法。根外追肥时肥料没有与土壤接触,避免了土壤对养分的固定,使肥料利用率得到提高。根外追肥对浓度的要求比较严格,应控制好,浓度过高会灼伤苗木,甚至造成苗木死亡;磷、钾肥料1%为宜,最高不超过2%;尿素浓度0.2%~0.5%为宜;硫酸亚铁0.2%~0.5%为宜等。喷溶液时宜在傍晚,应使用压力较大的喷雾器,使溶液成极细微粒分布在叶面上,利用肥料溶液很快进入叶部。根外追肥应进行多次才有较好的效果。根外施肥不宜在雨前或雨后进行。不能代替土壤施肥,只能是作为补充施肥的方法。

3.6 幼苗移植

通过幼苗移植,能培育根系发达、地上部分生长健壮、具有良好苗干和匀称苗冠的苗木,以满足造林、园林绿化等对大苗的需求。

培育大苗如不经过移植,留床培育效果不好,留床苗根系生长过深,起苗伤根多,影响栽植成活。如采用稀播育大苗占地多,管理费用大,增加育苗成本,生产上一般不采用。

3.6.1 移植的季节

以春季移植为主,也可在雨季、秋季移植。

春天移植以早春为好,一般在植物开始生长、芽苞尚未展开前,移植容易成活,生长快。春季移植植物时应按各植物萌动先后决定移植的顺序,萌动早(如桂花、石楠,2月中旬已开始萌动)应早移。萌动迟(如梧桐、合欢,4月初开始萌动)可适当晚移。一般原则为:针叶树早于阔叶树,落叶阔叶树早于常绿阔叶树。

秋天温暖湿润的地区可移植苗木,一般可到10月下旬至11月上、中旬。秋季苗木移植以后,根系在当年就能得到恢复转入正常,到翌年早春,苗木很快即能转入正常的生长(不需根系恢复期),苗木的生长量比春季移植的大,同时秋季移植在劳力上也可得到保证。

南方的雨季移植在5~6月,北方7~8月可进行苗木移植。主要用于当年播种、扦插的小苗或常绿植物,特别是珍贵植物苗木间苗以后,可充分利用,做到移密补稀。移植不可以在雨天或土壤泥泞时进行,最好选择在阴天或静风的清晨和傍晚进行,有利于成活。

3.6.2 苗木移植技术

（1）移植密度

移植的密度主要反应在株行距上，而株行距的大小又取决于：苗木的生长速度；苗木培育的年限；苗木冠幅的大小和根系生长特性；抚育苗木时所用的机具。

一般来说阔叶植物株行距大于针叶植物、生长快喜光植物大于生长慢耐阴植物、机械抚育大于人工抚育、培育年限长大于培育年限短。

（2）移植前的准备及移植方法

①苗木分级　在移植前要预先做好苗木分级，不同等级苗木分区栽植，可以减少苗木移植后分化现象，便于苗木的经营管理，促使苗木生长均匀、整齐。

②修剪　移植前对苗木根系适当进行修剪，一般主根留20～25cm，凡是受病虫危害，机械损伤，过长的根系剪除，切口要平滑。为了提高移植成活率，对常绿阔叶植物，如樟树要修剪掉部分枝叶，减少水分蒸腾；对有病虫危害，机械损伤的枝条也应修剪。

③栽植　为保持根系的活力，必须做到苗木随起随栽，防止须根失水干枯。移栽时要做到扶正苗木、根系舒展、深浅适当、移后踩实。移植的方法主要有：

a. 孔移：适于幼苗或芽苗移植。按株行距锥成穴，放入小苗，使苗根舒展，防止苗根变形。

b. 缝移：适于主根发达而侧根不发达的真叶树小苗。按照苗木株行距用工具开缝，将苗木放入缝内踩实。这种方法工效高，但移植质量较差。

c. 穴移：适于大苗和根系发达的苗木。移植时按株行距根据苗木大小开适当的穴，植苗，填土，轻提苗木，再埋土压实即可。这种移植方法工效较低，但质量较好。

d. 沟移：先按照行距开一浅沟，再按株距将苗木移植在沟内。

注意移栽前土壤干燥时要预先灌好底水，移植时要成行成列，做到移植整齐。

3.6.3 移植苗的管理

移植后应立即灌水，待土壤稍干时灌第二次水，灌水应灌足、灌透。后期的管理内容包括中耕除草、灌水、施肥、防治病虫害、抹芽去蘖等，可参照苗期管理有关部分。

3.7 苗木保护

在冬季寒冷的地方，苗木在原地越冬常大量死亡，越冬保苗的方法很多，如土埋、覆草、设防风障和设暖棚等方法。春季播种或插条，当幼苗刚发芽如遇晚霜，幼苗易遭霜冻，可采取熏烟法或者在霜冻到来之前提前灌溉的方法保护幼苗。

苗木在生长过程中，常常会受到病虫的危害。病虫害防治必须贯彻"防重于治"的原则。如果苗圃的病虫害发展到严重的程度，不仅增加防治的困难，而且会造成无法挽救的损失。因此，在防治上要掌握"治早、治了"。

4. 播种苗的年生长规律

木本植物播种苗的年生长过程是从种子萌发到当年冬季苗木生长结束，在这个过程中植物体不断地发生着形态、生理机能和内在特性的一系列变化。在这一变化过程中，由于苗木各个时期的生长特点不同，对外界环境条件的要求也就不同。为了使苗期的各项育苗技术措施，能符合苗木生长的需要，根据一年生播种苗生长的特点，可将全生长过程划分为出苗期、幼苗期、速生期和生长后期四个时期。

4.1 出苗期

从种子播入土中开始，到幼芽或子叶大部分出土长出真叶之前为止，此期一般为1~5周。当种子播入土壤后，随着吸水膨胀，酶的活动加强，将复杂的物质转化为简单的物质，成为种胚可以吸收利用的状态，呼吸作用特别旺盛。种胚生长，幼芽出土，初生根深入土层。此时特点是幼芽嫩弱，根系分布浅，一般多在表土10cm内，幼苗的抗性弱。此期影响种子和幼芽生命活动的外界因子很多，并且是综合作用的。主要因子有土壤水分、土壤温度及覆土厚度。当土壤水分不足时，种子无法吸胀，一切过程不能正常进行，发芽很慢，甚至不能发芽；土壤水分过多，则土温低，通气不良，影响种子发芽，甚至使种子腐烂。发芽时期的温度条件，不但对种子发芽快慢有密切关系，而且由于发芽的提前或推迟，对幼苗的整个生长也有很大的影响。各种林木种子，只有在适宜的温度范围内才能发芽，一般种子在日平均温度5℃左右开始发芽。例如，落叶松、樟子松为1~6℃，油松4.4℃，刺槐5.2℃，紫穗槐6.2℃时开始发芽，但发芽速度很慢。一般在20~30℃时，发芽速度最快。覆土厚度及土壤松实细碎程度也影响种子发芽的快慢以及能否出土。

出苗期育苗的中心任务是保证幼芽能适时出土，出苗整齐、均匀、健壮。为此，需要采取相应的技术措施，主要是作好播种前的整地，选择适宜的播种期，做好种子催芽处理，提高播种技术，加强播种地的管理，使出苗前土壤保持湿润、疏松和适宜的温度，以满足种子发芽、幼芽出土的要求。

4.2 幼苗期

从幼苗出土长出真叶开始至幼苗迅速生长之前为止，其一般为3~6周，特点是：地上部分长出真叶，但茎生长缓慢，地下部分生出侧根，能独立营养。根系生长较快，根系活动的土层在10~20cm，但主要侧根在2~10cm的土层内，此时幼苗幼嫩，对外界不良环境因子的抵抗力弱，如遇干旱、炎热、低温、水湿、病虫，则容易死亡。影响幼苗生长发育的主要外界因子有水分、养分、气温和光照。水分不足，不仅使幼苗根系易遭干旱危害，且影响吸收养分，所以保持土壤湿润是保证苗木成活的首要因素，但不宜过湿，以免影响土壤温度。生长初期，苗木虽对养分的需要量不多，但对养分很敏感，特别是对磷、氮，此时苗木幼嫩，易发生日灼和猝倒病。

幼苗期育苗的中心任务是：在保苗的基础上，加强管理措施，进行蹲苗，促进营养器官的生长，特别要促进根系的生长发育，使苗木扎根稳固，给中后期的速生、健壮打下良好的基础，并使成苗整齐，密度合理，分布均匀。为此，需要采取的技术措施是：适当灌水，喷药防病，严防日灼，合理施肥，加强松土除草，某些植物必要时需要遮阳，调节光照和温度，确定留苗密度，及时进行间苗等。

4.3 速生期

从苗木加速高生长到高生长迅速下降为止，此时期长短因植物不同而异，一般为1~3月。该时期苗木生长的主要特点是：生长速度最快，生长量最多，苗高生长量占全年生长量的90%以上,并在茎干上长出侧枝。根系也快速生长,营养根系主要分布在40 cm以内的土层中,主根长可达0.3~1m。速生期影响苗木生长发育的因子主要有土壤水分、养分、光照和温度等。我国初夏干旱和炎热,最高气温常达30~35℃,有些植物的苗木常在此时出现生长暂缓现象。而到夏末秋初,雨季来临,水分充足,气温又不太高时,生长速度又逐渐上升,所以,在整个速生期中有些植物出现两个速生阶段。如果在干旱炎热时,加强灌溉、施肥及其他技术,则可消除或缩短这种由于不良外界环境条件造成的生长暂缓现象。

速生期育苗的中心任务,是在继续保苗的基础上,采取一切措施加速苗木的生长,这是提高苗木质量的关键。可采取施肥、灌溉、除草松土及防治病虫害等。

4.4 生长后期

由幼苗速生期结束(即生长速度迅速下将)开始到苗木进入休眠落叶时为止。苗木生长后期的特点是:生长速度减慢,高生长量仅为全年生长量的5%左右,最后停止生长。地径和根系还在生长,苗木逐渐木质化,并形成健壮的顶芽,以增强苗木的越冬能力。为此,该时期的育苗技术,应停止一切耕作措施(包括灌水、施肥、松土),设法控制苗木生长,做好越冬防寒的准备工作,特别是对播种较晚、易遭早霜危害的植物更应注意。

以上所述各个时期,是根据一年生播种苗年生长过程中按生长特点人为划分的,各个时期的长短和出现的早晚,因植物、品种和环境条件的不同而异。此外,还与采取的各项育苗技术措施,如播种期的早晚、是否催芽、土壤水分、温度的不同等有着密切关系。

任务 3
营养苗繁育

➡ **任务目标**

1. 知识目标：知道扦插、嫁接、压条等营养繁殖育苗的原理、影响因素；归纳不同营养繁殖育苗的最佳时期和技术要点。

2. 能力目标：会进行扦插繁殖、嫁接繁殖、压条繁殖等操作，并能根据不同树种选择相应的繁殖方式进行育苗与管理。

➡ **任务描述**

营养繁殖是目前经济植物繁育的重要手段，它能继承母树的优良性状，也是植物快繁的重要途径，在生产中应用广泛，营养繁殖的方法和技术在植物苗木生产过程中占有比较重要的地位。根据经济树木的生长习性，结合当地经济树木的生长状况进行嫁接、扦插、压条育苗的操作。

➡ **任务实施**

1. 工作准备

（1）材料

本地区常用采穗母树 5~6 种、砧木、生根粉或萘乙酸、酒精、蒸馏水等。

（2）工具

修枝剪、嫁接刀、钢卷尺、盛条器、喷水壶、铁锨、平耙、烧杯、量筒、湿布、塑料绑带、油石等。

2. 扦插育苗

（1）选条

在春季萌发前和生长季节分别按硬枝扦插和嫩枝扦插的要求采条。要求根据影响扦插成活的内因选择年龄适当的母树及年龄、粗细、木质化程度适宜的枝条。

（2）制穗

在阴凉处用锋利的修枝剪剪取插穗。插穗长度、剪口的位置、带叶数量要适宜。

（3）催根处理

用浓度为 1 000~1 500mg/L 的萘乙酸速蘸或 10~200mg/L 的生根粉浸泡，促进生根。

（4）扦插

用直插法或斜插法均可。要求扦插深浅、密度较适合。扦插时要注意保护好芽，防止风干和损坏。剪插穗要在背阴处，剪切口要平滑，扦插时不能倒插。扦插的基质要求疏松、通气、保水能力好。

（5）管理

扦插完毕立即浇透水。在生根期间，围绕防腐及保持基质和空气湿度做好喷水、遮阴、盖膜、消毒等工作。

3. 嫁接育苗

(1) 剪穗

采穗母树必须是具有优良性状、生长健壮、无病虫害的植株。生长季节从采穗母树树冠外围中上部向阳面采集当年生具饱满芽的枝条。采穗后要立即去掉叶片（保留0.5cm的叶柄）。接穗采集、贮藏和切削过程中，应防止失水干燥在生长季节嫁接时，最好做到当天采当天接。

(2) 嫁接操作

进行劈接、切接、插皮接、丁字形芽接、嵌芽接和方块芽接操作。要求按照操作要领切削砧木和芽片，并准确接合和紧密绑扎。特别注意绑扎时不能使接穗与砧木的形成层错位。嫁接前，如天气久晴不雨，土壤干燥，应在前一天对砧木圃地进行充分灌水。

(3) 管理

芽接接后2周检查成活率，距接口约1cm剪断砧木，枝接接后1个月要检查成活率，约1个月后解绑。嫁接未活的及时补接，同时进行除萌及田间管理。

4. 压条育苗

(1) 选条

从需要压条的母树上选择生长健壮、无病虫害、一年生或多年生枝条准备压条。根据树种选择春、秋或者梅雨季节进行压条。

(2) 压条

根据树种枝条的柔软可弯曲程度及状态，选择普通压条、堆土压条、水平压条、波状压条或者高空压条，按照操作要求进行。

(3) 管理

根据压条方式和气候等条件进行水分管理、土壤管理等工作，待所压枝条生根长枝后剪切开另行栽植管理。

→评价

班级		组号			日期	
序号	评分项目	分值	组内自评	组间互评	教师评价	平均分	说明
1	扦插	15					
2	枝接	15					独立完成
3	芽接	15					
4	压条	15					
5	成活率检查	30					
6	态度	10					
	总分						

→背景知识

1. 扦插繁殖

扦插繁殖是人为剪取植株的一部分如根、茎、叶等，插入土壤中或基质中，利用其再生能力，使其生根发芽，形成新植株的一种方法。扦插是植物繁殖的一种重要方法。扦插繁殖具有能保持原品种优良特性、生长快、开花早、繁殖量大等优点；但根系较浅、弱，寿命短于实生苗。

1.1 扦插成活的原理

扦插成活的原理是因为植物的营养器官具有再生能力,当剪下的枝条或叶片插入土中,在条件适宜的情况下,由于插条内的形成层和维管束鞘组织在适宜的条件下会形成根原体,而后由根原体发育长出不定根,并形成根系,上部能发出新芽,再生形成完整的植株。

扦插成活的关键在于不定根的形成,根据不定根形成的部位可分为3种生根类型:从皮部生根的生根快成活率高,从下切口愈伤组织生根的生根时间长成活率低,综合生根类型生根快慢及成活率则取决于先生根的部位。

1.2 影响扦插成活的因素

1.2.1 内在因素

(1) 树种遗传性

植物种类不同,插穗的生根能力不同,根据生根难易程度,可分为易生根类、较难生根类、极难生根类。有的插穗生根容易,生根快,如无花果、猕猴桃、沙棘、刺梨等。有的植物插穗能生根,但生根较慢,对技术和管理要求较高,如雪松、桂花、君迁子等。有的植物插穗不能生根或生根很难,如杨梅、苹果、板栗等。

(2) 母树和插穗情况

一般情况下,插穗的生根能力常随母树年龄的增长而降低。插穗的年龄以一年生枝的再生能力最强,一般枝龄越小,扦插越易成活,少数植物(杨、柳)能用多年生枝条扦插繁殖,大多数植物扦插通常用一年生枝条剪插穗。除了母树年龄和插穗年龄对扦插生根有影响外,插穗的着生部位、发育状况、长短、粗细、留叶量等对扦插生根都有一定的影响。

1.2.2 外在因素

(1) 温度

不同树种要求扦插的温度不同。大多数树种生根最适地温 15~25℃,有些常绿阔叶树适温 23~25℃。生根一般要求土温略高于平均气温 3~5℃,如果土温偏低,或气温高于土温,扦插虽能萌芽但不能生根,由于先长枝叶大量消耗营养,反而会抑制根系发生,导致死亡。春季扦插如能创造地温略高于气温条件,减少叶部蒸腾增加切口吸水速率,可加速生根。

(2) 湿度

插条在生根前失水干枯是扦插失败的主要原因之一,因此,要达到较高的空气湿度,以减少插条和插床水分的消耗,尤其枝嫩枝扦插,高湿可减少叶面水分蒸腾,使叶子不致萎蔫。一般在扦插后两周内,空气相对湿度保持在 90% 为好,为了保证较高空气湿度,可采用遮阴、间歇性喷雾等措施来提高空气湿度。插床湿度要适宜,又要透气良好,一般维持土壤最大持水量的 60%~80% 为宜。

(3) 光照

对绿枝带叶扦插需要有适当光照,以利于光合制造养分,促进生根,但仍要避免阳光直射,若光线过强,则温度升高、蒸发量加大,就会导致插条萎蔫甚至干枯死亡,所以扦

图 3-1　大棚扦插喷雾管理

插初期应适当遮阴，若在日光下，最好采用间歇式喷雾装置，保持插穗叶面有一层水膜，这样能保持插穗水分代谢平衡，可大大提高扦插成活率（图 3-1）。

（4）扦插基质

插穗在生根过程中需进行呼吸作用，如通气不良，插穗下切口极易腐烂死亡。因此，扦插的基质应是质地疏松、通透性好、能保持水分，但又不易积水的沙质土壤为好，太黏重的土壤和过湿的圃地，氧气不足，不适于扦插育苗。

此外，扦插基质还要能够保温保湿，干净卫生，价格便宜，来源广。基质的种类很多，有园土、山黄泥、兰花泥、砻糠灰、蛭石、河沙、泥炭、珍珠岩等（图 3-2），可以一种或几种根据植物特性按一定比例配制使用。插条在未生根之前不能吸收养分，因此，基质中不需要任何养分，否则有机质的存在，会引起病菌感染。

图 3-2　康乃馨扦插床和基质

1.3 催根处理

1.3.1 植物激素处理

应用人工合成的各种植物生长调节剂对插穗进行处理,不仅可以大大提高生根率、生根数和根的粗度、长度等,而且还可缩短苗木生根时间,并且使生根整齐。是目前生产上常用的催根处理方法。

1.3.1.1 常用种类

常用植物激素主要有 ABT 生根粉、萘乙酸(NAA)、吲哚乙酸(IAA)、吲哚丁酸(IBA)、2,4-二氯苯氧乙酸(2,4-D)等。

1.3.1.2 使用方法及浓度

(1)溶液浸蘸法

可将植物激素配制成一定浓度的溶液,根据浓度的高低采取不同的处理方法。可配制成低浓度溶液 10~200mg/L,然后将插穗基部 1~3cm 浸泡 1~24h;高浓度为 500~2 000mg/L,浸泡 3~30s。树种不同,枝条发育阶段不同,要求的激素浓度、处理时间也不同。难生根树种浓度高些,易生根树种则浓度低些;硬枝扦插浓度高些,嫩枝扦插浓度低些。但浓度也不能太高,太高则起抑制作用,太低则会影响效果。配制溶液时,生长素一般都不溶于水的,配时先加少量酒精或 70℃热水溶解,然后对水配成处理溶液,必要时可间接加温。一般宜现配现用。

(2)粉剂处理

将 1g 生长激素和 1 000g 滑石粉混合均匀配成粉剂,将剪好的插条下切口浸湿 2cm,蘸上配好的粉剂即插,扦插时注意不要擦掉粉剂(图 3-3)。

图 3-3 康乃馨生根粉剂处理

1.3.2 化学药剂处理

用化学药剂处理插穗能促进插穗生根。常用的化学药剂有蔗糖、高锰酸钾、醋酸、硫酸镁、磷酸等。如用 1%~3%的酒精或 1%的乙醚混合液浸泡 6h,能有效地除去杜鹃类插穗中的抑制物质,显著提高生根率;用 0.05%~0.1%的高锰酸钾溶液浸泡硬枝 12h,不但能促进插穗生根,还能抑制细菌的发育,起到消毒的作用。

1.4 扦插育苗的方法

根据扦插部位的不同,可分为枝插、根插、芽插和叶插等。在经济林木的繁育中,枝插方法应用得最广,按照枝条的成熟程度和木质化程度可以把枝插分为硬枝扦插和嫩枝扦插两种。

1.4.1 硬枝扦插

是用充分木质化的枝条为材料扦插育苗的方法。

(1) 插穗的采集与贮藏

选择当地适生、生长健壮、干形良好、无病虫害、品种优良的树种做采穗母树。采条时间宜在秋末冬初落叶(休眠)后至萌芽前进行,最好采集根部或干基部发育充实的 1~2 生萌条做插穗,树干外围中下部充分木质化、芽体饱满的枝条也可。然后按粗细分级捆扎整齐,并使插穗的方向保持一致。对秋、冬季采集但要在春季扦插的插穗应用沙子进行贮藏。

(2) 插穗剪切

插穗的长短与插条情况、扦插条件等有关,一般苗床扦插可截成 5~20cm 长的插穗。要求上切口距芽 1cm 左右,以保护顶芽不至失水干枯,下切口可尽量靠近芽基部或萌芽环节处。剪去梢端过细部分和基部无芽部分,用中段剪制插穗,长度依具体情况而定,并剪去下部叶,保留上端 1~3 节的叶(也可将保留的每片叶剪去 1/2 或 1/3)。切口应平滑,防止劈裂。一般上下切口剪成平口,但对难生根植物,下切口宜剪成斜面,增加水分吸收面积。为防止插穗失水,制穗应在蔽荫处进行。

(3) 扦插

扦插时间春、秋皆可。扦插密度苗床一般株距 10~15cm,行距为 15~30cm,采用其他容器例如长方盘等扦插则密度可小些。扦插前可根据情况进行催根处理。扦插方法以直插为好,但插穗过长,土壤黏重,生根困难时,斜插有利于生根,扦插深度一般以插穗入土 1/2 或 1/3 为宜,在干旱地、土壤疏松等情况下可深一些;插后及时压实,灌水,使其与土壤密接。

(4) 扦插地的管理

扦插后要及时喷足第一次水,春插阔叶植物需经常喷水,针叶植物可少喷,以免降低土温,之后要经常保持土壤和空气湿度,注意温度和光照的调节。在苗圃地灌溉和降雨后如有条件应及时松土,保持良好的土壤通透性,以利生根。其他如追肥、病虫害的防治等可参照播种育苗部分。

1.4.2 嫩枝扦插

嫩枝扦插是采用半木质化枝条进行扦插育苗的方法。适用于硬枝扦插不易生根的植物,如雪松、龙柏、女贞等。

方法基本与硬枝扦插相同,插后可用全光喷雾或搭荫棚,保持较高的空气湿度,嫩枝扦插的技术要求和管理比硬枝要严格得多。

2. 嫁接繁殖

嫁接就是把植物的一部分器官(枝、芽、胚等)转接到另一植株的适当部位,使两者愈合生长成新植株的方法。嫁接过程中,被嫁接的植株器官如果是芽,称为接芽;如果是茎段,则称为接穗。接受接穗(芽)的植株,称为砧木。砧木可以是根段、幼苗或者是大树。通过嫁接方法培育出来的幼苗,称为嫁接苗。

嫁接育苗既利用了砧木抗逆性强的特点,又保持了母本优良特性,还具有矮化树冠、提早开花结实、补救创伤、更换品种等优点。

2.1 嫁接成活的原理

植物嫁接能够成活,主要是依靠接穗与砧木结合部位的形成层薄壁细胞的再生能力,形成愈伤组织,再进一步分化出输导组织,并与砧木、接穗的输导组织相通,保证水分、养分的上下沟通,这样两种植物合为一体,形成一个新的植株。

2.2 影响嫁接成活的因素

2.2.1 砧穗的亲和力

亲合力就是砧木与接穗通过愈伤组织愈合在一起的能力,它是决定嫁接成活的主要因素。一般亲缘关系越近,亲合力就越强,嫁接就容易成活,同品种或同种间嫁接亲和力最强,同属异种间嫁接亲和力次之,同科易属间较小,成活比较困难,但也有较多嫁接成活的实例,如枇杷接于石楠、梨接于木瓜等。但一般情况下亲和力不强的,嫁接后难以成活。有的愈合体已形成,但在后期生长中嫁接部位还会脱落死亡,有的虽然能接活但后期生长会产生种种不良现象,这主要是两者之间亲合力不强的结果。

2.2.2 砧、穗的生长状态及植物的生长习性

植物生长健壮,营养器官发育充实,体内贮藏的营养物质多,嫁接成活率高,一般说,植物生长旺盛时期,形成层细胞分裂最活跃,进行嫁接容易成活。

此外,要注意砧木和接穗的物候期,植物不同,萌动的早晚不同,砧木萌动早的易于成活,因接穗易得到充分的养分、水分的供给。有的植物接口部分含松脂,有的枝条含单宁,这些生理习性和生长特点都会影响着嫁接的成活。

2.3 嫁接技术

嫁接技术水平的高低是影响嫁接成活的一个重要因素,体现在对嫁接要点的掌握和熟练程度两个方面。嫁接操作要牢记"平""齐""快""净""紧"五字要领。

2.3.1 外界环境条件的影响

环境条件对嫁接成活的影响主要反映在愈伤组织形成与发育速度上,主要有温度、湿度、光照、空气等环境条件。

(1)温度

植物愈伤组织必须在一定的温度下才能形成,温度高低会影响愈伤组织的生长,一般植物在20~25℃左右为愈合组织生长的适宜温度。温度过低或过高会使愈伤组织停止生长甚至死亡。不同植物愈伤组织生长的最适温度也各不相同,在嫁接时要根据不同植物的物候期安排树种嫁的顺序。

(2)湿度

湿度在嫁接成活中起决定性作用。湿度对愈伤组织的生长影响有两个方面:一是愈伤

组织生长本身需一定的湿度条件；二是接穗要在一定湿度条件，才能保持生活力。保持接穗及接口处的湿度，是嫁接成活的关键，嫁接部位包扎要严密，主要是为保湿。空气湿度越接近饱和，对愈合越有利。

(3) 空气

空气也是愈伤组织生长的必要条件之一。砧、穗接口处的薄壁细胞增殖，形成愈伤组织，都需要有充足的氧气，才能保持正常的生命活动。注意在低接采用埋土时土壤含水量不宜过高。

(4) 光照

光线对愈伤组织的生长有较明显的抑制作用，在黑暗条件下，接口上长出的愈伤组织多，砧、穗容易愈合，在光照条件下则反之，这说明光线对愈伤组织是有抑制作用的。在生产实践中，嫁接后创造黑暗条件，采用培土或用不透光的材料包捆，有利于愈伤组织的生长，促进成活。

2.3.2　嫁接时期

嫁接前要确定适宜的嫁接时间，不同树种适宜的嫁接时期和方法不一样。一般春季以枝接为主，在砧木树液开始流动进行。落叶树宜用经贮藏后处于休眠状态的接穗进行嫁接，常绿树采用去年生长未萌动的一年生枝条作接穗。秋季以芽接为主，在树木整个生长期间也可进行，但应依植物的生物学特性差异，选择最佳嫁接时期。

2.3.3　嫁接准备

嫁接方法不同，砧木大小不同，所用工具也不同。嫁接工具主要有嫁接刀、枝剪、砍刀、手锤等。嫁接刀又可分为芽接刀、枝接刀、单面刀片、双面刀片等。

绑扎材料有塑料薄膜、蒲草、麻皮、马蔺草等，常用为塑料薄膜，根据砧木粗细和嫁接方法不同，选用厚薄和长短适宜的。用蒲草、马蔺草捆绑易分解不用解绑。

涂抹材料可用接蜡或泥浆，用来涂抹嫁接口，可减少失水和防止病菌侵入。泥浆用干净的生黄土加水搅拌成黏稠浆状即可。接蜡有固体接蜡和液体接蜡，固体接蜡原料为松香4份，黄蜡2份，兽油或植物油1份，按比例配置而成，使用前加热融化。液体接蜡原料是松香或松脂8份，凡士林或油脂1份，两者一起加热，溶化后稍冷却放入酒精，数量以起泡沫不过高，发出"吱吱"声为宜，然后注入1份松节油，最后注入2~3份酒精，边注边搅拌即可，液体接蜡易挥发，需用容器密封保存。

2.3.4　接穗和砧木的准备

接穗应采自优良品种，观赏价值或经济价值高，无病虫害、生长健壮、优良性状稳定的青壮年母树，在其中上部外缘采集光照充足、发育充实的一二年生枝条作接穗，接穗种条的长度一般为50~70cm（图3-4）。

图 3-4　嫁接用的枝条

生长期采的接穗最好随采随用,芽接时多用当年的生长枝作接穗,休眠期采的接穗种条,应在低温湿润条件下沙藏于假植沟或地窖内,对有伤流现象、树胶、单宁含量高的接穗可蜡封贮藏。如要外运应捆好并加上标签,写明品种树号、采集地点和时间等。

砧木应选择适合于本地区生长、根系发达、发育健壮、抗性强、与接穗亲合力高的适龄苗木作砧木。砧木的培育多以播种苗为砧木最好(根系深,抗性强)。

2.3.5 嫁接方法

根据嫁接过程中所用材料的不同,嫁接的方法可以分为芽接、枝接和根接等3类。主要介绍以下几种。

2.3.5.1 枝接法

以带有2~3个芽的枝段作接穗进行的嫁接,称枝接。枝接的接穗既可以是一年生休眠枝,也可以用当年新梢,同样嫁接时砧木既可处于未萌芽状态(即将解除休眠),也可以处于正在生长的状态。

(1)劈接法

接穗长6~10cm,有2~3个饱满的芽为宜。于接穗下端芽的两侧斜削成长约3cm左右的楔形削面。使有芽的一边稍厚,另一边稍薄,削面必须平滑。砧木距地面5~6cm剪断或锯断,削平茬口,然后于断面中央劈一垂直接口,深度与接穗削面相同,将削好的接穗厚边在外插入劈口中,深至微露削面上端。对于砧木粗的可同时插入两个小接穗,若较粗砧也可插入4个接穗。注意务必使接穗和砧木的形成层对齐相接,绑缚封好切口,或涂以接蜡,再培土压实(图3-5)。

图3-5 劈接法图

(2)切接法

是枝接中常用的嫁接方法,适用于大部分果树、园林植物。接穗长5~10cm,带2~3个饱满芽。在接穗下端,削成2~2.5cm长的削面(与顶芽同侧),在其相对一侧削成1cm左右的短削面。在砧木距地面5~8cm处剪去枝干,剪口要平滑,再用切接刀从顶部距木质部外缘稍带木质部向下直切,使切口的长度与接穗相等,将削好的接穗插入砧木切口中,使二者的形成层对齐,最后用塑料薄膜带捆绑接口(必要时可在接口处涂上接蜡或埋土,以减少水分蒸发)(图3-6)。

(3)插皮接

又称皮下接。是目前春季枝接中最常用的一种方法(夏季绿枝嫁接也可采用此方法),在树皮和木质部能分离时进行。一般要求砧木比接穗粗,此法嫁接速度快,容易掌握,成活率高;但成活后易被风吹断,要注意绑支柱。

将接穗枝条先削一个长3~5cm的长削面,再在背面削一个小削面形成楔形,接穗留2~4个芽。在需要嫁接的部位选一光滑无节疤处锯断或剪断,断面要求与枝干垂直、平滑,在砧木切口处选一光滑处划一条纵切口,比接穗稍短一些,深达木质部,将树皮两边适当挑开,然后插入削好的接穗,长削面对着木质部,插穗削面应微露,最后薄膜绑缚即可,接穗及砧木用塑料袋套住,以减少水分蒸发,注意绑扎时不要碰接穗(图3-7)。

2.3.5.2 芽接法

以芽作接穗嫁接在砧木上,称芽接。芽接的接穗和砧木最常用的繁殖材料是当年的新

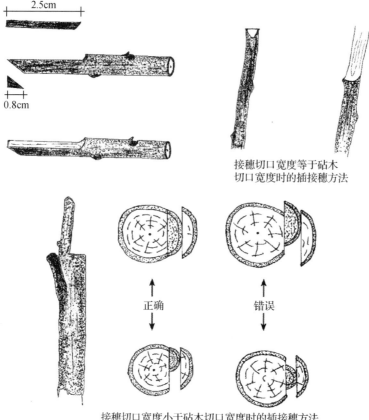

接穗切口宽度等于砧木切口宽度时的插接穗方法

正确　　错误

接穗切口宽度小于砧木切口宽度时的插接穗方法

图 3-6　切接法图

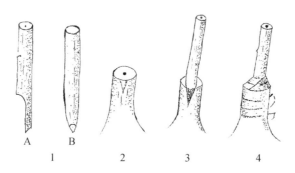

图 3-7　插皮接法图

1. 接穗处理（A 长削面 B 短削面）　2. 砧木处理　3. 结合　4. 捆绑

梢，因此，芽接一般是在形成层细胞分裂最旺盛的时期进行，其中 6~9 月是主要的时期。也有一些利用休眠芽作接穗在春季或早夏进行芽接的。

(1)"T"字形芽接

又称盾形芽接或"丁"字形芽接。选充实饱满的芽，先在芽上面 0.5cm 左右处横切一刀，深达木质部，在芽的下方 1~2cm 处稍带木质部向上斜削至横切口，用手指捏住叶柄基部轻轻左右移动，即可取下芽片。再在砧木距地面 5~8cm 处，横切长 0.5~0.6cm 的切口，再从横切口中央向下纵切 1.5~2.5cm，成"T"字形切口。芽接时，用芽接刀尖轻轻拨开"T"字形切口上口的树皮。手持叶柄将芽片下端轻轻向下推动插入。芽片上端与"T"字形横切口平齐,然后用宽1cm,长30cm的塑料薄膜带捆绑,使叶柄和芽露在外边。为防止接合处错位,横切口要绑紧,其他可松紧适度(图3-8)。

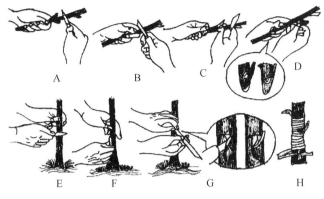

图3-8 "T"字形芽接图

(2) 嵌芽接

也称带木质芽接,在砧木和接穗不离皮时可进行。

左手倒拿接穗,先在接穗的芽上方0.8~1.0cm处向下斜切一刀,长约1.5cm,然后在芽下方0.5~0.8cm处,斜切成30度角到第一刀口底部,取下带木质部芽片。芽片长约1.5~2.0cm。按照芽片大小,相应在砧木上由上向下切一切口,切口比芽片稍长,再在下部约与芽片等长处斜切去掉切片,将芽片嵌入切口中,注意芽片上端必须微露出砧木皮层,以利于愈合。尽量使接穗形成层下部和两侧与砧木对齐,若砧木和接穗的粗度不一致,至少一侧要对齐,最后用薄膜条绑从上向下绑缚。上半年嫁接时,接芽可露在外面,有利于成活后立即萌发,但是秋季嫁接时则要包住接芽,以防冬前萌发(图3-9)。

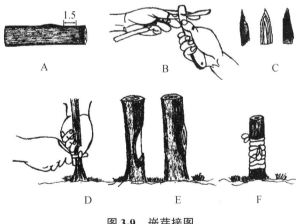

图3-9 嵌芽接图

(3) 块状芽接

此种方法芽片成方块形,芽片与砧木形成层接触面积较大成活率较高。在采好的接穗上选择充实、饱满的芽体,最好选择接穗中部接芽,先用刀平切去掉叶柄。在接穗芽的上下各0.6~1.0cm处横切两个平行刀口,再在距芽左右各0.3~0.5cm处纵切两刀,切成长1.8~2.5cm,宽1.0~1.2cm的方块形芽片。用大拇指压住切块的一侧,逐渐向偏上方推动,将接芽取下，芽内生长点要保持完好。再按芽片大小在砧木光滑处切开皮层嵌入芽片，使左右上下切口都紧密对齐。砧木的切法一般有3种：一种是"单开门"芽接；另一种是"双开门"芽接（"工"字形切口）；还有"去门"芽接。嵌好后用塑料带绑扎好即可（图3-10）。

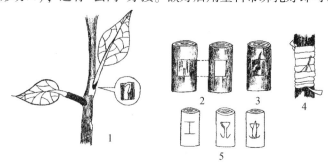

图3-10　块状芽接图
1. 取芽片　2、3. 砧木处理及结合　4. 捆绑　5. "工"字形芽接

2.3.6　嫁接后的管理

（1）检查成活率

枝接一般在20~30d，可进行成活率检查，成活以后接穗上的芽新鲜饱满，甚至已经萌动，接口处已产生愈合组织，未嫁成活的接穗干枯变黑腐烂。

芽接一般7~14d，即可进行成活率检查，成活的芽下的叶柄，一触即掉，芽片与砧木形成愈合组织，芽片新鲜，接芽萌动或抽梢可解除绑扎物。

嫁接失败后，应抓紧时间进行补接。

（2）解除绑缚物

夏季芽接在成活后半个月左右即可解绑，秋季芽接当年不发芽，则应至翌年萌芽后松绑。松绑只需用刀片在绑缚物上纵切一刀，将其割断即可，随着枝条生长绑缚物就会自然脱落。

枝接由于接穗较大，解绑不宜太早。在不影响接芽生长的情况下，解绑一般越晚越好。最早也要待接芽完全成活，接口愈合完好后，再行解绑。

（3）剪砧

春季采用腹接的嫁接苗成活后要立即剪砧，剪口离接芽以上1cm，并稍有倾斜。夏季接芽成活后可先折砧后剪砧。秋季嫁接后，无论成活与否，当年都不要剪砧，一般到翌年早春伤流前剪砧为宜。

（4）抹芽和除萌

及时抹除砧木上的萌芽，见萌芽就抹，见萌条就除。注意在除萌时，若发现接芽未成活，就要选留1个萌条，以备补接。

（5）适量疏枝

嫁接枝生长迅速，通过绑扶不能从根本解决问题，这时就要适量疏"绿枝"，减少嫁接枝基部负载强度。疏枝对象为密生枝、背上枝、竞争枝（剪口下第二芽萌发的枝）、变向枝、重叠枝，疏枝量占嫁接枝总量的25%~35%，切记不得疏枝太多。

（6）立枝柱

在风大地方，为了防止接口或接穗新梢风折，要在新梢长到20~30cm时立支柱绑缚新梢。用绳等绑缚材料呈"∞"字形把新梢绑在支柱上，使幼苗直立向上生长。

(7) 其他管理

嫁接成活后，应根据苗木生长状况和生长规律，适时灌水、施肥、除草、防治病虫害，促进苗木生长。为防止嫁接苗混杂，要及时挂牌。

3. 其他营养繁殖

3.1 压条育苗

压条育苗是将未脱离母株的部分枝条或茎蔓压入土内或包裹于基质中，促其局部生根后，再切离母体培育成苗的方法。压条繁殖能保持母本的优良性状，技术简便，成活率高，但繁殖量不大，多用于扦插难以生根或一些根蘖丛生的植物，如玉兰、桂花、樱桃、葡萄等。压条时间，一般落叶阔叶植物宜早春和秋季进行压条，常绿植物多在梅雨季节进行。压条的方法主要有以下几种。

3.1.1 土中压条

对于离地面较近且柔软可弯曲的枝条采用此法，即将母株的枝条埋入土中的一种压条方法。根据植物情况可以分为普通压条、水平压条、波状压条、壅土压条(堆土压条、培土压条)等(图3-11)。操作时在母株旁边挖一小沟(沟的长短、深浅依枝条而定)，选当年生或二年生健壮的新枝，对将埋入土中部分的树皮进行环割或刻伤，然后埋入沟中，覆土时应踏实，使枝梢露出地面。为了防止浇水后枝条弹出沟外，可用"人"形枝杈卡住压条扎入土中。当根系已经形成，枝条上端长出枝叶的时候，就可以把发育完整的压条从母株上切断，进行移栽，进行常规管理了。

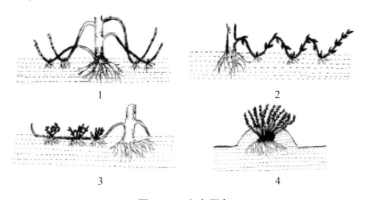

图3-11 土中压条
1. 普通压条 2. 波状压条 3. 水平压条 4. 壅土压条

3.1.2 空中压条

空中压条主要用于枝条坚硬不易弯曲、树身较高、扦插繁殖困难的植物，如白兰、佛手、桂花、米兰、含笑等。选发育充实的多年生枝或当年生半木质化的枝条，先距枝条基部10cm左右处将枝条进行环状剥皮，剥皮宽度为3~4cm，生根慢的植物可适当涂抹生根促进剂，然后用塑料薄膜、竹筒等包裹，内填湿润的基质如苔藓、木屑、砻糠灰等，并注意保持适当的湿度。生根的时间长短视植物种类、枝龄及气候等而异，一般当年生的半木质化枝条比多年生枝条生根快。压条的数量一般不超过母树枝条的1/2。待枝条生根后剪离母树进行栽植(图3-12)。

3.2 分株育苗技术

分株育苗是利用植物的再生能力,人为地将植物体上长出来的新个体与母体分离另行栽植而成独立的新植物体的繁殖方法。在生产中,分株方法适用于易产生根蘖和茎蘖的植物,如刺槐、香椿、蜡梅、刺苞菜等。分株繁殖因繁殖系数小,多用于少量繁殖和名贵花木繁殖。主要分为根蘖分株法和茎蘖分株法两种。

图3-12 空中压条

3.2.1 根蘖分株法

利用植物根系周围能萌生根蘖的特点,将根蘖苗从母株上分离下来,栽植形成新植株的方法。枣、香椿、刺槐等易萌生根蘖的植物可采用此法育苗。

(1)归圃育苗

在春天发芽前或秋天落叶以后,将易产生根蘖苗的植物周围散生的根蘖苗分级集中到苗圃,培养后再进行栽植称归圃育苗。这种育苗方法优点是苗木的根系好、质量高、生长整齐、移栽后成活率高、适合远途运输。

(2)断根育苗

选取品种优良、树体健壮和无病虫害的植株,在2月下旬至3月下旬根系开始活动时,沿树冠外围挖深4~50cm、宽30cm左右的深沟,切断直径在1~2cm以下的小根,注意不要割伤大根,以免影响母树生长。用快刀削平断根切口,并施入一些肥料,用松散湿土覆盖所有断根,5~6月份即可见丛状的根蘖苗。当幼苗长到20~30cm高时,就可进行间苗,每丛选1~2株强苗,并再次覆土盖住幼苗的1/3,注意加强肥水管理,当年秋或翌年春带一段母棍移栽苗圃。

3.2.2 茎(根)蘖分株法

主要用于黄刺玫、牡丹、绣线菊、贴梗梅棠等茎基部能长出许多茎芽并形成灌木丛的花灌木。

分株在春季和秋季进行,一般春季开花的多在秋季落叶后进行,夏秋开花的多在早春萌芽前进行。分株时可将母株连根挖取,用利刀或利斧将株丛分成几份,每份上都有根系,略经修剪后分别栽植,各自即可长成新植株。

任务 4

设施育苗

➡ 任务目标

1. 知识目标：知道不同设施的类型和建造要求。
2. 能力目标：会识别不同的设施类型；会根据育苗情况进行设施的调控和管理。

➡ 任务描述

植物的育苗(实生苗和营养苗)可以通过许多设施来创造苗木需要的条件，提供苗木生长需要的良好环境，这样可以加快苗木繁育的速度，并能保证较高的成活率。通过参观学习，对于不同的栽培设施，区别其类型、构造、材料等，并根据经营目的和培育材料不同，采取有效的管理方法来保证成活率和提高成苗速度。

➡ 任务实施

1. 工作准备

工具：钢卷尺、笔、纸、皮尺等。

2. 参观育苗设施

（1）参观

选择不同的育苗设施园地进行调查，记录相关信息，汇总归纳出不同的栽培设施类型、构造、材料。

（2）总结

根据实际情况选择当地有代表性的栽培设施学习温湿度观察和调控方法，总结出规律并提交报告。

➡ 背景知识

生产苗木的设施即育苗的设施较多，包括温室、大棚、荫棚等，采用设施进行育苗称为设施育苗，也叫保护地育苗，如果针对栽培的则称为设施栽培。

设施育苗是指采用各种建筑材料建造一定的空间结构设施，在人为控制温度、光照、水分和空气的环境条件下所进行的植物育苗。采用设施育苗有利于创造苗木生长的小气候环境，从而缩短育苗周期，促进苗木速生丰产。但建造育苗设施会增加工作量和育苗成本，一般出现以下情况时才考虑建造：①当地或当年气候寒冷，苗木培育困难时；②培育贵重的苗木时;③为了及早培育出苗木,需要缩短苗木生长时间时。

图 3-13 设施育苗

1. 育苗设施的主要类型

1.1 塑料大棚

塑料大棚是塑料薄膜覆盖的拱形棚的简称,是一种利用镀锌钢管或竹木结构等材料做骨架的日光加温的简易保护地设施。

塑料大棚与温室相比,具有结构简单、建造与拆装方便、一次性投资较少、运行费用较低等优点。薄膜的紫外光透过率比玻璃多,更能使植物健壮生长。但塑料大棚的保温性能、抗自然灾害能力、内部环境的调控能力均较温室差。

在实际生产中,为了提高大棚的保温性能,可用两层(甚至 3~4)薄膜进行多层覆盖。也可采用在大棚内再搭建小棚的办法以提高保温效果。

不论哪种形式的塑料大棚,一般多按南北长、东西宽的方向设置,出入门留在南侧。

(1) 按加温方式分类

①日光大棚:室内热量仅依靠自然光照,不进行人工加温。

②加温大棚:室内有人工加温系统,多为固定的栽培保护地。

(2) 按拱架形状分类

①落地拱　拱架两侧呈光滑的圆弧与地面相交(图 3-14)。

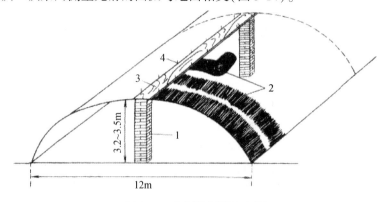

图 3-14 水泥拱杆落地大棚

1. 砖柱　2. 草帘　3. 水泥板　4. 挂钩

图 3-15　柱支拱落地大棚

②柱支拱　拱架两侧垂直或近乎垂直入地(图 3-15)。

(3)按拱架材料分类

竹木结构、钢筋结构、钢管结构、水泥结构、混合结构(骨架由木材、竹竿、钢材、水泥等构成)。

(4)按拱架下支柱有无或多少分类

①有柱大棚　棚内支柱较多,操作管理不便。

②悬梁吊柱大棚　棚内支柱较少,操作管理较方便。

③无柱大棚　棚内无支柱,操作管理方便(图 3-16)。

图 3-16　无柱大棚

(5)按棚体数量分类

①单栋大棚　每个大棚单独做成骨架,骨架可成拱圆形。有单斜面式、双斜面式和拱圆式。

②连栋大棚　由两个或两个以上的大棚连接为一体,形成一个室内空间较大的大棚。又可分为双斜面连栋大棚和拱圆形连栋大棚。根据棚体多少可分为双连栋、三连栋、多连栋大棚,多连栋是将两栋以上的拱圆棚连在一起,而形成连栋大棚,一般跨度为 4~12m,面积在 $2 \times 666.7 m^2$ ~ $10 \times 666.7 m^2$ 或更多。这类大棚管理方便,便于实行械化操作和自动

化控制。可用钢材做棚架(图 3-17)。

图 3-17　多连栋大棚

1.2　温室

温室俗称暖房,是用有透光能力的材料覆盖屋面而形成的保护性生产设施,是温室植物栽培中最重要,对环境因子调控最全面、应用最广泛的栽培设施。尤其在花卉栽培中,露地栽培正向温室化方向发展,我国温室面积也迅速增长。

(1)按透光材料分类

①玻璃温室　凡是用玻璃覆盖进行采光的温室,叫玻璃温室。

②塑料温室　凡是用塑料薄膜或硬质塑料板覆盖进行采光的温室,叫塑料温室。

(2)按加温与否分类

①日光温室　完全利用太阳光能作为热源的温室,叫日光温室。又可分为玻璃日光温室和塑料薄膜日光温室。目前我国大多数地区应用的是塑料薄膜日光温室,玻璃日光温室在北方寒冷地区应用较多。

②加温温室　除利用太阳光能外,还利用人工加热作为热源的温室,叫加温温室,一般利用炉火或水暖进行加温,也有的利用工厂热水或温泉地热水进行加温。我国北方冬季寒冷地区多用加温温室。

(3)按屋面形式分类

①单屋面温室　温室中历史最古老、结构最简单的一种温室。其屋顶单面向南倾斜,北面是称为"后壁"的高墙,南面为低墙,叫"前壁"。这种温室的优点是冬季受光充足,易保温;其缺点是阳光来自一方,室内分布不均,植株向南弯曲。

②双屋面温室　现代应用最广的一种温室,其外形与普通民房相似,中有屋脊,屋顶向东西两侧平均倾斜。这种温室的优点是,室内容积大,阳光均匀而充足,管理方便,植株生长正常;但建筑费用较大,温度容易散失,通常要有加温设备。一般采用南北走向,适于温暖地区使用(图 3-18)。

③不等屋面温室　一般采用东西走向,坐北朝南,这种温室的南北两向的屋面长度不相等,南向屋面占全屋面的 3/4,北向屋面占 1/4,故又称"3/4"屋顶温室",北壁比南壁高。这种温室的优缺点介于上述两种温室之间。

④圆顶温室　屋顶圆形,美观大方,可作展览温室用,也宜于栽培较高大的热带植物。这种温室建筑费用贵,不易保温,管理不便。

图3-18 双屋面温室

图3-19 连接屋面玻璃温室

⑤连接屋面温室 由2个或2个以上两屋顶温室连接在一起的温室，连接处的隔墙由支柱取代、屋面多为东西向。这种温室阳光充足，受光均匀，适于大规模生产性栽培(图3-19)。

(4)按前屋面骨架结构分类

①竹木结构 骨架由竹竿、竹片、木杆构成。取材方便，造价低，但木杆易腐烂且操作管理不便。

②钢铁结构 骨架由钢筋或钢管焊接而成，坚固耐用且操作管理方便。

③混合结构 骨架由钢铁和竹木混合而成。

(5)根据用途分类

①展览温室 又称陈列温室。陈列苗圃培育的主要出圃苗木种类，也供参观和科研之用。

②栽培温室 也称繁殖温室。专供播种、扦插和培育幼苗之用。

③生产温室 专供成品苗的生产用，多为移植容器苗。也可生产盆花和切花。

2. 育苗设施内环境条件的调节

育苗设施建立了一个与露天不同的小气候环境，为植物的生长发育提供了必要的基础条件。但这种小气候环境还需要通过人工调节，才能实现保护地高产高效的目标。在诸多的环境因子中，光照、温度、水分、通风和土壤等的调节至关重要。这些因子不是孤立存在的，而是互相联系、互相制约，并且各因素对植物的影响具有不可替代性。在调节某一因子时，常常引起其他因素的变化。因此，制定和实施调节措施时必须进行综合的、全面的考虑。这里介绍的环境调控主要是指玻璃温室和塑料大棚的环境调控。

2.1 温度的调控

2.1.1 温度的特点

(1) 气温的季节变化

夏季设施内温度比室外高，除少数高温植物可以继续留在温室内养护外，其他的植物必须移至室外养护。冬季设施内温度比室外高，但我国长江下游地区此时经常低温、寡日照，在不加温的情况下，设施内外温度差异不很显著。

(2) 气温的日变化

晴天时设施内气温昼高夜低，昼夜温差大；阴天白天温度低，昼夜温差小。

(3) 温度的逆转现象

设施内温度比露地高，但变化快，在无多层覆盖的大棚或小棚内，日落后的降温速度往往比露地快，会出现棚内温度低于室外温度的"逆转现象"。

(4) 温度的分布

设施内温度分布不均匀。晴天白天设施的上部温度高于下部，中部温度高于四周；夜间日光温室的北侧温度高于南侧；保护地面积越小，低温区比例越大，分布也越不均匀。

(5) 地温的变化

与气温相比，地温的季节变化和日变化均较小。

2.1.2 温度的调控

(1) 日光温室的温度调控

日光温室热环境形成的能量来自太阳辐射。太阳辐射属短波辐射。可透过薄膜或玻璃进入室内，被土壤和空气吸收转化为热能，使温度升高。温室内的土壤也不断向外辐射能量，而且温度越高向外辐射的能量越多，地面辐射属红外热辐射。塑料薄膜或玻璃能让短波辐射进入、但对地面长波辐射有一定的阻挡能力，在温室内形成辐射能量的积累，使室内气温增高，这种现象称为"温室效应"。对流是温室内外热量传递的一种重要方式，密封温室，抑制对流，可以减少热量外传，这种现象叫"密封效应"。传导是热量外传的另一种方式，多层覆盖能在一定程度上减少热量外传。因此，温度调节应根据上述原理进行。

日光温室温度的调节主要是防寒保温。主要措施有：

①降低导热性　选择透光好、保温强的薄膜(如聚氯乙烯薄膜)作为覆盖材料，并用导热率低的材料建筑厚达 1 m 左右的后墙后坡。

②增加密封性　建筑时特别注意门、窗、屋顶的密封效果。屋顶后坡用泥封压严，经常开启的门应做成双层门并吊挂棉帘，或修筑缓冲间。

③多层覆盖　薄膜的保温效果不如玻璃。在冬春季节，薄膜外如不加任何覆盖，由于夜间温室内外的长波辐射强烈，使温室内部的气温出现低于室外的现象(温度逆转)。因此，常用蒲席、牛皮纸被或 1.2 mm 厚的无纺布和草苫相结合的双层覆盖的措施，其保温

效果十分显著。

④适时揭盖　正确掌握揭盖覆盖物的时间。不同季节、不同天气情况揭盖覆盖物的时间不完全一样，要在实践中不断摸索、总结、掌握。

⑤设置防寒沟　在温室前沿外挖防寒沟，可以阻隔室内地温的横向传导。

塑料大棚内温度的调控与日光温室大体相同。

(2) 加温温室的温度调节

加温温室热量的来源包括日光辐射和人工加温。在北方严寒季节，有时白天也需加温。在北京植物生长地区，低温温室通常只在最冷的天气，室温降到0℃时，才进行加温。中温温室从11月开始，高温温室从10月中旬开始，每天自17：00开始加温。用暖气加温者，可控制加热阀门调节温度。各类温室从10月底到翌年5月初，每天17：00左右覆盖蒲席等覆盖物，次日8：30~9：00揭开。

先进的现代化大型温室中温度的调节，通过设计一定的控制程序而进行自动化管理，大大提高了劳动效率。

(3) 温度调节应注意的问题

①温度的高低　室内温度调节应符合自然规律。在不超过最高和最低温度的前提下，中午的温度应最高，凌晨的温度应最低。春秋两季的室温应高于冬季的室温，并且严格防止夜间的温度超过白天的温度以及温度的骤然升降。

②温差问题　在一天当中，如果白天温度过高而夜间湿度偏低，一年当中如果夏季温度过高而冬季温度偏低，对原产热带和亚热带地区的园林植物，特别是原产于热带雨林的园林植物相当不利。但适当的变温管理即昼夜温差有利于植物的生长。

③地温问题　地温不仅直接影响根的生长和根的形成，还影响对养分和水分的吸收，土壤微生物活动和产品产量。可通过翻地、增施有机肥等方法提高地温。

④室内降温　过高的温度对植物会造成危害。通风是室内降温的有效措施，可以通过通气面积的大小、时间的长短和通风次数的多少来调节室内温度，利用天窗、地窗进行自然换气，或安装换气扇进行人工强制换气，不仅可降低室温，排除湿气，还补充了新鲜的空气，特别是补充了光合作用所需要的CO_2气体浓度。还可以采用湿墙、微雾、遮阳等措施进行降温。

2.2　光照的调控

2.2.1　设施内光照的特点

(1) 可见光通过率低

温室和大棚的覆盖材料有玻璃、塑料薄膜等，当太阳光照射时，一部分被反射，另一部分被吸收，加上覆盖材料老化、尘埃、水滴附着，造成透光率下降至50%~80%。尤其是冬季光照不足时，影响植物的生长。

(2) 光照分布不均匀

由于结构、材料、屋面角度、设置方位等不同，使温室内的光照状况有很大差别。如日光温室北侧、西侧光照较南侧和中部的要弱，形成弱光区，影响植物生长。

(3) 寒冷季节光照时数少

不论何种设施形式(高度自动化的现代温室除外)，冬季都要覆盖草帘等保温材料，这就减少了保护地内的光照时数。

2.2.2 光照的调控

温室和大棚光照的调节主要是增加室内光照强度和延长光照时间。科学地设计采光面，最大限度地减少光的反射，增加室内光照，是进行光照调控的基础。

2.2.2.1 增强光照

(1) 合理选择室顶材料

作为室顶材料的塑料薄膜或玻璃，它们对日光的透过率有明显差异，就是同为塑料薄膜，也有着不同的透光率。选用无滴膜覆盖，可明显改善温室内的光照条件。

(2) 改进拱架

对拱架进行改进，减少遮阴面积。

(3) 减少山墙遮阴的影响

除正午以外，由于山墙遮阴，室内存在三角形弱光区。适当加大温室长度，可以减少弱光区面积的比例。从光照、温度、管理和整体牢固性等方面综合考虑，温室长度以40m左右为宜。

(4) 保持透光面清洁

经常清除玻璃和薄膜上的尘埃及其他污染，增加室内光照。

(5) 适时揭盖蒲席和纸被

适时揭盖蒲席和纸被可增加室内光照和光照时间。在温度条件许可时，尽量早揭晚盖。阴天适当揭开，散射光仍能增加室内光照。

(6) 室内涂白

不同颜色对光线的吸收和反射量不同。白色吸收量最少，而反射量最大，颜色越深，吸收量越大，反射量越小。因此，温室内部涂以白色，可增强光的强度。

(7) 挂聚酯镀铝膜反光幕

一般在中柱上端横拉一铁丝，把镀铝膜挂在铁丝上，作反光幕，充分利用反射光增加光强。

(8) 补充光照

①光源 补充光照的光源主要有白炽灯、荧光灯、高压汞灯、金属卤化合物灯、高压钠灯等。白炽灯，辐射能主要是红外线，发光效率低（5%~7%）。但是因白炽灯价格便宜，使用简便仍常使用；荧光灯，又称日光灯，光线较接近日光，对光合作用有利，再加上发光效率高，使用寿命长，多使用此类灯补光；高压汞灯，光以蓝绿光和可见光为主，还有约3.3%的紫外光，发光效率和使用寿命较高，大功率的高压汞灯受到欢迎；金属卤化物灯和高压钠灯，发光效率为高压汞灯的1.5~2倍，光质较好；低压钠灯，发光波长仅有589nm，但发光效率高。

②补光量和补光时间 补光量依植物种类和生长发育阶段而确定。一般为促进生长和光合作用，补充光照强度应该在光饱和点减去自然光的差值之间，实际上，补充光照强度通常为10 000~30 000lx。光时间因植物种类、天气阴雨状况、纬度和月份而变化。抑制短日照植物开花而延长光照，一般在早晚补光4h，使暗期不到7h，深夜间断期需补光4h。在高纬度地区或阴雨天气，补光时间较长，也有连续24h补光的。

③补光方法 在缩短暗期方面，60W白炽灯控制地面$1.5m^2$，100W灯控制$5m^2$，

150W 灯控制 $7m^2$，300W 灯可控制 $18m^2$。一般灯上有反光灯罩，安置距植物顶部 1~1.5m。用移动机械装置和荧光灯或高压灯，深夜进行间断光照。目前，利用光敏感件自动控光装置进行光照调节已有应用。

2.2.2.2 减弱光照

遮阴可以调节光照强度，兼有调节强度的效果。多浆多肉类植物要求充分的光照，不需遮阴；喜阴花卉如兰花，秋海棠类及蕨类植物等，必须适度遮阳。遮阴时间一般在 9~16h，若遇阴雨天气，则可不遮阴。一般温室花卉，夏季要求遮去自然光照的 30%~50%；春、秋两季应遮去中午前后的强烈光线，早晚应予以充分光照；冬季则不需要遮阴。

温室遮阴的方法，通常采用蒲席、苇席、竹帘或遮阳网覆盖在透光屋面。现代化温室有自动启用的遮阳网遮光，遮阳幕帘由电动机通过钢丝绳或齿条牵引，由计算机根据设定的程序控制启闭。

2.3 湿度的调控

2.3.1 湿度的特点

(1) 湿度的季节变化

一般情况下，设施内相对湿度高于外界，尤其在冬春季节。因温室结构严密、多层覆盖和减少通风，室内空气湿度一直保持较高的状态，容易引发病害。但在夏秋季，室外温度高、光照较强，则会出现设施内湿度太低的状况。

(2) 湿度的日变化

气温升降是影响相对湿度的主导因素，室内相对湿度大小与气温高低呈负相关。设施内相对湿度一般比室外高。白天多在 70%、80% 以上，夜间可在 90%~95%。白天室温升高，饱和水气压剧增，相对湿度下降，最小值常出现在 14:00~15:00。

2.3.2 湿度的调控

(1) 增加湿度

①供水法　可在室内的地面、植物台及墙壁上洒水，以增加水分的蒸发量。用于养护热带植物(如热带兰花、蕨类植物、食虫植物等)的专类温室，除通道外，所有地面应为水面，可增加空气的湿度。在冬季利用暖气装置的回水管，通过室内的水池，可以促进室内水池水分的蒸发，同样达到提高室内湿度的目的。

②喷雾法　用悬挂在温室内的微雾系统加湿。

③降温法　在高温时，通过停止加温可增加空气湿度。

(2) 降低湿度

①通风换气　让室内的潮湿空气与室外空气形成对流，以降低室内湿度，如在冬季晴朗的中午要适当打开侧窗通气。

②覆盖地膜　在室内地面铺设地膜，可防止水分渗入土壤，也可减少土壤水分蒸发，从而达到降低室内湿度的目的。

2.4　CO_2 与空气污染

温室和塑料棚是一个比较密闭的环境，在其空间和土壤里，常存在着二氧化碳、氨、乙烯、二氧化氮和氯气等气体，其中有些气体浓度适当时，对植株生长是有利的，但有些气体如果含量过高，对经济林栽培会造成危害，因此，必须了解温室和塑料棚内的气体状况，并进行调节，使有气体保持适当浓度，避免有害气体发生。

2.4.1 CO_2 浓度控制

二氧化碳（CO_2）是光合作用的原料，在温室和塑料棚中保持适量二氧化碳，会促进光合作用。如果把空气中二氧化碳浓度从 0.03% 提高到 0.1%，光合速率可增加 1 倍以上；若把二氧化碳浓度降到 0.005%，光合作用几乎停止，时间久了，会造成植株饥饿死亡。在露地，空气中的 CO_2 一般为 0.03%，而在温室和塑料棚中由于施用大量有机肥在分解过程中放出 CO_2，再加之植株本身的呼吸作用放出 CO_2，夜间室内 CO_2 浓度高于室外，日出之后，随着光合作用的进行，CO_2 的含量逐渐降低。在不通风的情况下，可降到低于 0.03% 的浓度，因此，在管理上要注意通风换气，增加 CO_2 含量；有条件的也可进行 CO_2 施肥。

CO_2 浓度的控制主要是通过通风和施用 CO_2 来实现。通风可以使长时间密闭的温室内增加 CO_2 浓度，也可以降低其 CO_2 浓度。冬季由于保温的需要而无法通过通风来补充 CO_2 时，则需采用人工措施增加 CO_2 浓度，也称 CO_2 施肥。CO_2 施肥一般在日出后 0.5h 开始施用，阴天或低温时一般不施用。CO_2 施肥的方法有：有机肥腐熟法、燃烧含碳燃料法和瓶装 CO_2 法。1 t 有机物最终可释放 1.5 t CO_2；焦炭 CO_2 发生器，以燃烧焦炭或木炭来产生 CO_2；瓶装 CO_2 为液体或固体，经阀门和管道可控制 CO_2 释放量。

2.4.2 空气污染控制

保护地内的空气污染物质，一部分来自原有空气、城市或工厂污染，一部分来自室内施肥、燃烧、残枯植株、不适当地施用农药和除草剂等。这些污染物质，在很低的浓度下也会对植物造成很大的危害。减少保护地空气污染的方法有加强室内管理，不堆放杂物；正确使用农药、除草剂、土壤消毒剂和肥料；避开城市污染区建设保护地等。

2.5 土壤条件及调节

温室和塑料棚里比露地温度高、湿度大，雨水浇不到地面，特别是栽培上施肥量大，集约化程度高，利用时间长，就形成了很多与露地不同的土壤特性。栽培中必须采用相应的调节措施，才能保持好土壤肥力。

2.5.1 土壤湿度及调节

温室和塑料棚内没有天然降雨，在不灌溉的条件下，土壤易干燥缺水，在灌溉条件下，因设施不同，就有不同的土壤水分状况。玻璃温室，因有缝隙，土壤易干，需较大的灌水量；塑料温室和大棚，因密闭性好，土壤水分蒸发在棚面凝结成水珠后，又流向两边，逐渐使棚的中间部位干燥，而两边较湿润，因此，在管理上，中间部位要多灌水。不论是玻璃温室还是塑料温室和大棚，因没有大量雨水冲刷，都易在地表积聚盐类，提高土壤含盐率，影响植株吸水。

土壤湿度直接影响植株根系的生长和对肥料的吸收，也间接地影响地上部的生长发育。灌溉是调节土壤湿度的有效方法。温室和塑料棚内灌水方式有大水漫灌、沟灌和滴灌。大水漫灌易降低地温和引起土壤板结，在冬季和早春不宜采用；沟灌不仅容易控制灌水量的大小，而且有利于提高地温，但是沟灌不能解决降低空气湿度的作用；滴灌既可保证土壤湿度又省水，还可提高地温和防止土壤板结，有利于植株根系的生长和产量的提高，是今后的发展方向。

2.5.2 土壤中盐类浓度及调节

温室和塑料棚中的土壤，雨水浇不到，经毛细管作用，水分由下向上移动，使施用的肥料不仅很少流失，而且又将剩余的肥料逐渐向上移动，积累在土壤的表层。这样就出现土壤中盐的溶液浓度变大，产生盐类浓度障碍，影响植株生育。受盐类浓度障碍的植株，一般表现矮小、生育不良、叶色浓并有时表面盖1层蜡质，严重时从叶缘开始枯干或变褐色，叶缘翻卷，根变锈以致枯死。

为防止盐分积聚造成危害，首先，要避免使用同一种化肥，特别是含有氯或硫化物等副成分的肥料，因这些副成分是造成土壤中盐分浓度增高的主要元素，最好少用或不用，而施用硝酸铵、尿素、磷铵和硝酸钾等肥料，或以这些肥料为主体的合成肥料，就可减轻盐分积聚。其次，要配合施用有机肥料，有机肥虽然肥效迟缓，但没有盐分积聚的威胁，还能对土壤的物理性质起缓冲作用，达到改良土壤的目的。另外，夏季也应除去薄膜，让大雨淋洗，或在施肥后加大灌水量，这样也能降低盐分浓度，减轻危害。

大棚育苗也分为苗床育苗和容器育苗两种，其育苗技术措施与圃地苗床育苗和容器育苗相同。

任务 5

组培育苗

➔任务目标

1. 知识目标：认识相关仪器、设备及用具；归纳出培养基及其配制方法，知道组培苗的驯化与移栽程序。

2. 能力目标：根据要培养的对象合理制定培养基配方，并根据配方配制培养基，会外植体的选择和灭菌，会接种与培养。

➔任务描述

组织培养技术流程包括培养基的配制、外植体的培养、芽的增殖和根的诱导、组培苗的炼苗与移栽。植物组织培养技术的出现对植物种苗繁育、病虫害防治以及育种等领域的工作产生了重大的影响。根据经济林生产需要，结合当地经济林植物组培育苗的生产任务，按照组培育苗技术流程要求进行培养基的配制、灭菌、接种培养、炼苗、移栽等操作。

➔任务实施

1. 工作准备

（1）材料

配制 MS 培养基所需试剂、封口膜或塞、绑扎线绳、牛皮纸、蒸馏水或纯净水等；外植体、培养基、70% 和 95% 的酒精、0.1% 氯化汞、无菌水；蛭石或珍珠岩、泥炭或河沙等透气性强的基质。

（2）工具

电子天平、药物天平、烧杯、量筒、吸管、电炉、酸度计或精密 pH 试纸、试管、三角瓶、高压灭菌锅等；超净工作台、天平、酒精灯、剪刀、镊子、接种钩、不锈钢（或搪瓷盘）盘子、火柴等。

2. 培养基的配制

2.1 配制前的准备

（1）清洗玻璃器皿

先将需要用到的玻璃器皿浸入加有洗洁精的水中进行刷洗，用清水内外冲洗；然后再用蒸馏水冲洗 1~2 次；最后晾干或烘干备用。

（2）培养基母液的配制

根据 MS 培养基的成分，准确称取各种试剂配制成母液，放在冰箱中保存，用时按需要稀释。配母液应用蒸馏水或去离子水。称取药品时，量小的药品用 0.000 1g 的电子天平称量，量大的药品可用 0.1g 的药物天平称量。

①大量元素母液：单独配制存放，一般浓缩

20倍，配制培养基时取50mL。

②微量元素母液：

a. 铁盐母液　单独配制存放，一般浓缩200倍，配制培养基时取5mL。

b. KI母液　单独配制存放，一般浓缩200倍，配制培养基时取5mL。

c. 其他微量元素母液　配成混合母液，一般浓缩200倍，配制培养基时取5mL。

③维生素母液：单独配制存放，一般浓缩200倍，配制培养基时取5mL。

④氨基酸母液：单独配制存放，一般浓缩200倍，配制培养基时取5mL。

⑤肌醇母液：单独配制存放，一般浓缩200倍，配制培养基时取5mL。

(3) 生长调节剂母液配制

单独配制成母液，储存于冰箱。母液一般浓缩200倍，配制培养基时取5mL。

例如，若使用浓度为0.5mg/L，则称取10mg，用95%乙醇溶解，定容到100mL。

2.2 培养基配制

(1) 溶解琼脂和蔗糖

在1 000mL的烧杯中加入500mL蒸馏水，然后将称好的6～8g琼脂粉放进烧杯中加热煮溶，再放入10g蔗糖，搅拌溶解。

(2) 加入母液

用量筒量取各种大量元素的母液各50mL加入烧杯中，然后用吸管（专管专用）依次将各种微量元素、维生素、氨基酸、肌醇和生长调节剂各5mL分别加入到烧杯中，加蒸馏水定容至1 000mL。在加入母液和蒸馏水的过程中应边加边搅拌。

(3) 调节pH值

用酸度计或pH精密试纸测定pH值，以1mol NaOH或1mol HCL调至6.0～6.2。

(4) 培养基分装

用漏斗将培养基分装到试管中，注入量约为2cm。分装动作要快，培养基冷却前应灌装完毕，且尽可能避免培养基黏在管壁上。

(5) 试管封口

用塑料封口膜或棉塞、塑料瓶等材料将瓶口封严。用棉塞封口的试管需再用牛皮纸包扎好。

(6) 培养基灭菌

将试管包扎成捆，管口端用用牛皮纸包扎好，

放到高压蒸汽灭菌锅中灭菌，在温度为121℃、压力108kPa下维持15～20min即可（间断式通电）。待压力自然下降到零时，开启放气阀，打开锅盖，放入接种室备用。灭菌时，应注意的问题是在稳压前一定要将灭菌锅内的冷空气排干净，否则达不到灭菌的效果。

3. 外植体的接种与培养

3.1 接种

(1) 接种前的准备工作

①接种前30min打开接种室和超净工作台上的紫外线灯进行灭菌，并打开超净工作台的风机。

②操作人员进入接种室前，用肥皂和清水将手洗干净，换上经过消毒的工作服和拖鞋，并戴上工作帽和口罩。

③用70%的酒精棉球仔细擦试手和超净工作台面及其他需放到工作台上的所有用品。

④准备一个灭过菌的搪瓷盘或不锈钢盘，接种钩、医用剪刀、镊子、解剖针等用具应预先浸在95%的酒精溶液内，置于超净工作台的右侧。每个台位至少备2把剪刀和2把镊子，轮流使用。

(2) 外植体的消毒

①将采回的枝条剪掉叶子（留一小节叶柄），剪成具有2～3个腋芽的枝段。

②把外植体放于容器内，用流水冲洗几遍，用70%的酒精擦拭外壁后放在超净工作台上备用。

③将外植体放进70%的酒精中，约30s后倒掉酒精，用无菌水冲洗1次；然后用0.1%的升汞（$HgCl_2$）浸泡5～10min，然后用无菌水冲洗3～5次。

(3) 接种

①点燃酒精灯，然后将接种钩、镊子、剪子等放在搪瓷盘或不锈钢盘中灼烧，晾于架上备用。

②用镊子将少许外植体夹到已灭菌的搪瓷盘或不锈钢盘中，两端和叶柄剪去一小节。

③将试管倾斜拿住，先在酒精灯火焰上方烧灼管口，然后打开瓶塞，用镊子尽快将外植体放入试管，用接种钩将外植体下端按入培养基中。再在火焰上方烧灼管口，然后盖紧塞子或封口膜，再用牛皮纸包扎管口。

④每切一小批外植体，剪刀、接种钩、镊子等都要重新放回酒精内浸泡，并灼烧。

3.2 培养

接种了外植体的试管放在25℃条件下进行暗

培养约1周，待长出愈伤组织后转入光培养，每日光照10~12h，光照强度从1 000~3 000lx逐渐过渡。培养某些耗氧多的植物，要采用通气性好的瓶盖、瓶塞或用透气膜封口，培养室保持70%~80%的相对湿度。

4. 芽的增殖和根的诱导

4.1 增殖培养

将经初代培养产生的无菌芽切割分离，进行继代培养，扩大繁殖，平均每月增殖一代。接种过程与上述外植体接种基本相同，接种时无须对接种材料进行灭菌处理。继代培养期间培养室环境条件的控制与初代培养相同。

为了防止变异或突变，通常只能继代培养10~12次。

4.2 生根培养

当无菌芽增殖到一定规模，选取粗壮的无菌芽(高约3cm)接种到生根培养基上进行生根培养。有些易生根的植物在继代培养中通常会产生不定根，可以直接将生根苗移出进行驯化培养。或者将未生根的试管苗长到3~4cm长时切下来，直接栽到蛭石为基质的苗床中进行瓶外生根。这样，省时省工，可降低成本。

5. 组培苗的炼苗与移栽

5.1 炼苗

将长有完整组培苗的试管或三角瓶由培养室转移到半遮阴的自然光下，并打开瓶盖注入少量自来水，这样锻炼约3~5d，以适应外界环境条件。

5.2 移栽

①洗净试管苗根部培养基，移栽到蛭石或珍珠岩、泥炭或河沙等透气性强的基质上。

②移栽后浇透水，适当遮阴避免暴晒，并加塑料罩或塑料薄膜保湿。半月后去罩，掀膜。每隔10d叶面施肥1次。

③将苗木移植到装有一般营养土的容器中栽培，同样加强管理。也可将洗净根部培养基的试管苗直接移植到容器中栽培。

→任务评价

班级			组号				日期	
序号	评分项目		分值	组内自评	组间互评	教师评价	平均分	说明
1	培养基配制		20					独立完成
2	接种		40					
3	培养		10					
4	炼苗		20					
5	工作细致、认真等		10					
	总分							

→背景知识

植物组织培养是指在无菌条件下，将植物的离体器官(如根、茎、叶、花、果实、种子等)、组织(如花药、胚珠、形成层、皮层、胚乳等)、细胞(如体细胞、生殖细胞花粉等)和去壁原生质体，培养在人工配制的培养基上，给予适当的培养条件，使之形成完整植株的过程。由于培养是在离体条件下的试管内进行，亦可称为离体培养或试管培养(图3-20)。

图3-20 组培育苗

1. 组织培养基本情况

1.1 组织培养的类型

(1) 根据接种的外植体不同分类

①胚胎培养 指把原胚或成熟胚、胚乳、胚珠或子房分离出来,在人工合成的培养基上培养,使其成为正常的植株。

②器官培养 指分离茎尖、茎段、根尖、根、叶片、叶原基、子叶、花瓣、花药或花粉、果实等作为外植体,在人工合成的培养基上培养,使其发育成完整的植株。

③组织培养 指分离植物体的各部分组织,如分生组织、形成层组织或其他组织来进行培养,或采用从植物器官培养产生的愈伤组织来培养,通过分化诱导再生最后形成植株。这是狭义的组织培养。

④细胞培养 包括单细胞、多细胞或悬浮细胞和细胞的遗传转化体的培养等。

⑤原生质体培养 包括原生质体、原生质融合体和原生质体的遗传转化体的培养等。

(2) 根据培养的过程分类

①初代培养(第一代培养) 指将从植物体上分离下来外植体作第一次培养。

②继代培养 指第一次培养以后将培养物转移到新的培养基上进行培养。

(3) 根据培养基态相不同分类

①固体培养——指在培养基中加凝固剂(多为琼脂)的组织培养。

②液体培养——指在培养基中不加凝固剂的组织培养。

培养基中加入一定量的凝固剂,加热溶解后,分别装入培养用的容器中,冷却后即得到固体培养基。凡不加凝固剂的即是液体培养基。琼脂是常用的凝固剂,适宜浓度为0.6%~1.0%(即6~10g/L)。固体培养基所需设备简单,使用方便,只需一般化学实验室的玻璃器皿和可供调控温度与光照的培养室。但固体培养基,培养物固定在一个位置上,只有部分材料表面与培养基接触,不能充分利用培养容器中的养分,而且培养物生长过程中,排出的有害物质的积累,而造成自我毒害,必须及时转移。液体培养基则需要转床、摇床之类的设备,但通过振荡培养,给培养物提供良好的通气条件,有利于外植体的生长,避免了固体培养基的缺点。

1.2 组织培养的应用

随着植物组织培养技术的日益完善,其应用也越来越广泛,其主要应用领域有以下几个方面。

(1) 快速繁殖

在植物组织培养技术研究的基础上发展起来的植物快速繁殖方法,近年来发展十分迅速,快速繁殖的物种越来越多,到目前为止已有几千种。但采用快速繁殖进行工厂化大规模生产的品种主要为花卉(如康乃馨、兰花等)、热带水果(如香蕉、甘蔗、草莓等)、树木(如桉树)和珍稀植物(如安徽黄里软子石榴和太和樱桃)。植物组织培养快速繁殖不仅可以繁殖常规品种,而且还可以繁殖植物不育系和杂交种,从而使这些优良性状得到很好地保持。

(2) 脱毒

利用植物组织培养技术可有效地去除植物体内的病毒，方法是培养植物茎尖分生组织。由于在植物的生长发育过程中，病毒是逐渐感染新生细胞，茎尖分生组织细胞分裂很快，在初期并不含有病毒。在病毒感染之前，将未被感染的茎尖分生组织切下，放在合适的培养条件下让其发育成完整的植株，这样由无病毒的茎尖分生组织培养获得的植株就不含病毒。但并不是所有茎尖培养获得的均为无病毒植株，这取决于选材是否含有病毒，所以在获得再生植株后，需要对其进行鉴定，以确保是否含有病毒。

在植物的脱毒生产中，茎尖培养往往与快速繁殖相结合，即先进行茎尖培养脱除病毒，然后通过快速繁殖以获得大量的材料用于生产。

(3) 新品种培育

植物组织培养植株再生过程中存在着广泛的变异，它出现在植物组织培养植株再生的各个时期，分布于植物的各种性状。与常规杂交和辐射诱变相比，变异既广泛又普遍，且具有随机性，其中有些变异是常规育种难以获得的。而且这些变异大多数是由少数基因突变引起的，因而变异后代极易纯合，一般仅需要 2~3 年即能获得纯合的品系，而不像常规杂交一样需要 7~10 年才能获得稳定的品种。

体细胞无性系变异是一种重要的遗传变异来源，是一种重要的遗传资源，它既丰富了种质资源库，又拓宽了植物基因库的范围，在作物育种中具有深远的意义和广泛的应用前景，因而受到了国内外生物技术学者、育种家的高度重视，并先后在玉米、水稻、甘蔗等作物上取得了较大的进展。

在植物体细胞无性系变异的可遗传变异中大多是不利的变异，不能直接服务于育种和生产，仅有极少数变异是有利的变异，可以直接或用作杂交亲本材料服务于育种。

(4) 单倍体育种

花药培养应用于农业的研究起始于 1964 年 Guha 与 Maheshwari 的毛叶曼陀罗花药培养，随后在世界范围内掀起一个高潮。据 Maheshwari 等 1983 年统计，已经有 34 科 88 属 247 种植物的花药培养获得成功。其中小麦、水稻、大豆、玉米、甘蔗、棉花、橡胶和杨树等 40 余种植物花药培养单倍体再生植株是由我国学者首先培育出来的。

(5) 种质保存

用植物组织培养技术保存种质具有以下优点：

①在较小的空间内可以保存大量的种质资源。

②具有较高的繁殖系数。

③避免外界不利气候及其他栽培因素的影响，可常年进行保存。

④在保存过程中，不受昆虫、病毒和其他病原体的影响。

⑤有利于国际间的种质交换与交流。

⑥用于组织培养保存的材料很多，如茎尖、花粉、体细胞胚等。

(6) 遗传转化

这是组织培养应用的另外一个重要领域，因为到目前为止的大多数遗传转化方法仍需要通过植物组织培养来进行。

(7) 制造人工种子

通过用人工种皮包被体细胞胚制造人工种子，为某些稀有和珍贵物种的繁殖提供了一种高效的手段。

(8) 突变体的筛选培育

在细胞和组织培养进程中，基因型易发生变异，因此人们可采用射线对培养物照射让其产生变异，从中选择理想的突变体，育成新品种。例如，用基因枪将目的基因嵌入要改良的品种中去，最后育成优良品种。

2. 组培室的设计

2.1 组培室的设计要求

理想的组培室或组培工厂应选在安静、清洁、远离繁忙的交通线，但又交通方便的市郊。应在该城市常年主风向的上风方向，避开各种污染源，以确保工作的顺利进行。其设计应包括准备室、灭菌室、无菌操作室、培养室、细胞学实验室、摄影室等，另加驯化室、温室或大棚。

(1) 准备室

准备室要求 20m² 左右，明亮，通风。器皿洗涤、培养基配制、分装、高压灭菌，植物材料的预处理，蒸馏水、无菌水的制备以及进行生理、生化因素的分析，试管苗出瓶、清洗与整理工作等均在准备室中进行。准备室应有相应的设备，如工作台、柜橱、水池、仪器、药品等。

(2) 缓冲室

无菌操作室与准备室之间设缓冲室，面积 3~5m²，可放置工作服、拖鞋、帽子等，也需要安装紫外灯。还应安装 1 个配电板，其上安装保险盒、闸刀开关、插座以及石英电力时控器等。石英电力时控器是自动开关灯的设备，将它和交流接触器安装在电路里就可以自动控制每天的光照时数。

(3) 无菌操作室

无菌操作室（简称无菌室，也称接种室），10~20m²，视生产规模而定。无菌室要求干爽安静、清洁明亮、墙壁光滑平整不易积染灰尘，地面平坦无缝便于清洗和灭菌。门窗要密闭，一般用移动门窗。在适当的位置安装紫外灯，使室内保持良好的无菌或低密度有菌状态。安置 1 台空调机，使室内温度保持在 25℃ 左右。此外，再配上超净工作台、医用小平车和搁架，分别用以放置组培的操作器具和灭菌后待接种的培养瓶等。超净工作台上放酒精灯和装有刀、剪、镊子的工具盒（常用饭盒或搪瓷盘），灭菌用的酒精（75% 与 95% 两种）、外植体表面灭菌剂（0.1% $HgCl_2$ 等）以及吐温、无菌水等。

(4) 培养室

培养室是将接种到培养瓶等器皿中的材料进行培养的场所。为了满足外植体的生长和发育，要具备适宜的温度、湿度、光照、通风等条件。空调机可以保证室内温度均匀、恒定。室内湿度也要求恒定。湿度过高时，可采用小型室内除湿机除湿。培养室一般装置日光灯作为光源，照明时间的控制可安装定时器，根据需要自动控制照明时间。

培养室的主要仪器有：空调机、除湿机、各类显微镜、分析天平、温度计、湿度计、换气扇等。

(5) 驯化室

组织培养是否需要建造驯化室，不能一概而论，根据当地自然条件和培养的植物种类决定。驯化室通常在温室的基础上营建，要求清洁无菌，配有空调机、加湿器、恒温恒湿控制仪、喷雾器、光照调节装置、通风口以及必要的杀菌剂。驯化室面积大小视生产规模而定。

(6) 温室

为了保证试管苗不分季节地常年生产，必须有足够面积的温室与之配套。温室内应配有温度控制装置、通风口、喷雾装置、光照调节装置、杀菌杀虫工具及相应药剂。

2.2 仪器、设备和器皿用具

2.2.1 仪器、设备

①超净工作台 超净工作台是组织培养中最通用的无菌操作装置，它占地小，效果好，操作方便。

②空调机 接种室的温度控制，培养室的控温培养，均需要用空调机。

③除湿机 培养室湿度是否需要保持恒定，不能一概而论。培养需要一定通气的植物种类时，湿度要求恒定，一般保持70%~80%。

④恒温箱 又称培养箱，可用于植物原生质体和酶制剂的保温，也用于组织培养材料的保存和暗培养。恒温箱内装上日光灯，可进行温度和光照实验。

⑤烘箱 可以用80~100℃的温度，进行1~3h的高温干燥灭菌。还可用80℃的温度烘干组织培养植物材料，以测定干物质。

⑥高压灭菌器 一种密闭良好又可承受高压的金属锅，其上有显示灭菌器内压力和温度的仪表，还有排气孔和安全阀。

⑦冰箱 有普通冰箱、低温冰箱等。用于在常温下易变性或失效的试剂和母液的储藏，细胞组织和试验材料的冷冻保藏，以及某些材料的预处理。

⑧天平 包括药物天平、扭力天平、分析天平和电子天平等。大量元素、糖、琼脂等的称量可采用精度为0.1g的药物天平，微量元素、维生素、激素等的称量则应采用精度为0.001g的分析天平。有条件的，最好配用精度为0.0001g的电子天平。

⑨显微镜 包括双目实体显微镜(解剖镜)、生物显微镜、倒置显微镜和电子显微镜。显微镜上要求能安装或带有照相装置，以对所需材料进行摄影记录。

⑩水浴锅 水浴锅可用于溶解难溶药品和熔化琼脂。

⑪摇床与转床 在液体培养中，为了改善浸于液体培养基中的培养材料的通气状况，可用摇床(振荡培养机)来振动培养容器。植物组织培养可用振动速率100次/min左右，冲程3cm左右的摇床。冲程过大或转速过高，会使细胞震破。

转床(旋转培养机)同样用于液体培养。由于旋转培养使植物材料交替地处于培养液和空气中，所以氧气的供应和对应营养的利用更好。通常植物组织培养用1转/min的慢速转床，悬浮培养需用80~100转/min的快速转床。

⑫蒸馏水发生器 实验室应购置一套蒸馏水发生器。仅用于生产时，也可用纯水发生

器将自来水制成纯净的实验室用水。

⑬酸度计 用于校正培养基和酶制剂的pH。半导体小型酸度测定仪,既可在配制培养基时使用,又可在培养过程中测定pH的变化。仅用于生产时,也可用精密的pH试纸代替。

⑭离心机 用于分离培养基中的细胞及解离细胞壁后的原生质体。一般用3 000～4 000转/min的离心机即可。

2.2.2 各类器皿

(1)培养器皿

用于装培养基和培养材料,要求透光度好,能耐高压灭菌。

①试管 特别适合于用少量培养基及试验各种不同配方时选用,在茎尖培养及花药和单子叶植物分化长苗培养时更显方便。

②三角瓶 是植物组织培养中常用的培养器皿。常用的有50mL、100mL、150mL和300mL的三角瓶。其优点是:采光好,瓶口较小,不易失水和污染。

③L形管和T形管 为专用的旋转式液体培养试管。

④培养皿 适于单细胞的固体平板培养、胚和花药培养及无菌发芽。常用的有直径为40mm、60mm、90mm、120mm的培养皿。

⑤角形培养瓶和圆形培养瓶 适于液体培养。

⑥果酱瓶 常用于试管苗的大量繁殖,一般用200～500mL的规格。

(2)分注器

分注器可以把配置好的培养基按一定量注入到培养器皿中。一般由4～6cm的大型滴管、漏斗、橡皮管及铁夹组成。还有量筒式的分注器,上有刻度,便于控制。微量分注还可采用注射器。

(3)离心管

离心管用于离心,将培养的细胞或制备的原生质体从培养基中分离出来,并进行收集。

(4)刻度移液管

在配制培养基时,生长调节物质和微量元素等溶液,用量很少,只有用相应刻度的移液管才能准确量取。不同种类的生长调节物质,不能混淆,要求专管专用。常用的移液管容量有0.1mL、0.2mL、0.5mL、2mL、5mL、10mL等。

(5)实验器皿

主要有量筒(25mL、50mL、100mL、500mL和1 000mL)、量杯、烧杯(100mL、250mL、500mL和1 000mL)、吸管、滴管、容量瓶(100mL、250mL、500mL和1 000mL)、称量瓶、试剂瓶、玻璃瓶、塑料瓶、酒精灯等各种化学实验器皿,用于配制培养基、储藏母液、材料灭菌等。

植物组织培养除了要对培养的实验材料和接种用具进行严格灭菌外,各种培养器皿也要求洗涤清洁,以防止带入有毒的或影响培养效果的化学物质和微生物等。清洗玻璃器皿用的洗涤剂主要有肥皂、洗洁精、洗衣粉和铬酸洗涤液(由重铬酸钾和浓硫酸混合而成)。新购置的器皿,先用稀盐酸浸泡,再用肥皂水洗净,清水冲洗,最后用蒸馏水淋洗一遍。用过的器皿,先要除去其残渣,清水冲洗后用热肥皂水(或洗涤剂)洗净,再用清水冲洗,最后用蒸馏水冲洗一遍。清洗过的器皿晾干或烘干后备用。

2.2.3 器械用具

组织培养所需要的器械用具,可选用医疗器械和微生物实验所用的器具。

①镊子 尖头镊子,适用于取植物组织和分离茎尖、叶片表皮等。长 20~25cm 的枪形镊子,可用于接种和转移植物材料。

②剪刀 常用的有解剖剪和弯头剪,一般在转移植株时用。

③解剖刀 常用的解剖刀,有长柄和短柄两种,对大型材料如块茎、块根等就需用大型解剖刀。

④接种工具 包括接种针、接种钩及接种铲,由白金丝或镍丝制成,用来接种或转移植物组织。

⑤钻孔器 在取肉质茎、块茎、肉质根内部的组织时使用。钻孔器一般做成 T 形,口径有各种规格。

⑥其他 酒精灯、电炉、微波烘箱、大型塑料桶、试管架、转移培养瓶、搪瓷盘、塑料框等。

3. 组织培养操作

3.1 培养基的配制

3.1.1 培养基的成分

培养基的成分主要包括:无机营养(即无机盐类)、维生素类、氨基酸、有机附加物、植物生长调节物质、糖类、水和琼脂等。

(1) 无机营养

无机营养又分为大量元素和微量元素。大量元素包括氧(O)、碳(C)、氢(H)、氮(N)、钾(K)、磷(P)、镁(Mg)、硫(S)和钙(Ca)等,占植物体干重的百分之几十至万分之几(表3-1),其中氮又有硝态氮(NO_3^-)和铵态氮(NH_4^+)之分;微量元素包括铜(Cu)、铁(Fe)、锌(Zn)、锰(Mn)、钼(Mo)、硼(B)、碘(I)、钴(Co)、钠(Na)等。这两类元素在培养基中的含量虽然相差悬殊,但都是离体组织生长和发育必不可少的基本的营养成分。含量不足时就会造成缺素症。

表 3-1 植物所需大量元素占植物体干重的百分数(%)

元素名称	氧	碳	氢	氮	钾	磷	镁	硫	钙
含量	70	18	10	0.3	0.3	0.07	0.07	0.05	0.03

(2) 氨基酸

氨基酸是蛋白质的组成成分,也是一种有机氮化合物。常用的有甘氨酸、谷氨酸、精氨酸、丝氨酸、丙氨酸、半胱氨酸以及多种氨基酸的混合物(如水解酪蛋白、水解乳蛋白)等。有机氮作为培养基中的唯一氮源时,离体组织生长不良,只有在含有无机氮的情况下,氨基酸类物质才有较好的效果。

(3) 有机附加物

如椰乳、香蕉汁、番茄汁、酵母提取液、麦芽糖等。

(4) 维生素类

能明显地促进离体组织的生长。培养基中的维生素主要是 B 族维生素，如硫胺素(V_{B_1})、烟酸(V_{B_3})、泛酸(V_{B_5})、吡哆醇(V_{B_6})、叶酸($V_{B_{11}}$)、钴胺素($V_{B_{12}}$)等，还有抗坏血酸(V_C)和生物素(V_H)。

(5) 糖类

糖在植物组织培养中是不可缺少的，它不但作为离体组织赖以生长的碳源，而且还能使培养基维持一定的渗透压(一般在 1.5~4.1MPa)。一般多用蔗糖，其浓度为 1%~5%，也可用砂糖、葡萄糖或果糖等。

(6) 琼脂

在固体培养时，琼脂是使用最方便、最好的凝固剂和支持物，一般用量为 6~10g/L。琼脂以色白、透明、洁净的为佳。目前生产的琼脂粉比条状的使用更方便。同一厂家的产品，往往粉状的用量比条状的可少些。琼脂本身并不是提供任何营养，它是一种高分子的碳水化合物，从红藻等海藻中提取，溶解于热水中成为溶胶，冷却后(40℃以下)即凝固为固体状的凝胶。琼脂的凝固能力与原料、厂家的加工方式等有关外，还与高压灭菌时的温度、时间、pH 等因素有关。长时间的高温会使凝固能力下降，过酸过碱加上高温会使琼脂发生水解，而丧失凝固能力。存放时间过久，琼脂变褐，也会逐渐失去凝固能力。

(7) 植物生长调节物质

植物生长调节物质对愈伤组织的诱导、器官分化及植株再生具有重要的作用，是培养基中的关键物质，主要包括生长素和细胞分裂素。

①生长素 能引起完整组织中的细胞扩展，它包括内源生长素(存在于植物体内)和人工合成的生长素，在组织培养中的主要作用是：诱导愈伤组织的产生，促进细胞脱分化；促进细胞的伸长；促进生根。常用的生长素有吲哚乙酸(IAA)、吲哚丁酸(IBA)、萘乙酸(NAA)、2,4-二氯苯氧乙酸(2,4-D)、吲哚丙酸(IPA)、萘氧乙酸(NOA)和 ABT 生根粉等。用量通常为 0.1~0.5mg/L。

②细胞分裂素 细胞分裂素有天然的和人工合成的。常用的有玉米素(ZT)、苄基腺嘌呤(6-BA)、激动素(KT)等。细胞分裂素的生理作用主要是：第一，促进细胞分裂和扩大(与生长素促进细胞伸长的作用不同)，可使茎增粗，而抑制茎伸长；第二，诱导芽的分化，促进侧芽萌发生长；第三，抑制衰老，细胞分裂素能减少叶绿素的分解，延缓离体组织或器官的衰老过程，有保鲜的效果。但是，细胞分裂素对根的生长一般起抑制作用。用量通常为 0.2~2mg/L。

(8) 活性炭

活性炭加入培养基中的目的主是利用其吸附能力，减少一些有害物质的影响，例如，防止酚类物质污染而引起组织褐化死亡。这在兰花组织培养中效果更明显。另外，活性炭使培养基变黑，有利于某些植物生根。但活性炭对物质吸附无选择性，既吸附有害物质，也吸附有利物质，因此使用时应慎重考虑，不能过量，一般用量为 1%~5%。活性炭对形态发生和器官形成有良好的效应，在失去胚状体发生能力的胡萝卜悬浮培养细胞中加入1%~4% 活性炭可使胚状体的发生能力得以恢复。

3.1.2 培养基的配方

组织培养中常用的培养基主要有 MS、White、N_6、B_5、Heller、Nitsh、Miller、SH 等（表3-2）。

表3-2 几种常用培养基的配方　　　　　　　　　　　　　　　　　　单位：mg/L

化合物名称	MS(1962)	White(1943)	N_6(1974)	B_5(1968)	Heller(1953)	Nitsh(1972)	Miller(1967)	SH(1972)
NH_4NO_3	1 650					720	1 000	
KNO_3	1 900	80	2 830	2 527.5		950	1 000	2 500
$(NH_4)_2SO_4$			463	134				
$NaNO_3$					600			
KCl		65			750		65	
$CaCl_2·2H_2O$	440		166	150	75	166		200
$Ca(NO_3)_2·4H_2O$		300					347	
$MgSO_4·7H_2O$	370	720	185	246.5	250	185	35	400
Na_2SO_4		200						
KH_2PO_4	170		400			68	300	
K_2HPO_4								300
$FeSO_4·7H_2O$	27.8		27.8			27.85		15
Na_2-EDTA	37.3		37.3			37.75		20
Na-Fe-EDTA				28			32	
$FeCl_3·6H_2O$					1			
$Fe_2(SO_4)_3$		2.5						
$MnSO_4·4H_2O$	22.3	7	4.4	10	0.01	25	4.4	
$ZnSO_4·7H_2O$	8.6	3	1.5	2	1	10	1.5	
Zn(螯合体)					0.03			10
$NiCl_2·6H_2O$								1
$CoCl·6H_2O$	0.025			0.025		0.025		
$CuSO_4·5H_2O$	0.025			0.025	0.03			
$AlCl_3$					0.03			
MoO_3						0.25		
$NaMoO_4·2H_2O$	0.25			0.25				
TiO_2								1
KI	0.83	0.75	0.8	0.75	0.01	10	0.8	5
H_3BO_3	6.2	1.5	1.6	3	1		1.6	
$NaH_2PO_4·H_2O$		16.5		150	125			
烟酸	0.5	0.5	0.5	1			0.5	5
盐酸吡哆素(VB_6)	0.5	0.1	0.5	1	1		0.1	5
盐酸硫胺素(VB_1)	0.4	0.1	1	10			0.1	0.5
肌醇	100			100		100		100
甘氨酸	2	3	2				2	

3.1.3 几种常用培养基的特点

（1）MS 培养基

MS 培养基是 1962 年 Murashige 和 Skoog 为培养烟草材料而设计的。它的特点是无机盐的浓度高，具有高含量的氮、钾，尤其硝酸盐的用量很大，同时还含有一定数量的铵盐，这使得它营养丰富，不需要添加更多的有机附加物，就能满足植物组织对矿质营养的要求，有加速愈伤组织和培养物生长的作用，当培养物长时间不转移时仍可维持其生存。目前应用最广泛的一种培养基。

（2）White 培养基

又称 WH 培养基，是 1943 年 White 设计的，1963 年做了改良。其特点是无机盐浓度较低。它的使用也很广泛，无论是生根培养还是胚胎培养或一般组织培养都有很好的效果。

（3）N_6 培养基

N_6 培养基是 1974 年由我国的朱至清等为水稻等禾谷类作物花药培养而设计的。其特点是 KNO_3 和 $(NH_4)_2SO_4$ 含量高，不含钼。目前在国内已广泛应用于小麦、水稻及其他植物的花粉和花药培养。

（4）B_5 培养基

B_5 培养基是 1968 年由 Gamborg 等设计的。它的主要特点是含较低的铵盐，较高的硝酸盐和盐酸硫胺素。铵盐可能对不少培养物的生长有抑制作用，但它适合于有些植物如双子叶植物特别是木本植物的生长。

（5）SH 培养基

SH 培养基是 1972 年由 Schenk 和 Hidebrandt 设计的。它的主要特点与 B_5 相似，不用 $(NH_4)_2SO_4$，改用 $(NH_4)H_2PO_4$，是矿质盐浓度较高的培养基。在不少单子叶和双子叶植物上使用效果很好。

（6）Miller 培养基

Miller 培养基与 MS 培养基比较，无机元素用量减少 1/3～1/2，微量元素种类减少，不用肌醇。

3.1.4 培养基的配制

3.1.4.1 母液的配制和保存

经常使用的培养基，可先将各种药品配成浓缩一定倍数的母液，放入冰箱内保存，用时再按比例稀释。母液要根据药剂的化学性质分别配制，一般配成大量元素、微量元素、铁盐、维生素、氨基酸等母液，其中维生素、氨基酸类可以分别配制，也可以混在一起。

大量元素原则上可以混在一起，但硫酸镁（$MgSO_3 \cdot 2H_2O$）和氯化钙（$CaCl_2 \cdot 2H_2O$）要分别单独配制，因为高浓度的 Ca^{2+} 和 Mg^{2+} 与磷酸盐混合，会产生不溶性沉淀。虽然定容后沉淀即会消失，因其用量较大，还是单独配制和存放为好。大量元素母液一般浓缩 20 倍，配制培养基时取 50mL。

铁盐也容易发生沉淀，需要单独配制。一般硫酸亚铁（$FeSO_4 \cdot 7H_2O$）和乙二胺四乙酸二钠（Na_2-EDTA）配成铁盐螯合剂。母液一般浓缩 200 倍，配制培养基时取 5mL。

KI 单独配成母液，一般浓缩 200 倍，配制培养基时取 5mL。

其他微量元素可配成混合母液，一般浓缩 200 倍，配制培养基时取 5mL。

为方便配制不同培养基，培养不同的组培苗，或进行组培试验，氨基酸和维生素单独配制存放为宜。母液一般浓缩 200 倍，配制培养基时取 5mL。

植物生长调节物质也单独配制成母液，储存于冰箱。母液一般浓缩200倍，配制培养基时取5mL。

IAA、NAA、IBA、2，4-D 之类生长素，可先用少量 0.1mol 的 NaOH 或 95% 的酒精溶解，然后再定容到所需要的体积。KT 和 BA 等细胞分裂素则可用少量 0.1mol 的 HCl 加热溶解，然后加水定容。

现以上述比例和 MS 培养基为例，具体介绍培养基母液的配制方法（表3-3）。

3.1.4.2 培养基的配制及灭菌

（1）培养基的配制方法

将配制好的母液按顺序排列，并逐一检查是否沉淀或变色，避免使用已失效的母液。先取适量的蒸馏水放入容器，然后依次用专用的移液管按需要量吸取预先配制好的各种母液及生长调节物质等，均匀混合在一起，再加入琼脂和糖，加蒸馏水定容至所需体积，加热溶解。趁热用分注器将培养基注入试管等培养器皿中，塞上塞子，用纸包扎瓶口和塞子。

表3-3 MS 培养基母液的配制方法

成分分类	化合物	用量(g)	配制方法	配1L培养基的取量
大量元素母液	NH_4NO_3	33	溶于少量水中，溶解较慢则加热溶解，彻底溶解后定量至1000mL。	取 50 mL
	KNO_3	38		
	$CaCl_2 \cdot 2H_2O$	8.8		
	$MgSO_4 \cdot 7H_2O$	7.4		
	KH_2PO_4	3.4		
微量元素母液	$FeSO_4 \cdot 7H_2O$	0.556	溶于少量水中，溶解较慢则加热溶解，彻底溶解后定量至100mL。	取 5 mL
	Na_2-EDTA	0.746		
	$MnSO_4 \cdot 4H_2O$	0.446		
	$ZnSO_4 \cdot 7H_2O$	0.172		
	$CoCl \cdot 6H_2O$	0.000 5		
	$CuSO_4 \cdot 5H_2O$	0.000 5		
	$NaMoO_4 \cdot 2H_2O$	0.005		
	KI	0.016 6		
	H_3BO_3	0.124		
维生素母液	烟酸(VB_3)	0.01	溶于少量水中，溶解较慢则加热溶解，彻底溶解后定量至100mL。	取 5 mL
	盐酸吡哆素(VB_6)	0.01		
	盐酸硫胺素(VB_1)	0.008		
氨基酸母液	甘氨酸	0.04	溶于少量水中，溶解较慢则加热溶解，彻底溶解后定量至100mL。	取 5 mL
肌醇母液	肌醇	2	溶于少量水中，溶解较慢则加热溶解，彻底溶解后定量至100mL。	取 5 mL

培养基的 pH 因培养材料的来源而异，大多数植物都要求在 pH5.6～5.8 的条件下进行组织培养。常用 0.1mol 的 NaOH 和 0.1mol HCl 来调节培养基的 pH。但需注意两点：第一，经高温高压灭菌后，培养基的 pH 会下降 0.2～0.8，故调整后的 pH 一般应高于目标 pH 约 0.5 个单位；第二，pH 的大小会影响琼脂的凝固能力，当 pH 大于 6.0 时，培养基

将会变硬,低于5.0时,琼脂就不能很好地凝固。

(2)培养基的灭菌

培养基一般采用湿热灭菌法,即把分注后的培养瓶置入高压蒸汽灭菌器中进行高温高压灭菌。灭菌前一定要在灭菌器内加水淹没电热丝,千万不能干烧,以防事故发生。待压力达到49.0kPa时,开启排气阀,将内部的冷空气排出;当压力升到108kPa、温度为121℃时,维持15~20min,即可达到灭菌的目的。若灭菌时间过长,会使培养基中的某些成分变性失效。

灭菌后应尽快地转移培养瓶使其冷却。一般应将灭菌后的培养基储藏于30℃以下的室内,最好储藏在4~10℃的条件下。

液体培养基的配制方法,除不加琼脂外,其他与固体培养基相同。

3.2 外植体的培养

外植体是指植物组织培养中各种用于接种培养的材料。包括植物体的各种器官、组织、细胞和原生质体等。

3.2.1 外植体的选择

(1)选择优良的种质

无论是离体培养繁殖种苗,还是进行生物技术研究,培养材料的选择都要从有发展前景的植物入手,选取性状优良的种质或特殊的基因型。对材料的选择要有明确的目的,具有一定的代表性,增加实用价值。

(2)选择健壮的植株

组织培养用的材料,最好从生长健壮的无病虫害的植株上采集,选取发育正常的器官或组织。因为这些器官或组织代谢旺盛,再生能力强,比较容易培养。

(3)选择最适的时期

组织培养选择材料时,要注意植物的生长季节和植物的生长发育阶段。如快速繁殖时应在植株生长的最适时期取材,这样不仅成活率高,而且生长速度快,增殖率高;花药培养应在花粉发育到单核期时取材,这时比较容易形成愈伤组织。

(4)选取大小适宜的材料

建立无菌材料时,取材的大小根据不同植物材料而异。材料太大易污染,也没有必要;材料太小,多形成愈伤组织,甚至难于成活。培养材料的大小一般在0.5~1.0cm之间,如果是胚胎培养或脱毒培养的材料,则应更小。外植体为茎段的,茎段长度3~5cm。

3.2.2 外植体的灭菌、接种

(1)灭菌

外植体在接种前必须灭菌。在灭菌前,先在准备室对外植体进行预处理,去掉不需要的部分,将准备使用的植物材料在流水中冲洗干净。经过预处理的植物材料,其表面仍有很多细菌和真菌,因此拿入接种室后还需进一步灭菌。常用于植物材料灭菌的灭菌剂有氯化汞、酒精等(表3-4)。常规的表面灭菌处理方法是把材料放进70%的酒精中,约30s后用无菌水冲洗1次,再在0.1%的升汞($HgCl_2$)中浸泡5~10min,或在10%的漂白粉澄清液中浸泡10~15min,然后用无菌水冲洗3~5次。灭菌时进行搅动,使植物材料与灭菌剂有良好的接触。如在灭菌剂里滴入数滴0.1%的Tween20(吐温)或Tween80湿润剂,则灭菌效果更好。

表 3-4 常用灭菌剂的使用及其效果

灭菌剂	使用浓度(%)	清除的难易	灭菌时间(min)	效果
次氯酸钠	9~10	易	5~30	很好
次氯酸钙	2	易	5~30	很好
漂白粉	饱和浓度	易	5~30	很好
氯化汞	0.1~1	较难	2~10	最好
酒精	70~75	易	0.2~2	好
过氧化氢	10~12	最易	5~15	好
溴水	1~2	易	2~10	很好
硝酸银	1	较难	5~30	好
抗菌素	4~50mg/L	中	30~60	较好

(2)接种

接种是把经过表面灭菌后的植物材料切碎或分离出器官、组织、细胞,转放到无菌培养基上的全部操作过程。整个接种过程均须无菌操作(图3-21)。

①接种室用紫外灯照射灭菌 20~30 min,或提前 0.5~1d 用高锰酸钾和甲醛混合液熏蒸。接种台要提前开启。

②工作人员进入接种室前需用肥皂水洗手灭菌,并在缓冲室换上已经灭菌的白色工作服和拖鞋,配戴工作帽和口罩。工作人员的呼吸也是污染的主要途径,通常在平静呼吸时细菌是很少的,但是谈话或咳嗽时细菌便增多,头皮屑也带有细菌,因此操作过程应禁止不必要的谈话,并戴上帽子和口罩。

图 3-21 接种

③进入接种室后用70%的酒精擦洗双手、接种台和一切需放上工作台的所有器具,对外植体进行灭菌处理。特别注意防止"双重传递"的污染,例如,器械被手污染后又污染培养基等。

④点燃酒精灯,将接种钩、剪刀、镊子放入不锈钢盘或瓷盘内烧灼,冷却后备用。接种钩、剪刀、镊子等不使用时浸泡在95%酒精中,用时在火焰上灭菌,待冷却后使用。每次使用前均需进行用具灭菌。

⑤将外植体放入经烧灼灭菌的不锈钢盘或瓷盘内处理。如外植体为茎段的,将茎段上的叶柄和茎的上下端剪掉一小节;培养脱毒苗的,在双筒解剖镜下剥离切取大小约0.2~0.3 mm 的茎尖分生组织。

⑥烧灼瓶口和塞子,将培养瓶倾斜拿稳,打开塞子,用镊子将接种材料送入瓶内,用接种钩将材料压入培养基中,烧灼瓶口和塞子并上塞。在打开培养瓶、三角瓶或试管时,最大的污染危险是管口边沿黏染的微生物落入管内,烧灼是解决这个问题的有效办法。如果培养液接触了瓶口,则瓶口要烧到足够的热度,以杀死存在的细菌。为避免灰尘污染瓶口,可用纸包扎瓶口和塞子,以遮盖瓶子颈部和试管口,相对地减少污染机会。

3.2.3 外植体的培养

接种后的外植体应送到培养室去培养。培养过程中既要调控好培养条件,又要注意防止发生菌类污染、外植体褐变和植株玻璃化现象,确保组织培养的成功。

3.2.3.1 培养条件的调控

培养室的培养条件要根据植物对环境条件的不同需求进行调控。其中最主要的是光照、温度、湿度和氧气等。

(1) 光照

光照对离体培养物的生长发育具有重要的作用。通常对愈伤组织的诱导来说,暗培养比光培养更合适。但器官的分化需要光照,并且随着试管苗的生长,光照强度需要不断地加强,才能使小苗生长健壮,并促进它从"异养"向"自养"转化,提高移植后的成活率。一般先暗培养1周,1周后每日光照10~12h,光照强度从1 000~3 000lx逐渐过渡。暗培养可用铝箔或者适合的黑色材料(如黑色棉布)包裹在容器的周围,或置于大纸箱和暗室中培养。

(2) 温度

离体培养中对温度的调控要比光照显得更为突出。不同的植物有不同的最适生长温度。培养室温度一般保持在25℃±2℃。低于15℃或高于35℃,对生长都是不利的。

(3) 湿度

组织培养中的湿度影响主要有两个方面:一是培养容器内的湿度,它的湿度条件常可保证100%;二是培养室的湿度,它的湿度变化随季节和天气而有很大变动。培养室湿度过高过低都是不利的,过低可能造成培养基失水而干枯或渗透压升高,影响培养物的生长和分化;湿度过高会造成杂菌滋长,导致大量污染。因此,培养某些耗氧多的植物,采用通气性好的瓶盖、瓶塞或透气膜封口的,要求室内保持70%~80%的相对湿度。湿度过高时可用除湿机降湿,过低时可用喷水来增加湿度。

(4) 氧气

植物组织培养中,外植体的呼吸需要氧气。在液体培养中,振荡培养是解决通气的有效办法。在固体培养中,对于某些耗氧多的植物要采用通气性好的瓶盖、瓶塞,或用透气膜封口。对于耗氧少的植物,组织培养中培养瓶内能维持正常的氧气和二氧化碳循环,用密封性好的封口材料更能有效地防止菌类污染。

此外,愈伤组织在培养基上生长一段时间后,由于营养物质的枯竭,水分的散失,以及一些组织代谢产物的积累,必须将组织及时转移到新的培养基上。这种转移过程称为继代培养。一般在25~28℃下进行固体培养时,每隔4~6周进行一次继代培养。在组织块较小的情况下,继代培养时可将整块组织转移过去。若组织块较大,可先将组织分成几个小块再接种。

3.2.3.2 污染的预防

(1) 污染的原因

污染是指在组织培养过程中培养基和培养材料滋生杂菌,导致培养失败的现象。污染的原因,从病源菌方面来分析主要有细菌及真菌两大类;污染的途径,主要是外植体带菌、培养基及器皿灭菌不彻底、操作人员未遵守操作规程等。

(2)预防污染的措施

发现污染的材料应及时处理,否则将导致培养室环境污染。对一些特别宝贵的材料,可以取出再次进行更为严格的灭菌,然后接入新鲜的培养基中重新培养。处理污染培养瓶最好在打开瓶盖前先高压灭菌,再清除污染物,然后洗净备用。现根据污染途径,阐述污染的几项预防措施。

①防止材料带菌

a. 用茎尖作外植体时,必要时可在室内或无菌条件下对枝条先进行预培养。将枝条用水冲洗干净后插入无糖的营养液或自来水中,使其抽枝,用新抽生的嫩枝条作为外植体,便可大大减少材料的污染。或在无菌条件下对采自田间的枝条进行暗培养,使其抽出徒长的黄化枝条,用黄化枝作为外植体,经灭菌后接种也可明显减少污染。

b. 避免阴雨天在田间采取外植体。在晴天采材料时,下午采取的外植体要比早晨采的污染少,因材料经过日晒后可杀死部分细菌或真菌。

c. 目前对材料内部污染还没有令人满意的灭菌方法,因此,在菌类长入组织内部时除去韧皮组织,只接种内部的分生组织,可以收到一定的效果。

②外植体灭菌

a. 多次灭菌法:咖啡成熟叶片的灭菌即用这种方法。第一,去掉主脉(因主脉与支脉交界处常有真菌休眠孢子存在)和叶的顶端、基部、边缘部分,这样可大大减少污染;第二,将切好的外植体放入1.3%的次氯酸钠溶液中(商品漂白粉25%溶液)灭菌30min,用无菌蒸馏水漂洗3次。第三,将材料封闭在无菌的培养皿中过夜,保持一定温度;第四,将叶片用2.6%次氯酸钠灭菌30min,然后用蒸馏水洗3次。

b 多种药液交替浸泡法:对一些容易污染而难灭菌的材料,用下列程序灭菌较为理想。第一,取茎尖、芽或器官作为外植体,用自来水及肥皂充分洗净,用剪刀修剪掉外植体上无用的部分,剥去芽上鳞片。第二,将材料放入70%~75%的医用酒精中灭菌数秒钟。第三,在1:500Roccal B(一种商品灭菌剂名)稀释液中浸5min。第四,放入5%~10%次氯酸钠溶液中,并滴入Tween80数滴,灭菌15~30min;或浸入0.1%~0.2%升汞溶液中,并加入Tween80数滴,灭菌5~10min。第五,用无菌水冲洗5次。也可从次氯酸钠溶液中取出后,再放入无菌的0.1mol的HCl中浸片刻,再用无菌水冲洗数次。

③各种器皿、用具、用品灭菌 玻璃器皿可采用湿热灭菌法,即将玻璃器皿包扎后放入蒸汽灭菌器中进行高温高压灭菌,灭菌时间25~30min。也可采用干热灭菌法,即将玻璃器皿置入电热烘箱中进行灭菌;还可以把玻璃器皿放入水中煮沸灭菌。

金属器械一般用火焰灭菌法,即把金属器械放在95%的酒精中浸一下,然后放在火焰上燃烧灭菌。这一步骤应当在无菌操作过程中反复进行。金属器械也可以用干热灭菌法灭菌,即将擦干或烘干的金属器械用纸包好,盛在金属盒内,放在烘箱中灭菌。

工作服、口罩、帽子等布质品均用湿热灭菌法,即将洗净晾干的布质品放入高压灭菌器中,在压力为108kPa、温度为121℃的情况下,灭菌20~30min。

④无菌操作室灭菌 无菌操作室的地面、墙壁和工作台的灭菌可用2%的新洁尔灭或70%的酒精擦洗,然后用紫外灯照射约20min。使用前用70%的酒精喷雾,使空间灰尘落下。一年中要定期一二次用甲醛和高锰酸钾熏蒸。

⑤规范操作 操作人员在接种时一定要严格按照无菌操作的程序进行。

3.2.3.3 褐变的预防

(1) 褐变的原因

褐变是指在培养过程中外植体内的多酚氧化酶被激活,使细胞里的酚类物质氧化成棕褐色的醌类物质,致使培养基逐渐变成褐色,最后引起外植体变成褐色而死亡的现象。在组织培养中,褐变是普遍存在的,这种现象与菌类污染和玻璃化并称为植物组织培养的三大难题。而控制褐变比控制污染和玻璃化更加困难。因此,能否有效地控制褐变是某些植物组培能否成功的关键。

影响褐变的因素极其复杂,随着植物种类、基因型、外植体的部位及生理状况等的不同,褐变的程度也有所不同。

①基因型 有研究表明,海垦2号橡胶树的花药褐变较少,因而容易形成愈伤组织;而有些橡胶品种极易褐变,其愈伤组织的诱导也很困难。在组织培养中,有些品系难以成功,而有些则容易成功,其原因之一可能是酚类物质的含量及多酚氧化酶活性存在差异。因此,对于容易褐变的植物,应考虑对其不同基因型的筛选,力争采用不褐变或褐变程度轻微的外植体来进行培养。

②外植体的生理状态 材料本身的生理状态不同,接种后褐变的程度也不同。例如,在欧洲栗的培养中,用幼年型的材料培养含醌类物质少,而用成年型材料培养时含醌类物质多。取芽的时期及部位也是重要的因子。如1月15日至30日取欧洲栗的芽培养,醌类物质形成少,而在5~6月份取芽培养则醌类物质发生严重。总之,分生部位接种后形成醌类物质少,而分化的部位则形成醌类物质较多。

③培养基的成分 第一,无机盐浓度过高会引起棕榈科植物外植体酚的氧化,例如油棕用MS无机盐培养容易引起外植体的褐变,而用降低了无机盐浓度的改良MS培养基时则可减轻褐变,而且获得愈伤组织和胚状体;第二,植物生长调节物质使用不当时,材料也容易褐变,细胞分裂素BA有刺激多酚氧化酶活性提高的作用,这一现象在甘蔗的组织培养中十分明显。

④培养条件不适宜 在外植体最适宜的脱分化条件下,分生能力强的细胞大量增殖,酚类的氧化受到抑制,在芽旺盛增殖时,褐变也被抑制。条件不适宜,如温度过高或光照过强,均可使多酚氧化酶的活性提高,从而加速外植体的褐变。在咖啡组织培养中曾观察到这一现象。

⑤长时间不转移 在同一培养基中培养时间过长也会引起材料的褐变,以致全部死亡。

(2) 防止褐变的措施

①选择适宜的外植体 许多成功的经验表明,选择适当的外植体,并创造最佳的培养条件是防止外植体褐变最主要的手段。外植体材料应在生理状态良好,酚类物质少的时期和树木上采集。

②配制最佳培养基 在培养褐变现象较为严重的树种时,适当降低无机盐和细胞分裂素的浓度,选择适宜的细胞分裂素。在培养基中加入抗氧化剂和活性炭。在培养基中加入抗氧化剂,或用抗氧化剂进行材料的预处理或预培养,可预防醌类物质的形成。抗氧化剂包括抗坏血酸、聚乙烯吡咯烷酮(PVP)和牛血清白蛋白等。在倒挂金钟茎尖培养中加入0.01% PVP便对褐变有抑制作用;0.1%~0.5%的活性炭对吸附酚类氧化物的效果很明

显。在许多热带树木的组织培养中均曾观察到活性炭防止外植体褐变的明显效果。

③创造适宜的培养条件　适宜的温度及在黑暗条件下进行培养可显著减少材料的褐变。在初始培养的1~6周内用暗培养，或在150lx左右的光强下进行光培养。另外，在整个培养过程中控制好温度，适当降低光照强度。这样，可抑制酚类物质氧化，防止褐变。

④连续转移　对于易褐变的材料进行连续转移可以减轻醌类物质对培养物的毒害作用。在无刺黑莓的茎尖培养中，接种1~2d就转入新鲜培养基；在山月桂树的茎尖培养中，接种12~24h便转入新的液体培养基，然后继续每天转移1次，连续7d，褐化便得到了完全控制。

3.2.3.4　玻璃化的预防

(1) 玻璃化的原因

玻璃化是指植株矮小肿胀，失绿，叶、嫩梢呈水晶透明或半透明，叶片皱缩成纵向卷曲，脆弱易碎等组织畸形的现象。玻璃化苗外形与正常苗有显著差异，其叶、嫩梢呈水晶透明或半透明，植株矮小肿胀，失绿，叶片皱缩成纵向卷曲，脆弱易碎；叶表皮缺少角质层和蜡质，没有功能性气孔，不具有栅栏组织，仅有海绵组织；体内含水量高，但干物质、叶绿素、蛋白质、纤维素和木质素含量低。由于其组织畸形，吸收养料与光合器官功能不全，分化能力大大降低，生根困难，很难移栽成活，因而很难继续用作继代培养和扩大繁殖的材料。

玻璃化的起因是细胞生长过程中的环境变化，试管苗为了适应变化了的环境而呈玻璃状。产生玻璃化苗的因素主要有激素浓度、琼脂用量、温度、离子水平、光照时间、通风条件等。

①激素浓度　激素浓度增加尤其是细胞分裂素浓度提高(或细胞分裂素与生长素的比例高)，易导致玻璃化苗的产生。产生玻璃化苗的细胞分裂素浓度因植物种类的不同而异。细胞分裂素的主要作用是促进芽的分化，打破顶端优势，促进腋芽发生。因而玻璃化苗也表现为茎节较短、分枝较多的特点。使细胞分裂素增多的原因有以下几种：一是培养基中一次性加入过多细胞分裂素，如6-BA、ZT等；二是细胞分裂素与生长素比例失调，细胞分裂素含量远远高于生长素，而使植物过多吸收细胞分裂素，体内激素比例严重失调，试管苗无法正常生长，而导致玻璃化；三是在多次继代培养时愈伤组织和试管苗体内累积过量的细胞分裂素。在组织培养中，最初的几代玻璃化现象很少，多次继代培养后，便开始出现玻璃化现象，通常是继代次数越多玻璃化苗的比例越大。

②琼脂浓度　培养基中琼脂浓度低时玻璃化苗比例增加，水浸状严重。随着琼脂浓度的增加，玻璃化苗比例减少，但由于硬化的培养基影响了养分的吸收，试管苗生长减慢，分蘖亦减少。因此，琼脂的浓度一定要适当。

③温度　适宜的温度可以使试管苗生长良好，当温度低时，容易形成玻璃化苗，温度越低玻璃化苗的比例越高。温度高时玻璃化苗减少，且发生的时间较晚。

④光照时间　不同的植物对光照的要求不同，满足植物的光照时间，试管苗才能生长正常。大多数植物在10~12h光照下都能生长良好，光照时数大于15h时，玻璃化苗的比例明显增加。

⑤通气条件　试管苗生长期间，要求有足够的气体交换，气体交换的好坏取决于生长量、瓶内空间、培养时间和瓶盖种类。在一定容量的培养瓶内，愈伤组织和试管苗生长越

快，越容易形成玻璃化苗。如果培养瓶容量小，气体交换不良，易发生玻璃化。愈伤组织和试管苗长时间培养，不能及时转移，容易出现玻璃化苗。组织培养所用瓶盖有棉塞、锡箔纸、滤纸、封口纸、牛皮纸、塑料膜等，其中棉塞、滤纸、封口纸、牛皮纸通气性较好，玻璃化苗的比例较低；而锡纸不透气，影响气体交换，玻璃化苗的比例就会增加。用塑料膜封口时，玻璃化苗剧增。

⑥离子失衡 植物生长需要一定的矿物质营养，但是，如果营养离子之间失去平衡，试管苗生长就会受到影响。植物种类不同，对矿物质的量、离子形态、离子间的比例要求不同。如果培养基中离子种类及其比例不适宜该种植物，玻璃化苗的比例就会增加。

(2)预防玻璃化的措施

①适当控制培养基中无机营养成分 大多数植物在MS培养基上生长良好，玻璃化苗的比例较低，主要是由于MS培养基的硝态氮、钙、锌、锰的含量较高的缘故。适当增加培养基中钙、锌、锰、钾、铁、铜、镁的含量，降低氮和氯元素比例，特别是降低铵态氮浓度，提高硝态氮浓度，可减少玻璃化苗的比例。

②适当提高培养基中蔗糖和琼脂的浓度 适当提高培养基中蔗糖的含量，可降低培养基中的渗透势，减少外植体从培养基中获得过多的水分。而适当提高培养基中琼脂的含量，可降低培养基的衬质势，造成细胞吸水阻遏，也可降低玻璃化。例如，将琼脂浓度提高到1.1%时，洋蓟的玻璃化苗完全消失。

③适当降低细胞分裂素和赤霉素的浓度 细胞分裂素和赤霉素可以促进芽的分化，但是为了防止玻璃化现象，应适当减少其用量，或增加生长素的比例。在继代培养时，要逐步减少细胞分裂素的含量。

④增加自然光照，控制光照时间 在试验中发现，玻璃苗放在自然光下几天后茎叶变红，玻璃化逐渐消失。这是因为自然光中的紫外线能促进试管苗成熟，加快木质化。光照时间不宜太长，大多数植物以10~12h为宜；光照强度在1 000~1 800lx之间，就此可以满足植物生长的要求。

⑤控制好温度，改善气体交换状况 培养温度要适宜植物的正常生长发育。如果培养室的温度过低，应采取增温措施。热击处理，可防治玻璃化的发生。如用40℃热击处理瑞香愈伤组织培养物可完全消除其再生苗的玻璃化，同时还能提高愈伤组织芽的分化频率。使用棉塞、滤纸片或通气好的封口膜封口，也是预防玻璃化现象的重要措施。

⑥培养基中添加活性炭等物质 在培养基中加入间苯三酚或根皮苷或其他添加物，可有效地减轻或防治试管苗玻璃化。如用0.5mg/L多效唑或10mg/L的矮壮素可减少重瓣丝石竹试管苗玻璃化的发生，而添加1.5~2.5g/L聚乙烯醇也成为防治苹果玻璃化的措施。在培养基中加入0.3%的活性炭可降低玻璃苗的产生频率，对防止产生玻璃化有良好作用。

3.3 芽的增殖和根的诱导

3.3.1 芽的增殖

外植体经初代培养诱导出不带菌的无菌芽。为了满足规模生产的需要，必须通过不断的继代培养，使无菌芽大量增殖，培养出成千上万的无菌芽(图3-22)。

继代培养所用培养基可与初代培养基相同，也可根据可能出现的情况，逐渐地适量降低细胞分裂素的浓度,调整无机养分比例,或加入活性炭等,以防出现玻璃化或褐化现象。

继代培养的接种过程与初代培养有两点不同:一是不需要对接种材料进行灭菌处理;二是在空间较大的培养瓶中接种,接种更方便。接种时,先将外植体上的无菌芽剪下,或将已继代过的丛状无菌芽分开。较长的无菌芽可剪成几段接种,但必须保证每一段上至少有一个节。接着用镊子将剪好的接种材料放入培养瓶中,再用接种钩拨动使材料在瓶中均匀分布,最后将接种材料的下端压入培养基中。除此以外,继代培养的接种过程和要求与初代培养相同,同样必须确保无菌操作。

继代培养期间培养室环境条件的控制,除了不需要暗培养外,光照、温度、湿度和通气条件的控制与初代培养基本相同。要注意根据继代苗出现的情况,调节光照、温度、湿度和通气条件,或及时转入新的培养基中培养,防止产生褐化现象和玻璃化现象。

3.3.2 根的诱导

当无菌芽增殖到一定规模,选取粗壮的无菌芽(高约 3cm)进行根诱导,使其生根,产生完整植株,以便移植(图 3-23)。

图 3-22 增殖培养

图 3-23 生根培养

与继代培养基和初代培养基相比,生根培养基有以下 3 个特点。

①无机盐浓度较低。一般认为,矿质元素浓度高时有利于发展茎叶,较低时有利于生根,所以生根培养时一般选用无机盐浓度较低的培养基配方。用无机盐浓度较高的培养基配方时,应稀释一定的倍数。如使用 MS 培养基,在生根诱导培养中多采用 1/2MS 或 1/4MS。

②细胞分裂素少或无。生根培养基一般要完全去除或仅用很低浓度的细胞分裂素,并加入适量的生长素,最常用的生长素是 NAA。

③糖浓度较低。在生根阶段,培养基中的糖浓度要降低到 1.0%~1.5%,以促进植株增强自养能力,有利于完整植株的形成和生长。

培养室环境控制方面,生根阶段要增加光照强度,达到 3 000~10 000lx。在强光下,植物能较好的生长,对水分的胁迫和对疾病的抗性有所增强。在强光下,植株可能生长较慢和轻微失绿,但实践证明,这样的幼苗移植成活率较弱光条件下的绿苗移植成活率高。

4. 组培苗的炼苗与移栽

4.1 组培苗的炼苗

4.1.1 组培苗的生态环境

利用组织培养手段培育出来的苗通常称组培苗或试管苗。由于组培苗长期生长在试管或三角瓶等培养器皿中，与外界环境隔离，形成了一个独特的生态系统。这个生态系统与外界环境条件相比具有以下四大差异，即恒温、高湿、弱光和无菌。

（1）恒温

在植物组培苗整个生长过程中，温度通常控制在25℃±2℃。而外界环境的温度处于不断变化之中，温度的调节完全是由自然界太阳辐射的日辐射量决定的，温差很大。

（2）高湿

植物组织培养中试管或培养瓶内的水分移动有两条途径：一是组培苗吸收的水分，从叶面气孔蒸腾；二是培养基向外蒸发，而后水汽凝结又进入培养基。这种循环就是培养瓶内的水分循环，其循环的结果造成培养瓶内空气的相对湿度接近100%，远远大于培养瓶外的空气湿度，所以组培苗的蒸腾量极小。

（3）弱光

与太阳光相比组织室的光强一般很弱，故幼苗生长也较弱，经受不了太阳光的直接照射。

（4）无菌

组培苗所处环境的另一大特点是无菌。在移栽过程中组培苗要经历由无菌向有菌的转换。这一点若不注意，也会引起组培苗移栽过程中的死亡。另外，组培苗还处在一种特殊的气体环境中。

这些环境特点使得组培苗与常规苗相比具有如下特点：第一，组培苗生长细弱，茎、叶表面角质层不发达；第二，组培苗茎、叶虽呈绿色，但叶绿体的光合作用较差；第三，组培苗的叶片气孔数目少，活性差；第四，组培苗根的吸收功能弱。组培苗能否适应外界环境条件就成为移植成活的关键，只有使组培苗适应这种差异，才能移栽成活，这就需要有一定的驯化时期。

4.1.2 组培苗的炼苗

炼苗即驯化，目的在于提高组培苗对外界环境条件的适应性，提高其光合作用的能力，促使组培苗健壮，最终达到提高组培苗移栽成活率的目的。驯化应从温度、湿度、光照及有无菌等环境要素进行，驯化开始数天内，应和培养时的环境条件相似；驯化后期，则要与预计的栽培条件相似，从而达到逐步适应的目的。驯化的方法是将长有完整组培苗的试管或三角瓶由培养室转移到半遮阴的自然光下，并打开瓶盖注入少量自来水，使组培苗周围的环境逐步与自然环境相似，恢复植物体内叶绿体的光合作用能力，提高适应能力。驯化一般进行3~5周。

很多树种也可不进行特别的驯化，或驯化与移栽同步。如桉树试管苗直接移植后，通过遮阴和加强喷水、防病等，就能保证移植顺利成活。

4.2 组培苗的移栽

4.2.1 组培苗的移栽

移栽的方法有常规移栽法、直接移栽法和嫁接移栽法。

(1) 常规移栽法

炼苗后将苗木取出，洗去培养基，移栽到无菌的混合土(如沙子:蛭石或泥炭=1:1)中，保持一定的温度和水分，长出2~3片新叶时移栽到田间或盆钵中。

(2) 直接移栽法

直接将组培苗移栽到田间或盆钵中。

(3) 嫁接移栽法

选取生长良好的同一植物的实生苗或幼苗作砧木，用组培苗的无菌芽作接穗进行嫁接的方法。王清连等人对棉花的组培苗进行嫁接移栽的有关试验表明，组培苗的嫁接移栽法与常规移栽法相比具有许多优点，主要的有以下几点。

①成活率高　由表3-5可以看出，采用嫁接移栽法移栽的棉花组培苗成活率较高，一般在70%以上，在条件好的情况下可100%移栽成活。而采用常规移栽法，健壮的组培苗也仅有48%能移栽成活，对于弱苗来说则大多数不能移栽成活(表3-5)。

表3-5　嫁接移栽法移栽棉花组培苗的效果

试管苗种类	移栽方法	移栽植株数	成活植株数	成活率(%)
壮苗	嫁接移栽法	35	33	94.29
	常规移栽法	50	24	28.00
	直接移栽法	20	0	0.00
弱苗	嫁接移栽法	30	21	70.00
	常规移栽法	27	2	7.41
	直接移栽法	15	0	0.00

②适用范围广　嫁接移栽法不仅适用于壮苗，而且还适用于弱苗。由表6-5可明显地看出，嫁接移栽法弱苗仍有70%的移栽成活率，而常规移栽法移栽仅有7.41%的成活率，二者相差近10倍。对于部分污染苗，也可嫁接移栽。由于嫁接移栽法是采用嫁接技术进行移栽，故对组培苗的要求较小，一般生长到2cm左右就可嫁接，不仅适用于大苗，而且还适用于小苗的移栽。而常规移栽法则要求组培苗长到5cm左右才容易移栽成活。

③育苗时间短　常规移栽法必须先诱导形成新鲜的不定根，一般从获得再生小植株到移栽成活需要50d左右，而且还有20~30d的缓苗期。而嫁接移栽法可移栽刚出现叶片的小植株，一般从获得再生小植株到移栽成活仅需要20d左右，而且缓苗期一般仅10~15d。这样，从获得组培苗到移栽至田间并获得健康成长的幼苗，嫁接移栽法仅需30~50d，常规移栽法则需70~80d，嫁接移栽法比常规移栽法缩短了40~45d。

4.2.2 提高移栽成活率的途径

影响组培苗移栽成活率的因素有许多种，包括内因与外因。不同的植物和不同的试管苗种类对移栽的具体要求是不同的。但是总的来说，提高试管苗移栽成活率的途径有以下几种。

(1) 壮苗移植

试管苗的生理状况是影响移栽成活率的内在因素。同一种植物的试管苗，其壮苗比弱苗移栽后成活率高。

(2) 巧用生长调节物质

一般来说，生长素能促进生根，故能提高试管苗移栽的成活率。但是，不同的植物有其适宜的生长素种类。如在月季的试验中发现，以 NAA 诱导生根和提高移栽成活率效果最好；而 IAA 并不理想，当 IAA 的浓度超过 1mg/L 时，反而急剧降低移栽成活率。细胞分裂素一般会抑制根的生长，不利于移栽。如在月季的试验中表明，即使在很低的浓度下，BA 或 2-ip 对生根和移栽都有抑制效应。

(3) 降低无机盐浓度

试验结果表明，降低培养基的无机盐的浓度对植物生根效果较好，有利于移栽成功。

(4) 加入活性炭

在生根培养基中加入少许活性炭，对某些月季的嫩茎生根有良好作用，尤其是采用酸、碱和有机溶剂洗过的活性炭，效果更佳。但活性炭对一些月季品种的促根生长无反应。

(5) 创造良好环境

环境条件也影响试管苗移栽的效果，关键是控制好移栽后 10d 的光、温、湿。做好适当遮阳工作，降低温度，避免太阳光直射造成试管苗迅速失水而死亡。加强喷淋，必要时用塑料薄膜覆盖，保持周围环境的相对湿度保持在 85% 以上。

(6) 从无菌向有菌逐渐过渡

试管苗出苗要将培养基洗净，以免杂菌滋长。移栽前对基质进行灭菌处理，移植初期定期喷杀菌剂预防病害发生，以提高移栽成活率。

任务 6

容器育苗

➡ 任务目标

1. 知识目标：认知容器的种类、形状、大小及用途，归纳容器育苗技术要点。
2. 能力目标：会容器育苗及管理。

➡ 任务描述

为了满足经济林苗木市场供应，尽快培育出优质的苗木品种，应根据当地的气候条件，结合各经济林树种特性要求，选择合适的容器、基质，按照合理的生产流程进行容器育苗生产，为提供大量合格优质的苗木提供强有力的基础。

➡ 任务实施

1. 工作准备

（1）材料

不同规格类型的容器、当地优质土壤、肥料、经催芽的种子或插条、土壤消毒药剂、薄膜等。

（2）工具

修枝剪、锄头、铁铲、喷壶等。

2. 营养袋育苗

2.1 营养土配制与处理

（1）营养土配制

各成分比例合理，尤其要控制好肥料比例。充分混合后堆沤备用。注意调节 pH 值。

（2）装土和置床

将营养土装入容器，挨个整齐排列成苗床。装袋时要振实营养土。

（3）营养土处理

育苗前 1~2d 用多菌灵或其他杀菌剂灭菌。掌握好各杀菌剂浓度和用量，具体可根据生产经验或说明书来确定其浓度和用量。

2.2 育苗

（1）播种

在播种前要对种子进行浸种、催芽和消毒处理，方法同常规育苗。每个容器播 2~3 粒种子，播后覆土，覆土厚度视种粒大小而定。注：小粒及极小粒种子可先在苗床上播种，待苗长到 3~5cm 时将小苗移入容器中培育。

（2）扦插

①选条：在春季萌发前和生长季节分别按硬枝扦插和嫩枝扦插的要求采条。要求根据影响扦插成活的内因选择年龄适当的母树及年龄、粗细、木质化程度适宜的枝条。

②制穗：在阴凉处用锋利的修枝剪剪取插穗。插穗长度、剪口的位置、带叶数量要适宜。

③催根处理：用浓度为 1 000~1 500mg/L 的萘乙酸或 300~500mg/L 的生根粉速蘸，促进生根。也可以用较低浓度的生根剂、温水浸泡催根。

④扦插：用直插法，将插穗插入容器中。要求扦插深浅较适合。

扦插完毕立即浇透水。在生根期间，围绕防腐及保持基质和空气湿度做好喷水、遮阴、盖膜、消毒等工作。

2.3 苗期管理

容器育苗期间做好遮阴、盖膜、灌溉、施肥和病虫防治工作。

①严格控制水分。由于容器容积有限，水分蒸发量大，水分流失特别快，因此在苗木培育期间对水分水量管理要求非常严格，要勤浇水，保持基质水分充足。

②越冬苗木培育需要格外注意，由于轻基质容器容易干，在越冬前需要浇一次透水，必要时要在浇完透水之后覆盖草帘等。

③对于轻基质容器摆放有讲究。为了充分利用容器透水、透气特点，摆放时容器之间要紧紧贴上，以便水分、肥料互相渗透。

→任务评价

班级			组号				日期	
序号	评分项目	分值	组内自评	组间互评	教师评价	平均分	说明
---	---	---	---	---	---	---	---
1	营养土配制	25					
2	装袋	15					
3	播种	20					独立完成
4	扦插	20					
5	苗期管理	10					
6	态度、环保意识	10					
	总分						

→背景知识

容器育苗，就是将配制好的培养基质装入容器中进行育苗培育，有条件再加上温室大棚等育苗设施的新型育苗技术方法。使苗木根系在容器中形成，造林时带着完整的根团栽植有利于提高造林成活率。在装有营养土的容器里培育的苗木，特别适用于裸根苗栽植不易成活的地区和树种，以及珍稀树种和营造速生丰产林，也适用于培育园林绿化苗木等。

1. 容器育苗的特点与种类

1.1 容器育苗的特点

①种苗根系在容器内形成，有发育良好的完整根团（图3-24），起苗时不伤根，栽植后没有缓苗期，苗木成活率高。

②容器育苗采用相适应的营养基质和精细管理，有利于培育优质壮苗，并可缩短育苗周期。一般苗床育苗需要8～12个月才能出圃栽植，但采用容器育苗，只需3～4个月或更短的时间即可出圃，而且不需进行切根、起苗、假植和包装等作业，苗木的出圃率较高。

③由于每个容器只播种一粒至几粒，可节省大量种子，往往比苗圃地育苗节约2/3～3/4的种子。

图 3-24　容器苗根团

④设施容器育苗可以提前播种，延长苗木生长期，加之管理方便，可以满足苗木对湿度、温度和光照的要求，促进苗木迅速生长，有利于培育壮苗。此外，设施容器育苗不受季节限制，可以周年生产，且管理方便。

⑤育苗全过程都可实行机械操作，为育苗工厂化创造了条件。工厂化容器育苗的显著优势是育苗周期短、苗木规格和质量易于控制，大大节约了时间、土地和劳力。

1.2　育苗容器种类

育苗容器种类很多，根据制作材料可分为以下几类。

(1) 泥质容器

用泥炭、牛粪、苗圃土、塘泥等掺入适量的过磷酸钙等肥料为材料制成，也有用土、秸秆、木屑、禽畜肥料、粉煤灰、腐殖质等配方制成的各类型容器，称为泥质容器，也称环保型育苗容器。可用手工制造或添加纸浆用压力机和模具等机械制造成营养砖、营养杯、营养钵(泥钵)等。

(2) 塑膜容器

一般用厚度为 0.02~0.06mm 的无毒塑料薄膜加工制作而成的容器，简称塑料袋或营养袋(图 3-25)。

容器规格应根据要求培育的苗木规格而异。容器规格对苗木生长量有着显著影响，生产上，在保证造林效果的前提下，可采用小规格容器，薄膜容器用于培育 3~6 个月苗木，以直径 4~5cm，高 10~12cm 为宜；培育一年生苗，以直径 5~6cm，高 12~15cm 为宜。

图 3-25　营养袋(左为联筒蜂窝式，右为单体式)

(3) 硬质塑料容器

用聚氯乙烯或聚苯乙烯通过模具制成的容器。例如硬塑料杯，又分单杯式和联体多杯式；塑料营养钵和硬质塑料花盆(图 3-26)；平顶式育苗盘和穴式育苗盘(图 3-27)等。用

图 3-26　单体塑料容器
(a)塑料营养钵　(b)硬质塑料花盆

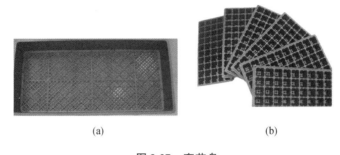

图 3-27　育苗盘
(a)平顶式育苗盆　(b)穴式育苗盆

育苗盘培育苗木,尤其是用气盘和气杯培育苗木,无盘旋根和畸形根,侧根发达,通气状况好。

瑞典林业育苗方式主要以容器育苗为主,用育苗盘来生产播种苗和扦插苗。目前,我国在花卉育苗方面已大量使用育苗盘。虽然使用育苗盘时一次性投入很大,但苗盘由耐用、易洗、可回收的优质塑料制成,使用寿命长,在热带可用 8 年,在凉爽地区可用 10 年,因此育苗成本较低,且便于机械化作业。

(4)无纺布育苗容器

采用比较薄的纺黏无纺布制作而成(图 3-28),厚度一般在 0.5mm 以下,具有透气透水的特点,可以防止幼苗烂根,还能保肥、保湿,这样很大程度上节约了成本。

无纺布育苗袋彻底解决了塑料营养钵育苗中幼苗根系因无法穿透容器壁而形成窝根、歪根、稀根、腐根等问题带来的各种不良后果。从而有效提高了种苗繁育中的各种抗性和生长速度,极大地降低了幼苗因根系生长环境不良影响而演变为"小老头树"的概率。无纺布做成的育苗袋方便苗木运输及搬动,在现代苗木种植中起着很大的作用。

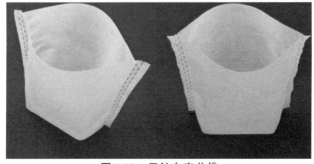

图 3-28　无纺布育苗袋

(5) 纸质容器

以纸浆和合成纤维为原料制成的单体式纸质育苗钵(图3-29)和多杯式容器。多杯式容器是采用热合或不溶于水的胶黏合而成无底六角形纸筒。纸筒侧面用水溶性胶黏成蜂窝状,折叠式的250~350个纸杯可在瞬间张开装土。在灌水湿润后纸杯可以单个分离。通过调整纸浆和合成纤维比例,来控制纸杯的微生物分解时间。它既有硬质塑料杯的牢固程度,又有埋入土中容易被分解的优点。

图3-29 纸质育苗钵

(6) 其他容器

因地制宜使用竹萎、竹筒以及泥炭、木片、牛皮纸、树皮、陶土等制作的容器。

2. 容器育苗技术

2.1 育苗地的选择

容器育苗大多在温室或塑料大棚内进行。因为在这种环境下育苗,能人为控制温、湿度,为苗木创造较佳的生长条件,使苗木生长快,缩短育苗时间。如果在野外进行容器育苗,容器育苗地应选择土壤肥沃,有水源,靠近造林地,地势平坦,排水良好,利于通风和没有病虫害及家禽、野兽危害的地方。

2.2 育苗容器的选择

育苗容器的大小,根据树种、育苗周期、苗木规格等不同要求选择相应的育苗容器。容器太小,不利于苗木根系生长;容器太大,用营养土多,重量大,搬运和造林都不方便。现在国内外使用的育苗容器种类很多,规格不一,但容器的大致范围是高度8~10cm,直径5~10cm。对于干旱和固沙地区造林的容器可大一些,采用高30cm,直径5~6cm。

2.3 育苗土的准备

2.3.1 培养基质的种类

培养基质也称"营养土",是容器育苗的基础,也是育苗成败的重要环节。但应本着"因地制宜,就地取材"的原则选用基质。通常用作培养基质材料主要以下几种:

(1) 泥炭

泥炭又称泥煤、草煤或草炭,是煤化程度最低的煤,由水、矿物质和有机质三部分组成。不同产地的泥炭其组成成分变化较大,具有不同的理化性质。

(2) 火烧土

火烧土是指利用铲起带土草皮,经晒干后,加入部分杂草、稻、麦、油菜秸秆等,收拢成堆,用火焖烧而成,其含有氮、磷、钾和一些微量元素。可就地取材,烧熟碾细,并用孔径 0.5~0.6cm 的细筛过筛后,堆放备用。

(3) 黄心土

选择表土层以下的无污染、无病虫源的新鲜黄泥土。所取土壤需经细碎过筛后使用。

(4) 锯屑

木材加工的锯屑或经过碎化的脚料和林木采伐废弃物,按 8:2 的比例与牲畜粪等混合,并经沤制腐熟后使用。

(5) 蛭石

蛭石又叫水云母,为水合镁铝硅酸盐,是由云母无机物加热到 800~1 000℃时形成的。孔隙度大、透气、保水、保肥能力强,能提供一定量的钾、钙、镁等营养元素。

(6) 珍珠岩

珍珠岩是一种火山喷发的酸性熔岩,通常指经高温膨化的产物。

(7) 有机肥

指以有机物为主的肥料,如堆肥、厩肥、绿肥、腐殖质、人粪尿、家禽粪、饼肥等。

(8) 培养基质的配比

容器育苗的基质要按一定比例混合后使用,要根据培育树种的生物学特性配制基质。树种不同,其生物学特性不同,培养基质也不同。但所有培养基必须透气、保水性能佳、肥分高、质地轻、不含杂草种子和病虫害。在培养土的配制上,一般都以 1~2 种材料为主要基质,然后掺加进其他的一些材料以调节营养土的性能(重点从营养土的持水性、通气性、容积比重和阳离子交换能力等四方面考虑),另外基质配制时必须添加适量基肥,用量按树种、培育期限、容器大小及基质肥沃度等确定。可用有机肥或复合肥、过磷酸钙或钙镁磷肥。也可使用缓释肥,但需控制其用量,以防容器苗陡长。松类树种基质配制时应加入适量的菌根土或按时接种菌根。如我国北方地区侧柏、油松、落叶松、樟子松、云杉、冷杉等林木的容器育苗基质,常用黄心土 50%~70%,腐殖质土 30%~50%,外加过磷酸钙 2%,黏性土再加沙 5%~10% 或是圃地土 80%,土杂肥 20%,外加过磷酸钙 2%(见 LY/T 1000—2013 容器育苗技术》)。我国南方培育马尾松、湿地松、火炬松和桉树等苗木,培养基质大多采用 40%~60% 的黄心土、10%~20% 的菌根土、10%~20% 的火土灰或谷糠灰、10% 的腐熟有机肥、3%~5% 的过磷酸钙或钙镁磷肥配制而成。但在国外和国内容器育苗基质配比上有明显差异,如下:

国外常用配方:

①泥炭土 + 蛭石 1:1 或 3:1。

②泥炭土 + 沙子 + 壤土 1:1:1。

③泥炭土 + 珍珠岩 1:1。

国内常用配方:

①黄心土 38% + 松林土 30% + 火烧土 30% + 过磷酸钙 2%(常用于松类容器育苗)。

②黄心土 50% + 蜂窝煤灰 30% + 菌根土 18% + 磷肥 2%。

③泥炭土 50% + 森林腐殖质土 30% + 火土 18% + 磷肥 2%。

图 3-30　营养土配制

④黄心土 68% + 火土 30% + 磷肥 2%。

营养土的调制(图 3-30)方法很简单,只要把各种成分混合拌匀,制成质地均匀,含有适当水分,没有杂草种子和病虫害来源的营养土即可。

2.3.2　培养基质消毒及 pH 值调节

(1)培养基质消毒

①化学药剂消毒　化学药剂消毒方法简单,特别是大规模育苗使用较方便。方法是:用 65% 代森锌可湿性粉剂 50~70g 均匀拌入 1m³ 培养土内,再用塑料薄膜覆盖 3~4d,最后揭去薄膜,1 周后,药物气体挥发后便可使用。也可用福尔马林、硫酸亚铁(黑矾)、多菌灵、甲基托布津等药剂杀菌消毒,具体使用方法及注意事项见说明书。

②蒸气消毒　蒸气消毒是利用高温的蒸气(80~95℃)杀灭基质中病菌的方法。

在基质用量少且有条件的地方,可将基质装入消毒箱消毒,如基质量大,可堆成 20cm 高堆,长度根据条件而定,上面覆盖防水防高温的材料,导入蒸汽,消毒 1h 就能杀光死病菌,其效果良好,使用安全,但在大规模育苗中消毒过程比较麻烦。

③太阳能消毒　太阳能消毒是目前我国日光温室和塑料大棚采用的一种安全、廉价的消毒方法,同样也适用于无土栽培的基质消毒。方法是,在夏季温室或大棚休闲季节,将基质堆成 20~25cm 高,长度视情况而定。在堆放基质的同时,用水将基质喷湿,使含水量超过 80%,然后用塑料薄膜覆盖起来,密闭温室或大棚,暴晒 10~15d,消毒效果良好。

(2)培养基质的 pH 值调节

育苗基质的 pH 值应调整到育苗树种的适宜范围。一般针叶树种的 pH 值以 4.5~6.5 为宜;阔叶树种的 pH 值以 6.0~8.0 为宜。调高 pH 值一般可用生石灰或草木灰,降低 pH 值用硫黄粉、硫酸亚铁或硫酸铝等。

2.4　容器育苗及管理

容器育苗必须采用良种,品质要达到国家规定的二级标准。最好将饱满种子和不饱满的种子分开播种。

2.4.1　容器装填基质

塑料薄膜袋容器的装袋,用手的拇指、中指和食指,将薄膜袋 1:3 撑开,一只手拿薄膜袋，另一只手将配制好的营养土填入袋中，抖实填满，并按苗床规格要求进行摆放。塑料杯容器培养土装至袋容量的90%~95%。穴盘装盘时注意不要用力压紧，装盘要均匀，使每个穴盘都装填，基质不能装得过满(图3-31)。

图3-31　装填基质

2.4.2　容器播种育苗

必须使用达到国家标准规定级以上的优良种子。在播种前要对种子进行浸种、催芽和消毒处理，方法同常规育苗。每个容器播2~3粒种子，播后覆土，覆土厚度视种粒大小而定，一般为种子直径短径的1~3倍，覆土以看不见种子为度。特小粒种子以看不见种子为宜，再盖上一层细土。如果是穴盘播种，每穴一粒，为避免漏播，发芽率偏低的种子每穴播两粒。覆盖基质不要过厚，与穴盘格室相平，极小粒种子无需覆盖基质(图3-32)。

图3-32　容器播种

2.4.3　容器扦插育苗

即将插穗插入容器中的育苗方法。其扦插过程和要求与普通的扦插育苗方法相同。在容器中扦插育苗也是目前容器育苗常用的方式。

2.4.4　容器摆放

为便于管理，同类苗木应放在一起，排成带状，每带宽1m，长度视具体情况而定，两带间留步道40~60cm(图3-33左)。播种后的容器底部应与地面隔绝，一般采用床面铺砖或塑料薄膜的方法，用以控制苗根向下扎。为防止容器中基质水分的蒸发，避免出土前过多喷水而降低温度或造成板结影响土质，播种或扦插后摆放成带状的容器最好用塑料薄膜覆盖(图3-33右)，以利于提高地温、促进种子发芽和插条萌发。

图 3-33 容器摆放

2.4.5 苗期管理

(1) 浇水

播种后要立即浇水,并且要浇透。对微小种子要先浇足底水后再播种、覆土,最好用细嘴壶浇少量水,湿润种子即可,以防冲掉种子。出苗和幼苗期浇水要多次、适量,保持培养基湿润;速生期浇水要量多、次少,做到培养基干湿交替;生长后期要控制浇水;出圃前要停止浇水。浇水宜在早、晚进行,严禁在中午高温时进行。为便于水分管理,容器育苗应配置喷雾、喷灌设施。

(2) 遮阴

移苗初期和扦插生根前,若无自动间隙喷雾设施,必须进行遮阴,减少水分消耗。

(3) 盖膜

盖膜是保持湿度的重要措施。扦插生根前,若无自动间隙喷雾设施,必须采取盖膜与遮阴相结合的措施,保持小环境有较高的空气湿度,提高扦插成活率。

(4) 间苗

合理的苗距能够促进苗木快速生长。因此,苗木全部出齐后,要及时进行间苗。间苗的原则是去劣留优,对于间下来的优质苗木,还可以进行移植。

(5) 除草

杂草是影响苗木生长的主要障碍之。要及时清除容器内、床面和步道上的杂草,做到"除早、除小、除了"的原则。人工除草在基质湿润时连根拔除,要防止松动苗根。苗木长壮后也可用除草剂除草。

(6) 松土

容器内的培养土,由于浇灌会导致表层土壤板结,松土时可将容器旋转,轻攥一下,使土块疏松。硬质容器可用竹签松土。若发现容器内的土太浅,应适当补充填土。

(7) 追肥

容器苗追肥一般采用浇施。肥料溶于水后,结合浇水施入。一般 7~10d,或 10~15d 施一次肥。具体使用的肥料种类和用量应根据苗木对象不同而不同,并结合树种生长期来确定。

(8) 病虫害防治

容器育苗的环境湿度较大,应重视病虫害防治。本着"预防为主、综合治理"的方针,发生病虫害及时防治。立枯病是幼苗期危害较强的病害,在苗出齐后马上喷施等量式波尔多液,每周 1 次,可进行 2~3 次。具体方法参见有关专业书籍。

2.5 苗木出圃与造林

容器苗的出圃标准，主要不是根据苗木高度而是要求充分形成根系团。凡是未形成根系团的、苗木长势衰弱的、有根腐现象的，都不能出圃。出圃应与造林时间相衔接，做到随起、随运、随栽植。出圃前 1～2d 要浇透水，起苗当天不浇水。起苗和苗木搬运过程中，要轻拿轻放，注意保持容器内根团完整，防止容器破碎。

2.5.1 出圃规格

容器苗出圃规格根据树种、培育期限、造林立地条件等确定。出圃苗木应符合基径、高度的标准，苗干直立，色泽正常，长势好，无机械损伤，无病虫害。

2.5.2 起苗运苗

起苗应与造林相衔接，做到随起、随运、随栽植。起苗前，将容器苗大水漫灌使苗木吸足水分。切断穿出容器的根系，不能硬拔，严禁用手提苗茎。运苗工具最好选用专用运苗周转箱，以防容器破损。

2.5.3 造林

容器苗造林以雨季来临前 10d 左右效果最好。整地要整小墩，栽植深度以容器顶部深入坑穴面 1cm 或与穴面略平为宜。能够深栽的树种尽量深栽一些。填土要踩实，苗木基部整成锅底状蓄水槽，以利截留地表雨水，可减少水分蒸发。

任务 7

无土育苗

➔ 任务目标

1. 知识目标：区别无土育苗所需的基质类型、设施及用途。归纳无土育苗技术操作要点。
2. 能力目标：会进行无土播种育苗、扦插育苗等技术。

➔ 任务描述

采用无土育苗方式培育的幼苗，定植后，因根系发育好，根际环境和无土栽培相适应，定植后不伤根，易成活，一般没有缓苗期。同时，无土育苗还可避免土壤育苗带来的病虫害对苗木的危害。结合当地的特色经济林林木的生长习性，根据无土育苗技术要点，选择合理的无土育苗基质进行科学合理的无土育苗。

➔ 任务实施

1. 工作准备

（1）材料

蛭石、珍珠岩、草炭或泥炭、砂、砾、陶粒、经济林林木种子、插条、苗木，育苗容器（穴盘、育苗盘、营养钵等），杀菌剂（多菌灵、高锰酸钾、甲基托布津等，根据需要配制成一定的浓度），营养液等，结合树种习性需要和当地的生产实际情况灵活选用。

（2）工具

锄头、铁铲、喷壶等设施设备。

2. 无土育苗

2.1 固体基质配制与处理

（1）营养基质配制

各成份比例合理，充分混合后备用。注意调节 pH 值。用珍珠岩与草炭或泥炭混合基质培育苗木较为普遍，珍珠岩与草炭或泥炭的比例为 1∶1 或 1∶3。可采用单体、连体育苗钵、穴盘，也可采用床式育苗，再加营养液来培育苗木。

（2）装基质和置床

将营养土装入容器，挨个整齐排列成苗床。装容器时要振实营养基质。或者均匀的铺在苗床上，厚度 15~20cm。

（3）营养基质消毒

育苗前 1~2d 用基质可用多菌灵或甲基托布津可湿性粉剂 800~1 000 倍液等进行消毒处理。也可先处理再装填。

2.2 播种育苗

（1）种子消毒

进行种子消毒是防病的有效措施。消毒的方法主要有药物消毒、温汤浸种和热水烫种等。具体操作见播种育苗环节。

(2) 种子浸种催芽

浸种催芽是为了缩短种子萌发的时间，达到出苗整齐和健壮的目的。将浸种后的种子，置于适宜的温度条件下，促使种子迅速整齐发芽，达到催芽的目的。具体操作见播种育苗环节。

(3) 播种

苗床播种注意播种量和播种密度，播种量可用公式计算。如果是穴盘播种育苗，小粒种子或发芽率低的可一穴播1~2粒，如果是中粒种子和大粒种子，一穴一粒。但穴盘播种也可视穴的大小来确定播种粒数。播种后立即浇透水。重点注意播种后盖土厚度和播种后的管理。操作与常规播种方法相同。

2.3 扦插育苗

(1) 选条

选生长健壮、无病虫害、品质优良的母树，在其上采集健壮的萌芽条作插穗。

(2) 制穗

插穗剪成10~15cm长，具体根据各树种枝芽生长特性决定长短。上剪口位于芽上1cm处，下剪口位于芽的基部、萌芽环节处，或带部分老枝等。

(3) 生根粉处理

将1g包装的生根粉用6~8mL酒精溶解，再加水稀释成1 000~1 500mg/L溶液，把插穗基部在溶液中速蘸，或把剪好成捆的插穗基部放入已配好的50~200mg/L溶液中浸泡，插穗基部浸入溶液中2~3cm，时间一般8~24h。

(4) 扦插

将插穗按一定的株行距扦插在插床上，长插穗一般斜插，短插穗一般直插，插条深入基质1/2~2/3。株距5~10cm，行距20~40cm。

(5) 插后管理

插后喷足第一次水，用地膜覆盖、遮阳网遮阴、喷水、通风等措施来保持基质和空气湿度和温度，促进生根。

2.4 苗期管理

无土育苗苗期管理主要注意：营养液的管理、温度、光照、水分等的管理。此环节可结合工厂化无土育苗生产一线调查学习掌握。

→任务评价

班级		组号				日期	
序号	评分项目	分值	组内自评	组间互评	教师评价	平均分	说明
1	营养液配制	40					
2	播种	15					
3	扦插	15					
4	管理	10					
5	团队合作	20					
	总分						

→背景知识

不用土壤，而用非土壤的固体材料作基质，浇营养液，或不用任何基质，而利用水培或雾培的方式进行育苗，称为无土育苗。按是否利用基质，又可分为基质育苗和营养液育苗，前者是利用蛭石、珍珠岩、泥炭、沙、岩棉等基质并浇灌营养液进行育苗；后者不用任何基质，只利用某些支撑物和营养液来进行育苗。

1. 无土育苗概述

1.1 无土育苗的应用

无土育苗是无土栽培中不可缺少的首要环节,并且随着无土栽培的发展而发展。目前,发达国家的无土育苗已发展到较高水平,实现了多种蔬菜、花卉、林木的工厂化、商品化、专业化生产(图3-34)。其中,美国的工厂化穴盘苗量已占商品苗总量的70%以上。我国无土育苗与世界发达国家相比研究和应用时间较晚,始于1941年,在20世纪60~70年代,我国曾根据国内无土育苗的成就和研究成果,结合国内现状,对无土育苗进行详细的介绍,在70年代后期,这项技术成功地应用于生产实践;80年代中期随着我国配套进口先进国家的温室及其育苗设施,无土育苗装置投产,有关育苗技术的研究也不断发展,育苗面积稳定上升,设施向多样化方向发展,但在设施配套、计算机自动化育苗、生态环境控制、配套无土育苗工厂化育苗技术、产品采后处理分级包装、贮运、销售及推广应用面积等方面与世界先进国家相比还有较大的差距。随着我国国民经济的发展和工业化水平的不断提高,微电子技术,先进的测试传感技术不断开发和应用,无土育苗技术将有更广阔的发展前景。

图 3-34 无土栽培

1.2 无土育苗的特点

(1)降低劳动强度,节水省肥,减轻土传病虫害

无土育苗按需供应营养和水分,省去了大量的床土和底肥,既隔绝了苗期土传病虫害的发生,又降低了劳动强度。

(2)便于运输、销售

无土育苗所用的基质一般容重轻,体积小,保水保肥性好,便于种苗长距离运输和进入流通领域。

(3)提高空间利用率

无土育苗所用的设施设备规范化、标准化,可进行多层立体培育(图3-35),大大提高了空间利用率,增加了单位面积育苗数量,节省了土地面积。

图 3-35 无土设施立体育苗

(4) 幼苗质量高，苗齐、苗全、苗壮

由于设施形式、环境条件及技术条件的改善，无土育苗所培育的幼苗优于常规土壤育苗，表现为幼苗整齐一致，生长速度快，育苗周期缩短，病虫害减少，壮苗指数提高。由于幼苗品质好，抗逆性强，根系发达、健壮，定植之后缓苗期短或无缓苗期，为后期生长奠定了良好的基础。

(5) 便于集约化、科学化、规范化管理和实现育苗工厂化、机械化与专业化

无土育苗存在上述优点，同时也存在不足之处。缺点是，无土栽培属于高效农业，一次性设备投资较大，需要有一定的设施，营养液的配制、调整与管理都要求有一定的专业知识，需专门培训才能掌握。

1.3 无土育苗基质类型及配比处理

1.3.1 无土育苗基质类型

无土育苗基质包括两种，液体基质和固体基质。液体基质有：水、雾。固体基质又包括无机基质、有机基质和混合基质3类。无土育苗所用基质的选择，各地可因地制宜，就地取材。

(1) 无机基质

①沙　沙是最早用作无土育苗的固体基质。价格便宜，来源广泛。沙的容重为每立方米 1 500～1 800kg，使用时选择用沙粒直径为 0.5～3.0mm 为宜，并且粒径大小应相互配合适当。优点是排水良好，通透性强，但由于沙的容重大，搬运、消毒、更换基质较费工。在生产中，禁止采用石灰岩质的沙粒，以免影响营养液的pH，使一部分养分失效。

②蛭石　蛭石是由云母类矿物加热到 800～1 100℃ 时将片层爆裂形成小而多孔的海绵状的核。容重为每立方米 90～160kg，育苗应选粒径 0.75～1.0mm 为宜。其优点是质量轻，具有较高的阳子离子交换量且含有钾、钙、镁等营养元素，保水、保肥力较强，使用时不必消毒；但蛭石易破碎使其结构破坏，空隙变小，通透性降低，在使用时不受到重压。

③珍珠岩　珍珠岩是由火山硅酸岩燃烧至 1 000℃ 膨胀而成，容重为每立方米 30～160kg，育苗时以粒径 1.5～6.0mm 为宜。优点是物理化学性质稳定，易排水，通透性好。但使用时用量不宜过大，一是因其含有氧化钠，二是浇水时易浮起。

④炉渣　炉渣是煤燃烧后的残渣，来源广泛，数量很大，容重为每立方米700kg。持

水量低，通透性好，使用前要进行粉碎过筛，选择适宜的颗粒大小，一般选直径2~3mm的炉渣进行育苗。炉渣如未受污染，不带病菌，不易产生病害。含有较多的微量元素，育苗时可不加微量元素。

⑤陶粒 又称多孔陶粒，是陶土在1 100℃的陶窑中加热制成的。内部为蜂窝状的空隙构造，容重为每立方米500kg，坚硬不易破碎，透气性好。

⑥岩棉 岩棉是1969年由丹麦古罗太公司开发的栽培基质。岩棉是由60%辉绿岩、20%石灰岩和20%焦炭三种物质混合，在1 500~2 000℃的高温炉里熔化、冷却、黏合压制而成。容重为每立方米75kg。其优点是经过高热完全消毒，有一定形状，栽培过程中不变形，具有很好的吸水性能和保水性能。缺点是岩棉本身的缓冲性能低，对灌溉水要求较高，在自然界中岩棉不能降解，易造成环境污染。

⑦聚苯乙烯珠粒 即塑料包装材料下脚料。容重小，不吸水，抗压强度大，是优良的无土栽培下部的排水层材料。多用于屋顶绿化以及作物生产底层排水材料。

(2)有机基质

①泥炭 又称为草炭、泥炭土、黑土、泥煤，是煤化程度最低的煤，由半分解的植被组成。泥炭是一种相当优良的盆栽用土，可单独用于盆栽，也可以和珍珠岩、蛭石、河沙、椰糠等配合使用。因为它含有大量的有机质，含量68.6%~70%，疏松，透气透水性能好，保水保肥能力强，质地轻，无病害孢子和虫卵。

②树皮 是木材加工过程的副产品。与草炭相比，阳离子交换量和持水量比较低，但碳氮比较高(阔叶树皮较针叶树皮碳氮比高)，是一种很好的园艺基质。缺点是新鲜树皮的分解速度快。有些含有有毒物质，在使用时，必须堆沤处理1个月以上。

③锯末 锯末为木材加工的副产品。其特点是碳氮比高，保水通透性较好，可连续使用26茬，每茬使用前应进行消毒。注意对于红木锯末使用中不得超过30%，松树锯末要水洗或发酵3个月，以减少松节油的含量。

④刨花 刨花与锯末在组成成分上类似，体积较锯末大，透气性良好，碳氮比高，但持水量和阳离子交换量较低。可与其他基质混合使用，一般比例为50%。

⑤秸秆 农作物的秸秆均是较好的基质材料，如玉米秸秆、小麦秆等，粉碎腐熟后，与其他基质混合使用。特点是取材广泛，价格低廉，可对大量废弃秸秆进行再利用。

⑥稻壳 稻壳是稻米加工副产品，无土栽培中使用的稻壳首先要炭化。未经水洗的炭化稻壳应经过水或酸调节后使用，这样对作物生长比较安全。使用时应加入适量的氮，以调节其高碳氮比，但体积不能超过25%。

(3)混合基质

①有机+有机 泥炭—刨花、泥炭—树皮。

②无机+无机 陶粒—珍珠岩、陶粒—蛭石。

③有机+无机 泥炭—沙、泥炭—珍珠岩。

1.3.2 育苗基质的配比

配制育苗基质的各种无机及有机基质，常用的有草炭或泥炭、蛭石、珍珠岩、炉渣等，最好使用混合基质，以2~3种混合为宜。常用基质混合配方及比例见表3-6：

表 3-6 常用基质混合配方

序号	配方及比例	序号	配方及比例
1	草炭:蛭石 = 1:1	4	蛭石:锯末:炉渣 = 1:1:1
2	草炭:珍珠岩 = 1:1	5	蛭石:沙子 = 1:1
3	草炭:炉渣 = 1:1	6	泥炭:蛭石:珍珠岩 = 1:1:1

经特殊发酵处理后的有机基质如麦秆、稻壳、食用菌生产的下脚料可以与珍珠岩、草炭等混合制成育苗基质。

1.4 育苗基质的处理

(1) 灭菌处理

无土栽培的基质长期使用，特别是连作，会使病菌集聚滋生，故每次种植后应对基质进行消毒处理，以便重新利用。蒸气消毒比较经济，把蒸气管通入栽培床即可进行。锯末培蒸气可达到 80cm 的深度，沙与锯末为 3:1 的混合物床，蒸气能进入 10cm 深。药剂消毒，甲醛是一种较好的杀菌剂，1L 甲醛(40%浓度)可加水 50L，按每平方米 20~40L 的用量施于基质中，后用塑料薄膜覆盖 24h，在种植前再使基质风干约 2 周。漂白粉 1% 的浓度在砾培中消毒效果也好，将栽培床浸润 0.5h，以后再用淡水冲洗，以消除氯。也可用多菌灵、甲基托布津等进行消毒处理。

(2) 洗盐处理

当基质吸附较多的盐分时，可用清水反复冲洗，以除去多余的盐分。在处理过程中，可以靠分析处理液的导电率进行监控。

(3) 氧化处理

一些栽培基质，特别是砂、砾石在使用一段时间后，其表面会变黑。在重新使用时，应将基质置于空气中，游离氧会与硫化物反应，从而使基质恢复原来的颜色。

2. 无土育苗营养液的配制

营养液的配制是无土育苗过程中的重要环节。无土育苗要靠人工供给养分，这就需要人工配制营养液。其配方的选择要根据植物的种类，以及苗木不同的生长发育阶段和不同的气候条件，选择适宜的配方。

2.1 营养液的原料

(1) 常用肥料

无机肥料有钾化合物、磷化合物、钙化合物、镁化合物、硫化合物和微量元素等几大类，包括植物生长所需的氮、磷、钾、钙、镁和硫等大量元素和铁、锰、铜、锌、硼、钼等微量元素。用于基质无土育苗和有机生态型无土育苗有机肥料主要有厩肥、人粪尿、堆肥、绿肥、土杂肥等农家肥。

(2) 水

水是苗木从营养液中吸收营养的介质。水质的好坏对无土育苗有重要的影响。因为无土育苗没有土壤的吸附力对盐离子的缓冲作用,因而它对水质中的盐离子基本没有缓冲力,对水中元素含量较土壤要求低,否则会产生毒害。含酸的或其他工业废水不能用来配制营养液。最好也不使用硬水,因硬水中含有过高的钙、镁离子,会影响营养液的浓度。城市自来水中含有较多的碳酸盐和氯化物,影响根系对铁的吸收,可以用乙二胺四乙酸二钠进行调节,使苗木便于吸收铁离子。

2.2 常用营养液配方

(1)格里克基本营养液配方(表3-7)。

表3-7 格里克基本营养液配方(1000L水中含量)

化合物	化学式	数量(g)
硝酸钾	KNO_3	542
硝酸钙	$Ca(NO_3)_2$	96
过磷酸钙	$CaSO_4 + Ca(H_2PO_4)_2$	135
硫酸镁	$MgSO_4$	135
硫酸	H_2SO_4	73
硫酸铁	$Fe_2(SO_4)_3 \cdot n(H_2O)$	14
硫酸锰	$MnSO_4$	2
硼砂	$Na_2B_2O_7$	1.7
硫酸锌	$ZnSO_4$	0.8
硫酸铜	$CuSO_4$	0.6
	总计	1 000.1

(2)凡尔赛营养液配方(表3-8)。

表3-8 凡尔赛营养液配方   单位:g/L

大量元素			微量元素		
硝酸钾	KNO_3	0.568	碘化钾	KI	0.002 8
硝酸钙	$Ca(NO_3)_2$	0.710	硼酸	H_3BO_3	0.000 56
磷酸胺	$NH_4H_2PO_4$	0.142	硫酸锌	$ZnSO_4$	0.000 56
硫酸胺	$(NH_4)_2SO_4$	0.282	硫酸锰	$MnSO_4$	0.000 56
			氯化铁	$FeCl_3$	0.112
总计		1.704	总计		0.116 52

(3)波斯特营养液配方(表3-9)。

表3-9 波斯特营养液配方   单位:g/L

成分	化学式	加利福尼亚州	俄亥俄州	新泽西州
硝酸钙	$Ca(NO_3)_2$	0.74		0.9
硝酸钾	KNO_3	0.48	0.58	
磷酸铵	$(NH_4)_2HPO_4$			0.007
硫酸铵	$(NH_4)_2SO_4$		0.09	
磷酸二氢钾	KH_2PO_4	0.12		0.25
磷酸钙	$CaHPO_4$		0.25	
硫酸钙	$CaSO_4$		0.06	
硫酸镁	$MgSO_4$	0.37	0.44	0.43
总计		1.71	2.42	

(4)营养液补充液配方

当钙、镁含量不足或超过其他元素时,需要加入补充液。钙、镁含量不足时补充液配方见表3-10,钙、镁含量相对超过其他元素时的补充液配方见表3-11。

表3-10 钙、镁含量不足时补充液　　　　　　　　　　　　单位:g/L

成分	化学式	用量
磷酸二氢铵	$NH_4H_2PO_4$	0.07
硝酸钾	KNO_3	0.334
硝酸钙	$Ca(NO_3)_2$	0.05
硝酸铵	NH_4NO_3	0.55
硫酸镁	$MgSO_4$	0.195

表3-11 钙、镁含量相对超过其他元素时的补充液　　　　　单位:g/L

成分	化学式	用量
磷酸二氢铵	$NH_4H_2PO_4$	0.111
硝酸钾	KNO_3	0.51
硫酸钙	$CaSO_4$	0.08
硝酸铵	NH_4NO_3	0.08

2.3　营养液的配制

①配制时先看清各种药剂的商标和说明,仔细核对其化学名称和分子式,了解其纯度,是否含结晶水。根据选定的配方,准确称量各种药剂。

②溶解盐类时要先用50℃的少量温水将其分别溶化,然后用所定容量的75%水溶解,边倒边搅拌,最后用水定容。先溶解微量元素,后溶解大量元素。

③在大规模生产中,可以用磅秤称取营养盐,然后放在专门的水槽中溶解,最后定容。

④定容后,应根据不同植物对营养液的酸碱度不同要求,对营养液的酸碱度进行调整。如果营养液偏酸,可加氢氧化钾调节;若偏碱,则用硫酸或盐酸加以调整。调整过程中,要不断用pH试纸或酸度计进行测试。

⑤在大规模的生产中,为了配制方便,以及在营养液膜法中自动调整营养液,一般都是先配制母液,然后再进行稀释。母液应分别配制。将硝酸钙和其他盐类溶液应分别装在两个溶液罐中。母液浓度一般比植物直接吸收的稀溶液浓度高100倍,使用时再按比例稀释后灌溉苗木。

3. 固体基质无土育苗

目前,无土育苗有播种育苗、扦插育苗和组织培养育苗3种形式,林木生产上一般以播种育苗为主。有的经济林林木也可扦插、嫁接育苗,但嫁接所用的砧木首先还是以播种育苗为主。播种育苗根据育苗的规模和技术水平,又分为普通无土育苗和工厂化无土育苗两种。普通无土育苗一般规模小,育苗成本较低,但育苗条件差,主要靠人工操作管理,影响苗木的质量和整齐度;工厂化穴盘育苗是在完全或基本上人工控制的环境条件下,按照一定的工艺流程和标准化技术进行苗木的规模化生产,具有效率高、规模大,育苗条件好苗木质量和规格化程度高等特点,但育苗成本较高。在林木育苗中固体基质无土育苗较常见,方式方法比较多,结合具体的苗木对象和生产需要选择合适的方式方法。

3.1 常见固体基质无土育苗方法

(1)沙培法

以直径小于3mm 的松散颗粒,如沙、珍珠岩、塑料或其他无机物质作为基质,作成沙床,再加入营养液来培育苗木的方法。

(2)砾培法

以直径大于3mm 小于1cm 的不松散颗粒,如砾、玄武石、熔岩、塑料或其他物质作为基质,也可采用床式育苗,再加营养液来培育苗木的方法。

(3)锯末培法

采用中等粗度的锯末或加有适当比例刨花的细锯末。以黄杉和铁杉的锯末为好,有些侧柏锯末有毒,不能使用。栽培床可用粗杉木板建造,内铺以黑聚乙烯薄膜作衬里,床宽约60cm,深约25~30cm,床底设置排水管。锯末培也可用薄膜袋装上锯末进行,底部打上排水孔,根据袋大小可以栽培1~3棵植物。锯末培一般用滴灌供给植物水分和养分。

(4)珍珠岩+草炭培

用珍珠岩与草炭混合基质培育苗木较为普遍,珍珠岩与草炭的比例为1:1或3:1。可采用单体或连体育苗钵,也可采用床式育苗,再加营养液来培育苗木的方法。

(5)沙砾培法

采用沙和砾混合的固体基质。在基质的配制上,粗基质(直径5~15mm)和细土或沙的比例最好为5:2或5:3。可采用床式育苗,再加营养液来培育苗木的方法。

3.2 常见固体基质育苗方式

(1)塑料钵育苗

塑料钵育苗应用广泛,钵的种类也多。育苗时根据树种种类、苗期长短和苗大小选用不同规格的塑料钵,林木育苗可选用较大口径的,填装基质后播种或移苗。一次成苗的植物可直接播种;需要分苗的植物则先在播种床上播种,待幼苗长至一定大小后再分苗至钵中。单一基质或混合基质均可。营养液从上部浇灌或从底部渗灌。硬质塑料联体钵一般由50~100个钵联成一套,每钵的上口直径2.5~4.5cm,高5~8cm,可供分苗或育成苗。

(2)穴盘育苗

根据种子大小和移栽时间的不同,选择不同规格的穴盘,一般小粒林木种子(<0.5cm)采用72孔穴盘、中粒种子(0.5~1.2cm)采用50孔穴盘、大粒种子(>1.2cm)采用32孔穴盘,使用时先在孔穴中装满基质,然后进行播种,播种时一穴1~2粒,成苗时一穴一株(图3-36)。营养液多采用喷灌从上部供应。可以培育出优质的种苗,幼苗在穴盘内生长2~3月后移至移植容器,可随时出售;如穴盘苗作为商品苗直接出售,宜用32孔穴盘培育,以满足种苗整个生长期的需要。

图 3-36 穴盘播种育苗

(3) 泡沫小方块育苗

适用于深液流水培或营养液膜栽培。用一种育苗专用的聚氨酯泡沫小方块平铺于育苗盘中,育苗块大小约 4cm 见方,高约 3cm,每一小块中央切一"×"形缝隙,将已催芽的种子逐个嵌入缝隙中,并在育苗盘中加入营养液,让种子出苗、生长,待成苗后一块块分离,定植到种植槽中。

(4) 岩棉块育苗

岩棉块规格岩棉块的规格主要有 3cm×3cm×3cm、4cm×4cm×4cm、5cm×5cm×5cm、7.5cm×7.5cm×7.5cm、10cm×10cm×5cm 等。一般为 7.5cm×7.5cm,其外侧四周包裹黑色或黑白双面薄膜,防止水分丧失,在岩棉块上部可直播或移栽小苗。岩棉块育苗多采用滴灌,其装置包括营养液罐、上水管、阀门、过滤器、毛管及滴头等。大面积生产中应设置营养液浓度、酸碱度自动检测及调控装置。

3.3 有机生态型无土育苗

有机生态型无土栽培是指不用天然土壤,而使用基质,不用传统的营养液灌溉植物根系,而使用有机固态肥并直接用清水灌溉植物的一种无土栽培技术。有机生态型无土育苗可采用槽培法或钵培法方式,在槽内或容器内填充有机基质培育苗木。

(1) 钵培法

由于育苗仅采用有机固态肥料,取代纯化肥配制的营养液肥,因此能全面而充分地满足苗木对各种营养元素的要求,省去了营养液检测、调试、补充等烦琐的技术环节,使育苗技术简单化、一次性投入低,具有成本低、省工、省力,可操作性强,不污染环境等优点,是高产、优质、高效的育苗方法。也有人认为,由于用有机肥来提供营养,对于基质中的营养状况难以了解和控制,往往出现养分供应不均衡的现象,而且,施用有机肥如果过量,也非常容易造成硝酸盐在产品中的累积问题,而施用有机肥只是其有机态氮的释放较慢。无论如何,利用有机肥来进行无土栽培生产,是一种较低成本的无土栽培类型,有一定的应用价值。

(2) 槽培法

槽培法有机生态型无土栽培设施系统,由栽培槽和供水系统两部分构成。在实际生产中栽培槽用木板、砖块或土坯垒成高 15~20cm、宽 48cm 的边框,在槽底铺一层聚乙烯塑料膜。可供栽培两行作物。槽长视棚室建筑形状而定，一般为5～30m。供水系统可使用自来水基础设施，主管道采用金属管，滴灌管使用塑料管铺设。有机生态型基质可就地取材，如农作物秸秆、农产品加工后的废弃物，木材加工的副产品等都可按一定比例混合使用。为了调整基质的物理性能，可加入一定比例的无机物，如珍珠岩、炉渣、河沙等，加入量依据需要而定。有机生态型无土栽培的肥料，以一种高温消毒的鸡粪为主，适当添加无机化肥来代替营养液。消毒鸡粪来源于大型养鸡场，经发酵高温烘干后无菌、无味，再配以磷酸二铵、三元复合肥等，使肥料中的营养成分既全面又均衡，可获得理想的栽培效果。

4. 无土育苗的管理

4.1 营养液管理

营养液供给要与供水相结合，采用浇1～2次营养液后浇1次清水的办法可以避免基质内盐分积累浓度过高而抑制幼苗生长。工厂化育苗，面积大的可采用双臂悬挂式行走喷水喷肥车，每个喷水管道臂长5m，悬挂在温室顶架上，来回移动和喷液。也可采用轨道式行走喷水喷肥车。夏天高温季节，每天喷水2～3次，每隔一天施肥1次；冬季气温低，2～3d喷1次，喷水和施肥交替进行。

4.2 温度管理

温度是影响幼苗质量的最重要的因素。温度高低以及适宜与否，不仅直接影响到种子发芽和幼苗生长的速度，而且也左右着幼苗的生长发育进程。温度太低，幼苗生长发育延迟，生长势弱，容易产生弱苗或僵化苗，极端条件下还会造成冷害或冻害；温度太高，易形成徒长苗。

基质温度影响根系生长和根毛发生，从而影响幼苗对水分、养分的吸收。在适宜温度范围内，根的伸长速度随温度的升高而增加，但超过该范围后，尽管其伸长速度加快，但是根系细弱，寿命缩短。早春育苗中经常遇到的问题是基质温度偏低，导致根系生长缓慢或产生生理障碍。夏秋季节则要防止高温伤害。

保持一定的昼夜温差对于培育壮苗至关重要，低夜温是控制幼苗节间过分伸长的有效措施。白天维持苗木生长的适温，增加光合作用和物质生产，夜间温度则应比白天降低8～10℃，以促进光合产物的运转，减少呼吸消耗。在自动化调控水平较高的设施内育苗可以实行"变温管理"。阴雨天白天气温较低，夜间气温也应相应降低。不同植物种类、不同生育阶段对温度的要求不同。总体说来，整个育苗期中播种后、出苗前，移植后、缓苗前温度应高；出苗后、缓苗后和炼苗阶段温度应低。前期的气温高，中期以后温度渐低，定值前7～10d，进行低温锻炼，以增强对定植以后环境条件的适应性。嫁接以后、成活之前也应维持较高的温度。

4.3 光照管理

光照对于林木种子的发芽起着重要作用。但在发芽后对苗木的生长影响相当大，苗木干物质的 90%~95% 来自光合作用，而光合作用的强弱主要受光照条件的制约，而且，光照强度也直接影响环境温度和叶温。苗期管理的中心是设法提高光能利用率，尤其在冬春季节育苗，光照时间短，强度弱，应采取各种措施，改善苗木的受光条件，这是育成壮苗的重要前提之一。

育苗期间如果光照不足，可人工补光，或作为光合作用的能源，或用来抑制、促进花芽分化，调节花期。补光的光源有很多，需要根据补光的目的来选择。从降低育苗成本角度考虑，一般选用荧光灯。补充照明的功率密度因光源的种类而异，一般为 50 ~ 150W/m²。

4.4 水分管理

水分是幼苗生长发育不可缺少的条件。育苗期间，控制适宜的水分是增加幼苗物质积累，培育壮苗的有效途径。适于各种苗木生长的基质相对含水量一般为 60~80%。播种之后出苗之前应保持较高的基质湿度，以 80~90% 为宜。应根据植物种类、育苗阶段、育苗方式、苗床设施条件等灵活掌握。工厂化育苗应设置喷雾装置，实现浇水的机械化、自动化。苗床浇营养液或水应选择晴天上午进行，低温季节育苗，水或营养液最好经过加温。采用喷雾法浇水可以同时提高基质和空气的湿度。降低苗床湿度的措施主要有合理灌溉、通风、提高温度等。

4.5 气体管理

在育苗过程中，对苗木生长发育影响较大的气体主要是 CO_2 和 O_2。CO_2 是植物光合作用的原料，外界大气中的 CO_2 浓度约为 330uL/L，日变化幅度较小；但在相对密闭的温室、大棚等育苗设施内，CO_2 浓度变化远比外界要强烈得多。室内 CO_2 浓度在早晨日出之前最高，日出后随光温条件的改善，植物光合作用不断增强，CO_2 浓度迅速降低，甚至低于外界水平呈现亏缺。冬春季节育苗，由于外界气温低，通风少或不通风，内部 CO_2 含量更显不足，限制幼苗光合作用和正常生育。苗期 CO_2 施肥（一般在育苗设施内安装 CO_2 发生装置）是现代育苗技术的特点之一，无土育苗更为重要。

基质中 O_2 含量对幼苗生长同样重要。O_2 充足，根系才能发生大量根毛，形成强大的根系；O_2 不足则会引起根系缺氧窒息，地上部萎蔫，停止生长。基质总孔限度以 60% 左右为宜。

项目 4
经济林建园规划设计与栽植

任务 1　建园规划设计
任务 2　经济林木栽植

任务 1 建园规划设计

➡ 任务目标

1. 知识目标:知道经济林建园树种、品种选择依据,树种、品种、授粉树配置方法;知道经济林园园地选择依据、方法;知道经济林园防护林类型、树种配置、常用树种等。

2. 能力目标:会进行经济林园园地实测、合理区划;会进行经济林园道路系统、水利设施、其他设施、水土保持、经济林树种和品种、栽植技术等的规划;能够绘制经济林园规划设计图,能够撰写经济林园规划设计说明书。

➡ 任务描述

经济林建园规划设计是为经济林园地建设打下坚实的基础。根据实际情况进行园地踏查、园地实测、园地外业调查、外业材料整理、内业设计及内业资料整理等建园规划设计工作。

➡ 任务实施

1. 工作准备

(1) 工具

铁锹、量角器、直尺、皮尺、铅笔、橡皮、计算纸、画图板等。

(2) 仪器

罗盘仪、三脚架、花杆、计算器、求积仪等。

2. 园地调查

2.1 园地踏查

技术人员在确定的园地范围内进行现场踏查及调查,做到对园地的现状、用地历史、地形地势、土壤状况、自然及人工植被状况、水源状况、交通状况、当地的气候状况、劳力状况、劳力受教育程度、历史病虫害发生情况及各种自然灾害历史发生情况等有可能会对经济林建园产生影响的各种因素有个初步了解,同时根据了解到的具体情况提出初步的改造意见或建园可行性意见。

2.2 园地实测

在园地踏查了解概况基础上,确定导线的布置形式,并落实各个导线点的位置。在选点时要遵循以下几个原则:

①设点处要地势开阔,控制面要大。

②相邻导线点间要通视,便于观测。

③各导线边长大致相等,一般以 50~150m 为宜。

④避免在铁轨旁,地下管道上,高压电线下等处设点,以防磁针受扰。

⑤在选好的导线点上,打一木桩标定,桩顶钉一小钉或画十字标志点位,并按顺序编号,绘出略图。

量距：在地势平坦地区一般用皮尺或测绳丈量。要求往返丈量的相对误差不得超过1/250，即

$$相对误差 = \frac{|往测值 - 反测值|}{往返平均值} \leqslant \frac{1}{250}$$

往返测量结果若超出限差，则需要重新丈量；若达到精度要求，将结果计入记录表。

测磁方位角：为了检查错误，提高精度，必须观测各导线边的正、反方位角，每条导线边的正反方位角应差180°，其允许不符值为30′，若超出限差，应立即找出原因，返工重测。

测量精度要求小于等于1/100。

将测量结果记入记录表。

⑥在测量的同时，将草图画出。

2.3 园地外业调查

（1）地况调查

包括宜园地的位置、面积、界限及交通情况；园地的海拔高度、坡度、坡向和地形；园地的冲刷和切割情况等。

（2）气候调查

气候调查包括最高最低温度及持续时间；年平均气温及月平均气温；年降水量、月降水量，雨季和旱季，最大一次降水量及降水强度，全年总蒸发量及旱季最大月蒸发量；雪、雾及冰雹发生的时期和影响的程度；终霜期、初霜期和无霜期日数；常年最大风力、风向和发生时期，有否台风、焚风、海潮风及工厂有毒气流、煤烟等污染影响。山地还要根据不同高度进行垂直分布带和小气候带的植被调查。

（3）土壤调查

包括土壤的母质、母岩、土壤的类型、土层深度在全园的变化和分布，土壤的肥力、机械组成、酸碱度、有机质和养分的含量、矿质肥源及有机质肥源的有无和种类。

（4）水利条件及冲刷状况

包括水源的有无和距离、水质的优劣及有害盐类的含量。面蚀和沟蚀的状况，土壤冲刷的类型和冲刷的程度。

（5）植被及土地利用状况

原有经济林树种栽培及分布情况，粮食作物及其他经济作物栽培情况、野生植物种类及分布、可以利用的野生砧木树种、蜜源植物和绿肥植物。

（6）社会调查

住户的分布和当地劳动力的强弱及经济林树种栽培的技术力量、农村副业生产的种类和收益，及其与粮食生产收益的百分比，附近有无加工厂，经济林供应市场的数量、时间及价格。

2.4 外业材料整理

将园地外业实测数据和外业调查数据进行整理、分析，提出改造建议和在以后工作中应该注意的问题等。

3. 内业设计

3.1 小区规划

小区（或称作业区、小班）是经济林生产的基本单位。其划分必须结合道路、排灌系统、防护林等基础建设统一规划，小区面积应占总面积的85%以上，要求同一小区内的立地条件大致相同，整个园内交通运输方便。立地条件比较一致的园地，小区面积以6～7hm²为宜；否则，可减少到1.5～4hm²。小区形状和位置应根据地形而定，平地以长方形较好，在风害严重的地方，小区长边应与当地主害风方向垂直。丘陵山区可采用带状形、梯形、三角形或不规则形状，小区长边应与等高线平行。

3.2 道路规划

根据经济林园的规模和地形修筑各种宽度不等的道路。大型园结合小区划分、排灌系统、水土保持工程等分别配置主路、干路和支路。

主路应贯穿全园。丘陵山地主路要绕山而行，宽度5～7m，能过往大型车辆，倾斜度不超过7°且质量要高。干路要与主路衔接，是小区间的通道。丘陵山地可沿坡修筑，比降不超过0.3%，路面宽度为4～5m，可过中、小型车辆。支路为小区内过往小型农机具和人、畜的道路，宽度2～4m，梯田可利用边埂作支路。

3.3 水利设施规划

（1）给水设施

给水设施因灌溉方法的不同而异。采用畦灌、沟灌等地面灌溉方法时，多用明渠、暗渠及管道引水，渠道设置与施工一定要坚持"少占园地，控制面积大，防渗漏，对渠道冲刷力小"的原则。平地渠道与小区长边平行，结合道路修建；山区坡地沿等高线修筑，比降要小。为节水保湿，应使用各种防渗材料，最好是用各种管道引水。

喷灌设施由高压水泵、支管、移动水管和喷头组成，其优点是省水、防止土壤板结，并能调节小气候。另外，还有渗灌、树干环形管喷灌、

微喷灌、滴灌等，都需相应的设施。

（2）排水设施

排水有明沟和暗沟两种排水方式。排水沟应同灌溉系统配合起来，明沟排水即在园地挖修不同规格的排水支沟、干沟和总排水沟。总排水沟应设置于总集水线上，其方向在丘陵山区与等高线成正交或斜交，一端同干沟相结；支沟通常为等高沟，梯田和其他带状整地设在内侧。暗沟排水即按照园地自然水路网的趋势、土壤物理特性和降水特点，在地下铺设各种管道，生产中多用混凝土制成。

（3）其他设施规划

包括管理用房、库房、产品贮藏库、肥料基地等，应加以妥善设计。一般应设在水、电、交通等方便的地方，而立地条件较差的地方，应尽量少占好地。

（4）防护林规划

包括防护林类型规划，防护林树种规划，防护林配制规划等。

（5）水土保持规划

当丘陵、山地的坡度在5°以下时，经济林树种行间生草或全面生草是控制水土流失最有效的措施，草带宜与坡向垂直，即等高种草。此外，也可在行间间作覆盖密度大的间作物，如花生、绿豆或地瓜等。间作物的播种期应考虑当地的雨季，务使雨季来临时，间作物能够充分覆盖行间地表，以减少暴雨对地面的冲击，最大限度减少地面径流，防止冲刷。

当山坡地段的坡度大于5°时，宜根据坡面大小、地形变化、土层深浅和土壤类型，采取相应的水土保持工程。一般坡度在5°~10°范围内，地形比较一致，土层较深时可采用等高撩壕或梯田整地；地形复杂，土层较浅，可采用鱼鳞坑整地；坡度较大，超过10°，地形一致，土层较深，可采用梯田整地；同时还要选择适应性强、管理比较简便的经济林树种。不论采用哪种水土保持措施，栽植田面都应力求平整，两端比降不宜超过0.1%~0.3%，且外侧应稍高于内侧，以缓和地面径流，兼期蓄水、积淤作用。

（6）经济林树种和品种规划

分小区规划各小区需要栽植的经济林树种种类、面积、数量，需要配置的授粉树品种、数量等。

（7）栽植技术规划设计

主要包括以下内容：

①选地整地、土壤改良。

②砧木培育、苗木繁育。

③栽植密度、栽植方式。

④栽植时期、栽植方法。

⑤栽后土肥水管理、越冬防寒管理。

⑥整形修剪。

⑦病虫害防治。

⑧采收加工。

⑨成本计算(可选做)。

包括种苗、劳力、畜力、农药、化肥、工具等需要量计算，成本计算，以上内容除用表格说明外，还要用文字简明扼要说明计算方法及结果，说明分年度需要量，种苗来源，各月份所需劳动力及来源，畜力所需工日及来源，成本分析等。

（8）效益估算(可选做)

五年内每年效益估算，包括投入与产出计算。五年、十年总投入与总产出的效益计算等。

3.4 内业整理

（1）绘制经济林园规划设计图

在各有关资料搜集完整、外业实测、内业设计的基础上，将经济林园的道路系统、排灌系统、区划小班、防护林系统、水土保持系统、其他设施规划等以测绘的平面图为底图，按照一定的比例尺，在地形图上清晰描绘其位置，形成经济林园规划设计图草图。然后多方征求意见，进行修改，最后确定正式设计方案，绘制出正式的设计图，设计图要求附注方向指示图标及图例等。

（2）编制经济林园规划设计说明书

将上述所做的规划设计做一份说明书，确保详细准确。

→ 评价

班级		组号			日期	
序号	评分项目	分值	组内自评	组间互评	教师评价	平均分	说明
1	二手资料获取	10					
2	调查	30					
3	规划设计图	30					
4	规划设计说明书	10					
5	态度等	10					
6	团结合作	10					
	总分						

→ 背景知识

1. 经济林建园树种选择

1.1 经济林树种、品种选择依据

在建园前正确的选择经济林树种种类和确定一定的主栽品种，是达到经济林高产优质的重要手段之一。当地的气候、土壤、环境条件与当地经济林栽培的历史和现状，以及野生经济林树种和近缘植物生长的现状，都可作为一地经济林树种、品种选择的参考。但是其中经济林树种种类和品种的生物学特性和当地经济林经营的方针和任务，应为树种和品种选择的主要依据。在实践上选择当地原产、或已试栽成功、有较长的栽培历史、经济性状较佳的经济林种类和品种，加以就地繁殖和推广，是最稳妥的途径。但是一种经济林树种、一个品种，不能满足当地市场周年供应的需要和外销及加工等多项途径，因此各地势必引种当地缺少的种类和品种进行栽培，促进市场上鲜果和平衡供应，或满足外贸及本地加工需要。

自外地引进新的种类和品种到本地栽植时，必须了解该品种的生物学特性是否适应当地的气候、土壤条件，即选树适地，应避免盲目引种，造成经济上的损失。

根据经济林树种种类和品种的生物学特性对环境条件的要求，一个地区可能适合于发展多种经济林树种，但由于经济林园的规模有大小，距城市有远近，社会对经济林树种发展的种类各有要求，因此，经济林园经营的目标也是树种、品种选择的另一依据。果实的品质也往往是经营的目的和不同用途需要考虑的。

距城镇较近的经济林园，为了周年供应，应当考虑树种、品种的多样化，既可满足市场的周年供应的需求，亦可调节经济林园的劳动力。例如，一个经济林园，可以1、2种经济林树种为主，其余为辅。在一个重要树种中，还应选择早、中、晚熟品种进行栽培，以延长鲜果的供应期。对不耐贮运的种类和品种，都应注意交通运输、附近市场大小和就近加工贮藏的条件等因素。

在距城市较远的地区建园，必须选择耐贮藏运输的种类和优良品种。在山区交通不便的地带，则应选择水分含量较少的树种和品种。

此外，对各产区的名优经济林树种和品种，则应根据具体情况有计划加以发展。

1.2 树种配置

1.2.1 种类和品种配置

在同一地点，由于地形、土壤和小气候的不同，应注意配置与之相适应的树种，使经济林树种的特性和环境条件得到统一，特别在山地，地形、土壤和小气候条件复杂，更要因地制宜。

在山区，为了延长供应时期，也可将同一树种或品种栽在不同的高度上，使果实成熟有先有后，以延长市场供应期。

在南坡上，通常可以栽植比较喜光的树种和品种；在容易遭受大风的地区，适于栽植对风抵抗力较强树种和品种。

在同一小区内栽植几个不同品种时，最好选择成熟期相同的品种或成熟期相衔接的品种，特别是对肥水要求相识的品种，管理比较方便。

1.2.2 授粉树的选择和配置

许多经济林树种和品种，有自花不实现象。即使自花结实，但结果率很低。雌雄异株的种类和品种等，必须在经济林园内配置雄株才能结实。有些经济林树种和品种，虽能够自花结实，但配置授粉树，产量可显著提高。因此，在建园时，除能产生无核果的种类和品种，不应混栽其他有核种类和品种外，一般都要混栽不同品种作为授粉树，以达到异花授粉的目的。授粉品种要具备一下条件：

①能与主栽品种同时开花，且能产生大量品质优良的花粉。

②与主栽品种同时进入结果期，寿命长短相仿，且每年都开花。

③与主栽品种无杂交不实现象，且能产生经济价值较高的果实。

④最好与主栽品种能互相授粉而果实成熟期相同或先后衔接。

授粉树影响的范围，依距离而有不同，一般距主栽品种越近则授粉效率越佳，对虫媒植物，在园区发展养蜂很重要，授粉树品种的栽植应能保证便于蜜蜂将花粉传到另一品种。根据对蜜蜂传粉范围的观察认为授粉品种与主栽品种之间距离不应超过50~60m。

授粉树配置方法很多，小型园正方形栽植时，常用中心式栽植，即一株授粉树周围栽植8株主栽品种。大型园应当沿小区长边方向行列式整行栽植授粉品种，授粉树间的距离，如仁果类果树一般相隔4~8行，核果类果树一般相隔3~7行。在生长条件不很合适的条件下，例如，有大风危害的地方，尤其是高山区，授粉品种间隔行数应少些；而在生态最适区，特别是栽植能自花结实的品种，间隔的行数可多些；在梯田化坡地，可按梯田行数间隔栽植。

对雌雄异株树种，雄株花粉量大，风媒传粉，雄株本身不结实，无大的经济价值，可作为边界少量配置。

此外，有些品种，在某些地区，是自花结实的，而在另一些地区，往往又是自花不实的。外界环境条件越是适宜该品种的生长，则自花结实性能更能表现出来。

2. 经济林园地选择

适地适树是经济林栽培的一项基本原则，它包括两方面的含义，一方面是在经济林栽培选择树种时，要做到选树适地；另一方面则指在经济林栽培选地时，要做到选地适树。

既然在选择经济林建园地块时，要做到选地适树，首先必须要了解所选择栽培的树种需要什么样的环境条件，才能在选地时做到有的放矢。同时，尚需要了解建园地块的真实环境条件。而现实中，很多因素都会对环境条件产生很大的影响，具体如下：

(1) 地形地势

地形地势对局部地区的气候和土壤条件都有明显的影响，气温随海拔的升高而降低，土层厚度随海拔的升高会越来越薄，紫外线随海拔升高会越来越强烈等；还有坡向会影响到光照的分布，空气湿度、土壤湿度的变化，土壤腐殖质含量的积累等；坡度会影响水肥条件变化等。

(2) 土壤条件

土壤条件中影响经济林树种生长发育的最主要因素是土层厚度、土壤质地、土壤结构、土壤酸碱度和土壤盐渍化程度等。多数经济林树种要求土层深厚、质地较轻、结构良好的中性土壤；但树种的适应能力不同，相互之间也是有很大差异的。

(3) 地下水位

地下水位的高低，经常会造成土壤通气不良，进而影响到经济林树种的根系呼吸，严重时甚至造成根系腐烂，导致树体发育不良甚至死亡。大部分经济林树种对积水反应敏感，大雨后积水超过 5d 就会影响生长，超过 7d 部分树种会因根系窒息而死亡。因此，一般经济林树种栽培要求地下水位距地面 1~1.5m 以上，否则必须设置排水工程。判断地下水位是否适合经济林树种生长的一个重要指标就是在生长季的地下水位高低，最适宜的情况是在春季大雨过后约 1h 地下水位距地表在 10~20cm 以下，1~2d 后降到地表 1m 以下。

在考虑这些因素的同时，选地最好按照以下方法进行：

①根据前茬选地 如果在一个地方连续栽培某种经济林树种时，通过对前茬同一树种或生态习性相近的树种的调查，可以确定是否适合选用。调查的方法有：查阅经营技术档案、走访当地群众、查看伐桩等，这种方法简单易行，结论也比较可靠。

②根据植被选择 根据生态学林型学说，植被能反映一个地方的环境条件优劣，凡是各种植物生长旺盛的地方，一般来说环境条件就比较优越，适合建园。但仍要考虑以下两点：一是植被类型，森林植被比草原植被好，乔木类型比灌木类型好。二是植物种类，要观察有无目的树种或与目的树种生态相近的树种，如果有，调查其盖度、多度等，分析其分布和生长情况以及原因，可大体确定是否适宜该树种建园。三是指示植物，在植被破坏较轻，对其指示意义的研究比较清楚的情况下，可以用指示植物来选地。

③根据土壤分析结果选地 通过土壤调查分析，掌握土壤各种理化指标，找出影响经济林树种生长发育的主要制约因素，可以更加准确做到适地适树。

以上 3 种方法结合运用，可以克服单独采用某一种方法存在的缺陷，也可以使结果更加可靠，更具说服力。

3. 经济林园防护林建设

经济林常存在各种人为损害和自然灾害。为防止牲畜、野兽的进入，可设置围墙、栅栏、水沟、篱笆等。对于环境条件较差的园地应建立防护林系统，以降低风速、减少土壤水分蒸发、稳定温湿度、保持水土、改良土壤，给林木生长创造良好的小环境。

3.1 防护林类型

防护林多为林带配置，林带有以下3种类型。

(1) 紧密林带

由高大乔木、亚乔木和灌木树种组成，林带较宽，一般在6行以上。这种林带挡风能力和调节气温、增加空气湿度的作用强。但防护范围小，在风沙较大的地区易积沉冷空气，形成辐射霜冻，并引起集中积雪和沉沙。适宜营造水土保持林或小型经济林园的防风林。

(2) 疏透林带

由1层高大乔木和1~2层灌木组成，有的只有1层乔木而无灌木，而留较多的分枝，林带宽度4~6行。其挡风能力一般，但防护范围较大，适宜在风害较严重的地区选用。

(3) 透风林带

它只由，1层乔木树种组成，林带宽度仅2~4行。大部分风可从林带中穿过，挡风能力差，但防护范围大，适用于风害较轻的地区采用。

3.2 防护林树种选择

3.2.1 选择条件

①乔木树种要求生长迅速、树体高大、枝叶繁茂；灌木树种要求枝多叶密，防护效果好。

②适应性广，抗逆性强，容易繁殖和管理。

③经济价值高，如作木材、蜜源、绿肥等。

④与经济林木无共同病虫害，根蘖少，不串根，不发生冲突。

3.2.2 常用树种

北方常用树种：乔木有杨树、旱柳、白榆、泡桐、臭椿、苦楝、沙枣、山荆子、杜梨、君迁子、核桃、油松、侧柏等。灌木类有：紫穗槐、荆条、柠条、酸枣、胡枝子、沙棘、玫瑰、枸杞、花椒、毛樱桃等。

南方常用树种：乔木有桉树、悬铃木、梧桐、乌桕、合欢、樟树、木麻黄、枫香、杨梅、杉木等。小乔木和灌木有女贞、油茶、桑、胡颓子、木槿、珊瑚树、紫穗槐等。

3.2.3 防护林的配置

防护林的配置要以防护目的、当地气候特点、园地面积和地形为依据。

(1) 平地经济林园的配置

平地主要目的是防风，建立大中型园时，防护林多沿小区边缘，结合路、渠等配置成由主、副林带组成的防风林网，主林带应与主害风基本垂直，林带宽度较大；副林带与主林带垂直，宽度较小，林带间距一般为300~500m，风沙严重的地方间距小一些，风沙小的地方间距可大一些，而且主林带间距要比副林带间距小。平地小型园，可只在园地四周配置或在主路边栽植数行行道树。

(2) 山地经济林园的配置

山地防护林常以水土保持为主要目的，应结合地形和水土保持工程进行灵活配置，常栽植于路边、地埂、沟沿、梁卯等处，或沿等高线配置。防护林形式亦不限于林带，还可栽植成片林，并且乔灌草相结合。

林带的株行距，乔木树种(1~1.5)m×(2~2.5)m，灌木树种为1m×1m，但应灵活掌握，特别是要根据防护林类型和目的而定。原则上防护林要比经济林提前2~3年营造。

4. 经济林园规划设计说明书编写内容

一、前言

简明扼要说明设计的性质，过程及依据等。

二、设计概况

叙述设计区的位置，地理坐标，所属行政区划，范围(四界)面积，人口、劳力、交通及通讯条件、各项生产情况及经济林生产基础(经济林生产现状、历史等)并着重分析与经济林有关的项目，如可用于经济林生产的劳力、苗木运输条件及以往经济林生产的经验教训等。

三、自然条件

主要叙述设计区的地貌、气候、土壤、植被等情况，分析影响经济林栽培条件的各项自然因子及其与经济林栽培工作的关系。

四、经济林规划设计说明

这是设计说明书的中心部分，要求说明简明扼要、明确、特点突出、有的放矢。主要包括以下内容：

1. 园区规划。
2. 道路规划。
3. 水利设施规划。
4. 其他设施规划。
5. 防护林规划。
6. 水土保持规划。
7. 经济林树种、品种规划。
8. 各树种栽培管理技术规划设计。

五、成本计算

六、效益估算

七、图面材料

任务 2
经济林木栽植

➡任务目标

1. 知识目标：知道经济林木栽植密度确定原则；知道经济林木种植点配置的方式；知道经济林木栽植季节及栽植方法。
2. 能力目标：会进行经济林栽植前的园地清理；会进行经济林栽植定点画线、园地整地、挖掘栽植穴、栽植及栽后管理。

➡任务描述

结合当地实际情况开展经济林木的栽植，包括园地清理、定点画线、园地整地、挖掘栽植穴、栽植和栽后管理等操作环节。栽植时，必须严格掌握栽植技术，保证栽植质量，提高苗木栽植的成活率，为经济林木的生长发育创造良好的环境条件。

➡任务实施

1. 工作准备

（1）材料

除草剂、除灌剂、石灰粉、有机肥、化肥等。

（2）工具仪器

罗盘仪、花杆、铁锹、镐、耙子、镰刀、斧头、皮尺、钢卷尺、水桶、修枝剪、割草机等。

2. 栽植

2.1 园地清理

将生长茂密的杂草、灌木、小竹子、采伐后遗留的树枝枝杈、伐根等清理出经济林建园园地。任意选取一种清理方式，或多种方式结合：割除清理、火烧清理、化学药剂清理等。

2.2 定点画线

为了种植的美观整齐及便于以后的管理，按照规划好的株行距和种植点配置方式进行定点画线，确定每个种植点的位置。

2.3 园地整地

根据种植点的位置、园地的地形地势、土壤、耕作习惯和水土流失等条件确定需要采用的整地方法。整地的方法有：全面整地、梯田整地、带状整地、块状整地等，采取一种或几种整地方式结合均可。

2.4 挖掘栽植穴

种植点确定好后即可挖掘栽植穴，栽植穴的规格依据土质情况和苗木规格确定，一般采用大穴定植，特别是土壤黏重、有犁底层或不透水层时。一般规格为1m×1m×0.8m以上，土壤疏松、质地好时可小一些。密植园可开深、宽均为1m的种植沟进行定植。

挖掘栽植穴和定植沟槽可采用人工或机械方法进行。山地土层薄、其下为岩石时，可采用炸药爆破,以利透水;土质差或为盐碱土可进行换土。

在挖掘时要求上下规格一致,表土与心土分开堆放,并将表土与肥料混匀作为底肥。

2.5 栽植

栽植时,首先将混有肥料的表土填入定植穴或定植沟内,做成半圆形小土丘,用脚踩实,将苗木根系置于土丘上,使根系舒展,校正位置,使前后左右对齐,然后按照"三埋两踩一提苗"程序进行栽植。栽植好后,有灌溉条件地方应在树干周围修筑土埝,并立即灌溉一次透水,待水下渗并离墒后,再盖一层松土,最后盖上杂草或地膜,以利于保墒、提高地温和防止表土板结。

注意栽植深度不能过深,应是疏松土壤沉实后正好达到苗木在苗圃时与土表相接位置或略深于原位置2~3cm为宜;土壤如果是嫁接苗,接口应露在外面。

2.6 栽后管理

(1)定干

苗木栽植时,达到定干高度的定植后及时进行定干,常绿树种,要去掉部分叶片和新梢,以减少蒸腾、促进成活。

(2)灌水和保墒

定植后第一年是成活的关键,特别是发芽前至发芽后的一段时间,即缓苗期,如果管理不当,就不能保证苗木成活。因此,应注意适时适量灌溉和松土保墒,做到既不能旱死也不能因为浇水过多,而致使土温回升缓慢导致根系腐烂死亡等现象发生。

(3)补植

发芽后要及时检查成活率,对死亡植株及时进行补植。

(4)病虫害防治

发现病虫害及时防治。

(5)树体保护

干旱、多风、寒冷地区,入冬前要注意防寒越冬,可绑缚草绳、草席等。

→ 任务评价

班级		组号				日期	
序号	评分项目	分值	组内自评	组间互评	教师评价	平均分	说明
1	园地清理	5					
2	定点画线	5					
3	园地整地	15					
4	挖穴	15					
5	栽植	20					
6	栽后管理	10					
7	吃苦耐劳精神	10					
8	环保意识	10					
9	团结合作	10					
	总分						

→ 背景知识

1. 经济林园地整理

1.1 园地清理

经济林园地清理是为了改善立地条件和卫生状况,为整地、栽植、抚育管理创造条件。清理的方式有全面清理、带状清理和块状清理3种。每种清理方式适用的条件不同。一般采伐迹地，杂草、灌木丛生的荒山荒地，竹类生长繁茂的及需要进行全面整地的均需进行全面清理；低价值幼林地、疏林地，为避免水土流失的，可采用带状清理；只有稀疏低矮的杂草地，宜进行块状清理。

(1) 割除清理

是将建园地上的杂草、灌木、竹类等砍除割倒，清理出园地的清理方法。我国经常采用人工割除或割灌机割除；国外大面积作业常用推土机、切碎机、割灌机及安装有剪切刀片的履带式拖拉机割除。适用于幼龄杂木及灌木、杂草繁茂的荒山荒地，比较费工。

(2) 火烧清理

是将生长繁茂的杂草、灌木采用火烧的方法进行清理。可以提高地温、增加灰分、消灭病虫害且清理彻底、省工。但在雨量多、坡度陡地区，常因清理彻底容易造成水土流失，故建园时应注意采取水土保持措施。另外，为了护林防火需要，目前该方法不提倡，但如需进行需要申请，批准后方可实施，且需严格按照护林防火需要开好防火线，选无风阴天，于清晨或晚间点火，点火要从山坡上点起，使火由上往下燃烧，并派专人监视火情。

(3) 化学药剂清理

是指采用各种化学药剂达到清除杂草目的的清理方法。具有省工、省力、投资少、效果好等优点。可采用的化学药剂有除草剂、除灌剂等。常用除草剂有除草醚、草枯醚、阿托拉津、五氯酚钠、2,4-D、二甲四氯、草甘膦等，还有专门杀灭禾本科草的茅草枯、百草枯等，种类繁多，作用也各不相同，使用时要根据具体情况确定使用。

如园地主要为一年生或多年生单子叶、双子叶杂草时，可每亩用10%草甘膦500~1 000g加72%二甲四氯25~50g，对水30kg，建园前4~5个月均匀喷洒于杂草茎叶上，效果不错。如园地草木混生，可每亩用10%草甘膦1 000g加24.3%盖灌能，对水30kg，外加0.2%洗衣粉和柴油100mL，于7~8月份均匀喷洒茎叶，效果不错。

1.2 园地整地

经济林园地整地具有改善土壤水养分和通气条件，影响表层土壤的热量状况，达到提高栽植成活率，促进经济林木生长发育，保持水土，利于栽植等作用。

一般栽植前要对园地进行全面整理、翻耕一遍，深度要求20~30cm，有条件最好深翻50~100cm。平地去高填低，丘陵山地全面整地工程量太大，可采用局部整地方式，如梯田整地、带状整地、块状整地等。

(1) 梯田整地

采用挖填的方法将坡面修筑成若干水平台阶，上下相连，形成阶梯状。由梯面、梯壁、边埂、内沟组成。每一梯面为一经济林木种植带，梯面宽度因坡度和栽培经济林木的行距要求而定。一般坡度越大，梯面越窄。梯壁一般采用石块和草皮混合堆砌而成，保持45°~60°坡度。修筑时，需先进行等高测量，然后放线，按线开掘梯面。坡度超过30°坡面或石质山坡不能采用。

(2) 带状整地

沿山坡等高线按一定宽度开垦，破土面与坡面一平，带与带之间坡面不开垦，每隔

3~5条种植带开一条等高环山沟截水。另外,还有许多带状整地方法,例如,适用于平原的有犁沟整地(长带状,破土面低于地表0.1~0.2m,犁沟两侧有翻土而成的垄,沟宽0.3~0.7m,长度不限)、高垄整地(长带状,翻土起垄,垄面高于地表0.2~0.3m,垄面宽0.3~0.4m);适用于山地的有水平阶整地(带状,破土面与坡面构成一定角度,阶面断面水平或稍向内倾斜,阶面宽度0.5~1.5m,长度随坡面而定,阶间距1.5~2m,有埂或无埂)、水平沟整地(短带状,破土面低于坡面,形成断面为长方形或梯形的沟,沟宽0.5~1m,沟长一般4~6m,沟间距2~2.5m,有埂,埂顶宽0.2m)、反坡梯田整地(结构同梯田,区别为梯田面向内侧倾斜成反坡方向,倾斜度3°~12°)、撩壕整地(开长沟,先破开表土,把心土堆放于下坡,筑成土埂,然后从上坡将表土翻填入沟内,填至水平,形成反坡梯田,再按栽植行距依次向上开沟挖填,一般沟宽0.5~0.7m,深0.3~0.5m,沟间距2~2.5m。)

(3)块状整地

呈块状翻垦园地的整地方法。动土面积小,灵活,省工,但改善立地条件效果相对较差,蓄水保墒作用也不如带状整地。因此,整地时规格应尽量大些。适用于坡度较大、地形破碎的山地或石质山地,风蚀严重荒地、沙地及沼泽地等。方法很多,主要有穴状(破土面圆形,穴面与地表或坡面平,直径0.3~0.5m,有埂或无埂)、坑状(破土面正方形或圆形,穴面低于地表0.1~0.3m,周围有土埂,边长或直径0.3~0.5m)、块状(与穴状相似,只是破土面为正方形或长方形)、高台整地(破土面正方形,台面高于地面0.2~0.3m,台面边长0.5~1m)和鱼鳞坑整地(山地整地方法,破土面半圆形,水平或稍向坡面内侧倾斜,呈鱼鳞状,坑内侧有或无蓄水沟)。

综合以上内容可以看出,整地方法多样,各地条件也不尽相同,整地效果也不一样。因此,需因地制宜选择合适方法进行整地,以既有利于经济林木生长,又节约成本为原则,同时需要注意选择恰当整地时间,严格执行技术规范,采用先进技术和采取必要的水土保持措施。

2. 经济林栽植

2.1 栽植密度与种植点配置

2.1.1 栽植密度确定

栽植密度是指单位面积园地上栽植点或种植穴的数量,通常以每亩或每公顷栽植株或穴为计算单位。它关系到群体结构和地力利用,并直接影响经济林产品的产量和质量,是经济林栽培的重要技术措施。

适当密植可增加叶面积,减少空闲地面,节约抚育费用。但对任何一种树种而言,适宜密度均有一定限定,并非越密越好。当超出适宜密度时,其产量和质量反而会随着密度增加而下降。

立地条件的好坏、经营水平的高低、树种和品种的不同等条件也会对适宜栽培密度产生一定影响。如立地条件差、经营水平高、树体较小都会使适宜栽培密度相应增大,反之,则会减小。

确定栽植密度根据以下原则：

①据经营目的确定 经营目的不同，收获经济林产物也不同，最佳栽培密度也不同。经济林收获产物可以是叶、花、果实、种子、树皮、树脂、树液等，一般以叶片为收获对象，栽培密度就要比以果实为收获对象的大。

②据树种或品种的生物生态学特性确定 有些树种或品种，树体高大、树冠开张，适宜的密度就要小些，有些树种和品种，树形矮小、树冠窄小，密度就可以适当大些。有些树种喜光，密度就要小些；有些树种耐阴，密度就可以大些。

③据砧木的生物生态学特性确定 经济林树种很多需要采用嫁接育苗方式培育苗木，以达到某种目的，如提早结实、提高抗性、矮化树体等目的。这就需要充分考虑到砧木的生物学特性，如采用乔化砧，一般树体高大，密度就要小些；采用矮化砧，一般树体矮小，密度就可以大些。

④据立地条件确定 同一树种或品种，立地条件好，个体生长快，树体高大，密度可小些；反之，密度可大些。

⑤据经营方式确定 如普通园片式栽培，密度可大些；矮密栽培，密度更大；而林粮间作，密度就要小些。

⑥据经营技术确定 经营技术高，管理集约化，密度可大些；反之，密度可小些。

由此可见影响栽培密度的因素多而复杂，必须综合考虑，因地制宜抓住主要因素来确定。总的原则是充分利用立体空间，保证通风透光良好。

在确定具体栽培密度时，也可考虑初植密度和永久密度的区别，根据具体条件确定。如为了提高早期产量，对生长快、结果早、丰产性强的经济林树种，在土壤深厚肥沃、管理技术高条件下，采取先密后稀的变化性密植，即初植密度大，以后通过移栽或间伐达到永久密度。

2.1.2 种植点配置

种植点配置是指一定密度的植株在经济林园地上的分布形式。不同的配置方式对经济林木的相互关系、树冠发育、光能利用以及抚育管理甚至产量都有影响。

通常采用的经济林配置方式有正方形、长方形、三角形、双行带状形及等高栽植等。

①正方形配置 株行距相等。利于树冠和根系均匀发育，也便于施工和抚育管理。适于平地和丘陵地建园采用。

②长方形配置 行距大于株距。利于行间间作和机械化作业。但对种植行行向有一定要求，一般平地要求行向为南北向，丘陵地行向与等高线方向一致，风沙地区，行向与主害风方向垂直。

③三角形配置 行间种植点彼此错开，利于树冠均匀发育，也可增加单位面积种植株数。适用于平地和不进行间伐经济林建园。

④双行带状形 两行成一带，带内行距小，带间行距大。带内较密，群体作用强，利于抵抗不良环境条件，但带内不便管理。

⑤等高栽植 山地或丘陵地按等高线栽植的方式。株距一定，行距随地形变化，利于水土保持。

2.2 经济林栽植季节与栽植方法

2.2.1 栽植季节

选择适宜的栽植季节，可以提高栽植成活率，并有利于苗木健壮生长。而适宜的栽植季节需要根据各地区的气候条件和种苗特点来确定。适宜的栽植季节应具备种子萌芽及苗木生根所需的土壤水分和温度条件，避免干旱与霜冻等自然灾害天气。适宜的栽植季节是种苗具有较强的发芽生根能力，易于保持幼苗内部水分平衡的时期。

我国地域辽阔，地形多变、气候各异、经济林树种繁多且特性各异，因此适宜栽植季节的选择应因地制宜、因树制宜。从全国来看，一年四季，都各有不同地区、不同树种适宜栽植。

(1) 春季

是我国多数地区的主要栽植季节，也是最好的栽植季节。该季节气温回升、土温增高、土壤湿润，利于种苗生根发芽，且与树木发芽前生根最旺盛阶段吻合，栽植成活率高，幼树生长期长。春季栽植宜早，一般南方冬季土壤不冻结地方，立春后即可栽植，落叶树种要求在发芽前栽植完毕，因为早春苗木地上部尚未生长，根部已开始活动，所以早栽的苗木先发根后发芽，蒸腾小，易于成活，但时间短，需要抓紧时间，及时栽植，且要安排好栽植顺序。一般先栽萌动早，后栽萌动晚的；先栽低山，后栽高山；先栽阳坡，后栽阴坡；先栽轻质土壤，后栽黏重质土壤。

春季也适宜直播，特别是小粒种子，春季播种更容易成功，也是宜早不宜晚。早播发芽率高、发芽早，幼苗耐旱力强，生长旺盛。有晚霜地区，不宜过早。分殖在春季进行，一般先发根或发根与发芽同时，能保持水分平衡，幼苗发育好，成活率高。

(2) 夏季

冬春干旱少雨而夏季雨量集中地区，如东北、西北等地，可在夏季雨季进行栽植，但雨季天气炎热多变，时间较短，栽植时期难以掌握，过早、过迟或栽后连续晴天都难以成活，因此，雨季栽植必须抓住时机，如连续下雨，且间隔不长的时期。栽植应以常绿树种和萌芽力较强树种为宜，阔叶树种栽后应适当摘叶或截干，减少蒸腾。

(3) 秋季

秋长温暖，冬季较温暖且土壤湿润地区，可秋季栽植。因为此期土壤水分状态比较稳定，气温虽逐渐下降，但仍有一段时间能够满足根系在土壤中的生理活动需求，且苗木落叶、生理活动变缓，地上部水分蒸腾很慢，栽后易成活，且翌年春季生根发芽早。秋季栽植必须及时，以利于完成新生根发育。生产中也经常在晚秋栽植，栽后踏实土壤，浇封冻水，也能收到较好效果。秋冬季雨量少，风力较大地区，不适于秋季栽植，因栽后苗木易干梢枯死。秋季直播效果也不错，即可省去贮藏和催芽工作，且春季萌发早，生长期长，利于培育壮苗。

(4) 冬季

冬季土壤不冻结或冻结期短，且比较温暖地区，可在冬季栽植。因植物根系在这样地区的冬季休眠期很短或不休眠，且冬季相对比较农闲，时间比较充裕。冬季栽植以落叶阔叶树为主，有些地方可以栽植竹子。

综合以上内容，在我国，各不同地区适合栽植季节各不相同，需因地制宜选择栽植季节，栽植季节确定后，还要注意选择合适天气，一般以雨前雨后、毛毛雨天、阴天为栽植好天气，尽量避免大风天栽植，因这样的天气蒸发量大，气候干燥，栽植成活率底。

2.2.2 栽植方法

据所选用材料不同，分为植苗、直播和分殖栽植3种。

(1) 植苗

植苗可分裸根栽植和带土栽植两种，生产中多采用裸根栽植。

①裸根栽植　指苗木根系不带宿存土直接进行栽植的方法。栽植可采用人工栽植和机械栽植。方法操作简便、省工，但易造成根系变形、弯曲和压土不实。栽植时要求深浅适当、苗木根系舒展、土壤与根系密接。

②带土栽植　指起苗时带土，将苗木连同土团一起栽植的方法。此法幼苗根系保持原来分布状态，根系损伤少，栽植成活率高，生长较快但费工、成本高。包括幼苗带土栽植和大树带土移植。

幼苗带土栽植常用特制的容器育苗，栽植时连同容器带土栽植或将容器去掉带土栽植。

大树带土移植经常是将变化性密植园内已进入结果盛期、树冠交叉的临时性植株进行间移。常由于损根较多，使水养分平衡破坏，导致树势难以恢复甚至死亡。因此，移栽时常于移栽前一年早春，视树体大小，围绕树干挖一半径0.5~1m、深约0.8m的窄沟，切断根系，填入肥土，促其产生新根，移植前5~7d浇水，然后带土团挖出进行移植。挖出后常用塑料布、麻袋片、草绳等将土团绑好，以防土团散落。穴的大小要与土团一致，移入定植穴后，不易腐烂的绑扎物去掉，从土团四周将土填实，立即灌水，风大的地方要设立支架，最后进行树盘覆盖保墒即可。以后加强管理，10d左右浇一次水，浇水时加入生根粉促进生根，效果更好。为了尽快恢复树势，要在发芽后摘除所有花序。

(2) 直播

将种子按规划好的株行距直接播种在经济林园地上进行建园的方法。简便易行，适于种子来源丰富，发芽率高，根系发达，比较耐旱的经济林树种。气候条件较好，土壤比较湿润，杂草不会过于繁茂，鸟兽危害不是很严重地区均可采用。

(3) 分殖

直接利用经济树木的营养器官及竹子的地下茎作为材料进行栽植的方法。优点是节省育苗时间和费用，技术比较简单，成本低，幼树初期生长快，可保持母本优良性状，但衰退较早。包括分根法、分蘖法、地下茎法。

①分根法　将某些萌芽生根力强的树种的根截成15~20cm的根插穗按照规划好的株行距扦插于定植点，并在上切口堆土封口，防止水分蒸发，促进成活。

②分蘖法　将根蘖性强树种的母树根系萌发的根蘖苗连根挖出用于建园的方法。

③地下茎法　竹类的建园方法，是将竹子的地下茎或鞭根挖出，再栽植于按规划株行距挖好的栽植穴内进行建园的方法。

项目 5

经济林园地管理

任务1　经济林土肥水管理
任务2　经济林木树体管理
任务3　低产低效林改造和管理

任务 1
经济林土肥水管理

➡ 任务目标

1. 知识目标：解释根系生长与经济林木正常生长发育和开花结果的关系；归纳经济林木生长各阶段、各时期对土壤中各肥料的需要规律，不同种类的肥料对经济林木枝、叶、花、果生长发育的作用；分析水分对经济林木各器官的正常生长发育的影响。

2. 能力目标：会进行松土、除草、土壤改良等经济林园土壤管理；能制定某经济林园施肥计划和方案，并能有效实施施肥；能根据经济林园土壤水分状况，林木生长状况及对水的需求进行合理的灌水或排水。

➡ 任务描述

土壤管理的目的是创造良好的土壤环境，使分布其中的根系能充分地行使吸收功能。有效的土壤管理可以使经济林木提早进入投产期，提高产量和质量，连年丰产稳产，减少病虫危害，延长经济生产年限。

经济林木在抽枝展叶、开花结实的各个时期对肥料的吸收不一，根据经济林园土壤肥力状况，园地中林木的年龄、生长发育时期、生长状况来确定施肥的种类、施肥量、施肥方法，制订科学有效的施肥计划，因地制宜地实施施肥。

经济林木生长发育过程中，各时期都需要水分供应，掌握经济林木需水规律，满足各时期的水分供应才能获得高产。根据实际情况在经济林木栽植的成活期、幼树期、抽枝展叶期、花芽分化期、幼果期、果实成长期，应因地制宜采取有效的灌水措施或水分过多时的排水措施。

➡ 任务实施

1. 工作准备

（1）材料

腐熟杂草、堆肥、绿肥等有机肥、叶面肥等。

（2）工具

锄头、铁铲、镰刀、耙子、量筒、水桶、喷雾器、小水泵、浇水皮管、灌溉设施、灌溉工具等工具。

2. 土壤管理

（1）经济林园幼林地的土壤管理

树盘除草、松土，树盘培土，树盘覆盖，间作套种。

（2）经济林园成林地的土壤管理

清耕法、生草法、覆盖法、免耕法、混农模式法可以任选一种或几种。

(3) 土壤改良

深翻熟化中扩穴深翻、隔行或隔株深翻、全园深翻任选一种或几种方法实施，开沟排水，培土。

3. 施肥

施肥时所用肥料一定是环保无污染，有条件时要根据土壤养分分析做测土配方施肥，还要根据天气状况、林木生长的实际状况来合理有效地施肥。

3.1 编写施肥方案

根据提供的经济林园地实际生产情况，编写年度施肥计划或方案。

3.2 施肥

(1) 土壤施肥

常用在基肥上。常用方式有：环状施肥、放射状沟施肥、条沟施肥、全园施肥；可根据经济林园地的实际情况选择一种或几种施肥方式进行施肥。

(2) 叶面施肥

以一定浓度的液肥喷施到叶片或枝条上。

4. 水分管理

(1) 沟灌

在种植园行间开灌溉沟，沟深约20~25cm，并与配水道相垂直，灌溉沟与配水道之间，有微小的比降。

(2) 盘灌（树盘灌水、盘状灌溉）

以树干为中心，在树冠投影以内土埂围成圆盘，圆盘与灌溉沟相通。

(3) 穴灌

在树冠投影的外缘挖穴，将水灌入穴中，以灌满为度。穴的数量依树冠大小而定，一般为8~12个，直径30cm左右，穴深以不伤粗根为准，灌后将土还原。

(4) 喷灌和滴灌

有条件的地区可以操作。

➡评价

班级		组号			日期	
序号	评分项目	分值	组内自评	组间互评	教师评价	平均分	说明
1	1. 园地状况调查：土壤状况资料；林木生长状况；水分需求状况等。	20					
2	年度施肥计划或方案	20					
3	土壤管理	15					
4	施肥	15					
5	灌溉	10					
6	纪律、环保意识	20					
	总分						

➡背景知识

1. 土壤管理

土壤通气根系通过呼吸作用提供能量，实现对矿质营养的主动吸收。在通透性较差的情况下，土壤中氧含量低，影响根系正常的呼吸作用，使根系的生长和吸收功能受到抑制，从而影响对养分的吸收。

几乎所有的必需营养元素都是通过根系从土壤中获取的，土壤的环境和理化特性不仅会影响这些营养元素本身的状态，而且还影响树木对这些元素的吸收能力。

若土壤酸碱度不同，土壤中的营养元素的溶解度则有较大的差异。土壤微生物可分解土壤有机质，便于根系吸收。此外，根瘤菌与豆科植物的根系共生，将空气中的氮固定，并合成酰脲类化合物，由根系的输导组织输送至宿主地上部分并被利用。

土壤耕作制度是指根据植物对土壤的要求和土壤的特性，采用机械或非机械方法改善土壤耕层结构和理化性状，以达到提高土壤肥力、控制病虫杂草的目的而采取的一系列耕作措施。我国的土壤耕作制度大体有以下几种：

(1) 清耕制

清耕即除经济林木外，种植园内不种任何作物，一年多次中耕除草，保持园地干净。清耕主要在10年以上的种植园中施行。在这种管理方法下，不存在作物或草与经济林木争水、争肥现象，春季地温上升快，由于时常中耕松土，土壤透气性好，有利于保墒和有机质分解。但该法易破坏土壤结构，土壤有机质消耗快，特别是每年惊蛰后，干热风骤发，地表冷热、干湿变化幅度大，导致 0~20cm 土层根系分布少。

(2) 生草法

种植园生草就是在种植园行间与株间种植一定数量的豆科、禾本科植物或牧草，并对生草进行一定的管理，如浇水、施肥等，等草长到 20~30cm 时，割倒，晾干，覆于树冠下。适用于土壤贫瘠、水肥力差、受气候影响较大的种植园，特别是山区种植园。种植园生草既可以增加土壤有机质，改善土壤物理性状，增强熟化，提高经济林木越冬抗寒能力，又有效地防止日烧和红蜘蛛等病虫害的发生。生草后土壤不进行耕锄，土壤管理较省工，可减少土壤冲刷。遗留在土壤中的草根，增加了土壤有机质，改善土壤理化性状，使土壤能保持良好的团粒结构。

(3) 覆盖法

覆盖是控制种植园水蚀较好的方法，有利于提高土壤肥力、减少水分蒸发、防止水土流失、稳定地温，尤其是对旱地种植园和山地种植园是不可多得的好办法。覆盖分为：覆草和覆膜两种办法，其中覆草指用作物秸秆或杂草将园地覆盖，待其腐烂分解后再进行补充，始终保持 10~15cm 厚的覆盖物；覆膜指用塑料薄膜将园地覆盖。秸秆覆盖主要是通过减缓径流流速和增加地表糙率来控制水土流失。只有秸秆与地表紧密接触，秸秆覆盖才能收到较好的水土保持效果。在坡度小于 10°的坡耕地上，秸秆覆盖控制水蚀的效果显著，如与免耕等措施相结合，效果更为显著。但在坡度大于 10°的坡耕地上，秸秆覆盖的水土保持效果不甚显著，且随坡度的增加，水土保持效果显著减弱。在坡度大于 10°的坡耕地上，秸秆覆盖只能作一种辅助性的水土保持措施。覆膜具有良好的增温、保墒效果。据试验资料证明，早春种植园覆膜后，0~20cm 土层的地温比对照高 2~4℃ 土壤含水量比清耕种植园的土壤含水量高 2% 左右。但由于覆膜不能为土壤提供有机质，从改善肥力的角度看，覆膜不如覆草，尤其是对于二年生以上的经济林木。

(4) 混农模式

混农模式即在经济林木行间种植浅根、低秆、病虫害较少的作物或在种植园内进行养殖，达到土肥的良好循环。种植园套种不但可以提高种植园的经济收入，还可以加速土壤熟化，减少地面水土流失，促进经济林木生长，实现用地与养地相结合，达到以短养长的

目的。种植园套种的作物,一般要选择经济效益较高且长势相对较矮的作物,种植园间作套种的形式多样,主要有:

①经济林木与草本作物间作　如在幼龄种植园间作黑麦草、紫云英、柱花草、大豆、花生、大蒜、萝卜、草莓等;在成年种植园的树冠下套种魔芋、重楼、板兰根等药材。

②经济林木与木本经济作物间作　如结果年限长的荔枝、龙眼园内间作结果年限较短的柑橘、番荔枝等,在梨树下间作茶树等。

③经济林木与食用菌套种　如在板栗树下种木耳、平菇等。

(5)种植园养殖

进行合理种养可以互补利用,大大提高林农的经济效益。种植园养鸡、养猪、养蜂。种植园养鸡,鸡可以啄食种植园的害虫、虫卵、蛹等,使种植园的害虫大大减少,减少农药的用量,提高果品的质量。另外,鸡也可以以活昆虫和青草为食,既节省了饲料,又提高了鸡肉和鸡蛋的质量。种植园养猪,可以建设沼气池,通过猪粪产生沼液、沼渣,利用沼液、沼渣给经济林木施肥,可以大大减少化肥的用提高果品品质,形成"猪—沼—果"良性循环的生态种植园。另外,沼液还可以用来防治红蜘蛛和根腐病等病虫害。种植园养蜂,对一些虫媒花树种,既可提高授粉、坐果率,还可生产生态纯正蜂蜜。

(6)免耕法

免耕即对园地不进行任何耕作,利用除草剂防治杂草。在爱尔兰,研究人员发现苹果种植园免耕9年,土壤有机质含量为4.3%,清耕制为4.0%;树莓园免耕6年,土壤有机质含量为6.3%,清耕制为5.2%(表5-1)。经过免耕的种植园,表层土壤的坚实度较大,对人工作业和机械作业的抗压力较强,可减缓频繁的种植园作业对土壤结构的破坏。但是,随着绿色果业和有机果业的发展,除草剂在种植园的应用逐渐受到限制。

表5-1　土壤管理法与有机质含量的关系(%)

	免耕法	生草法	耕作法	除草剂+覆盖
苹果园(9年)	4.3	5.2	4.0	4.6
树莓园(6年)	6.3	7.6	5.2	—

土壤改良工作一般根据各地的自然条件、经济条件,因地制宜地制定切实可行的规划,逐步实施,以达到有效地改善土壤生产性状和环境条件的目的。土壤改良过程分两个阶段:

①保土阶段　采取工程或生物措施,使土壤流失量控制在容许流失量范围内。如果土壤流失量得不到控制,土壤改良也无法进行。

②改土阶段　其目的是增加土壤有机质和养分含量,改良土壤性状,提高土壤肥力。改土措施主要是种植豆科绿肥或多施农家肥。当土壤过沙或过黏时,可采用沙黏互掺的办法。云南的酸性红黄壤地的侵蚀土壤缺乏磷元素,种植绿肥作物改土时必须施用磷肥。

2. 施肥管理

2.1　肥料种类

①有机肥料　生产上常用的有厩肥、堆肥、禽粪、鱼肥、饼肥、人粪尿、土杂肥、绿

表 5-2　常用有机肥料主要养分及性质

肥料名称	状态	氮(%)	磷(%)	钾(%)	性质
人粪	鲜	1.16	0.28	0.31	速效、中性
人尿	鲜	0.52	0.04	0.14	速效、微碱性
羊粪	鲜	0.65	0.47	0.23	迟效、微碱性
猪粪	鲜	0.60	0.45	0.50	速效、微碱性
猪粪	干	3.0	2.25	2.50	速效、微碱性
猪厩肥	鲜	0.45	0.19	0.60	迟效、微碱性
猪厩肥	干	0.93	0.44	0.95	迟效、微碱性
牛粪	鲜	0.30	0.25	0.10	迟效、微碱性
牛粪	干	1.87	1.56	0.62	迟效、微碱性
牛厩肥	鲜	0.45	0.23	0.50	迟效、微碱性
马粪	鲜	0.50	0.35	0.30	迟效、微碱性
马粪	干	2.08	1.45	1.25	迟效、微碱性
马厩肥	鲜	0.58	0.28	0.63	迟效、微碱性
鸡粪	干	1.63	1.54	0.85	速效、微碱性

肥以及城市中的垃圾等(表5-2)。

②腐殖酸类肥料　如泥炭、褐煤、风化煤等。

③微生物肥料　如根瘤菌、固氮菌、磷细菌、硅酸盐细菌、复合菌等。

④有机复合肥。

⑤无机(矿质)肥料　如矿物钾肥、硫酸钾、矿物磷肥(磷矿粉)、钙镁磷肥、石灰石(酸性土壤使用)、粉状磷肥(碱性土壤使用)。

⑥叶面肥料　如微量元素肥料、植物生长辅助物质肥料。

⑦其他有机肥料

凡是堆肥，需经50℃以上发酵5～7d，以杀灭病菌、虫卵和杂草种子，去除有害气体和有机酸，并充分腐熟后方可施用。

2.2　施肥

2.2.1　施肥时期

施肥时期主要依据三个方面。一是经济林木需肥时期和规律，经济林各生长发育阶段对营养物质的需要有差别，一般生长前期氮肥的需要量较大，后期应多施用钾、钙、磷等肥料；二是土壤中营养元素和水分变化规律；三是肥料性质。速效肥在需要前追肥，长效肥则要早施，且多作基肥。以下按肥料性质分别加以说明。

(1) 基肥

较长时期供给树木多种营养的基础肥料。其作用不但要从树木的萌芽期到成熟期能够均匀长效地供给营养，而且还要有利于土壤理化性状的改善。基肥的组成以有机肥料为主，再配合完全的氮、磷、钾和微量元素。基肥施用量应占当年施肥总量的70%以上。

基肥施用时期以早秋为好。秋季温度高、湿度大，微生物活跃，有利于基肥的腐熟分解。从有机肥开始施用到成为可吸收状态需要一定的时间。以饼肥为例，其无机化率达到100%时，需8周时间，而且对温度条件还有要求。因此，基肥应在温度尚高的9~10月进行，这样才能保证其完全分解并为翌年春季所用。秋施基肥时正值根系生长的第三次（后期）高峰，有利于伤根愈合和发新根。经济林木的上部新生器官趋于停长，有利于提高贮藏营养。

春施基肥缺点较多，必要时也可采用，但应注意肥料种类，应施入易于分解、腐熟充分的肥料，并尽量少伤根。施肥时先在树木根际四周开沟，再将肥料与土充分掺和后堆放其中，上面覆土略高于地面。

(2) 追肥

追肥又称补肥，是经济林木急需营养的补充肥料。在土壤肥沃和基肥充足的情况下，没有追肥的必要。当土壤肥力较差或采收后未施入充足基肥时，树体常常表现营养不良，适时追肥可以补充树体营养的短期不足。追肥一般使用速效性化肥，追肥时期、种类和数量掌握不好，会给当年经济林木的生长、产量及品质带来严重的影响。一般在萌芽期前后、开花后、果实膨大期和花芽分化期对养分需要量较大，结合灌水追肥效果显著。成龄树追肥主要考虑以下几个时期：

①花前肥　经济林木早期萌芽、开花、抽枝展叶都需要消耗大量的营养，树体处于消耗阶段主要消耗上一年的贮藏营养。而促春梢生长、提高坐果率和枝梢抽生的整齐度、促进幼果发育和花芽分化，主要以氮肥为主。

②花后肥　(5月上中旬)幼果生长和新梢生长期需肥多，上一年的贮藏营养已经消耗殆尽，而新的光合产物还未大量形成。追肥除氮肥外，还应补充速效磷、钾肥，以提高坐果率，并使新梢充实健壮，促进花芽分化。

③果实膨大和花芽分化期　追肥的主要时期，应氮、磷、钾配合施用。

④壮果肥(果实膨大后期)　通常在果实迅速膨大、新梢第二次生长停止时施用，一般于7月进行。施肥的目的在于促果实膨大、提高果实品质、充实新梢、促进花芽的继续分化。肥料种类以磷、钾肥为主。

⑤采后肥　为果实采收后的追肥。肥料种类以氮肥为主，并配以磷、钾肥。经济林木在生长期消耗大量营养以满足新的枝叶根系、果实等的生长需要，故采收后应及早弥补其营养亏缺，以恢复树势，称"还阳肥"，常在果实采收后立即施用，但对果实在秋季成熟的树，还阳肥一般可结合基肥共同施用。

2.2.2　施肥量

(1) 施肥量计算

$$施肥量 = \frac{肥料元素的吸收量 - 元素的天然供给量}{肥料元素的利用率}$$

肥料吸收量，等于一年中枝、叶、果实、树干、根系等新长出部分和加粗部分所消耗的肥料量。

养分的天然供给量，是指即使不施用某种肥料，树木也能从土壤中吸收这种元素的量。一般土壤中所含氮、磷、钾三要素的数量为经济林木吸收量的1/3~1/2，但依土壤类型和管理水平而异。

(2) 施肥量确定的依据

①参考当地经济林地的施肥量　为求得适宜的施肥量，应对当地施肥种类和数量进行

广泛调查；对不同的树势、产量和品质等综合对比分析总结施肥结果，确定既能保证树势，又能获得早果、丰产的施肥量，并在生产实践中结合树体生长和结果的反应，不断加以调整，使施肥量更符合树体要求。

②田间肥料试验　根据田间试验结果确定施肥量，这种方法比较可靠。近年来随着科学的发展，测土施肥方法与设备也日趋完善并简化，易于为广大群众所掌握。

③叶片分析　经济林叶片一般能及时准确地反映树体营养状况。通过仪器分析可以得知多种元素是不足还是过剩，以便及时施入适量的肥料。这种方法指导经济林施肥和诊断，简单易行且效果好，是目前公认的较成熟的方法。

确定经济林施肥量的常见方法有经验施肥法、叶片分析法、田间肥料试验法。

2.2.3 施肥方法

经济林木根系分布的深浅和范围大小依树木种类、砧木、树龄、土壤、管理方式和地下水位等而不同。一般幼树的根系分布范围小，施肥可施在树干周边；成年树的根系是从树干周边扩展到树冠外，成同心圆状，因此施肥部位应在树冠投影沿线或树冠下骨干根之间。基肥宜深施，追肥宜浅施。

(1) 土壤施肥

应在根系集中分布区施用肥料。常见的施肥方法：

①环状施肥　即沿树冠外围挖一个环状沟进行施肥，一般多用于幼树(图5-1)。

②放射状沟施　即沿树干向外，隔开骨干根并挖数条放射状沟进行施肥，多用于成年大树和庭院经济林木。

③条沟施肥　即对成行树和矮密果园，沿行间的树冠外围挖沟施肥，此法具有整体性，且适于机械操作。

④全园施肥　全园撒施后浅翻(图5-2)。

图5-1　环状施肥

图5-2　全园施肥

⑤液态施肥　又称灌溉式施肥，是指在灌溉水中加入合适浓度的肥料一起注入土壤。此法适合在具有喷灌、滴灌设施的果园采用。灌溉施肥具有肥料利用率高、肥效快、分布均匀、不伤根、节省劳力等优点，尤其对于追肥来说，灌溉施肥代表了经济林木施肥的发展方向。

⑥穴状施肥　树冠滴水界内外挖4~8个穴，穴的深度和宽度依据施肥种类不同，有机肥穴深40~60cm、宽40~60cm，无机肥穴深、宽各10~20cm。

(2) 叶面喷肥

根系是植物吸收养分的主要器官，施肥时应主要考虑通过改良土壤的结构来促进根系

的生长和吸收作用。而叶片作为光合作用的器官,其叶面气孔和角质层也有一定的吸收养分的功能。叶片吸收养分具有如下优点:

①可避免某些养分在土壤中固定和流失;②不受树体营养中心如顶端优势的影响,营养可就近分配利用,故可使树木的中小枝和下部也可得到营养;③营养吸收和作用快,在缺素症矫正方

图 5-3　穴状施肥

面有时具有立竿见影的效果;④简单易行,并可与喷施农药相结合。

叶面喷肥在解决急需养分需求方面最为有效。如在花期和幼果期喷施氮可提高其坐果率;在果实着色期喷施过磷酸钙可促进着色;在成花期喷施磷酸钾可促进花芽分化等。叶面喷肥在防治缺素症方面也具有独特的效果,特别是硼、镁、锌、铜、锰等元素叶面喷肥的效果最明显。经济林木常见叶面肥料种类及常用浓度见表(表 5-3)。

表 5-3　叶面肥种类和常用浓度表(%)

肥料名称	浓度	肥料名称	浓度
沼液	25~50	硫酸锰	0.2~0.5
尿素	1~2	硝酸钾	0.5
硝酸铵	0.1~0.3	硼砂	0.1~0.2
硫酸铵	0.1~0.3	硼酸	0.2~0.5
磷酸铵	0.3~0.5	硫酸亚铁	0.1~0.4
腐熟人粪尿	5~10	硫酸锌	0.1~0.5
过磷酸钙	1~3	柠檬酸铁	0.1~0.2
硫酸钾	1~1.5	钼酸铵	0.3
草木灰	1~5	硫酸铜	0.01~0.02
磷酸二氢钾	0.2~0.3	硫酸镁	0.1~0.2

为提高叶面喷肥的效果,选择合适的喷施时间和部位非常重要。此外,应避免阴雨、低温或高温暴晒。一般选择在 9:00~11:00 和 15:00~17:00 喷施。喷施部位应选择幼嫩叶片和叶片背面,可以增进叶片对养分的吸收。

3. 水分管理

水是包括经济林木在内的所有植物正常生长发育的最基本条件之一。适宜的土壤水分条件能保证经济林木的水分供给,确保经济林木各种生理生化活动的正常进行,使经济林木生长健壮、丰产,提高果品质量。当土壤水分含量过高,土壤的通透能力变弱,经济林木正常的生理生化活动受到阻碍;反之,当土壤供水不足,经济林木会受到水分胁迫的影响,树体各器官生长发育受阻,功能减退,营养物质的吸收运输和合成转化不能正常进行,特别是细胞膨压不能正常维持,光合作用、蒸腾作用、呼吸作用大为减弱,甚至停止。上两种情况都会影响经济林木的生长和结果,严重时导致经济林木死亡。

3.1 水分对经济林木的重要性

(1) 水是经济林木的重要组成部分

经济林木的叶、枝、根等部的含水量约占50%左右，而鲜果含水量则高达80%甚至90%以上。经济林木在生长、发育中，如缺水则会影响新梢的生长、果实的增大和产量的增加。如严重缺水，则果实的水势比叶片的水势低得多，因而叶片从果实中夺取水分，使果实体积缩小。如遇骤雨果实吸收过快常造成裂果，甚至脱落。

(2) 水是经济林木生命活动的重要原料

树体光合作用、蒸腾、物质运输、代谢均需要水分供应。

(3) 水具有调节树温的作用

经济林木借助蒸腾作用调节树温，使叶片和果实不致因阳光强烈的照射而引起"日烧"。

(4) 水是调节经济林木生育环境的重要因素

水对种植园的土壤和气候环境有良好的调节作用，如在干旱的土壤上，可改善生物的生活状况，促进土壤有机质分解。高温季节对种植园进行喷灌，除降低土温外，还可降低树体温度，同时提高空气湿度。冬季土壤干旱，易引起或加重经济林木的冻害，如施行冬灌，既可提高土温和满足经济林木微弱蒸腾作用的需要，又可减轻或避免冻害。正确的灌溉，对经济林木有多方面的良好作用；不合理的灌溉，则会给种植园带来地面侵蚀，破坏土壤结构，导致营养物质淋失，土壤盐渍化，经济林木生长失调，因此必须防止不合理的灌溉。

3.2 水分不足对经济林木生长结果的影响

(1) 对生长的影响

新梢生长状况是由经济林木萌动后6周树体水分盈亏状况决定的。早春干旱对新梢生长的影响最大，要使新梢生长良好，必须是在土壤中贮藏足够的水分。夏秋干旱，树干的生长受阻，干径增长量减少。根系的生长也受土壤水分多寡的影响，在接近凋萎点时根系生长受阻，凋萎点以下时根系停止生长。

(2) 对花芽分化与坐果的影响

在干旱或半干旱年份，经济林木将形成较多的花芽，翌年则花量大，产量高。在经济林木缺水时，进行适度的灌溉可以缓和大小年幅度，在春季灌水有利于花芽的发育和坐果，但过量灌溉可造成春梢旺长而增加落花落果。

(3) 对果实膨大的影响

各种经济林木的果实对水分逆境的反应不同，它取决于缺水开始的时间，这是由于果实有不同的生长模式。当水分供应稳定时，苹果、梨果实的生长速度直到成熟期都是均匀的。桃果实体积的大小，主要受采前30d水分状况影响。而樱桃果实的体积则主要受最后25d的水分状况影响。采前果实体积增大快的时期称作后膨大期。板栗果实生长后期对水分的丰缺反应十分明显，采前20d、30d浇水，可促使板栗果实肥大。

(4) 对裂果的影响

多数裂果是由于根系或果实皮层快速吸收水分，使果肉急剧增长而果皮增加较慢造成裂果。樱桃裂果是由于降雨或灌水，果皮层迅速吸收了水分而造成。苹果、核桃和葡萄裂果，则由于果实生长经过一个时期干旱而停滞后，又迅速吸水造成。无花果的裂果与灌溉无关。李子的裂果有两种情况：顶端开裂，可以在任何时候发生，只要经过一段干旱，然后灌水，突然吸水过快而发生；果实侧面开裂，起始于最后膨大期，与灌溉无关。

(5) 对落果和果实品质的影响

桃树采前干旱会导致落果和着色不良。在这种情况下，应用防落剂（如 NAA 等）防止采前落果的效应降低，而向树上喷水可延迟采收2周。但是，桃树长期干旱后，采前进行灌溉也会造成落果。

不论哪种经济林木，当水分降低到凋萎点以下，将降低产量和品质。鲜食的桃汁少而苦，梨质地较硬而色绿，李子易患日烧，核桃则不充实。缺水也会使经济林木叶子早落，但这时如早下雨，又会长出二次叶和花，因而造成翌年减产。

采前大量灌溉会降低苹果、葡萄、梨、桃、李等的含糖量和提高含水量，因而汁多味淡，而且降低果实贮藏力。因此，过多的灌溉会十分有害。但适度的水分胁迫有利于改善果实品质、增大单果重、改善着色和花芽分化。

3.3 种植园灌水技术

植物生长发育过程中，各时期都需要水分供应，满足各时期的水分供应才能获得高产。掌握植物需水规律，是搞好水分管理的重要依据。植物从种子发芽到开花结实，各生育阶段对水分的要求是不同的，对水分的敏感程度也不一样。植物对水分最敏感时期，即水分过多或缺乏对产量影响最大的时期，称为植物水分临界期。临界期不一定是植物需求量最多的时期。各种植物需水的临界期不同，但基本都处于营养生长即将进入生殖生长时期。一般植物的水分临界期与花芽分化的旺盛时期相联系。另外，不同植物与品种，其临界期不同，临界期越短的植物和品种，适应不良水分条件的能力越强，而临界期越长，则适应能力越差。

3.3.1 灌水时期

正确的灌水时期，不能等经济林木已从形态上显露出缺水状态（如果实皮缩、叶片卷曲等）时才进行灌溉，而是要在经济林木未受到缺水影响以前进行。否则，经济林木的生长和结果将会受损失。确定灌水时期的依据：

(1) 根据土壤含水量

用测定土壤含水量的方法确定具体灌水的时期是较可行的方法。

土壤能保持的最大水量称为持水量。一般认为，当土壤含水量达到持水量的60%~80%时，土壤中的水分与空气状况，最符合经济林木生长结果的需要。因此，当土壤内水分减少到不能移动时的水量，称为"水分当量"。土壤水分下降到水分当量时，经济林木吸收水分受到障碍，树体就陷入缺水状态。所以，必须在土壤达到水分当量之前及时灌溉。如果土壤水分比水分当量继续减少至某一临界值，此时植物生长困难，终至枯萎，此时灌水，植物也不能恢复生长，这种程度称为"萎蔫系数"。

不同土壤的持水量、持水当量、萎蔫系数等各不相同。在测定不同土壤含水量，作为是否需要灌溉的依据时可参考表5-4。

表 5-4　不同土壤持水量、萎蔫系数及容量

土壤种类	饱和持水量 (%)	田间持水量 (%)	田间持水量的 60%~80%	萎蔫系数 (%)	容重 (g/cm²)
粉砂土	28.8	19	11.4~15.2	2.7	1.36
砂壤土	36.7	25	15~20	5.4	1.32
壤土	52.3	26	15.6~20.8	10.8	1.25
黏壤土	60.2	28	16.8~22.4	13.5	1.28
黏土	71.2	30	18~24	17.3	1.30

(2) 仪器测定

随着科学技术和工业生产的发展，用仪器测定结果指示种植园的灌水时间和灌水量，早已在生产上采用。用于种植园指导灌水的仪器，最普遍采用的是土壤张力计、土壤水分速测仪。

3.3.2　灌水量

最适宜的灌水量，应在一次灌溉中，使经济林木根系分布范围内的土壤湿度达到最有利于经济林木生长发育的程度。只浸润土壤表层或上层根系分布的土壤，不能达到灌溉目的，且多次补充灌溉，容易引起土壤板结，土温降低。因此，必须一次灌透。深厚的土壤需一次浸润土层 1m 以上；浅薄土壤经过改良，亦应浸润 0.8~1m。

根据不同土壤的持水量、灌溉土壤湿度、土壤容重、要求土壤浸润的深度，计算出一定面积的灌水量，即

灌水量 = 灌溉面积 × 土壤浸润程度 × 土壤容重 ×（田间持水量 - 灌溉前土壤湿度）

灌溉土壤湿度，每次灌水前均需测定；田间持水量、土壤容重、土壤浸润深度等可数年测定 1 次。

3.3.3　灌水方法

灌水时间、灌水方法和灌水量是达到灌水目的三个不可分割的因素，如仅注意灌水时间和灌水量，而方法不当，常不能获得灌水的良好效果，甚至带来严重危害。因此，灌水方法是种植园灌水的一个重要环节。

(1) 沟灌

灌溉沟的数目，可因栽植密度和土壤类型而异，密植园每一行间开一条沟即可。稀植园如为黏重土壤，可在行间每隔 100~150cm 开沟；如为轻松土壤，则每隔 75~100cm 开沟，灌溉完毕，将沟填平。沟灌的优点：灌溉水经沟底和沟壁渗入土中，对全园土壤浸湿较均匀，水分蒸发量与流失量均较小，经济用水；防止土壤结构的破坏；土壤通气良好，有利于土壤微生物的活动；减少种植园中平整土地的工作量；便于机械化耕作。因此，沟灌是地面灌溉的一种较合理的方法。

(2) 分区灌溉(水池灌溉、格田灌溉)

把种植园划分成许多长方形或正方形的小区，纵横做成土埂，通常每一棵树单独成为一个小区。此法缺点：易使土壤表面板结，破坏土壤结构，做许多纵横土埂，既费劳力又妨碍机械化操作。

(3) 盘灌（树盘灌水、盘状灌溉）

以树干为中心，在树冠投影以内土埂围成圆盘，圆盘与灌溉沟相通。灌溉时水流入圆盘内，灌溉前疏松盘内土壤，使水容易渗透，灌溉后把松表土或用草覆盖，以减少水分蒸发。此法用水较经济，但浸润土壤的范围较小，经济林木的根系比树冠大 1.5~2 倍，故距离树干较远的根系，不能等到水分的供应。同时，仍有破坏土壤结构，使表土板结的缺点。

(4) 穴灌

在树冠投影的外缘挖穴，将水灌入穴中，以灌满为度。穴的数量依树冠大小而定，一般为 8~12 个，直径 30cm 左右，穴深以不伤粗根为准，灌后将土还原。干旱期穴灌，亦将穴覆草或覆膜长期保存而不盖土。此法用水经济，不会引起土壤板结。在水源缺乏的地区，采用此法为宜。

(5) 喷灌

喷灌与地面灌溉相比有以下优点：

①喷灌基本不产生深层渗漏和地面径流，可节约用水 20% 以上。对渗漏性强、保水性差的砂土，可节省 60~70% 的水。减少对土壤结构的破坏，可保持原有土壤的疏松状态。

②可调节种植园的小气候，减免低温、高温、干风对种植园的危害。在辐射霜冻时，可使叶温提高 1.1~2.2℃；平流霜冻时，可使叶温提高 0.5~1.1℃，从而收到防霜效果。

③节省劳力，工作效率高。便于田间机械作业，为施用化肥、喷施农药和除草剂等创造条件。

④对平整土地要求不高，地形复杂山地亦可采用。

喷灌的缺点：可能加重某些经济林木感染真菌病害；在有风的情况下（风速在 3.5m/s 以上时），喷灌难做到灌水均匀，并增加水量损失。喷灌设备价格高，增加种植园的投资。喷灌系统一般包括水源、动力、水泵、输水管道及喷头等部分。

(6) 滴灌

滴灌是机械化与自动化结合的先进灌溉技术，是以水滴或细小水流缓慢地施于植物根域的灌水方法。从滴灌的劳动生产率和节约用水的观点来看是很有前途的。滴灌的优点：

①节约用水　滴灌仅湿润作物根部附近的土层和表土，因此大大减少水分蒸发。

②节约劳力　滴灌系统可以全部自动化，将劳动力降至最低限度。滴灌系统还适用于丘陵和山地。

③有利于经济林木生长结果　滴灌能经常地对根域土壤供水，均匀地维持土壤湿润，不过分潮湿和过分干燥。同时，可保持根域土壤通气良好。如滴灌结合施肥，则更能不断供给根系养分。在盐碱地采用滴灌，还能稀释根层盐液。因此，滴灌可为经济林木创造最适宜的土壤水分、养分和通气条件，促进经济林木根系及枝、叶生长，从而提高经济林木产量并改进果实品质。

滴灌的缺点：需要管材较多，投资较大；管道和滴头容易堵塞，严格要求良好的过滤设备；不能调节气候，不适于冻结期应用。

(7) 渗灌

渗灌是借助于地下的管道系统使灌溉水在土壤毛细管作用下，自下而上湿润作物根区的灌溉方法，也称为地下灌溉。早在数百年前，我国劳动人民就创造了这种灌水方法。

3.4 排水

3.4.1 排水不良对经济林木的危害

排水不良的种植园，首先是经济林木的呼吸作用受到抑制，而根吸收养分和水分或进行生长所必需的动力源，都是依靠呼吸作用进行的。当土壤中水分过多，缺乏空气时，则迫使根进行无氧呼吸，积累乙醇造成蛋白质凝固，引起根系生长衰弱以至死亡。其次，如土壤通气不良，妨碍微生物，特别是好气细菌的活动，从而降低土壤肥力。第三，在黏土中，大量施用硫酸铵等化肥或未腐熟的有机肥后，如遇土壤排水不良，由于这些肥料进行无氧分解，使土中产生一氧化碳或甲烷、硫化氢等还原物质。

3.4.2 排水时间在种植园中发生下列情况时，应进行排水

①多雨季节或一次降雨过大造成种植园积水成涝，应挖明沟排水。

②在河滩地或低洼地建园，雨季时地下水位高于经济林木根系分布层，则必须设法排水。可在种植园开挖深沟，把水引向园外。在此情况下，排水沟应低于地下水位，以便降低地下水位，避免根系受害。

③土壤黏重、渗水性差或在根系分布区下有不透水层时，由于黏土土壤孔隙小，透水性差，易积涝成害，必须采取排水设施。

④盐碱地种植园下层土壤含盐量高，会随水的上升到达表层。若经常积水，种植园的地表水分不断蒸发，下层水上升补充，造成土壤次生盐渍化。因此，必须利用灌水淋洗，使盐向下层渗漏，汇集排出园外。

进行土壤水分测定，是确定排水时间较准确的方法。对深土层积水达到土壤最大田间持水量时，必须进行排水；各种经济林木耐涝的强弱，亦可作为排水时间的参考。发现土壤过湿时，对耐涝力弱的经济林木先排水。

3.4.3 排水系统

一般平地种植园的排水系统分为明沟排水与暗沟排水两种。明沟排水是在地面挖成沟渠，广泛地应用于地面和地下排水。地面浅排水沟，通常用来排除地面的灌溉贮水和雨水。这种排水沟排地下水的作用很小，多单纯作为退水沟或排雨水的沟。深层地下排水沟多用于排地下水并当作地面和地下排水系统的集水沟。

暗管排水多用于汇集和排出地下水。在特殊情况下，也可用暗管排泄雨水或过多的地面灌溉贮水。当需要汇集地下水以外的外来水时，必须采用直径较大的管子，以便排泄增加的流量并防止泥沙造成堵塞。当汇集地表水时，管子应按半管流进行设计。采用地下管道排水的方法，不占用土地，也不影响机械耕作，但地下管道容易堵塞，成本也较高，适用于条件好的种植园。

3.4.4 几种常见土壤水分管理模式的分析

(1) 覆盖保墒

种植园地面覆盖可以使土壤团粒结构稳定，降水入渗速度加快，入渗深度增大，提高土壤对降水的保蓄能力。此外，用作物秸秆和地膜覆盖树盘，可隔断蒸发面与下层土壤水分的毛管联系，减弱土壤空气与大气间的乱流交换强度，从而有效地抑制土壤水分蒸发。覆盖保墒又分为秸秆杂草覆盖法、生草覆盖法、地膜覆盖法和砂石覆盖法等。

(2)节水灌溉

在有少量水源的地方,要采用科学合理的灌溉方法,改漫灌为滴灌、喷灌或穴灌,一般可节约用水50%~60%。一方面可满足经济林木生长发育的要求,获得优质果品;另一方面在水资源短缺的情况下,可以扩大灌溉面积,实现更大面积的丰产丰收。

(3)集雨灌溉

种植园集雨灌溉技术就是用人工办法,把天上降下的雨水收集起来,进行种植园局部灌溉,增加土壤水分,保证水分的均衡供应。这是一种在没有自然水源的地方,人为开发水源进行种植园灌溉的方法,可分为异地集雨法、行间集雨法和穴贮肥水3种方法。

任务 2

经济林木树体管理

➙任务目标

1. 知识目标：归纳整形修剪的原则和技术要领；知道经济林木的树体保护的方法。
2. 能力目标：会熟练运用整形修剪技术于不同的树种和品种，因地制宜确定丰产优质便于管理的树形；能根据经营目的及林木的年龄、生长状况采用适宜的修剪技术；能选用正确的树体保护方法进行保护。

➙任务描述

合理的整形修剪可以提高经济林光合作用的效能，如选用适宜树形，开张骨干枝的角度，适当减少骨干枝的数量，降低树体高度和叶幕厚度等，都可改善光照条件，增加有效叶面积。幼龄树是以整形为主，成龄后通过修剪维持良好的树体结构。结合生产实际，综合运用整形、修剪的措施以调节树体营养平衡，维持树体良好长势，促进提早结实、达到稳产丰产的目的。

经济林树木生长过程中，会受到病虫害、冻害、霜害及冷害等灾害的影响，采用恰当的保护方法，如人工捕杀、诱杀和化学防治病虫害，主干涂白和冬前灌水防冻保护经济林木。

➙任务实施

1. 工作准备

（1）材料

伤口涂抹剂（封蜡、油漆）、农药、生石灰、石硫合剂、食盐等。

（2）工具

高枝剪，枝剪，电动锯，小手锯，小刀、黑光灯、树体注射器、钻孔机、刮刀等。

2. 整形修剪

2.1 整形

（1）选择经济林幼树

结合当地实际生产情况选择需要整形的幼树。

（2）整形

按照种类、经营目的确定丰产树形，采用拉枝、撑枝和疏除等方式进行幼树整形。

2.2 修剪

根据物候期和每棵树木的长势，应用短截、疏枝、回缩或缓放等修剪方法，修剪后使树冠通风透光，营养枝组、结果枝组比例合理。

（1）冬季修剪

疏除密生枝、病虫枝、并生枝和徒长枝，过多过弱的花枝及其他多余枝条，缩短骨干枝、辅养枝和结果枝组的延长枝,或更新果枝;回缩过大过长的辅养枝、结果枝组或衰弱的主枝头;刻伤刺激一定部位的枝和芽,促进转化成强枝、壮芽;调整骨干枝、辅养枝和结果枝组的角度和延伸方向等。

(2) 春季修剪

时间是在林木萌芽至花期前后,春季复剪是冬季修剪的继续和补充。春剪多采用疏枝、刻伤、环剥等措施,以缓和树势,提高芽的萌发力,促生中、短枝,对枝量少、长势旺、结果晚的树种、品种上较为适用。

(3) 夏季修剪

剪梢、捋枝、扭梢、环剥、环刻等,可根据具体情况灵活运用。对于幼树和旺树,夏季修剪的效果较为明显。

修剪时要把握"经济林整形修剪的原则",对每棵树先观察好它的长势,再修剪,修剪时要"先上后下,先内后外,去弱留强"。对经济林园做到"一看、二剪、三清理"。

3. 树体保护

3.1 人工捕杀

利用人力或简单器械,捕杀有群集性、假死性的害虫。例如,用竹竿打树枝振落金龟子,组织人工摘除袋蛾的越冬虫囊,摘除卵块,利用简单器具钩杀天牛幼虫等,都是行之有效的措施。

3.2 灯光诱杀

设置黑光灯,诱杀害虫。

3.3 化学法杀虫灭病

(1) 选用农药

选用恰当的杀虫剂、杀菌剂、杀螨剂、杀线虫剂、杀鼠剂、除草剂等。

(2) 喷雾

将乳油、水剂、可湿性粉剂按所需的浓度加水稀释后,用喷雾器进行喷洒。

(3) 注射法、打孔注射

用打孔器或钻头等利器在树干基部钻一斜孔,钻孔的方向与树干约呈40°的夹角,深约5cm,然后注入内吸剂药剂,最后用泥封口。

(4) 刮皮涂环

距干基一定的高度,刮两个相错的半环,两半环相距约10cm,半环的长度15cm左右。将刮好的两个半环分别涂上药剂,以药液刚下流为止,最后外包塑料薄膜。

(5) 主干涂白

按3份生石灰,1份石硫合剂,0.5份食盐和少许油脂对水配成灰浆,涂抹于主干及主枝上,可减轻冻伤、日灼和病虫害。

→任务评价

班级			组号				日期		
序号	评分项目		分值	组内自评	组间互评	教师评价	平均分	说明	
1	资料查询		5						
2	调查:经济林园内林木的树形、树势,枝梢的生长状况		10						
3	编制某经济林园林木整形修剪方案		10						
4	整形		20						
5	修剪		20						
6	整形修剪效果的检查、评价		15						
7	环保、节约意识		10						
8	分工合作		10						
	总分								

→ 背景知识

1. 经济林木整形修剪

整形，通过修剪枝条，使树冠的骨架形成一定的排列形式和合理的树体结构，把树冠的外形剪成一定的样式，以提高产量。修剪，是在整形的基础上，根据生长和结果的需要，采用短截、疏枝、回缩、缓放摘心、刻伤等多种措施对枝条进行剪截或处理，以促进或抑制某些枝条的生长发育，调节生长和结果的关系。同时剪除衰老、病虫枝，减少病虫危害和蔓延的机会，使经济林少受或免受其害，增强树体的抗逆能力，维持稳定的产量。再通过合理增施肥、水，提高叶片质量和叶片的光合效率，延长光合时间，则可增加光合产物的积累，有利于成花结果。如果枝量适宜，又能保持良好的通风透光条件，树冠内外的果实都能获得充足的光照，则红色品种便可全面着色，黄色或绿色品种可果面光洁，没有水印、锈斑，这样的种植园，一级果率可达80%以上，而病虫果、畸形果和小果、等外果，可以降至5%以下，甚至更低或没有。这样的种植园，既便于采收，也有利于采后的分级包装和贮藏运输。果实的外观质量好，商品价值和经济效益也会随之提高。合理的整形修剪也可以提高树体的代谢能力，改善树体营养，调节和控制营养物质的分配和利用，从而可以调节经济林的生长和结果，使其既促进树体的健壮生长，又能正常开花结果。

随着经济林集约化栽培加强，多向矮化密植栽培方向发展，修剪整形的对象也由单株趋向群体。为节约劳力、提高效益，现在也有以化学药剂和机械化来简单化修剪。

1.1 经济林整形修剪的原则

（1）因树修剪，随枝作形

在经济林的生长发育过程中，由于砧木种类不同，苗木质量不一，立地条件有差异。在实际生产中，很难找到两棵在萌芽、抽枝方面完全一致的幼树。因此，在整形修剪过程中，就只能根据每棵树的不同生长情况，整成与标准树形相似树体结构，而不能千篇一律按同一模式要求，要根据树种和品种的不同特性，选用适宜树形，否则，必将修剪过重而推迟结果年限。但在整形过程中，又不要完全拘泥于所选树形，而要有一定的灵活性。对无法整成预定形状的树，也不能放任不管，而是要根据其生长状况，整成适宜形状，使枝条不致紊乱，即坚持"有形不死，无形不乱"的整形原则。掌握好这一原则，在经济林整形修剪过程中，就能灵活运用多种修剪技术，恰当地处理修剪中遇到的各种问题。

（2）整形和结果兼顾，轻重修剪结合

整形修剪的目的，一是建造一个骨架牢固的树形，二是为了提早成花结果。为了长期的优质、丰产、稳产，树体骨架必须牢固，所以修剪时必须保证骨干枝的生长优势，但为了提早成花结果和早期丰产，又必须尽量多留枝叶。随着树龄的逐年增长，枝叶量也急剧增加，所以修剪时除选留骨干枝外，还必须选留一定数量的辅养枝，用作结果或预备枝。因此，对幼树应以轻剪为主，多留枝叶，扩大营养面积，增加营养积累。同时，对骨干枝应适当重剪，以增强长势；对辅养枝宜适当轻剪，缓和长势，促进成花结果。在经济林的生命周期中，生长和结果的关系始终处于不断变化之中，所以在确定修剪量时，应根据生长和结果状况及其平衡关系的变化而有所变动，宜轻则轻，宜重则重。

(3) 平衡树势，从属分明

在同一种植园内，不同树体之间，或同一棵树的不同类别枝条之间，生长势总是不平衡的。修剪时就应注意通过抑强扶弱，适当疏枝、短截，保持果园内各单株之间的群体、长势近于一致，一棵树上各主枝之间及上、下层骨干枝之间，保持平衡的长势和明确的从属关系，使整个种植园的植株都能够上、下和内、外均衡结果，实现长期优质和稳定增产。

1.2 整形修剪的依据

(1) 树种、品种的特性

经济林树种、品种不同，其生物学特性差异很大，生长结果习性不同。主干高低、层性、芽的早晚熟、萌芽力、成枝力、分枝角度、结果部位、结果枝类型、花芽形成难易等都不同。因此，根据不同树种和品种的生长发育规律和结果习性，采取有针对性的整形修剪方法，因树种和品种进行修剪，是整形修剪最基本和最重要的依据。

(2) 环境条件和栽培技术

经济林生长发育时期不同，生长和结果状况不同，整形修剪的目的也不同，因而所采取的修剪方法也不一样。幼树一般长势旺，不结果或结果很少，以整形为主，加速扩大树冠，促进提早结果，以轻剪长放为主。盛产期树势逐渐减弱，结果多，枝条生长缓慢，在加强肥水管理基础上，修剪以保持健壮树势为主，以延长盛产期年限，修剪程度可适当加重，且应细致修剪，调节营养生长和生殖生长平衡。随着树龄的增大和结果数量的增多，树势逐渐衰弱进入衰老期，修剪时要注意更新复壮，维持一定的结果数量。因此，整形修剪时必须考虑当地气候、土肥水条件、栽植密度、砧木种类、树体生长状况及管理水平。栽培水平高，应轻剪多留花芽。因此，整形修剪时必须考虑当地气候、土肥水条件、栽植密度、砧木种类、树体生长状况及管理水平。栽培水平高，应轻剪多留花芽。

(3) 修剪反应

通过不同程度的修剪，树体所表现出来的生长势有相应的反应，如修剪稍重树势转旺，稍轻则树势又易衰弱，即修剪反应敏感；反之，修剪轻重虽有所差别，但反应差别却不十分明显，为修剪反应不敏感或修剪反应弱。树种不同，对修剪的反应不同；即使同一树种的不同品种，用同一种修剪方法处理不同部位的枝条时，其反应也会表现出很大的差异。因此，修剪反应就成为修剪的主要依据，也是检验修剪量的重要标志。修剪反应的敏感性还与气候条件、树龄和栽培管理水平有关。西北高原气候冷凉，昼夜温差大，修剪反应敏感性弱。一般幼树反应较强，随着树龄增大而逐步减弱。土壤肥沃、肥水充足，反应较强；土壤瘠薄、肥水不足，反应弱。

(4) 经济效益

经济林木的修剪还要考虑是否节省劳力，要尽可能地简便省工，降低消耗，提高经济效益。

1.3 经济林主要树形及结构特点

经济林选择树形的主要依据是品种的生长结果习性、当地的自然条件，特别是土层厚薄、土壤肥力、雨量、温度等。另外，栽培条件，如水土保持工程，灌水、施肥和修剪技术等也要考虑。经济林采用的树形主要是自然形和人工形，自然形又有中心干形、无中心干形和无骨干形，人工形又有扁形、平面形和混合形等。当前生产上常用的树形有疏散分层形、自然开心形、棚架和篱架形等。随着矮化密植的发展，新建果用经济林种植园多数采用纺锤形、树篱形及篱架形，在超密栽植中又出现了圆柱形和无骨干形。随着栽培密度的提高，经济林树形变化趋势：树形由大变小，由单株变群体，由自然形变为扁形，骨干枝由多变少、由直变弯、由斜变平，由分层变为不分层。

（1）有中心干形

①疏散分层形　又名主干疏层形。主枝5~7个，在中心干上分2~3层，第一层3个，第二层2~3个，第三层1~2个，层间距须在100~140cm以上。下层主枝比上层的大，开张角度60°~80°，下层主枝上有侧枝，其余为结果枝组。这种树形符合经济林木生长特性，骨架牢固，成形快，通风透光性好，产量高，是枣、板栗、山楂、核桃等树较适宜的树形（图5-4）。

②主干形　由天然形适当修剪而成，有较强的中心干，中心干上主枝不分层或分层不明显，培养15~30个大中型结果枝组，开张角度90°~120°，树形较高，如枣、核桃、银杏、香榧、橄榄等都可用此树形。矮化密植栽培也可用此树形。

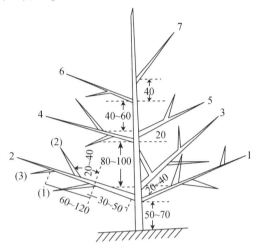

图5-4　疏散分层形
1、2、3、4、5、6、7为主枝顺序
（1）、（2）、（3）为侧枝顺序

③纺锤形　由主干形发展而来，在欧洲广泛应用。树高2.5~3m，冠幅3m左右，在中心干四周培养多数短于1.5m的水平小主枝，8~20个主枝，无侧枝，无明显层次，主枝上培养中小型结果枝组，开张角度80°~90°。适于密植园，发枝多、树冠开张、生长不旺的树。它修剪轻，结果早。在此基础上又发展了细长纺锤形、改良纺锤形和垂帘形。

④圆柱形　与细纺锤形树体结构相似，全树只有中心主干1个，不培养主枝，而在中心干上直接培养枝组结果，上下冠径差别不大，适用于超密栽培。

⑤十字形　枝下高50cm左右，全树分2层，留4个主枝，每层由2个邻近的主枝组成，相互交错成"十"字形排列。层间距80cm，每个主枝留侧枝3~4个，全树有侧枝12~16个。该树形的特点是成形快，光照好，对成枝力较强的树种或品种特别适宜。

（2）无中心干形

①自然圆头形　又称自然半圆形。定干后任其自然分枝，疏除过多的主枝，主枝上培养各类枝组，适于枣、油茶、柿、核桃、山核桃大树常用的树形。特点是修剪量轻，成形快，技术易掌握。缺点是主、侧枝多而密生，通风透光不良，结果部位最易外移，限制了产量的提高。主要修剪技术：于主干高30~40cm处剪顶定干，新梢萌发后，在主干上选留生长健壮、分布均匀的枝梢3~4条为主枝，主枝开张角度40°~45°，每条主枝配置2~3个副主枝，构成良好的、承受能力强的树冠骨架。

②自然开心形　主干高 30～50cm，3～4 个主枝，主枝开张角度 60°，每主枝有 2～3 个侧枝，其余为各类结果枝组，适于桃、梨、枣、核桃、柿等喜光树种。此树形整形容易，形成树冠快，树冠矮而开张，光照充足，抗风力强，容易配置结果枝组，适于密植，单位面积产量较高，操作管理方便。缺点是树冠体积小，单株产量低，骨干枝结合不牢固，容易劈裂（图 5-5）。

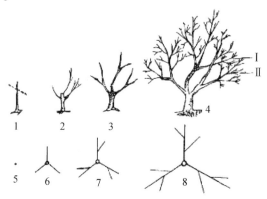

图 5-5　自然开心形
1、2、3、4 为第 1～4 年整形过程　5、6、7、8 为俯视图

③自然杯状形　主干留一定高度剪去上部，使其分生 3 个主枝，向四周斜生，均衡发展，之后再使 3 个主枝各分生 2 个势力相等的侧枝，以后逐年继续分生，直至左右邻近的树相接近为止，而树冠中心始终保持空虚，成为杯状。主要用于无中心干的核果类树种。

(3) 其他树形

①树篱形　株间树冠相接，以群体为树篱。此形自然直立，无需篱架支撑，在密植下解决了光照与操作的矛盾，有利于丰产优质和机械化操作。缺点是横向操作不便和空气流通不畅。主要有自然树篱形、扁纺锤形和自然扇形。

②篱架形　常用于藤本经济林树种，整形方便，且可固定植株和枝梢，促进植株生长，充分利用空间，增进品质。不过需要设置篱架，费用、物资增加。常用的树形有：

a. 棕榈叶形：树形种类多，目前，应用较多的是斜脉式、扇状棕榈叶形。

b. 双层栅篱形：主枝两层近水平缚在篱架上，树高约 2m，结果早，品质好，适于在光照少、温度不足处应用。

c. 单干形：亦称独龙干形，常用于旱地葡萄栽培。全树只留 1 个主枝，使其水平或斜生，其上着生枝组，枝组采用短截修剪。此形整形修剪容易，适于机械修剪和采收，但植株旺长时难以控制。

d. 双臂形：亦称双龙干形，与单干形基本相似。所不同的是单干形只有 1 个主枝，双臂形有 2 个主枝向左右延伸，其用途和优缺点与单干形相似。

e. "Y" 篱架形：行向南北，每株培养 2 个主枝，成 "Y" 形，与地面成 60° 夹角，主枝上无侧枝，培养各类结果枝组。适于密植的桃、梨等。

③棚架形　主要用于藤本经济林树种，如猕猴桃等。棚架形式很多，依大小而分为大棚架和小棚架。通常称架长 6m 以上的为大棚架，6m 以下的为小棚架。依倾斜与否，分为水平棚架和倾斜棚架。在平地无需埋土越冬的，常用水平棚架和大棚架；在山地需要埋

土越冬的,常用小棚架和倾斜棚架。

④丛状形 适用于灌木经济林树种,如石榴、无花果等。无主干或主干甚短,贴地分生多个主枝,形成中心郁闭的圆头丛状形树冠。该树形整形容易,主枝生长健壮,不易患日灼病或其他病害;修剪轻,结果早,早期产量高。但枝条多,影响通风透光和品质;无效体积和枝干增加,后期会影响产量的进一步提高。

⑤无骨干形 全树只有1~2个枝组,不设骨干枝,枝组不断回缩更新。用于桃、苹果等草地式种植园。

1.4 常用的修剪方法

(1) 短截

短截也称短剪,即剪去1年生枝梢的一部分,是冬剪时常用的方法。根据短截程度和部位不同,可分为轻短截、中短截、重短截和极重短截。短截可增加新梢枝叶量,减弱过量的光照,有利于细胞的分裂和伸长,从而促进营养生长;但营养生长也不能过旺,否则,将影响营养积累,不利于枝条成熟,也不利于成花结果。短截可以改变不同类型新梢的顶端优势,调节各枝间的长势平衡,增强生长势,降低单枝生长量,有利于营养积累和成花结果,常用于叶用经济林树种,如桉树、银杏等。短截修剪一定要掌握适时、适度、适量,而且要与栽培管理和修剪措施相配合(图5-6)。

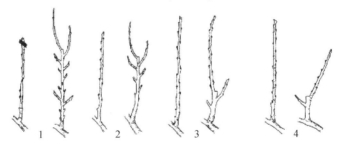

图5-6 短截

1. 轻短截 2. 中短截 3. 重短截 4. 极重短截

①轻短截 将枝条顶部剪去1/4~1/3,截后易形成较多的中、短枝,可增强生长势,有利于花芽分化。

②中度短截 剪去枝条上部的1/3~1/2,截后形成中、长枝较多,生长势强,促进营养生长,不利于花芽的形成,通常剪口芽应选取饱满芽。

③重短截 剪去枝条的2/3~3/4,如是直立枝截后抽生的枝条强旺,促进局部的营养生长,不利于花芽的形成,如是斜生枝截后易形成短果枝。

④极重短截 仅保留枝条基部3~5cm。因枝条基部的芽体大多是瘪芽,故极重短截既不利于花芽形成,也不利于营养生长,主要用于降低枝位、培养小型枝组。

(2) 疏剪

即将枝条或幼芽从基部疏除。疏剪包括冬剪疏枝和春、夏季抹芽。疏除枝梢,减少枝叶量,改善光照条件,有利于空气流通,提高光合效能。疏剪有利于花芽形成和提高果实品质。重度疏剪营养枝,可削弱整体和母枝的生长量;疏剪果枝,可增强整体和母枝的生长量。疏剪对伤口上部的枝梢有削弱作用,而对伤口下部的枝梢有促进生长的作用。疏枝越多，对伤口上部削弱和对伤口下部的促进作用就越明显。因此，可以用疏剪的办法控制上强。疏除密生枝、细弱枝、病虫枝和竞争枝，可减少营养消耗，恢复树势和保持良好树形(图5-7)。

（3）长放

也称甩放、缓放、甩条子，对部分枝条任其连年生长而不进行修剪。幼树长放可增加短枝数量和加快成形，提高早期产量。但连年长放的树，容易出现后期光秃和大小年结果现象，树体也容易未老先衰。如果既要获得早期丰产，又要保持健壮树势，除掌握好长放的数量和长放时间外，还应及时进行回缩。

图5-7　疏枝

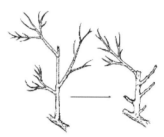
图5-8　回缩

（4）回缩

也称缩剪。即在多年生枝上短截。缩剪减少了枝芽量，使养分和水分供应比较集中；缩短了地上部分和地下部分的距离；能促使潜伏芽的萌发，有促进生长和更新复壮的明显效果，因此，缩剪多用于骨干枝和结果枝组的更新复壮，可保持旺盛长势，抑制树冠衰老。也用于辅养枝、结果枝组和短果枝群的调节。缩剪的轻重程度，要根据树龄、树势、花量、产量及全树枝条的疏密情况等实际情况确定，而且要逐年回缩，轮流更新，不要一次回缩过重，以免出现长势过强或过弱的现象，而影响产量、效益。如每年缩剪的轻重程度适宜，结果也不过多，是可以连年保持优质、丰产的(图5-8)。

（5）曲枝(弯枝)

即改变枝梢的方向。把着生位置不当或生长直立的临时枝，加大与地面垂直线的夹角，直至水平、下垂或向下弯曲，也包括向左右改变方向或弯曲，使其缓和长势，形成花芽，如撑枝、拉枝、吊枝、别枝等。如果所曲枝条影响骨干枝的生长发育，则应及时缩剪或疏除。幼树生长过旺，用此法可抑制徒长，提早结果。撑枝和拉枝可改善光照，缓和或平衡树势，多用于幼树骨干枝的培养和辅养枝的处理。

（6）扭梢

5月下旬至6月上旬，新梢尚未木质化时，将背上的直立新梢、各级延长枝的竞争枝，以及向里生长的临时枝，在基部5cm左右处轻轻扭转180°，使木质部和韧皮部都受到轻微损伤，但以不折断为度。扭梢后的枝条长势大为缓和，至秋季不但可以愈合，而且还可能形成花芽。扭梢的效果虽然明显，但扭梢的数量不能过多，以不超过背上枝总数的1/10为宜，各级骨干枝的延长枝不能扭梢。其他所扭新梢，应有适当间隔，还应使其向两侧分开，以保持各级枝的良好从属关系。对竞争枝扭梢时，应使被扭新梢向斜下方伸展，不要使先端伸向树冠内部，以免扰乱树形和影响通风透光(图5-9)。

图 5-9　扭梢　　　　　　　　图 5-10　拿枝

(7) 拿枝

也称捋枝，是控制一年生直立枝、竞争枝和其他旺长枝条的有效措施。其方法是在 7 月间，枝条开始木质化时，从枝条基部开始，用手力揉弯折枝条，以听到轻微的"叭叭"维管束断裂响声为准，也就是群众所说的"伤筋不断骨"，以不折断新梢为度。由基部到先端慢慢弯折。如枝条长势过旺、过强，可连续捋枝数次，直到把枝条捋成水平或下垂状态，而且不再复原。经过捋枝的枝条，削弱了顶端优势，改变了延伸方向，缓和了营养生长，有利于成花结果(图 5-10)。

(8) 抹芽

就是在经济林发芽后至开花前，去掉那些多余的芽。此时，芽子很嫩很脆，用手轻轻一抹，即可除去。抹芽的好处：集中树体营养，使留下来的芽可以得到充足的营养，更好地生长发育。

(9) 摘心

摘心在各种经济林上多有应用。除骨干延长枝外，其他旺盛生长的新梢，都可在 5 月上中旬，当新梢长达 20cm 左右时进行摘心。摘去新梢顶端幼嫩部分的 3～5 节，以促发 2 次或 3 次枝。2 次、3 次枝发出以后，还可根据不同树种、立地条件和管理水平等，于 7 月上中旬，对 2 次、3 次枝摘心，促发新梢或促进花芽形成。

(10) 人工造伤

人工造伤是调节经济林生长发育和促进成花的有效措施，主要方法有目伤、环剥、环割或环刻、绞缢)和倒贴皮等。

①目伤　在树木芽眼上方 0.5cm 左右处，用刀或细锯刻伤一下，深达木质部，可以促进芽眼萌发，增加枝量和营养积累，提早结果和早期丰产。

②环状剥皮或环割环刻　使枝干韧皮部或木质部暂时遭受轻微损伤，在伤口愈合之前，阻碍或减缓养分和水分的上下流通，以调节树体长势，促进形成花芽。这些措施如果运用得当，效果非常显著。

人工造伤的作用：①阻止有机物质向下运输；②阻碍根系的生长和抑制水分等的吸收；③破坏地上部分与地下部分新陈代谢系统，调节生理代谢活性方向；④缓和树势，提高坐果率；⑤改变激素、酶和核酸的平衡；⑥环剥对树体具有双重性作用。

环剥、环割等技术的使用是否得当，时间、宽度等很重要。环剥、环割等技术的操作时间，应根据不同的目的和需要而定。例如，为提高坐果率和促进花芽分化，应在坐果和花芽分化前 20～30d 完成。环剥宽度一般以枝或干粗的 1/10 为宜。过宽不利于伤口的愈合，甚至会造成植株整体死亡。环剥后最好用塑料薄膜条将剥口包紧，以利于环剥口正常愈合，并防止病虫害侵入。深度除去韧皮部即可，不要伤及木质部。

2. 树体保护

2.1 病虫害的防治

2.1.1 栽培技术措施防治

(1) 选用抗性品种

植物对病虫害有一定的抵抗能力,利用经济林木的抗病、虫特性是防治病虫害最经济、最有效的方法。

(2) 采用合理的栽培措施

①合理配植　保证经济林木的正常生长,授粉树、防护林等合理搭配种植,可以有效防治病虫害,保证授粉率。

②加强肥水管理　合理的肥水管理不仅能使植物健壮地生长,而且能增强植物的抗病虫能力。

③改善环境条件　改善环境条件主要是指调节栽培地的温度和湿度,尤其是温室栽培植物,要经常通风换气、降低湿度,以减轻灰霉病、霜霉病等病害的发生。

④合理修剪　合理修剪、整枝不仅可以增强树势、花叶并茂,还可以减少病虫为害。

⑤中耕除草　中耕除草不仅可以保持地力,减少土壤水分的蒸发,促进林木健壮生长,提高抗逆能力,还可以清除许多病虫的发源地和潜伏场所。

⑥翻土培土　结合深耕施肥,可将表土或落叶层中的越冬病菌、害虫深翻入土。

2.1.2 物理机械防治

利用简单的工具以及物理因素(如光、温度、热能、放射能等)来防治害虫的方法,称为物理机械防治。物理机械防治的措施简单实用,容易操作,见效快,可以作危害虫大发生时的一种应急措施。特别对于一些化学农药难以解决的害虫或发生范围小时,往往是一种有效的防治手段。

(1) 人工捕杀

利用人力或简单器械,捕杀有群集性、假死性的害虫。

(2) 诱杀法

指利用害虫的趋性设置诱虫器械或诱物诱杀害虫,利用此法还可以预测害虫的发生动态。常见的诱杀方法有:灯光诱杀、毒饵诱杀、植物诱杀和潜所诱杀等。

(3) 阻隔法

人为设置各种障碍,切断病虫害的侵害途径,称为阻隔法。如涂毒环、涂胶环,就是对有上、下树习性的幼虫可在树干上涂毒环或涂胶环,阻隔和触杀幼虫。此外,还有挖障碍沟、设障碍物、土壤覆盖薄膜或盖草、纱网阻隔等。

(4) 其他杀虫法

利用热水浸种、烈日暴晒、红外线辐射,都可以杀死在种子、果实、木材中的病虫。

2.1.3 生物防治

用生物及其代谢产物来控制病虫的方法,称为生物防治。从保护生态环境和可持续发展的角度讲,生物防治是最好的防治方法。

生物防治法不仅可以改变生物种群的组成成分,而且能直接消灭大量的病虫;对人、畜、植物安全,不杀伤天敌,不污染环境,不会引起害虫的再次猖獗和形成抗药性,对害虫有长期的抑制作用;生物防治的自然资源丰富,易于开发,且防治成本低,是综合防治的重要组成部分和主要发展方向。但是,生物防治的效果有时比较缓慢,人工繁殖技术较复杂,受自然条件限制较大。害虫的生物防治主要是保护和利用天敌、引进天敌以及进行人工繁殖与释放天敌控制害虫发生。

(1) 天敌昆虫的保护与利用

天敌昆虫按取食方式可分为捕食性天敌昆虫和寄生性天敌昆虫二大类。

捕食性昆虫可直接杀死害虫科,常见的有蜻蜓、螳螂、猎蝽、花蝽、草蛉、步甲、瓢虫、食虫虻、食蚜蝇、胡蜂、泥蜂、蚂蚁等,其中又以瓢虫、草蛉、食蚜蝇等最为重要。

寄生性天敌昆虫不直接杀死害虫,而是寄生在害虫体内,以害虫的体液和组织为食,害虫不会马上死亡,当天敌长大后,害虫才逐渐死亡。寄生性昆虫常见的有姬蜂、茧蜂、小蜂等膜翅目寄生蜂和双翅目的寄生蝇。

(2) 病原微生物的利用

利用病原微生物防治病虫害的方法称为微生物防治法。微生物防治法具有对人畜安全,并具有选择性,不杀伤害虫的天敌等优点。在自然界中,可用于微生物防治的病原微生物已知有1 000多种以上,其种类有细菌、真菌、放线菌、病毒以及线虫等。有以细菌治虫、以真菌治虫、以病毒治虫、以线虫治虫、以菌治病等方法。

2.1.4 化学防治

化学防治是指用农药来防治害虫、病害、杂草等有害生物的方法。化学防治是害虫防治的主要措施,具有收效快、防治效果好、使用方法简单、受季节限制较小、适合于大面积使用等优点。但也有明显的缺点,化学防治的缺点概括起来可称为"三R问题",即抗药性(resistance)、再猖獗(rampancy)及农药残留(remnant)。由于长期对同一种害虫使用相同类型的农药,使得某些害虫产生不同程度的抗药性;由于用药不当杀死了害虫的天敌,从而造成害虫的再度猖獗危害;由于农药在环境中存在残留毒性,特别是毒性较大的农药,对环境易产生污染,破坏生态平衡。

①喷雾 将乳油、水剂、可湿性粉剂,按所需的浓度加水稀释后,用喷雾器进行喷洒。

②拌种 将农药、细土和种子按一定的比例混合在一起的用药方法,常用于防治地下害虫。

③毒饵 将农药与饵料混合在一起的用药方法,常用来诱杀蛴螬、蝼蛄、小地老虎等地下害虫。

④撒施 将农药直接撒于种植区,或者将农药与细土混合后撒于种植区的施药方法。

⑤熏蒸 将具熏蒸性农药置于密闭的容器或空间,以便毒杀害虫的用药方法,常用于调运种苗时,对其中的害虫进行毒杀或用来毒杀仓库害虫。

⑥注射法、打孔注射法 用注射机或兽用注射器将药剂注入树体内部,使其在树体内传导运输而杀死害虫,多用于防治天牛、木蠹蛾等害虫;可防治食叶害虫、吸汁类害虫及蛀干害虫等。

⑦刮皮涂环 将在树干上刮好的两个半环分别涂上药剂,以药液刚下流为止,最后外

包塑料薄膜。

另外，还有地下根施农药、喷粉、毒笔、毒绳、毒签等方法。

2.2 自然灾害防止

(1) 冻害防止

冻害是经济林木在越冬期间遇到较长时间0℃以下的低温或剧烈变温，造成经济林木树体冰冻受害的现象。

选择与当地气候条件相适应的树种、品种进行栽培；选择建园地点，避免在低洼易涝、山间谷底、地下水位过高及风口建园；提高树体的抗寒能力，如前期促长，后期控氮、控水、摘心、多施P、K肥，促进早停长，使组织成熟；利用抗寒砧木，进行高接栽培；冬季采用根颈埋土、主干束草、棚架防寒、树冠覆盖、主干涂白、冬前灌冻水等防冻措施；匍匐栽培，冬季埋土防寒，营造防护林等。

经济林木受冻后要及时加强肥水管理，增施氮肥或进行根外追肥，使其尽快恢复生长。在温度稳定上升后剪除受冻枝条，促使下部隐芽和休眠芽萌发形成新的树冠。大的伤口要涂上保护剂。根茎和枝干局部冻死要及时桥接。

(2) 霜害防止

霜害是指经济树木在生长期夜晚，土壤和植株表面温度短时降至0℃或0℃以下，引起树木幼嫩部分遭伤害的现象。根据霜冻发生期分为早霜冻(秋霜冻)和晚霜冻(春霜冻)。

延长休眠期，避开霜害。秋末控制灌水和控制氮肥施用，及时剪去嫩梢，可减轻早霜危害；春季多次灌水或喷水降低土温和树温，树干涂白，降低体温，推迟萌芽开花；在萌芽前喷0.11%~0.2%的鲜青素，来抑制萌芽；利用腋花芽结果，腋花芽较顶花芽萌发晚，有利于避开晚霜。

改变经济林园小气候条件。加热法是在经济林园每隔一定距离放置一个加热器，在发生霜冻前点火加温，经济林园周围可形成一个暖气层。吹风法是利用辐射霜冻是在空气静止的情况下发生的，利用大吹风机增强空气流通，将冷气吹散，可起到防霜效果。熏烟法是在最低温不低于-2℃时，在园内每公顷生45~60个烟火堆。熏烟能减少土壤的辐射散发，同时烟粒吸收湿气，使水气凝成液体而放出热量，提高气温。喷水是在降箱前向经济林园喷，水遇冷凝结放出潜热，并增加湿度，减轻冻害。覆盖是在霜冻前用稻草或薄膜覆盖树木。

霜冻后，要及时加强肥水管理，剪除受冻嫩枝，尽快恢复树势。花期冻害，应对晚花加强人工授粉以提高坐果率，并及时防治病虫，提高叶片光合效率。

(3) 冷害防止

指气温降到10~12℃以下、0℃以上对一些热带、亚热带经济林木所造成的伤害。由于冷害是在0℃以上低温时出现。所以受害组织无结冰表现，故与冻害和霜害有本质区别，又称低温冷害。

选择能避免冷害的树种、品种栽培；设置防护林。其他措施同霜冻防止措施。

(4) 其他灾害

经济林木除了以上3种伤害外还可能会受到旱害、涝害、风害、日灼等危害，在经济林栽培管理中要注意采取相应的措施加以防止，就可起到事半功倍的效果，保证经济林木高产稳产。

任务 3
低产低效林改造和管理

➡ 任务目标
1. 知识目标：分析经济林园低产的原因。
2. 能力目标：掌握低产园改造管理技术。

➡ 任务描述
结合当地实际情况，确定一低产林园地，根据经济林园始收期低产的情况，分析低产原因，针对具体原因，找到适合的改造技术。改造后要继续进行园区管理，以达到提高产量的效益。

➡ 任务实施

1. 工作准备

（1）材料

待改造的经济林园地，嫁接穗条等。

（2）工具

皮尺、修枝剪、手锯、记载工具、塑料薄膜等

2. 低产经济林改造

（1）调查

低产经济林园现场调查，摸清低产的原因，作好相应的记录，资料收集。

（2）制订改造措施

根据调查情况，针对问题，提出相应改良措施办法。

（3）低产园改造

包括土壤改良、施肥、修剪等技术细节。

（4）改造后的园区管理

改造后要对园区加强进行相应的技术管理措施，确保改造完成，实现园区的高产高效。

➡ 任务评价

班级		组号				日期	
序号	评分项目	分值	组内自评	组间互评	教师评价	平均分	说明
1	低产园情况调查，相关资料查询	20					
2	低产园改造计划编写	20					

(续)

序号	评分项目	分值	组内自评	组间互评	教师评价	平均分	说明
3	改造：土壤、施肥、修剪等	30					
4	改造后管理	10					
5	环保意识、主动性等	20					
	总分						

→ **背景知识**

1. 始收期单产低的原因

经济林在始收期常出现不开花或只开花结果少的现象，产量低且不稳定，其原因如下：

(1) 营养生长过旺

营养生长过旺，引起枝梢徒长，使树体激素代谢、营养代谢失调，妨碍花芽分化；同时树冠枝梢隐蔽，通风透光不良，病虫害易发生，导致落花落果。

(2) 管理粗放

经济林园粗放管理，使林相不整齐，疏密不匀，树体衰弱，枝条纤细，叶小而薄，病虫害严重，光合作用弱，养分积累少，难于形成花芽。

(3) 不良气候条件和环境条件影响

幼树抵抗力比成年树弱，容易遭受外界不良气候因素的影响，如干旱、水涝、冻害、花期遇低温或高温的影响，以及授粉树配置不当，往往会造成花而不实现象。

2. 始收期低产园快速丰产技术

(1) 改造疏林、密林经济林园

疏林主要是由造林成活率不高，缺株多引起的。疏林单位面积株数少，单产低，必须进行补植，最好移栽大苗补植，使林相整齐。密林是由造林密度过大引起的，园林密蔽，病虫害多，结果少。可采取隔行、隔株或留优去劣的方法进行移栽，使调整的密度合理。并按一定间隔距离补接或补栽授粉树。

(2) 改土施肥，扩大根系生长和树冠范围

对粗放管理的经济林园，采取沙地压土，黏土地压沙，盐碱地压沙或覆草埋草，河滩地抽沙换土，山地深垦扩穴，平地深翻熟化下层土壤。推广林地间种绿肥制度，不断进行压青。每年秋冬增施1次有机肥，春夏追肥2～3次，并注意磷钾肥施用量，培育粗壮的主侧枝，扩大叶幕层厚度，促使多发粗壮而充实的枝条。

(3) 整形修剪

对于放任树，可根据因树整形，随枝修剪的原则，选分布均匀，生长势较强，上下错落排列的几个较大枝作主枝培养，分年分步逐渐去掉重叠、丛生、交叉、并生、内向、弯

曲等扰乱树形的枝条,对其他大枝,凡有空间的,可适当回缩。对中、小枝修剪要轻,并逐步培养成各类结果枝组。通过整形修剪,达到树冠通风透光,树势由弱转强,一年生枝生长粗壮充实,开花结果的目的。

(4) 控制营养生长,缓势促花

对营养生长过旺的幼树,在控制肥水的基础上,冬剪宜轻、宜迟,长放多留。夏剪宜重,采用曲枝、拿枝、环割、环剥、扭梢、摘心等措施,或者在生长季节用多效唑和矮壮素进行喷洒,对控制营养生长,缓和生长势,促进花芽分化有良好的效果。

(5) 保花保果

盛花期进行人工授粉;花期喷 10~100mg/kg 赤霉素可以提高坐果率;采收前喷 20~40mg/kg 萘乙酸可防止采前落果。

除此以外,还要注意经济林园的灌水与排水,防冻害和防治病虫害等各项管理工作。

3. 收获减退期(结果后期)的挖潜改造技术

经济林木到了生长结果后期,根系已大量枯死,主梢先端开始衰枯,骨干枝光秃现象严重,树冠体积渐趋减小,病虫害严重,其产量很少。因此,应根据实际情况进行更新复壮。

(1) 主枝更新

对于原品种较好的经济林,在主枝的中、下部选有分枝处回缩,回缩后,由于缩短了营养运输的距离,既可增强分枝的营养生长,亦可促使主枝下部萌发出新梢,形成新的树冠,重新结果。主枝更新应分年度进行,1 年更新 1~2 个主枝,3 年内完成。

(2) 主干更新

对于衰老较严重、品种较好的经济林木,主枝更新无法达到复壮效果,必须进行主干更新。主干更新应注意更新时期和部位,要分期分批进行。如广东阳山县岭背乡对板栗主干进行更新,更新时期选在冬至到立春前,在离地面 60~100cm 处进行环锯 1 圈,待新梢萌发长到 30cm 时才截干。并进行隔行更新,做到边更新,边恢复,边结果。板栗主干更新后 3~4 年恢复结果,8 年丰产,结果寿命延长 20~30 年。

老树更新修剪以后,伤口要削平,涂保护剂便于愈合。入夏前对主干、主枝涂白,避免灼伤。新梢抽生后要抹除位置不当的萌芽,对生长过长的夏秋梢要适当摘心,促使多分枝,早日恢复树冠。

(3) 高接换头

利用低产劣质经济林木的原有骨架,嫁接优良品种称为高接换头,又称高接换优。一般采用劈接、切接、腹接、插皮接或改良合接的效果较好。嫁接成活后生长良好,树冠恢复快,增产也快。如湖南省邵东县黄草坪油茶场,油茶高接换头后第三年 6 月调查结果显示,树冠面积平均达到 $1m^2$,树高 1.2m,84% 植株已开花结果,其中一株结果 366 个。

(4) 翻地、清园,施有机肥,促进根系更新

通过翻刨土壤清除园内杂草、根蘖,并且挖断一部分根系,起到根系修剪的作用。再结合施有机肥、浇水改善根系分布层中的养分、水分和通气状况,促使萌发新根,达到根系更新的目的。随着根系分布范围的扩大和吸收能力的增强,地上部分生长由弱转旺。

4. 高接换头树的管理

(1) 检查成活率和补接

高接后 15~20d，即可检查成活情况。如接穗未变色，边缘长出愈伤组织，或芽已膨大、萌发等，均为成活的标志。未成活的植株应解除薄膜，用贮藏的接穗随即补接。

(2) 树体保护

由于高接切除了树冠，枝干全部暴露在日光下，易遭受日灼，尤其是大龄树干要防日灼。保护方法：其一，在枝干上绑草。其二，在枝干上涂白，涂白液的浓度以涂在树干上不往下流淌，不黏成团为标准，涂刷时要均匀严密。涂白位置，一年生的新植苗全树涂白，留出芽的位置。两年以上的涂抹第一层主枝以下主干。涂白剂大致按水:生石灰:面粉:食盐 = 4~5:1:0.05:0.01~0.02 的比例配置。

(3) 及时除萌

接穗成活萌芽后应及时除去砧木枝干上的萌芽，集中营养和水分供给接穗萌芽抽枝生长。如果嫁接未成活，应在砧木上留 1 个萌蘖，既可避免死砧，又可于 5 月中旬至 6 月上旬用芽接或绿枝劈接法补接。

(4) 固定与解绑

当接穗上新梢长到 20cm 以上时，将竹竿（或木棍）绑在枝干上，然后将新梢固定在竿上，以防风折。随着新梢的加长、加粗生长，当发现绑缚的带子过紧时，应及时松绑直至除去，以免影响新梢生长。

(5) 整形修剪

如果在 1 个枝干上高接接穗多，成活后应选方位合适、生长健壮的 1 根枝条作延长头，其余进行控制或除去。当新梢长到一定长度时，应及早摘心促进分枝和形成饱满芽。油茶一般留 20cm 左右摘心，板栗、核桃、柿一般留 40~60cm 左右摘心。冬剪时应按原来树形调整好各类枝的主从关系，调整好各类枝的角度和长势，并控制好徒长枝，在骨干枝上培养一定数量的结果枝组，尽快将树冠恢复到原有大小。

(6) 采用多种促花措施

高接第二年后适时运用各种促花措施，如修剪要注意冬轻夏重、轻剪长放、加大枝角、拉扭结合、环割与摘心并举等，增加成花枝数量。

(7) 其他管理

为了保证嫁接株正常生长，还要采取增施肥水、防治病虫害、抗旱排涝、中耕除草、防寒等措施，以保持较好的树势。

项目 6

特色经济林木栽培

子项目 1　干鲜果类树种栽培
子项目 2　木本油料树种栽培
子项目 3　木本香料树种栽培
子项目 4　木本药用树种栽培
子项目 5　木本蔬菜栽培
子项目 6　木本淀粉树种栽培
子项目 7　纤维类树种栽培
子项目 8　饲料和肥料树种栽培
子项目 9　饮料类树种栽培
子项目 10　工业原料类树种栽培

➡ 任务目标

1. 知识目标：了解当地特色经济树木的价值、用途、分布、种类和优良品种。
2. 能力目标：识别当地特色经济树种；掌握特色经济树种的良种选育、苗木繁育和栽培管理。

➡ 任务描述

不同的地区分布和栽植着不同的特色经济树种，结合实际情况识别当地特色经济树种，描述其生长特征。选择代表性树种进行树种综合生产技术训练，包括苗木繁育、栽植、树体管理、病虫害防治、采收等环节。

➡ 任务实施

1. 工作准备

（1）材料

河沙、塑料条、石灰粉、腐殖土、优质农家肥、各种农药、化肥、生根剂等育苗辅助材料，各种特色经济树种种子、种苗、穗条等。

（2）工具

解剖刀、放大镜、铁锹、耙子、镐、锄头、嫁接刀、修枝剪、罗盘、花杆、三脚架等。

2. 经济树木栽培

（1）识别经济树木

观察提供的经济树木的植株、枝、叶、花、果的实物或标本，并填写记录表。

树种：		日期：	记录人：
观察部位			特征
植株	树性		乔木、灌木、藤本；常绿、半常绿、落叶
	树干		主干高度，树皮色泽，裂纹形态，中心干有无
	枝条		颜色、绒毛有无、多少、刺有无、多少、长短
	叶序		互生、对生、轮生
	叶片形状		阔卵行、圆形、倒阔卵形、卵形、椭圆形、倒卵形、披针形、长椭圆形、倒披针形、线形、剑形等
	叶尖		急尖、渐尖、钝行、微凹、微缺、尾尖、突尖、具断尖等
	叶基		心形、耳垂形、楔形、下延、偏斜、截形、箭形、戟形、穿茎、抱茎等
	叶缘		全缘、锯齿、重锯齿、齿状、波状等
	叶裂		羽状浅裂、羽状深裂、羽状全裂、掌状浅裂、掌状全裂等
	叶脉		羽状脉、掌状脉、平行脉、射出脉；叶脉凸出、平、凹陷
	叶型		单叶、奇数或偶数羽状复叶、掌状复叶、三出叶、单身复叶
	叶片质地		肉质、革质、纸质
	叶面叶背		色泽、绒毛有无
花	形态		完全花、不完全花；两性花、单性花、杂性花等；两被花、单被花、裸花、重瓣花；花苞、花萼、花瓣、雄蕊、子房、花柱的颜色和特征；子房上位、半下位、下位；心室数目
	花火花序		花单生；总状花序、穗状花序、葇荑花序、肉穗花序、伞房花序、伞形花序、头状花序、圆锥花序、复伞房花序、复伞形花序等
	花或花序着生位置		顶生、腋生、顶腋生

(续)

观察部位		特征
果实	类型	单果、聚花果、聚合果
	形状	圆形、扁圆形、长圆形、圆筒形、卵形、倒卵形、瓢形、心脏形、方形
	果皮	色泽、质地及其他特征
种子	数目、大小	种子有无、多少、大小
	形状	圆形、卵圆形、椭圆形、半圆形、肾形、梭形等
	种皮	色泽、质地、厚薄及其特征

(2) 育苗

可根据不同树种的要求，结合实际情况，选择播种育苗、扦插育苗、嫁接育苗等方式进行，并进行育苗管理，包括遮阴、浇水、除草、病虫害防治等。

(3) 栽植

可根据实际情况进行不同树种移苗栽植、直播栽植等方式。

(4) 树体管理

结合实际情况选择幼树整形、成年树修剪、病虫害防治等。

(5) 土肥水管理

结合实际选择树种进行土壤、水分和施肥操作。

(6) 采收与处理

结合实际情况进行不同树种、不同经营目的的果实、叶子及其他收获材料的采收，进行恰当的贮藏、初加工等。

→ 任务评价

班级		组号				日期	
序号	评分项目	分值	组内自评	组间互评	教师评价	平均分	说明
1	经济树种识别	10					
2	育苗	10					
3	栽植	10					
4	整形修剪	20					
5	土肥水管理	10					
6	园地规划	10					
7	态度、环保意识等	5					
8	吃苦耐劳精神	5					
9	团队合作	5					
10	沟通交流及表达能力	10					
	总分						

→ 背景知识

子项目1 干鲜果类树种栽培

任务1 核桃栽培

核桃,又称胡桃、羌桃,为胡桃科植物。与扁桃、腰果、榛子并称为世界著名的"四大干果"。核桃仁营养丰富,脂肪含量高达65%左右,蛋白质含量15%以上,各种维生素和微量元素含量也很丰富,是人们日常生活中的美味果品,并可加工成各种副食品。核桃油除可食用外,还有较高的工业和药用价值。核桃仁具有很高的医疗保健效用,可顺气补血、温肠补肾、止咳、润肤、健脑,对各个年龄段的人群都有不同程度的保健作用。核桃木材纹理致密,色泽淡雅、材性良好,为优良材种;树皮、叶和果实青皮可提取鞣酸和栲胶;果壳可制活性炭。

1. 良种选育

1.1 分布

核桃原产中国、伊朗和小亚细亚一带,是世界重要的干果及木本油料植物,我国广泛栽培。云南、陕西、山西、河北、甘肃5省的产量占全国总产量的70%以上,河南、四川、新疆、山东、北京、贵州、浙江、湖北等地也是主要产区,其他许多省、自治区、直辖市也有栽培。

核桃,喜光,耐寒、抗旱、抗病能力强,适应多种土壤生长,喜肥沃湿润的沙质壤土,喜水、肥,喜阳,同时对水肥要求不严,落叶后至发芽前不宜剪枝,易产生伤流。适宜大部分土地生长。喜石灰性土壤,常见于山区河谷两旁土层深厚的地方。

1.2 种类

核桃属落叶乔木,高可达30m左右,树皮灰白色,浅纵裂,枝条髓部片状,幼枝先端具细柔毛,2年生枝常无毛。羽状复叶长25~50cm,小叶5~9个,稀有13个,椭圆状卵形至椭圆形。叶片先端急尖或渐尖,基部圆或楔形,有时为心脏形,全缘或有不明显钝齿。表面深绿色,无毛,背面仅脉腋有微毛,小叶柄极短或无,侧脉11~14对。雄柔荑花序长5~15cm,下垂;雌花序具1~3花,总苞具白色腺毛,柱头淡黄绿色,平展,雌雄同株异花。果球形,无毛,径4~6cm;果核具2纵脊及皱状刻纹,顶端具尖头。花期4~5月;果期9~10月。

核桃为核桃属的植物,作为经济栽培的主要有普通核桃和铁核桃两种。我国南北各地栽培的品种大多属于普通核桃,铁核桃又名漾濞核桃,主要分布在云南、四川及贵州一带,此外,尚有野生的核桃楸和野核桃等,都是同属植物。

根据核桃结实的早晚,可将核桃分为早实核桃(播种后2~4年结果)和晚实核桃(播种后5~10年结果)两大类群。根据果壳的厚薄和取仁的难易,又可分为纸皮核桃、薄壳核桃、中壳核桃和厚壳核桃。

核桃砧木种类很多,主要有普通核桃、铁核桃、核桃楸、新疆野核桃(J. sisboldiana)、吉宝核桃、黑核桃等。核桃楸适于北方,新疆野核桃适于新疆,铁核桃适于云南、贵州等省,普通核桃南北各地均适用。其中普通核桃(即本砧)的种源丰富,嫁接亲和力强,应用广泛。

优良品种列举如下:

(1)晚实核桃品种

①晋龙1号 山西省林业科学研究所选育,1990年通过省级鉴定并定名。坚果圆形,单果重14.85g,壳面较光滑,壳皮厚1.1mm,可取整仁,种仁黄白色,出仁率61%左右,仁味香甜,品质上等。树势强健,树姿开张,果枝率70%左右,属雄先型。抗寒、耐旱、抗病力强。果实9月中旬成熟。适宜华北、西北地区栽培。

②礼品1号 辽宁省经济林研究所选育,1989年定名。坚果长圆形,单果重9.7g,壳面光滑,壳皮厚0.6mm,极可取整仁,种仁色浅,出仁率70%左右,仁味香甜,馈赠佳品。树势中等,树姿开张,果枝率70%左右,属雌先型。抗寒、抗病力强。果实9月中旬成熟。适宜北方地区栽培。

③西洛1号 原西北林学院选育,1984年鉴定并定名。坚果近圆形,单果重13g,壳面较光滑,壳皮厚1.13mm,可取整仁,种仁色浅,出仁率56%左右,仁味香脆,品质上等。树势强健,树姿直立,果枝率35%左右,属雄先型。耐旱、抗病力强。果实9月中旬成熟。适宜华北、西北地区栽培。

(2)早实核桃品种

①辽宁1号 辽宁省经济林研究所杂交育成,1989年鉴定并推广。坚果圆形,单果重10g,壳面较光滑,壳皮厚0.9mm,可取整仁,种仁黄白色,出仁率60%左右。树势强健,树姿直立,果枝率90%左右,属雄先型丰产稳产,每平方米投影面积产仁200g以上。较抗寒、耐旱、抗病。果实9月下旬成熟。适宜北方肥水条件较好地区栽培。

②鲁光 山东省果树研究所杂交育成,1989年鉴定并推广。坚果卵圆形,单果重16.7g,壳面光滑,壳皮厚1.07mm,可取整仁,种仁色浅,出仁率56%~62%左右,品质优良。树势强健,树姿直立,果枝率81.8%左右,属雄先型,丰产性强,每平方米投影面积产仁200g以上。果实8月下旬成熟。对肥水条件要求较高,粗放管理易衰。适宜在土层深厚的坡地丘陵地栽植和进行果粮间作栽培。

③中林5号 中国林业科学研究院林业研究所杂交育成,1989年鉴定并推广。坚果圆球形,单果重13g,壳面较光滑,壳皮厚1.1mm,可取整仁,种仁颜色中等,出仁率60%左右。树势中等,侧生果枝率98%左右,属雌先型,丰产稳产,每平方米投影面积产仁200g以上。果实8月下旬至9月初成熟。为短枝型,适宜华北、中南、西南肥水条件较好地区密植栽培。

④香铃 由山东省果树研究所经人工杂交选育而成。1989年定名为1988.TV。其主要在山东、河南、山西、陕西、河北等地栽培。树势中等,树姿直立,树冠呈半圆形,分

枝力较强。嫁接后2年开始形成混合花芽,雄花3~4年后出现。雄先型,中熟品种,果枝率85.7%,侧生果枝率88.9%,每果枝平均坐果1.6个。坚果卵圆形,基部平,果顶微尖。中等大,纵径、横径、侧径平均3.3cm,坚果重12.2g。壳面较光滑,缝合线平,不易开裂,壳厚0.9mm左右。内褶壁退化,横隔膜膜质,易取整仁。核仁充实饱满,出仁率65.4%。核仁乳黄色,味香而不涩。

(3)漾濞大泡核桃

又名绵核桃、茶核桃、麻子、漾濞核桃。大泡核桃原产云南省漾濞县,1979年在全国核桃科技协作会上被评为全国优良品种之一,是中国南方主要的核桃栽培品种。树势强,高可达30多m,冠幅可达734m²。内褶壁及横隔膜退化,膜质,取仁易,可取整仁,核仁补充,饱满,味香甜而不涩,黄白色。出仁率达50%~76.56%(露仁);仁饱满,味香,黄白色,脂肪含量达76.26%,蛋白质含量达17.32%。该品种抗逆性强,寿命长,高产。丰产性好,适应性强。

除以上介绍的品种外,核桃还有很多优良品种。

2. 苗木培育

传统上常用的实生繁殖是造成目前核桃晚实、低产、劣质的重要原因,所以在良种推广中必须采用嫁接繁殖法。通过嫁接育苗和改换良种,不仅可以高产优质,还可以极大地提前结果年限,晚实核桃品种也可以达到播种后3~4年结果的目标。

2.1 砧木苗培养

现以普通核桃为例说明砧木的培育方法。

2.1.1 种子贮藏

砧木培育应选充分成熟而新鲜的种子,一般贮藏条件下,隔年的种子发芽力显著降低。秋播时种子无须催芽,直接播种即可。春播时,应低温层积处理2~3个月。

2.1.2 种子处理

春播种子在播种前要用冷水或者80℃左右的热水(边搅拌,水温下降后继续浸泡,以后换冷水浸种)浸种,每天换水1~2次,约5~7昼夜后,部分种子裂口时拿去播种。

2.1.3 播种

播种期春、秋均可。北方冬季气候寒冷,春季播种更为保险。播种株距一般为10~15cm,行距25~35cm,每亩需种200~300kg,可产苗木6 000~12 000株。播种时开沟播种,放种时应使缝合线垂直于地面,种尖向一侧,覆土厚度6cm左右。播后浇足水(图6-1)。

2.1.4 管理要点

出苗前尽量不浇水,以防土壤板结而影响苗木出土;由于核桃幼苗根系发达,苗期也要少浇水。雨季还应注意排水防涝。

2.2 嫁接时期和方法

图 6-1　核桃播种方法
第 1 种播种方法为正确的，第 2、3、4 种为不正确的。

2.2.1　嫁接时期

由于核桃在休眠期有"伤流"，且枝条中含单宁较多，嫁接后伤口愈合慢、成活率较低。因此，嫁接要尽量避开伤流期。枝接多在春季萌芽展叶期，芽接在新梢加速生长期，这两个时期砧木和接穗形成层活动旺盛，砧穗易于离皮，无伤流，嫁接成活率高。云南、贵州、四川一带，枝接多在 2 月，芽接在 3 月，黄河流域各省枝接多在 3 月下旬至 4 月下旬，芽接多在 6~8 月。如果采用春季芽接，所用接穗可于上年末采集贮藏，也可在春季取一年生枝上的潜伏芽，随采随用。

2.2.2　嫁接方法

枝接包括劈接、舌接、插皮舌接和腹接等，还可采用嫩枝嫁接。芽接采用方块芽接和"T"字形芽接。另外，还有芽苗砧嫁接与蓄热保湿嫁接法，效果也很好。嫁接前后做好接穗和接口的保护，如蜡封、套袋、埋土等。采用室内嫁接省工、省力，可充分利用农闲时间，是一种比较好的嫁接方式。

3. 栽培管理

3.1　栽植技术

3.1.1　园地的选择和整理

核桃园地应选择坡度较缓，交通方便，光照充足，空气流畅，土层深厚，地下水位较低，土壤质地适中，pH 6.2~6.8，含盐量在 0.25% 以下的地块，山地宜选背风向阳的山坡，北方地区海拔高度应在 1 100m 以下，南方地区 1 600~2 200 之间为好在。山区土层较薄的地块，应修筑梯田或采用大规格整地，以增厚土层。土壤质地和酸碱度不符合要求时应加以改良。

3.1.2　栽培方式和密度

我国核桃栽培方式有零星栽培、林网式栽培、普通园片式栽培和密植栽培。林网式栽培株行距(5~7)m×(14~21)m；普通园片式栽培，据中国林业科学研究院核桃专家奚声琦(1998 年)资料，晚实核桃的株行距为 6m×10m~10m×10m，早实核桃 3m×6m~6m×10m。密植栽培主要用于早实核桃，目的是为了早期丰产，株行距为 2m×4m~3m×4m，以后当树冠郁闭,光照不良时再隔行隔株间移。

3.1.3 品种配置

核桃具有雌雄花异熟性,加之风媒传粉,传粉距离短,致使授粉受精不良。建园时应选用2~3个主栽品种,且能互相间提供授粉机会,如需专门配置授粉树时,可按1:5~8的比例进行行列式或中心式配群。

3.1.4 定植

建立丰产园要选用苗龄2~3年,高度1m以上,地径1cm以上;主根、侧根发达,须根较多,无病虫害的壮苗。定植前苗木应浸根或用生长调节剂加以处理。栽植时期春、秋均可。北方春季干旱,栽植后伤口愈合慢,发芽晚,核桃又多在丘陵山区栽培,无灌水条件,而秋季栽植的翌春发芽早、生长健壮、成活率较高。如果当地冬季严寒,则易发生冻害和"抽条",还是以春栽为好。挖大穴定植,定植后浇足水,水渗下后用土盖住或用地膜覆盖树盘。

3.1.5 越冬保护

北方一些地区,核桃幼树在越冬后常发生"抽条"现象,可用动物油脂或涂白剂涂抹树干,可取得良好效果。也可采用塑料条包扎或压倒埋土等方法,缺点是太费工。

3.2 土肥水管理

我国核桃多数栽植在山谷、沟叉、荒坡和田边地埂等立地条件较差的地方,实行粗放管理或者根本不管理,致使枝枯病严重、叶黄果小、产量低、品质差,其中土肥水管理不善是主要原因。

3.2.1 土壤管理

平地核桃园应进行深翻,同时施入有机肥、秸秆或种植绿肥作物;山地核桃园则应逐年深翻扩穴,加厚土层,修整树盘,以利蓄水保墒。水土流失严重的地方必须修筑水土保持工程,每年加固埂堰,结合种植草灌,防止雨水冲刷。

3.2.2 施肥

基肥应在采果后到落叶前,在树冠投影范围内采用环状沟施或放射沟施。以有机肥为主。以厩肥为例,幼树及初结果树每株施50~100kg,加过磷酸钙1~2 kg,盛果期树株施200~250kg,加过磷酸钙2~4kg。肥料不足的地方,间作绿肥,8~9月间翻压,山区也可扣草皮或收集周围杂草实行树盘覆盖。

追肥主要在萌芽期(开花前)、果实速长期和种仁充实期3个时期,前两个时期以氮肥为主,种仁充实期多施一些磷、钾肥料。施肥量应灵活掌握,刚栽植的幼树,每次株施尿素0.1~0.3kg、复合肥0.2~0.5kg,初结果树可以加倍;结果大树每次株施尿素1~1.5kg,复合肥1.5~2kg,再加草木灰10~15kg。每次追肥后及时浇水,无浇水条件时趁下雨进行。

3.2.3 灌水

干旱地区有条件者开春时应灌1次透水,以后每次施肥后都应该灌水,入冬前要浇1次封冻水。南方可以不灌水,雨季要注意排水。

3.3 整形修剪

3.3.1 修剪时期

过去认为在冬季修剪核桃树会因出现伤流而影响树体生长,为避开伤流一般在秋季和春季比较合适。近年来,辽宁省经济林研究所、河北省涉县、陕西省果树科学研究所等进行了多年的冬剪试验表明,核桃冬季修剪对生长和结果不仅无不良影响,在新梢生长量、坐果率、树体主要营养水平等方面优于春、秋修剪。因此,核桃修剪可推广在冬季进行。

3.3.2 幼树整形

目前常用树形为主干疏层形和自然开心形。晚实品种多采用主干疏层形,早实品种两种均可。密植园则可以采用圆柱形或篱壁形。

以主干疏层形为例:

①定干　晚实品种定干高度 1.2~1.5m,早实品种 0.6~1m。对萌芽力、成枝力强的品种,可不剪截定干,在自然发出的分枝中分年选出主枝即可;萌芽力、成枝力弱的品种,则需按主干高度留出整形带剪截定干,但树势弱时采用剪截定干时,发不出理想的中干延长枝,易形成开心形。

②骨干枝培养　定干后第二年,在整形带内选出第一层主枝,1 年选不够时可分 2 年。以后各级骨干枝一般不再短截,用长势最强的顶芽抽生延长枝,迅速扩大树冠,冬季发生抽梢现象的地方则应剪去干梢,在个别主枝长势过强时进行轻短截,以控制其生长,平衡树势。2、3 层主枝和各个主枝上的侧枝均从自然分枝中选留。侧枝要留在背斜方向,不留背后枝,必须利用背后枝作侧枝时,进行短截以削弱其长势,避免扰乱树形。

③其他枝条处理　不做骨干枝的其他枝条不要轻易疏除。核桃干性较弱,中心干上要多留辅养枝。直立旺枝发芽前拉平缓放,以增加枝量,促使尽快成花;中庸枝直接缓放,也可短截一部分中庸枝,以促生分枝加快培养结果枝组;周围不缺枝时,背后枝一般应予疏除,如果用背后枝培养结果枝组时,必须加以短截,控制其长势,如原骨干枝角度过小,可用背后换头,以开张角度。

整形过程中要注意早实品种和晚实品种的差别,早实品种应控制和利用好 2 次枝,主要是采用疏、截和夏季摘心相结合的方法,以加速结果枝组的形成并防止结果部位的迅速外移。成枝力弱的晚实品种则要注意对部分发育枝(总数 1/3 左右)进行短截或夏季摘心,促其增加分枝,以便培养结果枝组。

3.3.3 结果树修剪

(1) 结果枝组的培养和更新

进入结果初期后,继续采用截、放相结合的方法培养结果枝组,缓放的枝条在结果后逐渐回缩以稳定结果部位。幼树期所留辅养枝,有空间并已结果,不影响骨干枝生长时予以保留,影响骨干枝生长、空间较小时应回缩,给骨干枝让路;无空间时疏除。保留的辅养枝逐步改造成大中型结果枝组。结果枝组要分布均匀,距离适中大小相间。同样不培养背后枝作结果枝组。

盛果期后结果枝组开始衰弱,应及时回缩到有分枝或有分枝能力处,进行更新复壮。特别是早实品种,结果多,结果母枝衰弱死亡也快,幼、旺树在结果母枝死亡后,常从基部萌生徒长枝,但这些徒长枝当年均可形成花芽,翌年开花结果。可对其可通过夏季在摘心或短截和春季短截等方法，培养为结果枝组，以更新衰弱的结果枝组。

(2) 骨干枝培养与调整

主干疏层形在完成第三层主枝培养后，应行落头开心，打开光路，以健壮内膛结果枝组。要始终保持主枝、侧枝和结果枝组间的主从关系。当骨干枝衰弱下垂时，利用上枝上芽抬高角度。注意利用和控制好背后枝，背后枝旺长影响骨干枝时，及时疏、缩加以控制，角度小的主枝可选理想的背后枝换头，原主枝头也可回缩培养成结果枝组。

(3) 下垂枝和无效枝处理

核桃易出现结果部位外移现象，外围枝条密挤，开花结果后下垂，应及时加以处理，否则不仅易衰弱，且影响内膛光照。对此要适当疏除一部分下垂枝，打开光路。保留的外围枝，已衰弱者回缩更新复壮；中庸的抬高角度，强旺者疏除其上分枝，削弱长势。

注意疏除重叠、交叉、密挤、枯死、病虫枝、部分雄花枝和早实品种的过多二次枝。

(4) 疏雄疏雌

①疏雄 核桃雄花相对过多，会加大水分和营养消耗，需要疏除一部分雄花芽。疏除时间原则上以早为宜，从上年能辨别雄花芽起到第二年春季雄花芽开始膨大时均可进行。疏除量为总量的 70%~90%。方法是用手或工具抹掉雄花芽，或结合修剪，疏除部分雄花枝。

②疏雌 早实丰产品种坐果率过高时，果实变小，发育不良，会引起树体早衰，因此有必要进行疏雌。疏雌时间在生理落花后，大体在雌花受精后 20~30 d。疏雌数量应根据栽培条件和树势状况而定，每平方米树冠投影面积保留 60~100 个果实。疏雌时主要是疏去细弱枝条上的果实和健壮枝条的 1 个花序上 2 个以上的果实，保留的果实要在树体各个部位分布均匀。

3.4 主要病虫害防治

3.4.1 病害防治

核桃黑斑病（又称黑腐病）

①危害 广泛分布于南北各省。主要危害果实，其次是叶片和枝梢。病果外在呈漆黑色，坚果表面发黑，核仁不饱满，大树、弱树受害严重。

②防治 以防为主，注意树体通风透光，保持树休生长健壮。药剂防治可在展叶及落花后喷施下列药剂之一，1:0.5~1:200 波尔多液、72% 农用链霉素可溶性粉剂 4 000 倍液、40 万单位青霉素钾盐对水稀释成 5 000 倍液。

3.4.2 虫害防治

(1) 核桃举枝蛾（又名核桃黑）

①危害 分布广泛。以幼虫危害果实，严重时病果率达 90% 以上。

②防治 秋季落叶后深翻树盘，既有利于树木生长，又可以消灭虫茧；或整修树盘、去除杂物后，在树下喷 50% 辛硫磷乳剂 100 倍液。在成虫羽化盛期 6 月中旬至 7 月下旬根据预报喷施 2.5% 的敌杀死乳油 5 000 倍液，或 5% 功夫乳油 5 000 倍液等。发现虫果及时摘拣深埋或烧掉。

(2) 尺蠖（又名量尺虫、造桥虫）

①危害 分布广范，是一种暴自性和杂食性昆虫。危害嫩枝叶，常在几天内将片咬食

一光。

②防治 在成虫羽化盛期的7月份夜间堆火或黑光灯诱杀。在幼虫3龄前的8月喷洒90%敌百虫800~1 000倍液，或50%杀螟松乳油1 000倍液。入冬前和解冻后人工挖蛹。

4. 果实采收与处理

(1) 采收和脱青皮

果实成熟期因品种和地区而不同，成熟的标志是青皮变黄，开始裂口，个别坚果脱落。此时是采收适宜期，提前采收会极大的降低产量和果实品质，采收方法一般采用打落法，但注意勿伤枝叶和芽体。采收的果实堆放在阴凉处，堆高约30~50cm，以杂草或蒲包等覆盖，待大部分果实离皮后用木板拍打脱去青皮，如果堆放前用3 000~5 000mg/kg乙烯利水溶液浸蘸效果更好。

(2) 漂白

作为商品时，脱去青皮的核桃应立即漂白。方法是：将1kg的漂白粉用7kg左右的温水化开，用纱布或箩滤掉渣子，再用70kg左右的水稀释，然后将用清水洗净的核桃倒入其中，倒入量以药液浸没为度，搅拌10min后捞出，在清水中洗净，摊在阳光下晒干。所配制的漂白液，一般可连续使用7~8次，漂白80kg核桃。漂白所用容器最好为瓷制品，禁用铁木制品。

任务2 猕猴桃栽培

猕猴桃原产我国，是一种营养丰富的水果，具有多重功效和作用，被人们称为果中之王。猕猴桃含有亮氨酸、苯丙氨酸、异亮氨酸、酪氨酸、丙氨酸等10多种氨基酸，以及丰富的矿物质钙、磷、铁等，还含有胡萝卜素和多种维生素，对保持人体健康具有重要的作用。其维生素C含量高达100~420 mg/100 g，比柑橘、苹果等水果高几倍甚至几十倍，微量元素硒的含量高达2.98mg/100g。研究表明，这些营养物质可明显提高肌体活性，促进新陈代谢，协调肌体机能，阻断致癌物质，能够增强人体的自我免疫功能，延缓衰老。猕猴桃还可作为庭院中长廊、花架、绿篱等建筑物的装饰树种，是一种理想的庭院绿化攀缘植物。

1. 良种选育

1.1 分布

猕猴桃在我国分布广，种类多，但适宜栽培的区域主要集中在我国的中部和南部温暖、湿润的暖温带和亚热带地区。主要分布在秦岭和淮河流域以南的河南、山西、湖南、湖北、江西、安徽、浙江、福建、四川、云南、贵州、广西和广东等地。猕猴桃在全国有三大产区：一是河南的伏牛山、桐柏山、大别山区；二是陕西秦岭山域；三是贵州高原及湖南的西部。而国内陕西西安市周至县和毗邻的宝鸡市眉县因盛产猕猴桃成为名符其实的猕猴桃之乡。

猕猴桃属喜光树种,耐半阴。喜阴凉湿润环境,怕旱、涝、风。耐寒,不耐早春晚霜,宜选择气候温和、光照充足,雨量充沛,在生长季节降水较为均匀,空气湿度达70%~80%,年降水量1 000mm以上的地区。喜土壤深厚、腐殖质含量高、疏松肥沃、排水良好、pH 5.5~6.5微酸性沙质壤土。忌黏性重、低洼积水及瘠薄的环境。

1.2 种类及优良品种

猕猴桃属于猕猴桃科猕猴桃属植物,为落叶藤本植物;枝褐色,有柔毛,髓白色,层片状。叶片大而薄,纸质或半革质,近圆形或宽倒卵形,长5~20cm,宽6~18cm,基部心脏形,顶端钝圆或微凹,边缘有芒状小齿,表面有疏毛,背面密生白色或灰棕色星状茸毛。花单性,初开时乳白色,后逐渐变为淡黄色至橙黄色,具浓郁芳香味,单生或数朵生于叶腋。萼片5~7,阔卵形至卵状长圆形,两面密被压紧的黄褐色绒毛;花瓣5~6,阔倒卵形,有短爪;雄花多为聚伞花序,常为3朵,偶有4~6朵,花蕾小,扁圆形,雄蕊数多,花药黄色。浆果,近球形、卵圆形、圆柱形等,果皮棕褐色、黄绿色或青绿色,果面无毛或被柔软的短茸毛或被长硬毛,果肉黄色、黄白色、淡绿色;种子形似芝麻,红褐色、棕褐色或黑褐色,表面隐有蛇纹,每果含种子100~120粒。

1.2.1 种类

猕猴桃品种众多,其中果实最大、经济价值最高、常见栽培的是中华猕猴桃和美味猕猴桃两大类。此外,还有毛花猕猴桃和软枣猕猴桃。

(1)美味猕猴桃果

果实上的毛较长较粗硬,脱落晚,果熟时硬毛犹存,故果皮较粗糙,一般耐贮性较好,成熟期较晚,现在常食用的猕猴桃以美味猕猴桃种类居多,如徐香、金香、秋香、海沃德、哑特、金魁、泰美、米良1号等。

(2)中华猕猴桃果

果实上的茸毛短而柔,过熟时易脱落,故果皮较光滑(有时也略粗糙),果实的耐贮藏性差,成熟期较早,如魁密、早鲜、庐山香、金丰、红日、丰悦、素香、金农、琼露、怡香、金阳等。

(3)毛花猕猴桃

其浆果蚕茧状,表面密生灰白色长绒毛,毛易脱落,果肉绿色多汁,品质佳,耐贮运,抗逆性强。软枣猕猴桃一般生长在我国的北方地区,耐寒性极强,魁绿、天源红果圆球形至柱状长圆形,长2~3cm,有喙或喙不显著,果面光滑无毛,无斑点,不具宿存萼片,成熟时绿黄色或紫红色。

1.2.2 优良品种

(1)美味猕猴桃雌性品种

①海沃德 是由新西兰奥克兰育苗商怀特·海沃德从我国引进的美味猕猴桃野生种子实生后代中选育而出。20世纪80年代初期,从新西兰和日本引入我国,为目前国际市场中占主要地位的主栽品种。花期晚,果实大,平均单果重80~100g。可溶性固形物含量为12%~14%,维生素C含量为50~76mg/100g果肉。果实阔卵圆形,侧面稍扁,果面密被细丝状茸毛。果皮色较其他品种深。果肉绿色,香味浓。属晚熟品种,其适应性广,果实风味和耐贮性均优于其他品种。但进入结果期迟,产量偏低,树势稍弱,易产生枯枝,

且不抗风害。

②米良1号 1983年由湖南省吉首大学生物系选出。果实顶圆、长圆锥形，顶端直径略大于蒂端，略扁，喙长而明显。果皮棕褐色。密被棕色长茸毛。平均单果重87g，最大单果重135g。果肉黄绿色。汁多，酸甜可口，有芳香。可溶性固形物含量为16.5%维生素C含量为217mg/100g鲜果肉。果实成熟期为10月上旬，采后常温下可贮藏20余天。该品种抗旱性强。

(2) 中华猕猴桃雌性品种

①魁密 1979年由江西省农业科学院园艺研究所选出，代号为F.Y.-79-1，1992年鉴定命名。果实扁圆形。果大，平均单果重92～110g，最大单果重183g。维生素C含量为120～148mg/100g鲜果肉。果皮绿褐或棕褐色，茸毛短，易脱落。果肉黄色或绿褐色，汁多，酸甜味浓，有香味，口感好。早产，丰产，稳产。整个枝梢上的芽基本上都能形成花芽，且坐果率高。树势中庸，适宜密植，适应性广，抗性强。果实成熟期为9月中旬。果实耐贮性较好，在常温下可贮藏一个月，适于我国中南部地区栽培，可作为浓缩汁加工的主要栽培品种。

②早鲜 1972年由江西省农业科学院园艺研究所选出。代号为F.T.-79-5。1992年鉴定命名。果实圆柱形，整齐端正。果皮绿褐色或灰褐色，密被茸毛。平均单果重83g，最大单果重132g。维生素C含量为74～98mg/100g鲜果肉。果肉黄或绿黄色，酸甜味浓，微香。果实耐贮，货架期10d。抗风性较差。果实成熟期为8月下旬至9月初。为早熟鲜食、加工两用品种，是目前我国早熟品种中栽培面积较大的一个品种。

(3) 软枣猕猴桃

①魁绿 原代号为8025，由中国农业科学院特产研究所选出。平均单果重18.1g，最大单果重32g，果实卵圆形，果皮绿色光滑，果肉绿而多汁，可溶性固形物含量15%左右，总酸1.5%，维生素C 430mg/100g，总氨基酸933.8mg/100g。6月中旬开花，9月初果实成熟。多年无冻害，是适合于寒带地区栽培的鲜食加工两用品种。

②天源红 由中国农业科学院郑州果树研究所选出。该品系生长健壮．以中、长果枝结果为主。果实圆柱形略带锥形，平均单果重27g。成熟后从内到外均为酒红色。皮薄肉细汁多，酸甜可口，含维生素C 135～150mg/100g鲜果肉，可溶性固形物17%。果实于9月底至10月初成熟，不耐贮存，常温下可存放5～7d。为鲜食和加工两用品系，尤其适宜作为加工红色猕猴桃果酒的品种，具有重要的开发前景。

2. 苗木繁育

猕猴桃在生产上多采用嫁接或扦插法繁殖苗木，以保持母本优良种性。嫁接的砧木则多用种子繁殖育苗。

2.1 砧木苗的繁殖

由生长健壮无病虫害、品质优良的成年母树上选摘成熟果实，待后熟变软后，把果肉连同种子一起挤出，装入纱布袋内搓揉，洗净种子，阴干，然后装入塑料袋里，贮藏备用。播种前2个月，一般用温沙层积处理种子，先用温水(40℃)浸种2～3h，之后用冷水浸泡1昼夜,将种子与5~10倍的干净湿润细沙混合沙藏55~60d后播种,沙藏过程中要勤检查、勤翻动,防止种子霉变。也可以采用变温处理,方法是于播种前2~3周,每天白天在21℃下,夜里在10℃以下处理。

播种时间以3月下旬至4月上旬为宜。苗圃地要选择在土层深厚肥沃和排灌条件较好且交通方便的地方,每亩施有机肥2 000~2 500kg、磷肥60~80kg做底肥,清除田间杂物,做厢宽0.8~1m,浇透水,然后把沙藏的猕猴桃种子带沙撒播或条播,播后撒一层0.2~0.3cm厚的细土,覆盖一层稻草,浇足水,搭塑料棚保温。加强苗床管理,注意苗床浇水和揭膜控温炼苗,确保培育出健壮的砧木苗。

2.2 嫁接育苗

一般采用芽接,以7月中旬至8月中旬为适期。单芽片接时,先在芽下1cm处下刀呈45°斜削直穗周径2/5处,再从芽上方1cm处往下纵切至芽下切口,略带木质。取下芽片,在茎粗0.6~1cm上砧木上离地5~10cm处,选光滑面切削至形成层,嵌入接芽,用塑膜捆绑、露芽。

单芽枝腹接法则由接穗上剪下带1芽的枝段,在芽背面或侧面削3~4cm长、深达刚露木质部的削面,在其对应面削45°短削面,再在砧木地径以上5~10cm处,选平滑面从上而下直切,刚露木质部,略长于接穗削面。插入穗条,用塑膜条绑扎,露出芽。

2.3 扦插繁殖

扦插床多选用疏松肥沃土壤和通气透水肥力良好的草炭土,加上1/5~1/4的蛭石或珍珠岩,扦插前必须消毒。插穗长度为5~10cm(如果是采用穴盘扦插的长度为4~5 cm),具有2芽,上口用蜡封,下口平剪,为减少蒸发,可将叶片剪掉1/2~3/4,用高浓度生长调节剂快速处理3s扦插或低浓度生长调节剂浸泡3~4h扦插。

3. 栽培管理

3.1 栽培技术

3.1.1 园地选择和整地

选择交通方便、靠近水源(如水库、河流、渠道等)及远离大型工厂的地区为好。平地土层深厚、土质肥沃、灌溉方便的地方,是建园的首选地形,但通风、日照和排水状况不及山地果园,影响其果实品质。山地是猕猴桃生长的自然地形,通风透光、土质肥沃,是猕猴桃生长较为理想的地形,但在选择时,尽量选比较平坦的缓坡地,有利于水土保持。坡向宜选择南坡或东南坡等避风向阳的地方,以满足猕猴桃对阳光的需求。位置不宜选在山顶或其他风口上,以免受到风害。猕猴桃大多数分布在海拔350~1 200m之间,但地区不同,垂直分布范围不一样。pH值为5.5~7.0。

平地整地土壤深翻30cm,黏性过重的土壤要适当掺沙改土。坡地建园采用水平梯田或水平阶,梯面宽2.3m。缓坡地,尽可能把每层台地拓宽,减缓坡度;坡度较大的,水土容易流失,每层台地须用片石构筑护坡。有条件的,应同时埋没滴灌用的网管,在高处建立蓄水池。

3.1.2 栽培方式和密度

猕猴桃是缠绕性藤本植物，需要搭架栽培。根据不同园地、品种、管理要求等采用不同的架式，通常采用篱架、平顶大棚架和"T"字形小篱架3种，多选择"T"字形架或平顶棚架，"T"字形架为目前最流行架式。

栽植密度一般依架式、土地条件及栽培管理水平而定。土壤瘠薄、肥力差的地方可密一些；"T"形小棚架比平顶大棚架密些。对于篱架多用3×4m的株行距，"T"字形架采用(3~4)m×(4~5)m的株行距，平顶大棚架多用4m×4m~5m×6m的株行距。

3.1.3 品种配置

猕猴桃是雌雄异株果树，栽植时必须搭配一定比例的雄株是保证正常结果的重要条件，雄株要选择花期与主栽品种相同或略早的品种，雄雌株一般按1:(5~8)的比例配置，雄株要分布均匀。

3.1.4 定植

栽植时间应根据气候条件而定。长江以北地区一般都在落叶后至萌芽前进行，长江以南地区，冬季较为温暖，很少严寒、冰冻，秋栽为好。

定植坑一般深0.6~0.8m，直径0.8~1m，可提前施好基肥，每坑施腐熟的农家肥50~100kg，复合肥0.4kg，或者再加入1.5 kg饼粕。选择符合标准的壮苗，并去除嫁接口捆绑的塑料带，取苗时要避免把品种和雌雄株混淆。猕猴桃根系主要是肉质侧根，不耐践踏，故栽植时宜用松散细碎的表土填入根际，用脚轻轻踏实，浇定根水。定植后在幼苗靠近主蔓附近，插一根保护桩，将主蔓系于保护桩上，用于保持主蔓的直立姿势。

3.2 土肥水管理

3.2.1 土壤管理

结合施基肥，以每年或隔年在根系外围深翻挖施肥沟，在树冠内宜浅，待修剪、清园结束时，将施肥沟以外的土壤再深翻20~30cm。在生长季节要进行中耕除草，耕作深度以10~15cm为宜，春季在树盘附近浅耕，夏季6~8月，结合除草对树盘进行浅耕除草松土，使土壤疏松透气，增强保湿抗旱能力。

3.2.2 施肥

①基肥　在10月下旬至11月下旬果实采摘后，每株施有机肥20kg，并混合施入1.5kg磷肥。

②追肥　2月下旬至3月上旬萌芽前，施以氮肥为主的速效性肥料，并结合灌水，亩施尿素6~10kg；谢花后1周(5月下旬至6月中旬)施果实膨大肥，每株施复合肥料100~150g，人畜粪水6~10kg；7月下旬至8月上旬果实生长后期施速效性磷、钾为主的肥料，要控制氮肥的施用，以免枝梢徒长，每株施磷、钾肥200~250g。在盛花期和坐果期，用0.3%的磷酸二氢钾或0.2%的尿素液进行根外追肥。

3.2.3 灌水

猕猴桃根系分布浅，不耐旱，也不耐涝；生长需要有较高的空气湿度和保持土壤充足水分。一是春季萌芽前，结合施肥进行灌水，每株25~30kg，视旱情，灌水2~3次；二是伏旱期间，视旱情灌水2~3次；三是秋雨期，要及时在果园内或植株行间开沟排水。

3.3 整形修剪

猕猴桃修剪分冬剪、夏剪和雄株修剪。冬剪在落叶后至早春萌芽前1个月期间进行,以疏剪为主,适量短截,多留主蔓和结果母枝,剪去过密大枝、细弱枝、交叉枝和病虫枝。夏季修剪在5月中旬至7月上旬,进行除萌、摘心、疏剪及绑缚等,除萌即除留作预备枝外萌发的徒长枝一律抹除,并根据情况适时进行摘心,疏除过密、过长而影响果实生长的夏梢和同一叶腋间萌发的两个新梢中的弱枝,对生长过旺的新梢进行曲、扭、拉,控制徒长,并于8月上旬将枝蔓平放,促进花芽分化。雄株修剪在5~6月花期后进行,每株留3~4个枝,每条枝留芽4~6个,当新梢长1m时摘心。

猕猴桃留果量因树、品种而异,一般可按叶果比(4~7):1留,树势健壮,果型稍小,可以4~5片叶留1个果,反之6~7片叶留一个果。具体操作时,先疏去小果、畸形果、病虫果和伤果。一个叶腋有三个果实,应留顶果。在一个结果枝疏去基部的果,留中、上部果。短果枝留1~2个果,中果枝留2~3个果,长果枝留3~4个果。

3.4 主要病虫害防治

病害主要有炭疽病、根结线虫病、立枯病、猝倒病、根腐病、果实软腐病等。其中炭疽病既危害茎叶,又危害果实,可在萌芽时喷洒2~3次800倍多菌灵进行防治。根结线虫病,应加强肥水管理,用甲基异柳磷或30%呋喃丹毒土防治。

虫害主要有桑白盾蚧、槟榔盾蚧、地老虎、金龟子、叶蝉、吸果夜蛾等。介壳虫类越冬虫用氧化乐果或速扑杀1 500~2 000倍液防治;地下害虫用炒麸皮与呋喃丹按10:1的比例拌匀地面撒施。对于金龟子,3月下旬至4月上旬在傍晚用敌百虫或马拉硫磷1 000倍液喷杀,或用菊酯类杀虫剂。叶蝉类,用50%辛硫磷乳油或杀螟松1 000倍液防治。吸果夜蛾可用套袋、黑光灯或糖醋液(1:1)诱杀防治,或采用灭扫利或宝得3 000倍每隔10~15d喷1次,从8月下旬开始,直至采收结束为止。

4. 果实采收

猕猴桃果实采收过早或过迟都会影响果实的品质和风味,且必须通过品质形成期才能充分成熟。

依照果实发育期,当果实可溶性固形物含量6%~7%时为采收适期,而需要长期贮藏的果实则要求达7%~10%。一般在9月中旬至10月上中旬为宜,不要超过10月底。采收宜在无风的晴天进行,雨天、雨后以及露水未干的早晨都不宜采收。采摘时间以10:00前气温未升高时为佳。采收时,要轻采、轻放,小心装运,避免碰伤、堆压,最好随采随分级进行包装入库。用来盛桃的箱、篓等容器底部应用柔软材料作衬垫,轻采轻放,不可拉伤果蒂、擦破果皮。初采后的果实坚硬,味涩,必须经过7~10d后熟软化方可食用。后熟的果实不宜存放,要及时出售。

任务3 山楂栽培

山楂又称红果或山里红,是我国的一种特产果树。果实营养丰富,其中特别是铁、钙等矿物质和胡萝卜素、维生素C的含量均超过或大大超过苹果、梨、桃和柑橘等大型水果。维生素B_1、B_2及维生素K的含量也相当丰富。老年人常吃山楂制品能增强食欲,改善睡眠,保持骨和血中钙的恒定,预防动脉粥样硬化。山楂的药用价值非常广泛,它具有散淤、消积、化痰、解毒、开胃、收敛等多种效能。山楂是食品工业的一种重要优良原料,常见加工产品有山楂糕、果丹皮、山楂酱、蜜饯、果茶、山楂酒及糖葫芦等。此外,从山楂枝叶中能提取山楂酮,制成高级营养保健饮料;从山楂核中能提取山楂核精,制成快速高效治疗软组织急性损伤和慢性劳损的贴膏。

1. 良种选育

1.1 分布

山楂为中国原产,主要分布于吉林、辽宁、黑龙江、河北、内蒙、陕西、山东、河南、江苏、安徽、浙江、四川、云南等地。主要生长于山区或半山区的杂木林或灌木丛中。山楂喜凉爽而湿润的环境。耐寒,能忍耐-36℃的低温。耐热,能忍受43℃的高温。对土壤要求不严,但以土层深厚,疏松肥沃的中性或偏酸性土壤为佳。低洼地、盐碱地、重黏土,不宜种植。

1.2 种类

为蔷薇科落叶灌木,高可达3m,枝有刺或无刺,嫩枝被柔毛灰白色,老枝无毛深灰色。单叶互生,叶片纸质微带革质,三角状卵圆形至宽卵形,具3~5羽状深裂,边缘呈不规则的重锯齿。复伞房花序,花序梗、花柄都有长柔毛,花瓣白色或淡粉红色,雌蕊20,花药粉红色,花丝基部连合。花期5~6月,果期9~10月。梨果圆球形或扁球形,直径1.5~2cm,棕色或深红色,顶部附有反折的宿萼裂片,内含4~5个平滑的小核。山楂一般3~4年结果,10年前后进入盛果期,50~70年生植株产量可达100kg,大树产量高达300kg。

山楂作为果树栽培的有2~3个种,其中栽培最广泛、品种最多的是大山楂变种,其余常见有栽培的是湖北山楂和云南山楂。此外,果形较小的各种野生山楂可作砧木用。

我国各地山楂优良品种(类型)较多,如山东的大金星、敞口大货、黑红、歪把红、大棉球等;辽宁的辽红、西丰红、磨盘、伏山里红、大金星山里红等;河北及北京市的大金星、小金星、燕瓢红、胭脂红等;河南的豫北红、大红山楂、甜红山楂、紫红山楂等;山西的红肉山楂、临汾山楂、安泽红果等;吉林的集安紫肉以及云南山楂中的鸡油山楂等。

山楂按照其口味可分为酸甜两种,其中酸口山楂最为流行。酸口山楂主要是歪把红、大金星、大绵球和普通山楂(最早的山楂品种)。

优良品种包括以下3种。

①金星 主产于山东平度、临沂,平均单果重16g以上,果实扁圆形深红色,果点特大黄褐色,故称大金星。果肉厚,粉红色,味酸甜,品质上等。10月中下旬成熟,贮藏后品质变佳,适于鲜食和加工。是全国稀有的大果厚肉品种,加工制品色相俱佳、

②豫北红　河南省大行山区主要栽培品种，主产于辉县市、林州市。果实近圆形，平均单果重10g以上，果皮光滑大红色，有少量果粉，果点灰白色，果肉粉红色，肉质松软，味酸稍甜，品质中上等，10月上旬成熟，较耐贮藏，适于鲜食和加工。

③泽州红　主产于山西晋城市。果实近圆形，朱红色，有光泽，果点大而稀，灰白色，平均单果重8.6g，肉较厚，质地松软，粉白色至浅粉色，味酸甜适口，品质中上，10月成熟，适合于鲜食加工。

2. 苗木繁育

2.1　砧木苗的繁殖

砧木苗的繁殖一般多采用种子繁殖。山楂种子壳厚而坚硬、透水性能差、萌发困难，因此山楂在播种前，种子一定要预先进行处理，才能保证其发芽率。现介绍山楂快速育苗的具体做法。

一般在果面着色1/3～1/2采种，取出种子后可采用多种方法处理。浸水暴晒法：用2～3倍的开水烫种，随烫随搅拌4～5min后捞出，用凉水降温后浸泡1～2d充分吸水，薄摊一层暴晒，注意翻动使其受热均匀，将开裂的种子拣出，其余种子重新重复浸泡和暴晒，直至有70%～80%的种壳开裂时，即可准备沙藏。此外，还有冷热交替变温处理法、牛粪沙浆贮藏法、用71%～72%硫酸溶液浸泡炭化处理等办法。无论采用何种方法，种子处理后仍需通过层积后熟。

层积处理至翌年2月中下旬，看到沙藏的种子有少数萌动发芽，即可播种。苗床撒播用种量30kg，条播用种量一般在15kg。苗木出土后要及时均匀间苗，幼苗管理可以按常规育苗方法进行。这样可当年育苗芽接当年成苗出圃，从而快速育苗提前两年。

2.2　嫁接育苗

春、夏、秋均可进行，可采用芽接或枝接，以芽接为主。"T"形芽接宜在8月份进行，也可于翌年春季带木质部芽接。枝接包括劈接、切接、皮下接、双舌接等，春季萌芽前进行。接后要加强嫁接苗的管理，是培育壮苗的重要环节。

3. 栽培管理

3.1　栽植技术

3.1.1　园地的选择和整理

平原、丘陵、河滩、山地均可栽植，以光照充足、背风向阳、土层深厚、排水良好、地下水位较低的中性砂壤土最为适宜。山丘薄地建园前应整修梯田、加厚土层（60cm以上）。河滩或洼地建园，应修筑台田，挖沟排水，降低地下水位在1m以下。

3.1.2　栽培方式和密度

南方地区适宜秋栽，北方则秋栽或春栽均可，但以秋栽为好。平地建园，宜采取行距大于株距的长方形或三角形栽植,南北行向,通风透光好;山地应沿梯田等高栽植。平地沃土株行距(4~5)m×(5~6)m,每亩22~33株;一般山地(3~4)m×(4~5)m,每亩33~56株;瘠薄山地(2~3)m×(3~4)m,每亩56~110株。平原沃土上,为了提高早期产量,也可采取变化性密植,即初植密度为111~222株,几年后酌情进行一次或数次间伐(间移),达到永久性密度。栽植时宜2~3个品种分行混栽,以提高坐果率。

3.1.3 定植

栽植前应挖大穴,回填土时应掺入适量有机肥或落叶、杂草等,以改良土壤。如有砂砾石块,应淘净换入好土。栽后应立即灌水,定干。水渗下后,每株用1m²塑料薄膜覆盖树盘,压紧四周,保湿增温,可显著提高成活率,促进栽后旺长。也可于主干基部培土堆,以保墒防冻。

3.2 土肥水管理

3.2.1 土壤管理

土壤深翻熟化是增产技术中的基本措施,进行深翻熟化可以改良土壤,增加土壤的通透性,促进树体生长。深翻熟化常用方法是开沟扩穴,一般在秋冬或早春进行,逐年向外移动,直至株间、行间全部打通为止。也可用隔行隔株深翻或一次性全园深翻,回填土时加入有机肥或有机物,最后整平地面,灌透水。雨季应及时中耕除草,山旱地早春进行树盘覆盖。每年落叶后到封冻前进行刨园,深20cm,以疏松土壤。

3.2.2 施肥

基肥以有机肥为主,最好在晚秋果实采摘后及时进行,也可结合秋翻施入,一般肥力的果园最好达到每产1kg果施2kg有机肥的施用量,至少要保证1kg果1kg肥,再加入适量氮磷钾速效肥料。施肥深度50~60cm,施后及时灌水。

追肥每年可进行3~4次,分为萌芽肥、花后肥、果实膨大肥及采果肥。追肥数量根据果树大小、结果多少和树势强弱等确定,每次每株追施尿素0.3~1kg,后期主要适当增施磷、钾肥;幼树适当少施。还可结合进行叶面施肥,喷施0.3%~0.5%的尿素,5%~10%的腐熟人粪尿,0.3%~0.5%的磷酸二铵或磷酸二氢钾等,对促进梢叶生长和花芽分化,提高坐果率和果实膨大等有显著作用。

3.2.3 灌水

一般1年浇4~6次水,春季有灌水条件的在萌芽前后进行灌水,花后结合追肥浇水以提高坐果率,在采收后浇1次水以促进花芽分化及果实的快速生长,冬季及时浇封冻水以利于树体安全越冬。

3.3 整形修剪

山楂树的整形修剪是在加强土、肥、水管理的基础上,进行合理调整树体结构的一种管理措施,是促进山楂丰产的一项重要技术。主要树形有主干疏层形、二层开心形、自然开心形。

3.3.1 幼树期的整形修剪

幼树期(栽后1~2年内)主要是定干,培养骨干枝。幼树期生长量较小,生长势弱,修剪应对所有枝条采取中、重短截,多截不疏,使其多发壮枝,轰条扩冠,再采取成花措施,达到早结果之目的。

3.3.2 初结果期的整形修剪

初结果期的修剪以疏间和培养结果枝组为主。当辅养枝与骨干枝发生矛盾时,应及时处理辅养枝,给骨干枝让路。保留下来的强旺直立枝应拉平缓放,使其早结果。对连续结果2年以上的枝条,应及时回缩,以防结果部位外移。对有空间的竞争枝可培养成结果枝组,过密者可疏除。

3.3.3 盛果期的修剪

盛果期应采取短截、回缩、疏枝和夏季摘心及疏花序等措施进行精细修剪。保持结果枝与营养枝的比例为2∶3或3∶2。采取疏除或回缩复壮结果枝组。对外围枝条要进行短截和疏花序,加强营养枝生长。疏除过密枝、重叠枝、交叉枝、并生枝等。

3.4 主要病虫害防治

山楂病害一般发生不重。有时有花腐病和白粉病发生。花腐病为害叶片、新梢和花果,可在清园的基础上于萌芽前喷布5°Be石硫合剂,展叶后喷布0.4°Be石流合剂或700倍50%甲基托布津药剂,同时兼防白粉病。虫害主要有金龟子类和刺蛾吃食叶片或花器,食心虫类为害果实,以及叶螨类吸食树液,可参照其在苹果和梨树上的发生规律进行防治。

4. 果实采收

9~10月份山楂果实皮色显露,果点明显时即可采收。就地加工或供应市场鲜食的可适当晚采较好,远距离运输的可适当早采较耐贮藏。在正常采收期一周左右,用40%乙烯利配成600~800mg/L浓度的溶液重点喷布果簇,可促进脱落,提高采收工效。喷药后4~5d,可在树下铺布,然后晃动枝干采收,对果实品质及贮藏性无不良影响。果实采收后,在空气畅通处堆放几天,上覆草帘,使其散热,然后包装贮运。也可将采摘的山楂果实切片晒干或烘干出售。

任务4 枣的栽培

枣果营养丰富,含有人体所需18种氨基酸,维生素A、B_1、B_2、C、E、P和烟酸,尤其是Vc、Vp极为丰富,具有"天然维生素丸"之称,每100g鲜枣果肉中维生素C含量达400~800mg。另外,还含有大量的药物成分,如环磷酸腺苷、环磷酸鸟苷及黄酮类物质,因此,具有较高的医疗保健价值。枣既可鲜食又可制干,还可作为工业原料加工成各种食品和饮料。枣树具有很高的经济、生态、社会效益,树可供雕刻、制车、造船、作乐器,叶、皮可入药。

1. 良种选育

1.1 分布

原产我国,为我国重要的经济树种,已有3 000多年的利用栽培历史,除东北严寒地区及青海、西藏(林芝地区亦可生长)外,全国均有分布,栽培以黄河流域最为普遍。东经75°~125°、北纬19°~43°之间的平原、山地、沙地和高原上都有栽培。

枣树性喜阳光,耐干燥,对水分条件适应能力较强,在南方年降水量1 000mm以上和北方年降水量100~200mm的地区都有枣树分布,耐旱又耐涝,喜干旱气候。对土壤和地形的适应能力很强,在pH 5.5~6的酸性土或pH 7.8~8.2的碱性土上均可正常生长,但要达到丰产、优质的目的,喜干旱气候及中性或微碱性的砂壤土,仍以土层深厚肥沃的土壤为宜。耐寒性强,抗风沙。根系发达,根萌蘖力强。

1.2 种类

1.2.1 种类

枣为鼠李科枣属落叶灌木或小乔木,高达10m。枝红褐色,光滑无毛,有长枝、短枝和新枝。长枝平滑,无毛,幼枝纤细略呈"之"形弯曲,紫红色或灰褐色,具2个托叶刺(有的退化),一长一短,长者直伸,短者向后反曲;短枝短粗,长圆状,自老枝发出;当年生小枝绿色,下垂,单生或2~7个簇生于短枝上。单叶互生,纸质,叶片长圆状卵形,三出或五出脉,有齿或全缘,托叶常变为刺状。花黄绿色,两性,成腋生短聚伞花序。核果长圆形或长卵圆形,成熟时红色,后变红紫色。种子扁椭圆形,长约1cm。果核坚硬,两端尖。花期5~7月,果期8~9月。

(1)普通枣

栽培品种多属此种,南北均有分布。落叶乔木。枣头生长强,枣吊长而下垂。叶互生较大。果实大小因品种而异,果形繁多,;果皮鲜红色或紫红色,果实肉厚味甜品质佳。

(2)酸枣

原产我国,为普通枣的原生种,古代称之为"棘"。多野生,南北分布广泛,果课时,仁可药用。本种抗寒、抗旱、耐瘠,种子萌芽力高,是栽培枣树的良好砧木树种。

(3)毛叶枣

分布台湾、云南、四川、海南等省。嫩梢、幼叶和成叶背面具褐色茸毛,果小宿萼,味酸品质差,栽培较少。

1.2.2 优良品种

据不完全统计,枣的栽培品种在700种以上,为便于利用,人们从不同角度对其进行分类,根据地域不同可分为南方区系和北方区系,根据果实成熟早晚可分为早熟、中熟和晚熟品种,根据果实大小和性状不同分为长枣、圆枣、小枣等类型,但最常见的还是根据用途不同分为鲜食、制干、蜜枣、鲜干兼用、加工和观赏等品种。

(1)鲜食制干兼用品种

①金丝小枣　主产于山东北部和河北南部,为驰名中外的鲜食制干兼用品种,小果型,平均单果重4~6g,果实光亮美观,肉厚皮薄,质地致密,汁多味甜,品质极上,耐贮运。9月中下旬果实成熟。耐盐碱,喜水肥。

②灰枣　分布于河南新郑、中牟一带,果实中大,长圆形,平均单果重12g,果实肉厚,质地细脆,味浓甜,品质上,9月下旬成熟。树势强,较丰产,耐干旱瘠薄和盐碱,抗枣疯病能力较差。

(2) 优良鲜食品种

①冬枣　分布于河北黄骅、盐山和山东沾化、枣庄等地，平均单果重10～13g，大小均匀，果皮薄，肉质较厚，质地细嫩酥脆，品质极上，果实10月上中旬成熟。树势较弱，适应性强，较耐盐碱，不易裂果。具有晚熟特性。

②山西梨枣　原产于山西临猗、运城等地，果实特大，平均单果重25g，皮薄肉厚，肉质松脆，味甜汁液较多，鲜食品质上等，9月下旬成熟，适应性较强。

(3) 制干与蜜枣品种

①义乌大枣　产于浙江义乌、东阳。平均单果重17g，大小整齐，可食率95.8%，肉质疏松，汁少味淡，是加工蜜枣的优良品种。8月中下旬白熟时采收。树势中庸、丰产，但自花结实力低，需配置授粉树。

②灌阳长枣　又称牛奶枣。主产广西灌阳、全州、临桂等地。平均单果重14g，可食率95.6%，肉质脆而较细，汁液中多，味甜，品质上等。8月中旬~9月上旬成熟。

此外，各类中还有很多优良品种。

2. 苗木繁育

枣苗培育常用分株法和嫁接法，也可用扦插法。

2.1　分株法繁殖

选择优良母株，冬春浅刨枣园15～20cm，截断表层根，促成不定芽，抽生根蘖苗，经培育两年后在秋季落叶后刨离母枝出圃。对根系分布较深、萌生根蘖苗较少的品种，在春季萌芽前在树冠外围或行间挖宽30～40cm、深50～60cm沟，而后填入湿润肥沃土壤，促发根蘖选留壮苗培育后移栽，移栽前用ABT生根粉50mg/L浸根2h。

2.2　嫁接法繁殖

砧木一般用酸枣、铜钱树实生苗或本砧，嫁接粗度要求达到1.5cm以上；接穗用生长充实健壮的1～3年生枣头一次枝或二次枝，芽接最好选用当年生枣头上的芽作接穗；芽接在花期进行、多用嵌芽接方法，枝接一般在萌芽前进行、插皮接则以5～7月枣头旺盛生长期最佳。在嫁接前5~7d，对砧木苗圃进行灌水，使易于离皮。

3. 栽培管理

3.1　栽植技术

3.1.1　园地的选择和整理

枣树喜光，山区宜选择开阔向阳的坡地，以南坡最好。枣树适应性强，但在土壤疏松、层深厚、肥水充足的条件下生长发育会更好。平原地区只要在排水良好，无长期积水威胁的地块就可栽植。栽前应平整土地，做好水土保持工作，修筑排灌设施，搞好区划和改土。

3.1.2 栽植密度和方式

栽植季节春秋两季均可,北方主要以春栽为好,南方以秋栽为好。实践证明在枣树萌芽前一周内栽植并及时浇水,成活率最高。枣树喜光性强,栽植不能过密,成片枣园栽植生长势较弱的品种其株行距为(3~4)m×(6~7)m,每亩23~37株,生长势较强的品种为(5~6)m×(8~9)m,每亩12~16株;长期枣粮间作的株行距(4~6)m×(8~15)m,山区梯田边沿栽植株距3~5m。

3.1.3 品种配置

目前的枣树优良品种,多数具有自花授粉能力,可进行单一品种栽培,无需配置授粉品种。但少数品种因花粉发育不全,必须配置花粉发育良好、亲和力强的授粉品种。如山东的梨枣配置金丝小枣,浙江义乌大枣配置马枣等。

3.1.4 定植

定植采用南北行。定植穴的大小一般为80cm×80cm,并施10kg以上的农家肥。栽植深度和根颈相齐,边回填边踏实,扶正苗木,栽后立即灌水。栽植时苗根蘸磷肥泥浆,有利于成活。灌水后栽植穴凹陷,及时培土,并将歪倒苗木扶正。栽植后加强土肥水的管理。

3.2 土肥水管理

3.2.1 土壤管理

枣树进入成年期后,大根断伤愈合慢,新根发生困难,会消弱树势影响生长结果,因此对定植前未全面深翻的枣园或需持续改土的枣园,应在定植后2~3年内的秋季完成全园深翻,可逐步扩大深翻的深度和范围,直到行间完全翻通为止,回填时加入杂草、树叶等有机物或有机肥,回填后立即覆土灌水。秋季枣果采收后至土壤封冻前,行间要进行耕翻,深度20cm左右,使土壤疏松和熟化,改善土壤吸水和保水能力,减少土壤内的越冬害虫。行间覆盖地膜,不覆膜的枣园,要常进行中耕,保持树盘土松无草。枣树生长期间,每逢灌水和下雨后,要及时进行中耕除草,一般全年进行4~5次,经常保持土壤疏松无杂草状态。定期对枣树下的根蘖苗及时清除,以免对母树生长和结果造成不良影响。

3.2.2 施肥

基肥以秋施为好,以枣果采收后早施为好。基肥施用量应根据枣树树体大小、有机肥料的种类等因素来确定。一般生长结果期树每株施有机肥30~80kg;盛果期树每株施有机肥100~250kg。

在施足基肥的基础上,生长季节要及时追肥。追肥一般主要是萌芽肥、促花肥、膨果肥等,以化肥为主,前期以氮磷肥为主,后期以磷钾肥为主。成年大树,在发芽前和开花前,可每次每株施尿素或磷酸二氢铵0.5~1kg,在果实发育期可适量增施磷钾肥。此外,可进行叶面喷肥,发芽期喷0.3%~0.5%尿素,花期喷0.3%磷酸二氢钾或硼肥、锌肥,每半月喷1次。

3.2.3 灌水

在有灌溉条件的地方分别在花期前、坐果期、果实膨胀大期及时临冬前灌水。

山地枣园浇水一般随追肥进行。山地枣园的水源有两种:一是引水上山,有条件的地区可将沟道河流水引入枣园浇灌;二是旱井集雨灌溉。

容易积水的低洼地，雨季要注意排水。

3.3 整形修剪

3.3.1 修剪时期

修剪一般分冬季修剪和夏季修剪。冬剪一般在落叶后到翌年枝叶流动前均可进行。夏季修剪在枣头生长旺盛阶段过后，开始减慢时进行。

3.3.2 整形修剪

枣树常用的树形主要有疏散分层形、自然开心形。定植后要进行定干，定干高度：成片枣园1m左右，枣粮间作1.5m左右。修剪的前三年掌握以轻剪为主，促控结合，多留枝，使其尽快形成树冠；培养主侧枝部位，必须疏除或重剪（留1~2节）二次枝、刺激侧生主芽萌发；对不做骨干枝用的枣头一般留3~5个二次枝摘心，控制延伸、充实二次枝、促其形成良好的结果基枝。

结果树修剪时要控制徒长枝，保留正常枝，以短截为主，除去病枝、枯枝、重叠枝、直立枝、交叉枝、密集枝，疏缩结合集中营养、增强骨干枝长势，维持树体结构、保证通风透光条件，有计划的分批更新结果枝组（6~8年更新一次即可），后期可疏缩部分大枝、防止结果部位外移。夏季修剪采取摘心、疏枝、除萌蘖、调整枝位等方法，调节营养分配，达到冠内通风透光。

3.3.3 提高坐果率的措施

(1) 抑制营养生长，调节生长与结果的矛盾，促进坐果

这类措施包括断根、摘心、抹芽、疏枝、开甲、环削、刻伤、肥水管理等，采取这些措施，可以调节树体营养生长和开花结果之间的养分分配、运转的矛盾，提高树体营养水平，使得有较多养分供给花果需要。

(2) 花期喷水提高空气湿度

花期干旱时，柱头易枯焦，不利于授粉受精，影响坐果。在傍晚或早晨喷水效果好，一般结合叶面喷施0.3%~0.5%尿素。喷水一般喷3~4次，每次间隔3~4d。

(3) 喷布植物激素和微量元素

主要有赤霉素、2,4-D、硼砂、硼酸等，可以提高坐果率，促进增产。

3.4 主要病虫害防治

枣树病虫害种类多，分布广，危害重，是造成枣树产量低，质量差的重要原因，当前严重发生的病虫害，主要有枣叶壁虱（叶螨）、枣步曲、枣黏虫、桃小食心虫、枣实蝇（世界检疫对象）、枣疯病、枣锈病、枣斑点落叶病、炭疽病、枣树缩果病等，其为害常造成减产或绝收，要注意防治。

每年9月上旬，枣黏虫幼虫化蛹前在树干上束草绳，可诱集枣黏虫越冬幼虫入草化蛹，翌年春解下烧掉。在休眠期刮老树皮，打扫园内枯枝落叶并进行压埋或焚烧，可大量消灭枣黏虫越冬茧。封冻前翻树盘，把以树干为中心，半径1m范围内地面15cm的表土铲起撒于田间，可将土壤中越冬的枣步曲蛹、桃小茧等冻死，降低越冬虫口密度。在萌芽后展叶初期及时喷0.5°Bé的石硫合剂，防治枣叶壁虱；每年清明后10d内，在树干涂20cm宽废机油或黏虫胶，可阻杀食芽象甲虫、枣步曲上树危害；5月中旬在树冠喷敌敌

畏 600 倍液或其他有机磷农药；7～8 月喷 50% 的效磷乳剂 3 000～5 000 倍液，防治枣黏虫虱等害虫。病虫害的防治因地区和气候的差异，主要害虫种类的不同，防治上要通过害虫生活史观察适时适药防治。病害以预防为主，尤其是枣疯病一旦发生，就必须挖除病株，进行土壤消毒。

4. 果实采收

(1) 采收期

依据成熟度不同划分为 3 个成熟期，即白熟期、脆熟期、完熟期。加工蜜枣的品种宜在白熟期采收，此期果皮由绿色变为绿白色，枣果体积不再增大，皮薄质松汁少，含糖量低，煮后果皮不易与果肉分离。鲜食或加工乌枣、酒枣、南枣等脆熟期采收，此期果皮变红，含糖量大增，质地变脆，果汁增多，果肉乳仍呈绿白色或乳白色。干制红枣的则以完熟期采收最好，此期果肉含糖量继续增加，果肉乳白色，近核处为黄褐色，果肉由内向外逐渐变软，含水量降低，制成的红枣品质最佳。

(2) 采收方法

传统的方法是利用竹竿打落或手摘法。有的地方采用乙稀利催落采收枣果，可提高工效避免枝叶损伤，一般在采前 5～7d 喷洒浓度为 200～300mg/L(含量 40% 的乙稀利稀释 1 500～2 000 倍即可)。

任务 5　榛子栽培

榛子是世界四大坚果之一，也是我国北方重要的干果和木本油料树种，它因其独特的风味和丰富的营养深受广大消费者欢迎。榛子的用途广泛，可谓全是都是宝。榛仁风味清香，营养丰富，含油量高达 51.4%～77%，蛋白质 17.32%～25.9%，碳水化合物 4.9%～9.8%。另外，还含有丰富的维生素及多种矿物质。木材坚硬，可用于制作伞柄、手杖或架材。根系发达，且呈水平分布，是水土保持及改良林地土壤的良好树种。

1. 良种选育

1.1　分布

我国的野生平榛资源丰富，主要分布于我国辽宁、吉林、黑龙江和内蒙古，另外，河北、山西、陕西、山东、河南、云南、贵州、四川、甘肃等地均有分部。经过 10 年的区域试验、对比观察，确认其是抗寒、适应性强、大果、丰产、优质榛子新品种，受到了广大果农的欢迎，纷纷进行引种栽培。现在，除辽宁外，河北、北京、山东、河南、山西、新疆、云南等 10 多个省(直辖市)已相继引种栽培。

榛子喜光，野生多见于阳光充足的林缘或灌丛中，人工栽培要求年日照时数 2 000h 以上，榛子对土壤要求不严，较耐瘠薄。在土层深厚肥沃、湿润、排水良好、腐殖质含量高的中性或微酸性土上生长较好，干旱、贫瘠沙地上生长不良，重黏土、沙土、涝洼地、沼泽地、重盐碱土不宜栽培。

1.2 种类

1.2.1 主要种类

榛子是榛科榛属树种，全世界榛属植物16种，原产我国8种2变种，平榛分布最为广泛，另有引种的欧榛及二者杂交培育的平欧杂种榛子。

(1) 平榛

落叶小灌木，丛生，树高2~4m，花期3月下旬至4月下旬，果熟期8月下旬至9月上旬。坚果小，平均单果重1g，壳厚1.8mm，出仁率低，一般为25%~30%。主产东北、内蒙古地区。耐寒，-40℃低温可安全越冬，耐瘠薄，对土壤适应性强，抗病性强。是培育抗寒、抗病新品种的重要优质资源。

(2) 欧榛

落叶大灌木或小乔木，高3~8m，花期2~3月，果熟期8月下旬至9月下旬。坚果大，平均单果重2~4g，壳薄1~1.5mm，出仁率高达40%~50%，结实量大，栽培适应性好。原产欧洲地中海沿岸及中亚地区。我国已引种栽培。欧榛对气候和土壤有较强的适应性，喜湿润，但抗寒性差，在我国冬季低温-10℃以下易发生冻害，冬春季干燥地区枝条易抽干。

(3) 平欧杂交榛子

落叶灌木或小乔木，是平榛与欧榛通过远缘杂交选育的一类榛子的统称，有许多优良品种，既具有欧榛的坚果大、壳薄、出仁率高特性，也具有平榛的清香风味、高抗寒性、高抗病性等优良特性。

(4) 华榛

落叶乔木，高达20m，果熟期8月下旬至9月下旬。坚果大小中等，平均单果重2.2g，壳厚3.5mm，出仁率低，仅为11%。不产生根蘖，可作为培育乔木型新品种的种质资源。

(5) 毛榛

落叶灌木，高2~5m，花期3月下旬至4月下旬，果熟期9月，坚果较平榛小，平均单果重0.9g，壳薄，出仁率41%，果实1~6个单生或簇生，果仁品质优良，适于生食和加工。

此外，还有滇榛、维西榛、川榛、刺榛、绒苞榛等。

1.2.2 优良品种

(1) 欧榛

①连丰　树冠高大，开张，树势强，雌花形成能力强，坐果率高，丰产。耐寒性强，在山东泰安可安全越冬。

②意丰　树冠小，直立，长势中庸。穗状结实，丰产，适于密植。

③泰丰　树冠高大，树势中庸。坐果率高，每序结实3~5粒，产量高。

另外，还有大薄壳、意连、小薄壳等品种。

(2) 平榛

①永陵平榛　树势中庸，树冠紧凑。雌花序多，丰产，8月下旬成熟，抗寒性强。

②旺兴平榛　树势强健、树姿开张。丰产，抗寒。

③长果平榛　树势强健，坚果较大，丰产，抗寒性强。

④铁平一号　风味浓香，平均单果重1.2g，果壳薄，出仁率30%，空粒率5%，平均亩产60~80kg，稳定性好，高抗严寒，耐干旱瘠薄。1997年发现于铁岭平顶堡镇平榛林内，2006年经过省市专家初步审定命名。

(3) 平欧杂交种

①平顶黄　树冠开张，树势中庸。丰产，适应性强。

②薄壳红　树势强，树冠大，自然开张。丰产性强，抗寒性强。

③达维　树势强，树姿直立。丰产，适应性强。

④辽榛1号　树势强壮，树姿开张，枝量中等，丰产性强，抗寒性强。

⑤辽榛2号　树势较弱，树姿开张，枝量多。树冠较小，早产，丰产，抗寒性强，对土壤、肥水等管理要求较高。

⑥辽榛3号　树势强壮，树姿直立，长果枝结果为主，丰产性强，亩产200kg以上，抗寒性强，适宜在年平均气温6℃以上地区栽培，是当前寒冷地区主要推广品种之一。

⑦辽榛4号　树势强壮，树姿开张，树冠较大，5~6年生树高、冠幅直径2.0m以上，较丰产，抗寒性强，适宜在年平均气温8℃以上地区栽培，坚果果仁经烘烤后易于剥离，是今后果品加工用主要品种。

⑧金铃　树势中庸，树姿直立，树冠中大。较丰产，抗寒性强，休眠期可耐-30℃低温，适宜在年平均气温7.5℃以上地区栽培。

另外，还有玉坠、魁香、84-1等优良品种。

2. 苗木繁育

榛子苗木繁育可采用的方法有播种育苗、压条育苗、分株育苗、嫁接育苗、扦插育苗。目前生产中平榛主要采用播种繁苗，欧榛和杂交榛子主要采用压条繁苗。

2.1　播种育苗

2.1.1　育苗地选择

因榛子喜光，育苗地应选择背风向阳，光照好的平地或缓坡地，地下水位宜在1.5m以下；土层深厚、肥沃疏松、排水良好的砂壤土为宜，附近有优质的水源，交通便利的地块。黏重、贫瘠沙土、盐碱地必须选用时，要进行改良，地下水位过高或雨季积水地块，需要做成台田育苗或有排水设施。

2.1.2　育苗地整地

育苗地选好后，应在播种前一年秋季进行深翻，翻地深度要求25~30cm左右，以便疏松熟化土壤，消灭土壤中的虫卵和提高土壤保水保肥能力，如秋季来不及深翻，则应在早春土壤化冻后结合施底肥尽早翻地，一般亩施腐熟农家肥2 000~3 000kg。整平后做高床，床宽1.2m，床长10m或20m，床高15~20cm，作业道宽35~40cm左右，搂平床面，以备播种。

2.1.3 选种

育苗用种子应选自丰产优质、无病虫害的盛果期植株,在总苞黄熟尚未开裂时采收,采后置通风阴凉处阴干、脱苞,粒选后留作种用。

2.1.4 种子处理

平榛种子发芽力可保持 1 年,超过 1 年发芽力会大幅度下降。干藏种子直接播种不能发芽,需经催芽处理后播种方能正常发芽。处理方法如下所示。

首先,将种子在水中浸泡 2~3d,使其充分吸胀水分,然后与湿沙按种沙比 1∶5 混合,沙子湿度以手握成团,松手手触即散为度,为了防止种子在沙藏过程中霉烂,可向种沙混合物中加入适量多菌灵或百菌清进行杀菌消毒,然后将其置于 0~5℃条件下 60~90d,其间每个 10~15d 翻倒一次,使沙子干湿均匀,同时检查是否有种子发霉现象,一旦发现及时处理,翻倒时如果沙子过干,可适量喷水。随着春季气温回升,种子也开始萌芽,当有 25%~30% 种子发芽时即可播种,以种子胚根刚从种子内伸出时播种最为适宜,胚根伸长到 2cm 以上时播种则根尖易断,且种子顶土能力下降,不利于种子出苗和苗期生长。

种子处理也可采用在早春河水化冻后,将种子装入编织袋内,在流水中浸泡 7~10d,然后沙藏约 1 个月取出播种。

2.1.5 播种

①播种时间 可以春季播种,也可以秋季播种,春季在 4 月中下旬,播种经过催芽处理的种子;秋季土壤上冻之前,播种当年采集的干种子。

②播种方法 春季播种时在准备好的床面上开沟条播,沟深 5~6cm,沟距 20cm,土壤过干,可先在播种沟内浇上底水,然后将经过催芽处理的种子按株距 5~6cm 撒入播种沟内,注意撒匀,为了保证苗齐苗全,可据发芽率确定株距,发芽率 50%,株距可适当密些,也可挑选已发芽种子进行点播,然后覆土 3~4cm,稍压实即可。

秋季播种方法与春季相同,只是在播种前先将干种子在清水中浸泡 2~3d,然后进行播种。秋季播种省去了种子的催芽处理过程,且来年春季出苗早、齐、生长期长,但要注意防鼠害,可在田间放置鼠药进行预防。

2.1.6 苗期管理

播种后一般不需灌水,15d 左右即可出苗,如遇干旱,需及时灌水。此后应注意保持土壤疏松无杂草,旱时及时灌水,雨季做好排水工作,6 月中旬左右,苗高 10cm 时,追施一次氮肥,每亩施尿素 15~20kg,施后及时灌水。苗期注意病虫害防治,食叶害虫,可喷 90% 敌百虫乳剂 800~1 000 倍液毒杀,白粉病可从幼苗长至 4 片真叶时开始喷 50% 托布津可湿性粉剂 800~1 000 倍液。当年苗高可达 30~40cm,秋季即可出圃。

2.2 压条育苗

可进行绿枝压条亦可进行硬枝压条。

2.2.1 绿枝压条

6 月中下旬,于当年生基生枝或母株周围萌发的根蘖苗高达 50~70cm,基部半木质化时,将距地面 20~25cm 高范围内的叶片摘除,用细软铁丝在据地表 1~5cm 高位置绑紧,在绑紧位置以上 10cm 范围内涂抹生长素。然后将母株基生枝用油毡或砖块围起,做成一个穴窝,穴窝高 20~25cm,大小据繁苗数量而定,应据最外圈基生枝 10cm 左右。最后在穴窝内填满湿的锯末、木屑、稻糠等，使压条枝在湿润和黑暗环境中生根。整个生长期填充物要保持湿润，一直到秋季起苗为止。

2.2.2 硬枝压条

方法同绿枝压条，只是压条枝为上一年萌发的基生枝或根蘖苗。

2.3 分株育苗

从母株上分取一部分既有根系又有分枝的新植株进行繁苗的方法。该法适用于平榛。

2.4 嫁接育苗

平榛的嫁接一般选用本砧嫁接，欧榛和杂交榛子一般选用本砧或平榛的实生苗。要求一二年生，地径粗0.5~1cm。接穗从优良品系的健壮母树采取，选取品种纯正、芽体饱满、粗细适中的一年生发育充实枝条，采集时间在秋季落叶后到早春树液流动前均可，但以春季萌芽前为好，接前将其剪截成带2~3个芽的接穗并进行蜡封。嫁接时间在春季砧木萌芽后或正在萌芽时进行。亦可于冬季或早春在室内进行嫁接，但在嫁接前要对砧木进行"催醒"5~7d后再进行嫁接。露地嫁接可采用劈接、插皮接；室内嫁接可采用舌接、劈接、插皮接。接后加强管理，主要是抹芽、除萌、引缚、土壤管理及病虫害防治。室内嫁接可将愈伤好的嫁接苗的接穗进行蜡封后贮藏或栽植于塑料大棚内，当外界温度达到生长需求时进行通风炼苗，完全适应后揭除塑料大棚，管理与露地相同。

2.5 扦插育苗

主要采用绿枝扦插，硬枝扦插目前尚无成功经验。

绿枝扦插是在6月中下旬采集当年萌发且已半木质化的优良品种的新梢，将其剪制成带2片叶3~4节的插穗，叶片据大小留半叶或整叶，将其生理下端浸蘸生长素后插入插床，通过控制温度、湿度、光照保持叶片新鲜、湿润，注意插床要进行消毒并保持良好排水，以防止积水致插穗腐烂。约经45d，根系形成并比较发达时，移栽于温室或大棚内，加强管理，促进芽体发育饱满和枝条充分木质化即可。该方法需要一定设施，成本较高，且经常由于培育的植株因芽体达不到要求，翌年不能萌发成苗而致失败。

3. 栽培管理

3.1 栽植

平榛一般采用沿等高线带状栽植方式，2行1带，带间距2.5~2.8m，带内距1~1.2m，株距0.8~1m，视苗木生长情况每穴栽植1~3株，每亩栽植333~476株丛。

欧榛和杂交榛子在坡地可沿等高线栽植，平地和缓坡地可采用长方形、正方形或三角形配置，株行距可采用3m×3m、3m×4m、3m×5m、4m×4m、4m×5m、5m×5m等组合，具体根据树种和立地条件、环境条件等来定。一般欧榛树体要比杂交榛子稍大，选择株行距组合时可略大于同等条件杂交榛子组合。在栽植时，需考虑相互授粉问题，同一园地内至少配备3个以上品种，或按主栽品种与授粉品种比例为(5~6)∶1单独配备授粉品种。

3.2 土肥水管理

3.2.1 土壤管理

(1) 深翻扩穴

每年秋季果实采收后结合施基肥进行深翻扩穴，位置要在树冠正投影的外缘，深度40cm，宽度50cm，根据具体情况可隔年或每年进行，以增强土壤通气透水性能。

(2) 松土除草

生长季进行4~6次中耕除草，使土壤保持疏松与无杂草状态，也可起到减少病虫害发生的作用。最好在雨后或灌水后表土不黏时进行。也可进行行间生草，树盘压青，既可保持树盘内土壤湿度、温度稳定，又可防止杂草丛生与增加土壤有机质，但果实采收不方便，该方法适用于山地榛园。

(3) 行间间作

对于幼龄榛园，由于园地内空地较多，也可在行间间作矮杆经济作物或绿肥作物，以增加短期内经济效益或增加土壤有机质。需要注意树盘内不要间作，以免相互争夺养分影响榛子生长；对间作物耕作不能过深，以免伤及榛子根系。

3.2.2 施肥管理

施肥分基肥与追肥进行。基肥在每年秋季果实采收后，结合深翻扩穴进行。施肥种类为各种有机肥，包括鸡粪、猪粪、羊粪、马粪、牛粪及各种有机物腐烂发酵后形成的堆肥等，不管哪种有机肥，都要求必须进过充分腐熟，注意鸡粪在发酵基础上还需与园土以1:5比例混匀后施用。施肥量一般二三年生树施粪肥7~10kg/株，四五年生树施粪肥30~40kg/株，六七年生树施粪肥50~60kg/株，以后随树龄增加可适当多施。

追肥每年进行两次。第一次在幼果膨大期和新梢旺盛生长期（5月下旬至6月上旬），施肥以氮肥和磷肥为主；第二次在新梢停止生长后（7月上中旬），以促进果实生长发育和枝梢充实，施肥以磷肥和钾肥为主。幼龄（2~5年生）榛园的施肥量为全年每亩施纯氮4kg、纯磷8kg、纯钾8kg；盛果初期（6~9年生）榛园全年每亩施纯氮8~11kg、纯磷16~22kg、纯钾16~22kg；盛果期（10年生以上）榛园全年每亩施纯氮10~14kg、纯磷20~28kg、纯钾20~28kg。

另外，也可于花前、花后、幼果膨大期及果实生长后期叶面喷施0.3%~0.5%的尿素或磷酸二氢钾等化肥满足植株不同时期的急需。但要注意喷施的时间为夏季早晨10：00以前或16：00以后。

3.2.3 水分管理

榛子是浅根性树种，根系主要分布于5~40cm深土层内，不耐干旱，也不耐涝，适时灌水与排水是促进树体生长发育和结实的重要保障。

新定植苗木，必须及时灌水。榛园灌水可结合施肥进行，一般生长季灌水3~4次即可。第一次在发芽前后灌一次透水，满足开花、萌芽、展叶对水分需求；第二次在5月中下旬，幼果膨大期和新梢旺盛生长期，这次灌水不宜过多，否则，易引起新梢徒长，落花落果严重；如果6月中下旬过于干旱则可再灌一次水；7月进入雨季，要注意排水，防止榛园积水；落叶后到土壤封冻前灌一次封冻水。注意每次灌溉后要及时松土，防止土壤板结。

3.3 整形修剪

榛子的整形修剪可采用的树形主要有单干开心形、少干丛状形及多干丛状形。一般欧榛和杂交榛子多采用单干开心形和少干丛状性，生产上以单干开心形应用较多；平榛多采用多干丛状形。

3.3.1 单干开心形树体结构

此树形在一个干高为40~60cm的主干上均匀分布3~4个主枝，在主枝上选留1级侧枝，侧枝上选留各级侧枝并配备结果母枝。形成较矮主干，上部自然开心的树冠。整形技术参照如下。

第一年，当年定植的一年生苗，栽植后立即定干，定干高度60~70cm，剪口下保证有3~4个饱满芽。

第二年，选留着生于主干上不同方向的主枝3~4个，对每个主枝进行轻短截，约剪掉枝长的1/3左右，剪口下留饱满外侧芽。

第三年，在每个主枝上选留2~3个侧枝，进行轻短截。并对每个主枝的延长枝轻短截，剪口下留外芽，内膛短枝不修剪。

第四年，继续轻短截主枝延长枝及各级侧枝延长枝，使树冠继续进一步扩大。

3.3.2 少干丛状形树体结构

选留3~4个基生枝作为主枝，使其倾斜生长向不同方向，每个主枝上着生3~4个侧枝，侧枝上着生营养枝和结果母枝。整体形成自然开心树形，树高3~5m。整形技术：

第一年，定植1年生苗木，苗木往往不具备3个基生枝，因此应重剪苗干，留干20cm左右，促进基生枝萌发，翌年选留主枝。

第二年，选3~4个着生于不同方位的健壮基生枝做主枝，并轻短截，剪留枝条的2/3，剪口下留饱满芽、外侧芽，其余基生枝从基部剪掉。

第三年，轻短截已选留的主枝延长枝，每个主枝上选留2~3个侧枝并轻短截。形成开心形树冠，主枝从地面到40cm高部分萌发的枝条从基本剪除，同时注意及时除去萌蘖枝。

第四年，继续短截各级主侧枝的延长枝，剪除低于40cm位置的萌生枝条及萌蘖枝，使树冠继续进一步扩大。

3.3.3 多干丛状形树体结构

树体枝条成丛状着生，每株丛根据生长年限不同，着生枝条数量会有所不同，一般二年生株丛分布枝条15~18个，三年生株丛分布枝条12~15个，四年生株丛分布枝条10~12个，五年生株丛分布枝条8~10个。整形技术如下。

苗木定植后，实生苗留15~20cm短截，根蘖苗或分株苗留10cm平茬，以促生大量基生枝，第2年再选主枝。主枝选留的时间在5~6月份，二三年生时，基生枝数量不断增加，选择健壮的基生枝作主枝，其余的基生枝从基部疏除。根蘖苗留10cm高度平茬，促生基生枝，使尽快形成株丛骨架。也可从强旺的萌生枝中选留主枝。随树龄增加，灌丛主枝的选留数量应逐年减少。经过1次平茬更新后，重新选留灌丛主枝。萌生后1~3年每丛留主枝15~18个，4~5年后留8~10个。

3.3.4 修剪

由于平榛的灌丛主枝,萌生枝龄6~7年以上时,生长势逐渐衰弱,结实率降低,这时应进行平茬更新,因此修剪也比较简单,就是进行平茬更新修剪。

(1)单干和少干丛状形树形修剪

对于树冠直立的榛子品种,在修剪时应通过选留侧生枝办法使其开张角度;对于树冠开张角度过大,树势较衰弱品种,应通过选留直立向上的枝条调整开张角度,使其保持适宜的开张角度,恢复树势。

对于未结果幼树和结果初期树以扩大树冠为主。对各主侧枝延长枝进行轻短截,剪掉其长度的1/3。注意开张角度,对于过长的延长枝进行中度剪截,防止下部光杆现象,内膛小枝一般不剪。

对于盛果期树,各级主侧枝延长枝轻剪,剪掉其长度的1/3~1/2,促发新枝。对于内膛小枝、细弱枝、病虫枝、下垂枝疏除,其余短枝一律不剪,留作结果母枝。为了增加花芽量,提高产量,对中庸枝、短枝一律不剪,只进行轻短截各级主侧枝延长枝。相反,为了促进强壮枝生长,恢复树势,应重剪发育枝,短截部分中庸枝减少开花量。

(2)欧榛和杂交榛子整形修剪

一般10年后欧榛和杂交榛子进入盛果期,盛果期可维持20~30年,为了延长经济年限,应注意及时进行更新修剪。修剪时,对骨干枝进行回缩重剪,可回缩至3级枝上,刺激其萌发新枝。

另外,在生长季,当幼树确定主枝后,每年剪除萌蘖枝2~3次(需繁苗的不剪除),以减少萌蘖枝争夺树体养分。

在冬季修剪时,注意对较大剪口要涂抹石蜡或铅油,防止枝条失水抽干。

3.4 保花保果技术

3.4.1 防止落花落果措施

榛子有落花落果现象,直接影响产量和经济效益。

(1)落花落果原因

主要是生理落果造成,据观察,榛子落花落果主要集中在以下三个时期。第一时期:开花后(5月上旬),未授粉受精的花随新梢生长逐渐脱落;第二时期:坚果膨大期(6月上中旬),该期也是新梢旺盛生长期,常因营养不足引起落果;第三时期:坚果发育后期(7月下旬至8月上旬),常因营养不足和虫害引起落果。

(2)防止落花落果措施

①加强榛园管理 保证树体正常生长发育,增强树体内养分积累,改善花芽发育状况,提高坐果率。

②人工辅助授粉 榛子经常由于授粉受精不良导致落花落果或坚果空粒、瘪粒,而通过人工辅助授粉可有效提高坐果率,减少空粒、瘪粒。具体方法如下。

a. 花粉采集与贮藏:榛子雄花开放早于雌花,在雄花序伸长、尚未散粉时,将雄花序摘下,放入干净有阳光的室内,摊在纸上干燥,待花粉散出时收集于瓶内,置于冰箱保存备用。

b. 人工授粉:在雌花柱头全部伸出时,进行人工辅助点授。即将花粉用毛笔、鸡毛等轻柔物件蘸取后点在雌花柱头上,效果甚好。人工辅助授粉最好选择天气晴朗、阳光充沛时进行。

对于大面积榛园,人工点授用工量很大,可以选择天气晴朗、阳光充沛时,采用人工制造轻柔微风进行辅助授粉,效果也不错,但要抓好时机。

③施肥 在坚果膨大期和果仁发育初期增施一次复合肥。

3.4.2 防止坚果空粒、瘪粒措施

平榛栽培常有"十粒九空"的说法,也就是说平榛生产经常会发生无果仁或瘪仁现象,影响榛子产量和质量。

①选择良种 选择空粒率低的优良品种进行栽培。
②合理配置 通过配置合适的授粉树或进行人工辅助授粉。
③加强管理 使榛果在生长发育过程中有充足的营养供应。
④防治病虫害 特别是榛实象鼻虫的危害。

3.5 病虫害防治

3.5.1 病害防治

榛叶白粉病的防治。

①危害 主要危害叶片,也可危害枝梢、幼芽和果苞。
②防治 及时清除病枝和病叶,过密时适当疏伐,改善通风透光条件,增强树体抗病能力。5月上旬至6月上旬,树体喷布50%多菌灵可湿性粉剂600~1 000倍液或50%甲基托布津可湿性粉剂800~1 000倍液或喷洒0.2°~0.3°Be石硫合剂,均可取得较好效果。注意石硫合剂使用时,不宜在炎热高温条件下,以免发生药害。

3.5.2 虫害防治

(1)榛实象鼻虫

①危害 以成虫取食嫩芽、嫩叶、嫩枝,使嫩芽残缺不全,嫩叶呈针孔状,嫩枝折断,影响新梢生长。成虫还以细长头管刺入幼果蛀食,造成果实早落;幼虫蛀入果实则将榛仁部分或全部蛀食,造成空粒或瘪仁。

②防治 5月中旬到7月上旬,成虫产卵前及产卵期,用60% D-M合剂300倍液毒杀成虫,每隔15d喷1次,共2~3次;或用50%腈松乳剂和50%氯丹乳剂1:4混合液400倍液喷洒,毒杀成虫。7月下旬至8月中旬,幼果、虫果脱落期,地面撒施4% D-M合剂粉剂毒杀脱果幼虫。采收榛果时,集中消灭脱果幼虫。

(2)梨圆介壳虫

①危害 主要危害苹果、梨,也危害榛子、核桃等。以成虫、若虫附着于主枝干、嫩枝、叶片及果实表面吸取养分,使枝条衰弱枯死。

②防治 梨圆介壳虫发生期长,世代重叠,应采取综合防治措施。加强植物检疫,梨圆介壳虫为世界性害虫,是主要检疫对象。整个生长期,应尽量避免使用残效期长的光谱杀虫剂,从而保护天敌昆虫—红点唇瓢虫。4月上旬,越冬虫尚未危害时,刮除老树皮、翘皮等使虫体暴露,喷布3°~5°Be石硫合剂或5%柴油乳化剂进行防治。少量发生可用人工刷擦被害枝干上的越冬虫。5~6月份,在越冬雄虫羽化盛期及1龄若虫发生盛期,用0.3°Be石硫合剂洗衣粉300倍液,或40%乐果乳剂,或50%敌敌畏乳油1 500倍液喷洒。

(3) 金龟子类

①危害　主要以成虫危害榛子的嫩芽、幼叶，以幼虫危害榛子的幼嫩根系。

②防治　在成虫危害期，利用成虫假死习性，将其由树上震落踩死，或在地面撒施30%甲胺磷粉剂，震落后的金龟子钻入土中将被毒杀。利用成虫的趋光性进行诱杀。成虫大发生时，可树体喷洒50%久效磷500倍液，或50%乐果乳油500倍液，或40%乐果乳剂800~1 000倍液进行防治。

(4) 木蠹蛾

①危害　主要危害欧榛枝条、树干，受害枝条变黄枯死，易折断。

②防治　进行枝干涂白，防止产卵。及时剪除被害枝梢。成虫产卵期用50%对硫磷乳剂500倍液喷洒枝干，杀灭孵化幼虫。5~10月用40%乐果乳剂25~50倍液灌注蛀孔，用黄泥封闭毒杀幼虫，或用80%敌敌畏乳油10~20倍液，蘸棉花球堵塞蛀孔，熏杀幼虫。

4. 榛子采收

(1) 采收

榛子坚果约在8月中旬至9月上旬成熟，采收必须使其成熟充分，过早，种仁不饱满，降低产量和质量；过晚，坚果自行脱落，不易捡拾，易被老鼠啃食。

坚果成熟应以坚果由白色变为黄褐色或红褐色，总苞基部变为黄褐色，用手触及坚果即可脱落为采摘适期。但不同品种、同一品种不同地点、同一株树不同部位充分成熟时间也不尽相同，应分期分批采收，成熟一批采收一批。

采收可采用人工采收或机械采收，我国主要是人工采收。

(2) 脱苞、除杂、干燥

榛果采收后将带果苞果实堆置发酵，厚度约40~50cm，上面覆盖草帘或其他覆盖物，发酵1~2d，发酵期间要注意检查堆内温湿度，温湿度过高会使发酵过度，色泽过深，失去光泽，严重时不能食用。发酵后，用木棒敲击果苞，使坚果脱落。也可采用人工脱苞，但较费工。

经过脱苞的榛果要将其中的果苞碎片、树叶、土块等清理干净后水洗干净。

将经过水洗的果实放于阳光下晾晒，使之干燥。注意不能暴晒，以免果壳开裂，不耐贮藏。也可采用自然通风或干燥器进行干燥。

任务6　仁用杏栽培

杏原产我国，属蔷薇科李属植物，可鲜食可加工。仁用杏是以生产杏仁为主要目的的栽培杏树，有甜仁和苦仁2种。甜仁杏果肉薄而核仁大，因果实多呈扁圆形，故称扁杏或杏扁，都是栽培种。苦仁杏是以西伯利亚杏或山杏为主的野生或半野生种类。

仁用杏的果实及种子具有丰富的营养，食用价值极高；仁用杏叶片肥大，营养丰富，是家畜的良好饲料；木材坚硬、纹理细致，可作名贵家具；杏核壳是烧制活性炭的好原料；树皮可提取单宁和杏胶；杏花是很好的早期蜜源。由此可见，杏树全身都是宝，综合开发潜力很大。

仁用杏树适应性极强，栽培范围广，在荒郊野岭、丘陵山区均可栽植，挂果早，效益好，寿命长。仁用杏抗旱性强，特别适合我国"三北"地区干旱少雨的环境，可以作为绿化荒山的经济树种和先锋树种。

1. 良种选育

1.1 分布

杏树原产我国。公元前2世纪传到伊朗、亚美尼亚、希腊、罗马及地中海沿岸各国，10世纪传至日本，18世纪后传入欧洲和美洲等地。世界杏主产区以亚洲为主，在我国除海南、台湾及东南沿海一带以外，到处可见杏树分布，新疆及黄河流域为分布中心。仁用杏主要栽培于高寒山区、干旱山区，以处于"三北"地区的辽宁、河北、内蒙古、山西、北京及陕西等地较为集中。

仁用杏喜光，抗寒，抗旱，耐瘠薄，抗涝性差，对土壤、地势、水分要求不严。适合夏季阳光充足的山地生长，年日照时数2 500～3 000h以上品质好；可在 −40℃低温条件下安全越冬，春季开花较早，易受晚霜危害，花期遇到 −3～ −2℃的低温易冻花；在海拔1 000m的高山和43.9℃的高温下能正常生长结果；适宜种植在土壤干燥、排水良好的阳坡或半阳坡，若种植在土壤肥沃、排水良好、pH6.5～8的砂壤土上产量更高。适宜中性或微碱性土壤，地下水位高不宜栽培。

1.2 种类

仁用杏呈单芽或二三芽并生，叶芽具有早熟性，可萌发2次枝和3次枝；花芽为侧生纯花芽，每芽仅1朵花，两性花，有雌花发育不完全现象，花芽在枝条上的排列有单花芽和复花芽之分，杏树新梢有自枯现象，无真顶芽，1年由2～3次生长高峰。萌芽率高，成枝力、顶端优势和干性均弱。枝条分为营养枝和结果枝两类，长果枝长度30cm以上，中果枝15～30cm，短果枝5～15cm，花束状果枝5cm以下，以短果枝和花束状果枝结果为主。

1.2.1 主要砧木

杏是蔷薇科李属植物。我国主要有普通杏、辽杏、西伯利亚杏及其变种和自然杂交种。

①普通杏　原产华北和西北地区，广泛分布南北各地，树势强健，耐旱抗寒适应性强，为栽培种，广泛用作砧木。

②辽杏　分布在我国东北，河北、山西北部有零星分布，抗寒性强，大果类型有栽培种，小果类型主要供仁用和用作砧木。

③西伯利亚杏　我国苦杏仁生产主要资源，分布东北、河北、山西西部、内蒙古、新疆等地，极抗旱耐寒，耐瘠薄，不耐涝，可作北方地区的砧木。

此外，桃、李、梅、藏杏等也可用作砧木。

1.2.2 优良品种

仁用杏中的苦杏仁生产以西伯利亚杏等野生种群实生系为主，尚未形成无性系品种。甜杏仁主要品种如下。

(1) 龙王帽

又名大扁，原产北京门头沟区龙王村，故称龙王帽。主产河北涿鹿、怀来、涞水及北京怀柔、延庆、房山等区县，辽宁也有栽培。果实长椭圆，扁平，果面黄色，离核，果肉较薄，味酸软，粗纤维多，汁少，不可生食。平均单果重20~25g，单仁重0.83~0.9g，出核率17.5%，出仁率27%~30%。仁大饱满，味香而脆，略有余苦，品质上等。树势健壮，丰产性强，抗旱、抗寒、耐瘠薄，7月中下旬成熟，适合年平均气温8℃以上地区发展。

(2) 一窝蜂

又名次扁、小龙王帽。产地为河北涿鹿、涞水一带。平均单果重10~15g，单仁重0.62g，出仁率30%~35%，品质好，果实密集着生于短果枝和花束状结果枝上，似一窝蜂状，故名一窝蜂。成花容易，坐果率极高，极丰产，7月下旬成熟，抗旱耐寒耐瘠薄，适应性强，树体较矮小，适宜密植。

(3) 白玉扁

又名大白扁、柏峪扁。原产北京门头沟区柏峪村，现今在河北涿鹿、怀来及辽宁朝阳栽培较多。果实扁圆形，果面黄绿色，7月下旬成熟时自然裂开，果核脱出。平均单果重18.4g，单仁重0.77~0.8g，出仁率30%，香甜可口，品质佳。耐旱耐瘠薄，适应性强，对土壤要求不严，早果丰产，坐果率高，易受杏仁蜂危害，引起早期落果。花粉量大，适宜作授粉树。

(4) 北山大扁

又名荷包扁、大黄扁。主产北京密云、怀柔及河北赤城、隆化、滦平等地。果实扁圆形，果面橙黄，阳面红晕并有紫色斑点，果肉橙黄色，肉质较细，汁液少，味酸甜，可晒干也可生食，离核，平均单果重17.5~21.49g，7月中旬成熟。仁大而薄，味香甜，无苦味，品质好，单仁重0.71g，出仁率27%~30%。耐旱性强，适宜土层深厚的山坡地、梯田或沟谷中栽植，花期和初果期较抗寒，丰产性强，但进入结果期较晚。

(5) 超仁

辽宁省果树研究所1998年选育。果实扁卵圆形，平均单果重16.7g，果皮、果肉均为橙黄色，离核，核壳薄，平均干重2.16g，出核率18.5%，出仁率41.1%，平均干仁重0.96g，仁肉乳白色，味甜，5~10年生平均株产杏仁4.3kg，比龙王帽增产37.5%，自花结实率4.2%。抗病能力强，经多年观察没有流胶病、细菌性穿孔病和果实疮痂病等病害，抗寒性也较强，可在吉林公主岭以南地区栽培。

(6) 油仁

辽宁省果树研究所1998年选育。果实扁卵圆形，平均单果重15.7g，离核，平均干核重2.13g，出核率16.3%，干仁平均重0.9g，出仁率38.7%，仁大而厚，饱满，味甜香，仁肉中脂肪含量高达61.5%，是杏仁中脂肪含量最高的品种。5~10年生平均株产杏仁3.3kg，比龙王帽增产4%，自花不结实。抗病能力强，经多年观察没有流胶病、细菌性穿孔病和果实疮痂病等病害，抗寒性也较强，可在吉林公主岭以南地区栽培。

(7) 丰仁

辽宁省果树研究所1998年选育。果实扁卵圆形，平均单果重13.2g，离核，干核重2.17g，出核率16.4%，核面较凸起。平均干仁重0.89g，出仁率39.1%，仁厚，饱满，味甜香。5~10年生平均株产杏仁4.4kg，极丰产，自花结实率2.4%，是超仁的授粉品种。抗病能力强，经多年观察没有流胶病、细菌性穿孔病和果实疮痂病等病害，抗寒性也较强，可在吉林公主岭以南地区栽培。

(8) 国仁

辽宁省果树研究所1998年选育。果实扁卵圆形，平均单果重14.1g，离核，干核重2.37g，出核率21.3%，为出核率最高品种。平均干仁重0.88g，出仁率37.2%，杏仁饱满，味甜。5~10年生平均株产杏仁4.1kg，丰产性好，自花不结实。抗病能力强，经多年观察没有流胶病、细菌性穿孔病和果实疮痂病等病害，抗寒性也较强，可在吉林公主岭以南地区栽培。

(9) 优一

河北省蔚县选育。果实圆球形，单果重9.6g，离核，平均单核重1.7g，出核率17.9%，核壳薄。单仁平均重0.75g，出仁率43.8%，杏仁长圆形，味香甜，叶柄紫红色，花瓣粉红色，花型较小。花期和果实成熟期比龙王帽迟2~3d，花期可耐短期-6℃低温，丰产性好，有大小年结果现象。

(10) 新4号

河北蔚县选育。果实近圆形，平均单果重12g，离核，平均单核重1.76g，出核率35.7%，核壳较薄。单仁重0.7~0.73g，出仁率35.7%。杏仁圆锥形，端正，黄白色，饱满，味香甜。花期和果实成熟期比龙王帽迟3~7d，花期能抗短期-7℃低温，丰产。

(11) 三杆旗

河北蔚县选育。果实圆形，单果重7.5g，离核，单核重1.52g，出核率39.8%，核壳稍厚。单仁重0.68~0.7g，出仁率40.6%，杏仁圆锥形，端正，饱满，仁肉细，味甜香。花期可耐短期-5.2℃低温，抗旱力强，落果少。

(12) 九道眉

产河北涿鹿、怀来、涞源及北京房山等县。树势强健，树体高大，半开张。幼树结果稍晚1~2年，成年后产量增多，大小年现象明显，寿命长达百年以上。果实长圆形，果皮黄色，有红晕和斑点。单果重20~25g，离核，出核率15%，单核重2g，出仁率30%，杏仁斜长圆形，仁皮棕黄色，有明显九道深色纵纹，单仁重0.6~0.7g，仁甜、味香。为优良仁肉兼用品种。

此外，还有山西"临县大扁杏"、陕西华县的"克拉拉"与"迟梆子"、河北与北京一带的"串铃扁"、黑龙江宝清县597农场的"龙垦1号""龙垦2号"等优良品种。

2. 苗木繁育

目前生产中甜仁杏生产主要采用嫁接繁苗，而苦仁杏的苗木繁育主要采用播种繁殖。苦杏仁播种繁殖所生产的苗木既可直接用于苦仁杏生产建园，亦可作为甜仁杏苗木繁育所需的砧木利用。甜仁杏的苗木繁育一般可按以下步骤进行操作。

2.1 砧木苗培育(播种繁殖)

(1)苗圃地选地

应选择背风向阳、地势平坦、土层深厚、肥沃湿润、排水良好的壤土或砂壤土,附近最好要有优质水源,且交通方便,尽量靠近建园地点,缓坡地也可选用,土质黏重、低洼易涝或种过核果类果树的地方不宜选作苗圃地。

(2)苗圃地整地

苗圃地选好后,在播种前一年秋季或播种前进行全园深翻30~35cm,然后全面撒施腐熟农家肥2 500kg/亩以上,同时按1~1.5kg/亩用量撒施辛硫磷,消灭金龟子等地下害虫,杂草较多的地边、地埂,也是金龟子集中越冬的地方,撒药时也不能放过。施肥、撒药后耙平耱细,可做床也可不做床,以备播种。

(3)种子处理

目前,生产上仁用杏嫁接繁苗主要采用西伯利亚杏、辽杏和普通杏作为砧木,各有优缺点。西伯利亚杏耐寒、耐旱、耐瘠薄,对土壤适应性强,并有一定矮化作用,但幼苗生长较慢,适合条件较差地区;辽杏抗寒性强;普通杏苗期生长快,嫁接愈合好,接后树体高大、健壮,适宜条件好的地方。也有用桃作砧木的,结果早,但寿命较短;小黄李作砧木,耐涝,但易得红点病。

砧木树种选好后,需要在砧木树种果实充分成熟季节采收种子。种子采收应选择树体健壮、丰产性强和无病虫害的生长在阳光充足环境下的成年树作为采种母树进行采种。采收不能过早也不能过晚,过早采收,种仁不饱满,种子生命力低,萌芽率低;采收过晚,果实大量落地,如不能及时捡拾,易受鼠害盗食或被雨水冲走。采收方法为摇落捡拾或用竹竿敲打树枝震落捡拾。

采收后及时捏取杏核,禁止堆放以免果实腐烂,造成种子发霉。捏取后放阴凉处阴干,置于干燥通风处保存,以备播种。

播种前种子要进行低温沙藏处理,处理方法如下。

在土壤上冻前选背风向阳、排水良好的地方,挖深0.8~1m,宽1.5m,长度视种量而定的沟,先在沟底铺10~15cm湿沙,然后将种子在清水中浸泡3~5d,中间换水1~2次,使种仁充分吸胀水分,然后按种沙比1:3比例混匀,装入沟内,也可按上述比例一层种子一层沙,填至距地表15cm时,盖一层草帘,再盖沙子至与地表平,沟上用土培成30cm高的土堆。如果处理种子量大,为防止种子发霉,可在沟内每隔一定距离插入几个露出地面的草把。沙藏期间要防止雪水倒灌,并注意防止鼠害。沙藏时间最少90~100d,一般在11月下旬至翌年3月上中旬,沟内温度保持在0~5℃。播前15d左右,取出种子放在室内或向阳地方催芽,催芽期间经常翻动,使种子受热均匀,干时喷水保持湿度,早晚盖上草帘保温。当70%种子裂口露白时即可播种。

如果冬季未能沙藏,春季可采用开水炸种、马粪催芽、温水浸种、种仁催芽等方法补救,但均不如沙藏种子发芽快、整齐。

开水炸种:播种前20d左右,将种子放入提篮,进入开水中不断摇晃,杏核受热核内空气膨胀,排出气泡,当气泡减少时把提篮从开水中提出,立即倒入冷水中,杏核骤冷收缩,把水吸入核壳内,并使部分核壳开裂,然后浸泡2昼夜,期间要经常搅动,再捞出与

3倍湿河沙混合拌匀,置25℃条件下催芽,注意保湿保温,待部分种子裂嘴时即可播种。

马粪催芽:50kg杏核清水浸泡2d后与60kg生马粪、100kg细河沙混合均匀,加水搅拌至手握成团,然后培成50cm厚的堆,堆内温度上升到30~33℃时,大部分杏核裂嘴即可播种。

温水浸种:将种子装入缸内,倒入60℃温水,每天换水1次,浸水5~7d,种子吸足水分播种。

种仁催芽:播种前10d左右,将杏核砸开但不碰破种皮,取出种仁,用清水浸泡1~2d,再与3倍湿沙混合拌匀,置25℃温度下催芽至30%露白即可播种。

也可将种子用清水浸泡3~5d后在秋季直接播种,这样就省去了催芽处理的过程,且出苗早,出苗整齐。

(4)播种

一般采用2行一带的带状播种,行间距20cm,带间距40cm。整地时不做床的,可以采用犁播,沟深10cm左右,随即顺沟播种,种距5cm,相邻两犁播种,即为行距20cm,空一犁不播种,即为带距40cm。播后覆土6~8cm,稍踩实,耙平即可。整地时做床的,在苗床内顺床开沟,仍按行距20cm,带距40cm,进行点播,种距10cm,覆土深度5~7cm,稍踩实,耙平即可。

播种季节为春季4月上中旬~5月上旬。也可在秋季9月中旬~10月中旬播种,方法同上,但播种深度可稍深,播后覆土8~10cm,稍踩实,耙平,土壤封冻前最好灌一次封冻水。

播种量为西伯利亚杏10~12kg/亩,普通杏14~16kg/亩,辽杏视种核大小,可参照西伯利亚杏或普通杏播种量。

(5)播后管理

加强苗田管理,是实现当年嫁接,缩短育苗周期的重要环节。

播种后一般15~20d可出苗,幼苗出齐后长至3~4片真叶时进行间苗和补苗。间苗时按照株距15cm左右留苗,同时对缺苗断垄处进行带土移栽补苗,补苗必须浇水。移栽补苗最好选择阴雨天进行,也可在晴天16:00后进行。结合间苗、补苗工作,进行松土除草,整个苗期均要保持田间无杂草,促进幼苗生长。

苗期追肥2~3次。第一次在苗高10cm左右时,亩施10~15kg碳酸氢铵或5~10kg尿素。第二次在苗木第一次摘心后,亩施碳酸氢铵25kg。第三次在7月初苗木仍达不到嫁接粗度时进行。每次追肥前都要进行中耕除草,追肥后浇水。

苗高达25~30cm时,进行第一次摘心,把幼苗的顶梢摘除,抑制高生长,促进加粗生长。摘心可进行2~3次,第二次除顶梢外,侧枝也要摘心。同时结合第二次摘心将苗木下部10cm范围内的叶子和嫩枝抹除,以利于将来嫁接。

苗期注意加强蚜虫、金龟子和卷叶虫危害的防治。

在7~8月份当地表以上15~20cm处粗度达到0.8~1cm时,可进行当年芽接。如果粗度达不到要求,可于来年春季枝接。

2.2 嫁接苗培育(以劈接为例)

仁用杏嫁接苗培育,一般多采用春季枝接和带木质部芽接,夏秋季则采用"T"形芽接。春季枝接可采用劈接、切接、插皮接等嫁接方法。

(1) 接穗采集

接穗采集可在秋季母树落叶后至来年春季萌芽前进行。接穗要从优良品种结果期母树的树冠中上部外围向阳面采集健壮充实、无病虫害的一年生发育枝。采集好的接穗要分品种以50~100根一捆，挂上标签，放在冷凉的地窖湿沙埋藏，贮藏期间保持温度0~5℃，如果落叶后至入冬前采集，需要贮藏时间较长，贮藏不好穗条易失水，影响嫁接成活率。若就地嫁接，最好随接随采或采后进行暂时贮藏。为了减少接穗水分蒸发，提高嫁接成活率，可以对接穗进行蜡封。注意接穗采集最好结合整形修剪进行，以免影响修剪效果。

如果采用芽接，则接芽应注意根据需要在合适的时间采集。

(2) 接穗截制

春季树液开始流动后至萌芽前准备嫁接，在接穗的下端，从穗条两侧各斜削一刀，削成一侧厚、一侧薄的偏楔形，两个削面大小相当、相背对称，削面平整光滑，然后留2~4个芽从穗条上剪下(或用蜡封接穗)。接穗较粗，削面要长些，接穗细，削面短些，使接穗两个削面的夹角尽可能小些，以促使接穗嫁接时尽量能与砧木劈面紧密贴合。

(3) 砧木剪截

接穗削好后，于砧木离地10cm范围内，在准备嫁接部位选木质纹理顺直、皮部光滑处将砧木剪断或锯断，端口削光，用劈接刀从砧木中心过随心部位将砧木劈开，深3~4cm，劈裂缝一般比接穗削面略长。砧木较粗时，可多劈几个裂缝，多嫁接几个接穗。过粗的砧木要从边上劈，以减小劈缝的夹合力。

(4) 接合

砧木切好后，将偏楔形接穗较薄一侧向里，较厚一侧向外轻轻插入砧木劈裂缝内，直至砧木含夹接穗有力，接穗削面尚露出0.5cm左右时为止，要求形成层必须对齐吻合。砧木皮层厚时，接穗稍靠里，使形成层对齐，一般掌握砧穗木质部吻合，不求外面表皮平。砧木较粗时，可接2个以上接穗，接穗插入劈裂缝时，一侧形成层对齐即可。

(5) 绑缚

接好后，用塑料条从下往上将砧木与接穗接合部位绑缚严紧，不能露风。使劈裂缝内形成密闭空间，以利于愈伤组织形成。接穗也要绑缚紧实，以免松动，导致成活率下降。

(6) 接后管理

嫁接后，砧木上易发分蘖，要及时抹除，以保护接芽的萌发和生长。接穗成活后萌生的枝条要选择一个位置好的壮条留下，其余去除。并于成活后进入旺盛生长期时适时解除绑缚，以免枝条旺盛生长时由于绑缚而导致出现缢痕，影响生长，也容易折断。

加强土肥水管理，保持田间土壤疏松无杂草，干旱时及时灌溉，雨季及时排水，并于嫁接成活后苗木生长前期和旺盛生长时期进行2~3次追肥，前期以氮肥为主，促进苗木快速生长；后期应以磷钾肥为主，促进苗木枝条发育充实。秋季后要注意控水，防止苗木徒长。另外，整个生长季注意防治病虫危害，主要是蚜虫、金龟子、卷叶虫等。

2.3 苗木出圃

仁用杏苗木一般需2年出圃。出圃时间最好与建园定植时间一致，做到随起随栽，提高栽植成活率。如果是春天定植，秋天出圃，起苗后需及时进行越冬假植。

起苗前，先对苗圃地进行充分灌水，使土壤完全湿透，待土壤湿度达到可以起苗时进行起苗，起苗时尽量保护根系少受损伤，防止碰伤接口，先在苗木行一侧开沟，然后切断主根，挨株逐行挖掘。起苗后将劈伤的根系剪平，铲断的根系剪出平整的根茬，以利伤口愈合。挖出的植株进行分级后栽植或假植。

3. 栽培管理

3.1 栽植

栽植密度应据管理水平、土壤状况等确定。一般行距控制在 4~5m，株距 1.5~3m。土壤瘠薄、土层较浅、管理水平高可适当密一些；土层深厚、土壤肥沃、管理水平低可适当稀一些。山区地形不规整、比较破碎，光照条件好可以不强求株行距一致，可适当加密。

栽植季节可在春季也可在秋季。北方冬季寒冷、干燥多风，适合春季栽植；南方冬季温暖、湿润，适合秋季栽植。春季栽植要注意应在杏树花芽露红时最容易成活。秋季栽植可充分利用劳力，也有利于苗木根系恢复，成活后生长比春季栽植好。北方秋季栽植要注意埋土防寒，以免苗木因风大而抽干。

栽植要挖大穴，以起到疏松熟化土壤的作用，最好在栽植前一年秋季挖好。挖好后先回填表层土，并施好底肥，最后将表土在栽植穴上堆成土堆。春季栽植时将栽植穴上的土堆铲平，据苗木根系大小挖一个小坑即可栽植。栽植时将苗木放入栽植穴内，使苗木根系舒展，然后将潮湿的表层细土埋向根系，边埋边踩实，要求下层轻踩，上层重踏，做到"下喧上实"，埋土深度以原土印稍低于地表为宜，不要埋住接口，如果土壤墒情较好，可以不浇水，否则，必须浇水。最后保留苗干 60~80cm 进行定干，然后在苗干基部培一土堆，以防风摇树苗和土壤水分蒸发，也可以采用地膜覆盖树盘技术，防止土壤水分蒸发和上层土壤板结，同时提高低温，促使苗木成活。

3.2 土肥水管理

仁用杏适应性强，耐粗放管理。过去多栽植于土壤瘠薄、土壤结构不良或土层较薄地方，加之不重视管理，仁用杏多表现长势弱、大小年严重、花败育率高、坐果率低，生长结果受到很大影响。因此，加强土肥水管理，改良土壤理化性状，协调水、肥、气、热，提高土壤肥力才是保证仁用杏生长和结果的重要措施。

3.2.1 土壤管理

定植后，随树龄增长，每年结合施肥、浇水，进行树盘扩穴深翻，深度 30~45cm，扩穴宽度 30~40cm。有条件地方，每年早春结合修整树盘，向树盘内浇水，每株 50~100kg，然后覆盖地膜或向树盘内覆盖杂草、麦秸等，覆盖 10~20cm，用土压住，土厚 2~3cm，秋后结合扩穴深翻将其翻入土中；如果是覆盖地膜，则需达到疏松土壤、改良土壤结构、增加土壤肥力、保持土壤水分、调节土壤温度等作用。

土壤条件好的地块，定植后的最初几年，可以间种作物，以充分利用土地，增加收入，弥补杏仁产量暂时不高的损失，也可起到养护土地，改善小气候条件，以耕代抚等作用。但要注意间作物不能影响仁用杏的生长发育，耕作过程中也不能碰伤树干、损伤根系等。

另外，平时也要做好中耕松土、除草工作，以免杂草丛生，与仁用杏争水争肥和为病虫害发展提供便利。

3.2.2 施肥管理

仁用杏耐瘠薄，但对肥料反应敏感。施肥可明显增加树体生长量、减少败育花率、提高产量和品种，尤其栽植在瘠薄、土壤结构不良土壤中，施肥更是必要。

定植后3~4年的幼树期，在定植时施足底肥，可满足生长需求，一般不必再施有机肥，只需据树势状况适量追施化肥即可。5~6年后树体进入盛果期，营养消耗量增加，新梢与树冠扩大明显减弱，为获得高产，可在每年秋季落叶后至土壤冻结前，结合深翻扩穴成龄树按3 000~5 000kg/亩施入有机肥。北方一般在9月下旬至11月上旬，早施利于受损根系伤口愈合。

其次，在生长期的花前15d左右和硬核期追施两次化肥，用量为成龄树每株施尿素0.5~1kg，施后及时灌水。另外，如树势表现衰弱、当年坐果率较高、新梢生长量明显减少，可在果实采收后立即追施化肥。也可在花后、新梢快速生长期、果实膨大期、花芽分化期进行叶面喷施尿素、过磷酸钙，但要注意浓度不宜过高，以免引起药害，喷施时间选择清晨或傍晚进行，以便于叶片吸收。

3.2.3 水分管理

仁用杏耐寒，但也对水敏感，特别是干旱地区，合理灌溉，保持土壤中的水分，可明显增加生长量和产量。

目前，对没有灌溉条件的干旱地区，主要是做好水土保持，注意中耕、深翻等，以蓄水保墒。也可采用穴储水肥法施肥灌水，即在树的周围挖深30~40cm、直径20cm的坑穴4~8个，将作物秸秆或稻草等扎成捆，用人粪尿浸泡后，埋入挖好的坑穴内，将坑穴周围整成以坑穴为中心的周围高、中心低的地形，铺上地膜，地膜中心扎孔后用土块压住，以利于下雨时集中水分向中心孔穴内集中，同时在不同的物候期（萌芽前、果实迅速生长期、硬核期、花芽形成期等），据干旱程度将配好的肥液灌入孔穴内。穴储水肥孔穴每年更新一次，可有效解决干旱地区仁用杏对肥水的需求。

有灌溉条件的地区，可依据当时的气候状况、土壤含水状况及仁用杏的需水状况等确定是否需要灌溉。在我国北方，一般一年最少需灌溉3次水，第一次在萌动时，最迟不能晚于花前10~12d，可保证开花和枝条生长对水分的需求，也可为幼果发育提供良好条件，防止花后的大量落果，还可以推迟花期，有利于躲避晚霜。第二次在硬核期，该期是仁用杏的需水临界期，可使杏果良好发育。落叶后，土壤封冻前，应灌一次封冻水，提高花芽抗寒性，保证根部在冬春良好的发育。

3.3 整形修剪

仁用杏生长快、结果早、生产潜力大，如放任生长，大量结果后，很快会使树体衰老，为延长经济寿命，增加结果部位，保持良好树形与树冠结构，需进行合理整形修剪，以达到高产、稳产目的。目前仁用杏生产多采用自然圆头形，条件好可采用疏散分层形、自然开心形、自由纺锤形，还可采用延迟开心形、丛状形。

3.3.1 整形

自然圆头形树形整形过程：该树形是顺应仁用杏树的自然生长习性，人为稍加调整而成，无明显中心干。

整形是在苗木定植后，于苗木70~80cm高处定干，在整形带内选留5~6个错落着生的主枝，除最上一个主枝向上延伸外，其余全向斜上方伸展，越向下开张角度越大。当主枝生长至长达50~60cm时剪截或摘心，促其发生分枝，选留侧枝，以后每隔40~50cm选留一个侧枝，每个主枝选留2~3个侧枝。主枝延长头继续向前延伸，侧枝分列主枝两侧，互相错开，分布均匀，以后每年剪截主侧枝延长头，不断扩大树冠，待延长枝长势减弱后，即可甩放，促其形成果枝结果。

该树形修剪量小，成形快，定植3~4年即可成形，进入结果期早；主枝多，易丰产；树冠小，管理方便；但后期树冠易郁闭，造成内膛空虚，结果部位外移。

疏散分层性树形整形过程：该树形有明显中央领导干，树干比自然圆头形稍矮，主枝7~9个分层排列于中央领导干上，树高约3~4m。

苗木定植后，于60~80cm处定干，促其发生分枝，选留一个长势强旺的作为中央领导干，位置方向合适的3~4个作为第一层主枝。待中央领导干延长枝长至60~80cm时进行剪截或摘心，促发分枝，以利选择第二层主枝；对第一层主枝则待其延长枝长至50~60cm时剪截或摘心，促发分枝选留侧枝，以后每隔40~50cm选留一个侧枝，每个主枝选留2~3个侧枝。每个主枝上的第一侧枝的选留方向相同，在地面的正投影成推磨子排列，后面各侧枝则与前一侧枝生长方向相反。中央领导干剪接后，在其所萌发枝条中选留长势强旺的仍作为中央领导干，促其继续直立生长，待其延长头长至40~50时，再次对其进行剪截或摘心，促发分枝，以利于选择第三层分枝。而对其他枝条仍选择位置方向合理的2~3个作为第二层主枝，第二层主枝要与第一层主枝在地面的正投影成插空排列，待其延长枝生长至40~50cm时，对其进行剪截或摘心，促发分枝，选留与第一层主枝上分布的第一侧枝方向相反的枝条作为第一侧枝，以后每隔40cm左右选留一个侧枝，第二层每个主枝选留1~2个侧枝。中央领导干在其延长枝长至第三层高度时，对其进行剪截或摘心，发生分枝后不在选留中央领导干，只需选留1~2个方向合适枝条作为主枝即可，每个主枝上再选留1个侧枝。

该树形主枝较多，层次分明，分布均匀，内膛不空，结果部位多且通风透光，产量高，但整形完成需要3~4年，甚至更长，树体偏高，树冠偏大，管理不便。

今后，仁用杏生产也应向密植栽培和集约管理方向发展，而在密植条件下，整形就应考虑群体效果而不是个体，因此在整形时，应做到低干、小冠，尽量减少骨干枝数目与级次，缩小树冠结构，增加结果枝量。

3.3.2 修剪

杏树成枝力弱、枝条少，但新枝上易成花芽结果，所以，只要注意培养新枝，使枝条分布均匀，注意通风透光和衰弱果枝的更新复壮，一般即能连年丰产，因此，仁用杏的修剪比较简单。

(1) 幼树期树修剪

仁用杏在幼树期的修剪主要是完成整形任务，培养好树冠，并促使幼树早结果、多结果，尽快进入盛果期。因此，修剪主要是对各主侧枝的延长枝进行每年剪截，同时培养串状果枝、结果枝组等。

(2) 各级主侧枝延长枝处理

各级主侧枝每年均需剪截,剪截时,一般主枝剪去1/3,其他各级侧枝剪截量要比主枝多,一般为1/2~2/3,使主枝剪留量长于侧枝,保持主从关系。实际修剪时注意3点:第一,剪截位置应在饱满芽处;第二,以剪截后能够抽生3个长枝,以下尽可能多萌发形成中短枝,基部少数不萌发成潜伏芽;第三,保证培养的侧枝和串状果枝有合理距离和密度,不能过于密挤。空间小时轻剪,使少发枝;空间大重剪,使多发长枝。侧枝延长枝剪留长度稍短些,使剪口下能萌发2个长枝为宜,一个继续延长,一个培养串状果枝。延长枝上有二次枝时,据二次枝着生位置确定是否保留,二次枝以下够剪留长度的,可将二次枝以上部分剪去,二次枝在下部的,在二次枝以上剪截,剪截时选好剪口芽。将二次枝培养为侧枝或串状果枝。待各级延长枝延长几年后,随结果量增加,长势减弱时,甩放不剪,培养成结果枝。

注意杏树剪截后伤口不易愈合,剪截延长枝时,芽上要留1~2cm的高桩;杏树发枝少,一般不采用里芽外蹬技术开张角度。

(3) 培养串状果枝

仁用杏在初果期主要以中短果枝结果为主,尤以长势强旺的长枝上萌发的短枝结果稳定。所以,修剪时,延长枝以下的长枝和有饱满顶芽的中等枝条尽量甩放不剪,促其形成串状果枝结果。空间大的地方,可重剪一年生强壮长枝,促发分枝后甩放,以增加串状果枝的数量。但要注意串状果枝要以背上斜生为主,直立生长的要加大角度,改变方向,以免影响主枝生长。

(4) 培养结果枝组

对条件较好、树势强壮的,可于生长季对新生结果枝连续摘心,促发二次枝、三次枝,当年形成枝组,扩大结果部位,下年结果;对有些品种,串状果枝上的短枝生长不均衡,有些短枝结果后死亡,有些短枝萌生长枝,对这些品种可采取先放后缩,在分生长枝处回缩培养结果枝组;对萌芽力弱、长枝中下部易光秃品种,不培养串状果枝,采取先截后放,培养成结果枝组。

(5) 其他枝条修剪

各级主侧枝和串状果枝上的短果枝和花束状果枝不剪截;无饱满顶芽的中等弱枝和强旺枝上的二次枝,在有较充实芽且有叶芽部位剪截,提高坐果能力和促进分枝,避免结果部位外移和枝势衰弱;对连续延伸的短果枝,下部有分枝时,在分枝处回缩,促生壮条,延长结果年限;中短枝过密,可疏除一部分弱枝。

(6) 盛果期树修剪

进入盛果期的树,随结果量增加,树势会渐衰弱,死枝、光秃和结果部位外移现象逐渐加重。因此,要加强管理,保持树势旺盛,尽量延长短枝结果年限,推迟光秃和结果部位外移现象,在修剪上需要注意以下几个方面。

①轻回缩骨干枝和串状果枝 通过适当回缩,使枝条下部复壮,增强枝势,维持盛果期年限。同时疏除干死枝、过密枝,以通风透光;活小枝回缩到基部分枝处,促发新枝。

②更新串状果枝 串状果枝连续结果6~7年后,短枝衰弱,结果量减少,轻度回缩已不能复壮枝势,可在基部10cm处重回缩,促使潜伏芽萌发长枝,重新培养串状果枝。

回缩串状果枝以全树一次全部回缩并将其他长枝也一同回缩效果好,只回缩部分串状果枝,抽生的新枝不健壮。

③更新结果枝组　原有的结果枝组,结果几年后,枝势衰弱,结果部位外移,可从健壮分枝处回缩,复壮枝组,或从基部回缩更新;对其他枝条,也应加重短截程度,促其不断复壮,形成分枝。

④充分利用徒长枝　树势减弱,结果量减少时,尤其是串状果枝和枝组更新时,下部会出现强旺的徒长枝,对这些徒长枝,可通过生长季连续摘心或剪截,促生分枝后甩放成串状果枝或培养成结果枝组,增加结果部位,也可通过连年剪截培养成新的主侧枝。

(7) 衰老期树修剪

进入衰老后的树体,骨干枝已大部光秃,枝组也出现下部光秃,新梢生长量很少,结果部位外移严重,产量低而不稳,这时轻度回缩已不能促发健壮分枝,应从骨干枝的基部或中部锯断进行更新,锯断时要注意防止劈裂,锯口要削平,并涂抹漆蜡,防止伤口干裂,或用插皮接法嫁接3~4个接穗,帮助锯口愈合。更新时要注意据整形要求选定大枝的锯断位置,同时要一次性全树全部枝干更新,分年会影响新枝的萌发和生长。春季对萌发的新枝要加强管理,防止风折,同时加强整形修剪和土肥水管理。

3.3.3　其他管理

(1) 保花保果

①花期喷水、喷硼　春季干旱、花期刮大风地区,柱头易干燥,影响授粉受精。可于花期喷水,或喷0.4%的硼砂水溶液,可以显著提高坐果率。

②人工辅助授粉　仁用杏虽可以自花授粉,但不同品种互相授粉,可提高坐果率,有效克服由于授粉不良引起的落花落果。

③喷施激素　为促进花芽发育,提高来年坐果率,对坐果率低的品种和来年产量低的树体于10月中下旬喷50mg/L赤霉素,可有效提高花芽质量和产量。

④加强花期和幼果期肥水管理　幼果膨大期、硬核期和种仁发育期叶面喷施0.5%尿素或0.5%磷酸二氢钾,可有效提高坐果率,降低落果率。花芽萌动期、果实膨大期和灌封冻水,可提高花芽的抗寒性,减少落果。

⑤夏季摘心　果实膨大期也是新梢旺盛生长期,摘心可使新梢提前停止生长,使养分流向幼果,提高坐果率。注意摘心时间为新梢长至30~40cm时。

⑥果实采收后加强管理　仁用杏果实采收后开始花芽分化,此时注意加强肥水管理、病虫害防治等,可使花芽分化更充分,降低败育花率,提高坐果率。

(2) 预防花期霜冻

仁用杏开花较早,且花期及幼果期对低温敏感,抗冻能力差,易受冻害,因此注意预防花期霜冻非常必要。

①选择地形地势、品种　建园时注意选择背风向阳、小气候条件好地方,避开易受冻害地段进行建园,同时设置防护林进行保护,选择花期抗冻能力强的品种,以减轻霜冻危害。

②加强综合管理　加强土肥水管理,合理进行整形修剪,改善通风透光条件,增加树体营养,提高抗寒力;9月下旬至10月上旬,喷施50mg/L赤霉素,推迟落叶,增加积累养分,提高坐果率;通过培养副梢果枝,推迟花期,合理躲避晚霜危害。花芽膨大期,喷

施500～1 000倍青鲜素或灌水，推迟花期，避开晚霜危害。

③熏烟防寒　注意收听天气预报，在霜冻发生前通过园内熏烟方法预防霜冻。或通过灌水，降低地面辐射，补充树体水分，增加空气湿度，提高露点温度，降低受害程度，同时推迟花期，合理避开寒流霜冻危害发生。

(3) 树体保护

①刮树皮和树干涂白　成年杏树树皮粗糙，老皮翘起，成为害虫藏身产卵、越冬的场所。另外，老树皮增厚，有碍树干活组织呼吸，不利于生长发育。因此，每隔1～2年应及时对成年树进行一次刮树皮工作，消灭越冬害虫、虫卵及病菌，促进树体发育。

刮树皮时间应在早春进行，此时越冬害虫尚未出蛰，虫卵也未孵化。刮树皮深度以刮去老树皮为度，不可过深，掌握"见红不见白"，以免刮到韧皮组织，造成伤口，引起冻害和流胶；并将刮下的树皮、碎屑、虫体、虫卵等收拾干净，集中销毁。并于刮掉老树皮后，进行树干涂白，可消灭残余越冬害虫和病菌，还可防止日灼病发生。

②顶枝和吊枝　杏树枝脆，盛果期常由于挂果太多，导致大枝压折、劈裂等现象，因此，对盛果期树特别是大年树，应在早春发芽前，进行顶枝或吊枝。

③伤口处理　由于重修剪、病虫危害、超重负载、大风、雷击等常给树体造成较大伤口，如不及时处理，会引起病菌浸染、伤口腐烂，严重时造成木质部腐朽、空心、削弱树势、缩短寿命等。因此，需将大伤口锯平削光，涂抹石硫合剂并用塑料布包裹。冬剪去掉大枝要留桩20cm，春季萌芽后再从基部锯掉，以利伤口愈合。对老树上树洞，应清除洞内朽木、泥土，然后填以石块，用水泥或石灰抹平，防止继续腐烂。病枝应将局部树皮刮除，露出新茬，涂抹涂白剂，并用塑料布包裹。

(4) 高接换头

在确定好改接山杏植株后，一般于春季萌芽时采用插皮接、劈接或腹接等方法进行多头树状高接换头。接好后要加强管理。主要做好除萌抹芽，选留接穗上萌发的生长强旺健壮枝条，其余及时除去，促其快速生长；当新梢生长至高约20～30cm时，设立支柱将新梢绑缚其上以免风折，并要防止人畜碰伤。另外，还需加强土肥水管理、病虫害防治，促进仁用杏尽快生长、尽快成形、尽快进入盛果期。该法对嫁接技术要求较高，如嫁接不成活则损失也较大。

3.4　病虫害防治

仁用杏多在干旱地区栽培，空气干燥，所以病害一般较少，虫害较多。

3.4.1　病害防治

(1) 杏褐腐病

①危害　主要危害果实，也危害花和枝叶，果实症状最明显，果实接近成熟时最为严重。病果起初产生褐色圆斑，果肉变褐、软腐，病斑上出现数圈白色和褐色绒毛霉层，很快扩展到全果，然后脱落或失水干缩成褐色僵果；花和嫩叶受害后变褐萎缩，新梢形成溃疡，严重时病斑以上枝条枯死。

②防治　消除病原，随时清理树上、树下的僵果、病果，结合冬剪剪除病枝，集中烧毁。及时防治蛀果害虫，减少果面伤口。化学防治：发芽前喷1次3°～5°Be石硫合剂，消灭树上病菌；开花前和落花后各喷1次70%甲基托布津或50%退菌特1 000倍液，防治花

腐和幼果感染。

(2)细菌性穿孔病

①危害 主要危害桃树,杏树也常感病。主要危害叶片,也危害果实、枝条。叶片感病后最初叶上产生水渍状小斑点,后扩大为圆形或不规则病斑,褐色或紫褐色,周围有黄绿色晕斑,病斑干枯后,周围形成一圈裂纹,极易形成穿孔。严重时,病斑相连使叶片大部分干枯,造成早期落叶,影响开花结果;果实感病后,病斑褐色稍凹陷,潮湿时,产生黄色黏液,干燥后周围发生龟裂。

②防治 加强栽培管理,增强树势,提高抗病能力;不要与桃树等核果类混栽;春季发芽前喷4°~5°Be 石硫合剂,发病初期喷硫酸锌石灰液(硫酸锌 0.5kg、生石灰 2kg、水 120kg)或喷 65% 代森锌 300~500 倍液,严重时,每隔 7~10d 喷 1 次,连喷 3 次。

(3)杏树流胶病

①危害 一般多发生于主干、主枝、权桠处,果实也有流胶。被害枝在春季流出半透明的树胶,干后呈黄褐色黏在枝干上,流胶处呈肿胀状,皮层和木质部变褐、腐烂,易再被其他腐生菌感染,削弱树势。主要由病害、虫害、冻害、日灼伤及其他一些机械损伤造成伤口引起。

②防治 加强管理,增强树势,提高树体抗病能力;防治枝干病虫害,枝干涂白,预防冻害和日灼伤;早春发芽前刮除病部,伤口涂抹 40% 福美胂 50 倍液,在涂抹伤口保护剂。

3.4.2 虫害防治

(1)杏仁蜂

①危害 以幼虫在被害果实核内越冬,春天化蛹,杏树谢花期羽化,幼果长到豌豆大小时产卵于尚未硬化的杏核与杏仁之间,幼虫孵化后食用杏仁,使果实脱落。

②防治 彻底拣拾受害落果、虫核,摘除树上僵果集中烧毁、或深翻树盘把虫果翻埋于土层 15cm 以下,消灭越冬幼虫。药剂防治:成虫羽化期地面撒辛硫磷颗粒剂,每株 0.2~0.5kg,或 25% 辛硫磷胶囊 30~50g,浅耙与土混合,毒杀羽化出土成虫;成虫产卵前(杏果黄豆大时)喷 50% 1605 乳剂 1 000 倍液;20% 速灭杀丁 3 000 倍液;90% 敌敌畏 1 000 倍液;50% 辛硫磷乳油 1 000~1 500 倍液。

(2)桃小食心虫

①危害 以幼虫蛀食果肉为害,果实受害后,近被害部位核、仁变黑,影响杏仁品质,且将虫粪排放于蛀道内,严重时,杏核附近全是虫粪,造成被害果果肉不能利用。

②防治 捡拾落果深埋;秋冬深翻树盘,消灭越冬茧于幼虫出土前;在树干周围覆盖地膜;幼虫出土期于树下地表撒布辛硫磷胶囊(纯药量 0.1~0.15kg/亩),或辛硫磷乳剂(0.2~0.25kg/亩),杀死出土幼虫;成虫羽化期喷布 2.5% 溴氰菊酯乳油 2 500 倍液;20% 速灭杀丁乳油 3 000~6 000 倍液;90% 敌百虫 1 000 倍液;50% 1605 乳油 3 000 倍液。

(2)杏球坚介壳虫

①危害 又名朝鲜球蚧,在被害枝越冬,3月中下旬越冬若虫从蜡质覆盖物下爬出,固着在枝条上吸食危害,并排出黏液。

②防治 杏芽膨大时喷 5°Be 石硫合剂,或含油量 5% 的柴油乳剂,消灭越冬若虫。5月上旬雌成虫产卵前人工刮除。6月上旬初孵化若虫从母壳内爬出时喷 0.3°Be 石硫合剂,

或 50% 久效磷 3 000 倍液。注意保护天敌黑缘红瓢虫。

(3) 桃粉蚜

①危害　又称大尾蚜，俗名腻虫。在叶背为害，受害叶片向背面卷曲，变厚、色淡、早落，受害处留有大量白粉。越冬及早春寄主为桃、李、杏、梨等，夏秋寄主为禾本科杂草。

②防治　在杏树花芽萌动至开花前，花后飞迁扩散大量繁殖前及晚秋返回杏树时，各喷 1 次药，常用药剂为：50% 辛硫磷乳油 2 000 倍液；70% 灭蚜松可湿性粉剂 1 000～1 500 倍液；50% 甲胺磷乳油 2 000 倍液；50% 内吸磷乳油 1 500 倍液等；早春发芽前结合防治其他害虫喷含油 50% 的柴油乳化剂，消灭越冬卵；结合夏剪清除被害枝梢、虫叶；注意保护和利用天敌，如瓢虫、草青蛉等。

(4) 山楂红蜘蛛

①危害　危害对象甚广，苹果、梨、桃、杏等均为被害对象。以成螨或若螨危害叶片，造成被害叶焦枯、早落，严重影响树势，造成减产。

②防治　结合诱集其他害虫，于 8 月份在树干上绑草把诱杀越冬成虫，冬季解下草把烧毁；早春刮树干及大枝上的老树皮，并集中烧毁，清除落叶杂草，消灭越冬成虫；发芽前，树体喷布 5°Be 石硫合剂，消灭越冬成虫；越冬成虫出蛰期喷布 0.3°～0.5°Be 石硫合剂，消灭产卵成虫；第一代幼虫孵化器喷布 20% 三氯杀螨醇乳油 700～800 倍液加 0.3°Be 石硫合剂，或喷 70% 克螨特 2 000～4 000 倍液；喷 800～1 000 倍液洗衣粉也有防治效果；6～7 月份发生盛期前喷布 1～2 次 40% 乐果乳油 1 000 倍液；或用氧化乐果机油乳剂涂干。

4. 采收与加工

4.1　果实采收

仁用杏成熟期比较集中，一般在 7 月份果皮变黄、果肉自然裂口时采收。采收过早，影响产量和质量，据产区采收反馈，提前 10d 采收，杏仁重量会减少 20%，出油率也相应降低，且采收时果实不易脱落，伤枝严重；采收过晚，果实自然脱落，易使杏肉腐烂、浸蚀杏仁，使杏仁变质，或遇暴雨被雨水冲失，损失较大。因此，必须适时采收。适时采收也是获得丰产丰收、保证质量的重要环节。

采摘时由于栽培位置不同，成熟期也有所区别。一般阳坡、背风坡、山坡先成熟先采收，阴坡、迎风坡、山顶后成熟后采收，分期分批分品种采收。

采收采用摘、摇、敲、拾相结合。敲时注意不能损伤太多枝条，以免影响下年结果。仁肉兼用品种注意细心采摘，不使杏肉受伤。

4.2　杏仁加工

仁用杏采收后需经过脱皮、晒核、砸核、挑仁等几道工序加工。

(1) 脱皮

将果肉与杏核分离的过程。仁肉兼用品种，采收后人工细心捏取杏核，保持杏肉质量。一般仁用杏经晾晒后人工捏取杏核，杏肉最好加以利用。山杏经过晾晒后，用滚压或木棒敲打等方法，将果肉与杏核分离，然后经簸、扬或人工拣核挑出杏核。

(2) 晒核

脱皮后的杏核摊放在阳光充足处暴晒，并不断翻动，直至核皮干透，摇动杏仁发出响声，即可收存，准备砸核取仁。不完全晒干，杏仁会霉坏或浸油等变质现象。带核晾晒比直接晒杏仁好，可提高杏仁质量。

(3) 砸核

可采用手工砸核或机器砸核。砸核时用左手食指和拇指捏住杏核两肚，用小锤从核棱砸开，注意不要用力过猛，以免将仁砸碎。该法出仁率高，但效率低。砸核机形似压面机，可人力摇动也可动力带动。砸核前要先将核分成大、中、小三类，砸核时，通过调整挤压滚间距分别对三类杏核挤压，砸取杏仁。

(4) 挑仁

砸核后，用风车或簸箕去除部分核皮，然后挑选，将仁核分开。挑仁时，要将损伤粒、未砸开的小杏核及杂质分别存放，不能混入好杏仁内。

子项目2　木本油料树种栽培

任务7　油茶栽培

油茶别名茶子树、茶油树、白花茶。泛指山茶属植物中油脂含量高，具有一定栽培面积的，有经济栽培价值的种类的总称。常绿灌木或小乔木。油茶是中国特有的"国家级特色资源"，与橄榄油、棕油、椰汁并称世界四大木本油料植物。油茶种子含油量最高可达30%。油茶在保健功能上胜过橄榄油，不饱和脂肪酸含量比橄榄油含量高2%，高达90%以上，为各种食用油之冠；油酸和维生素E分别比橄榄油高出7%和100%，成为联合国粮农组织重点推广的健康型高级食用油。

1. 良种选育

1.1　分布

油茶的主产区集中分布在湖南、江西、广西、浙江、福建、广东、湖北、贵州、安徽、云南、重庆、河南、四川和陕西14个省（自治区、直辖市）的642个县（市、区）。

油茶喜温暖、湿润的气候。最适宜夏秋间湿润，秋末冬初多晴天，冬天不太冷，四季无大风。要求年平均气温14～21℃，年降水量1 000～2 000mm，且四季分配比较均匀，主要降水月为4～9月，常年相对湿度在74%～85%，年日照时数1 800～2 200h。

1.2　种类

灌木或中乔木；嫩枝有粗毛。叶革质，椭圆形，长圆形或倒卵形，先端尖而有钝头，有时渐尖或钝，基部楔形，长5～7cm，宽2～4cm，有时较长，上面深绿色，发亮，中脉有粗毛或柔毛，下面浅绿色，无毛或中脉有长毛，侧脉在上面能见，在下面不很明显，边缘有细锯齿，有时具钝齿，叶柄长4~8mm，有粗毛。

花顶生，近于无柄，苞片与萼片约10片，由外向内逐渐增大，阔卵形，长3~12mm，背面有贴紧柔毛或绢毛，花后脱落，花瓣白色，5~7片，倒卵形，长2.5~3cm，宽1~2cm，有时较短或更长，先端凹入或2裂，基部狭窄，近于离生，背面有丝毛，至少在最外侧的有丝毛；雄蕊长1~1.5cm，外侧雄蕊仅基部略连生，偶有花丝管长达7mm的，无毛，花药黄色，背部着生；子房有黄长毛，3~5室，花柱长约1cm，无毛，先端不同程度3裂。

蒴果球形或卵圆形，直径2~4cm，3室或1室，3片或2片裂开，每室有种子1粒或2粒，果片厚3~5mm，木质，中轴粗厚；苞片及萼片脱落后留下的果柄长3~5mm，粗大，有环状短节。花期冬春间

其主要栽培品种有：普通油茶、小果油茶、攸县油茶、越南油茶、浙江红花油茶和腾冲红花油茶等。

①普通油茶 又名中果油茶、茶子树、茶油树、白花茶。，集中分布在浙江、四川、广西等地，是国内面积最大的油茶树种。

②小果油茶 也叫江西子、小茶、鸡心子、小叶油茶。集中在江西、福建等地，面积仅次于普通油茶。

③攸县油茶 即野茶子。分布于湖南、浙江的一种油茶树。

④越南油茶 也叫大果油茶。主要分布于靠近越南的广西、广东等地。

⑤红花油茶 一种生长于海拔较高开红花的油茶树。红花茶油的优质更高，花可以直接入药，还能培育为庭园绿化植物。

2. 苗木繁育

2.1 播种育苗

2.1.1 选种
油茶采种要把好片选、株选、果选、籽选这四关，选取粒大、饱满、种壳黑褐色、无病斑、有光泽的新鲜优质种子。注意种子贮藏方法：茶果采回后，不能堆沤，不能暴晒，应薄薄地摊在空气流通、干燥的地方，让其自然开裂脱粒，种子室内阴干贮藏。一般多用湿沙在地面上层积贮藏，也可采用窖藏。

2.1.2 苗圃地整理
苗圃地一般要求地势高燥平坦，地下水在1m以下。土壤呈酸性或微酸性，质地疏松而肥沃，靠近水源但又不低洼涝渍，避风向右阳，交通方便的地方。切忌使用种植过烟草、麻和蔬菜的地方。每亩施腐熟的厩肥或堆肥1 500kg左右，过磷酸钙25~30kg。先全面深耕，一般深耕25cm。耕后做畦，一般畦面宽为1m，畦高一般15~18cm，畦长5~10mL畦沟面宽约30cm，沟底宽约33cm。

2.1.3 播种
播种前将选好的种子先用1%的高锰酸钾或漂白粉溶液浸种30min，进行种子消毒。

冲洗后进行催芽，用 25~30℃ 的温水浸 4~5d，每天换 1~2 次清水。再用湿沙混放在竹箩内，上面用稻草覆盖，放在温房内，温度保持在 25℃ 左右，每天洒水一次，保持沙子湿润。有 1/3 种子破嘴或稍露胚根时，就可以进行播种。

油茶播种最好在采收后冬播，既节省储藏人工费用，又比春播早出土 10~15d。也可在翌年 2 月中旬至 3 月下旬进行春播。播种的深度一般为 3~5cm，以不见种子为度。

播种方式有条播和点播两种。条播是在畦面横向每隔 18cm 行距开 3~5cm 深的浅沟，在沟中播种。点播是一般每穴播优质种子 1~3 粒，注意散放且种子一定要贴紧实土，利于种子吸水发芽和破土出苗。

2.1.4 苗圃管理

在幼苗开始出土到全部出齐时，分别松土除草一次。苗期应薄肥勤施，一般第一年第一次追肥可从 6 月开始。在春季或夏季发生干旱时，应及时浇水。

2.2 扦插育苗

2.2.1 苗圃地的选择和整理

一般选择土层深厚，土质比较肥沃，地势平坦，水源充足和排水良好，地下水位较低的酸性红壤或砂壤土作苗圃。圃地选好后，要全面深耕。深耕后做床，床面宽 1m，高 5~18cm，做床时还要根据土壤肥力程度，施用足够的基肥。扦插前，床面要均匀铺 2~3cm 厚的黄心土，并整平压实，以免因底层透风而影响成活。

2.2.2 扦插时间

3 月中上旬 4 月初，6 月中下旬 7 月初，8 月底 9 月上旬均可。以春插为好。

2.2.3 扦插方法

选择油茶优树树冠中上部，受光充分，春梢生长旺盛和充分木质化，而且腋芽饱满的健壮枝条做插穗。插穗长 5~7cm，基部略斜，留一叶，上方剪口离节 0.5cm，剪后随即扦插。为了促进愈合生根，扦插前可用激素处理，以萘乙酸和吲哚丁酸为好。扦插时按照 5cm×20cm 的株行距，把枝条插入土中，入土深 2cm 左右，基部斜口向下，插穗的叶片不能折损，叶柄不要埋入土内，插穗入土后，用手指略压土，使土壤与插穗密接，并浇透水。在插穗假活和发根期间，水分管理要掌握勤浇少浇，以保持土壤湿润而又通气。在苗木生长旺盛期内，可在傍晚或夜间进行侧方沟灌。发根前，可在叶面喷 0.1% 的尿素 1~2 次。发根后应及时追肥，追肥应做到薄肥勤施，由稀到浓，每隔 15~20d 追施 1 次。

3. 栽培管理

3.1 栽植

要提前整地，"伏天整地一碗油，秋天整地半碗油，春天整地没有油，不整地水要流"，是群众总结油茶造林经验的生动写照。

3.1.1 直播栽植

直播是油茶传统的栽植方法，"播果比播籽好，冬播比春播好"，这是有关油茶直播造林的谚语。直播栽植可分为冬播、春播两个时期。冬播在 11~12 月，春播在 2~3 月。

选择充分成熟、饱满的油茶种子，可随采随播，也可贮存后进行播种。播种前应进行种子催芽，先用多菌灵对种子进行消毒，再用浓度为 0.05% 的赤霉素水溶液浸泡 1h。按株行距挖 8~10cm 的种植穴，每穴播种 3~5 粒，冬播覆土 4~5cm，春播覆土 3cm 左右。覆土后稍加踏实，盖上 2~3cm 的干草。冬播发芽整齐，出苗率高，又能减少贮藏种子的过程，还可提早一年结实，但冬播易遭兽害。春播兽害少，但发芽率差，且不整齐。播种以后，通常都在穴上插一树枝或竹竿作标志，以防间作时误伤幼苗。如果点播种子全部出苗，一穴数株，可在第二年进行间苗，每穴留健壮苗 1~2 株。直播造林简单易行，投入较低，但成活率和保存率均低，现在很少采用。

3.1.2 苗木栽植

冬春两季都可栽植。冬季栽植可在 12 月进行。春季栽植从 2 月中旬开始。掘苗后，按苗高、根茎和冠根比等，进行分级、分类，在整理好的林地上挖穴栽植。植苗穴的深度一般为 12~15cm，要求根系舒展，栽后把土分层打实。在条件许可时，最好采用容器苗造林。用塑料薄膜袋做容器的苗木，造林时一定要将薄膜袋破除，以免影响苗根伸展。油茶造林成活率的高低与空气湿度和土壤水分关系十分密切，晴天和旱季起苗造林最易引起苗木失水，导致造林失败。最好选择阴雨天气进行，雨前栽植成活率高。平坡大穴，回土时在穴位要用表土松土堆成馒头形，可防止栽植后雨季穴土沉陷积水，造成水渍死亡。

3.1.3 栽植密度

土壤条件好，长期进行林粮间作的，宜采用每公顷 450~600 株；土壤条件好，不长期间作的，每公顷 750~900 株；条件较差，不搞林粮间作，每公顷 1 125~1 350 株。也可根据油茶幼树的耐阴性，密度适当增大，即每公顷 1 605~2 130 株，以后根据树冠的生长发育情况，进行间伐。定植点的排列配置在缓坡以梅花形或三角形为宜，在山坡地，一般株距小，行距大，以梯带形排列有利于光能的利用。

3.1.4 幼林抚育

油茶种植后应及时进行抚育管理，以满足油茶生长发育对肥水的要求。这是保证油茶成活和早结丰产的关键措施。一般需要连续抚育 3~4 年。

3.2 土肥水管理

3.2.1 幼林中耕除草

油茶苗栽后当年实行免耕抚育，只拔穴内杂草，不锄不挖。第二年起，一般每年松土除草 2 次，第 1 次在 3~4 月份，第 2 次在 8 月份，松土深度一般 5~10cm；三伏天表土炽热，不宜松土除草。为使油茶生长整齐，结合扶苗培土施肥，把杂草放在根的周围，用土覆盖，作为肥料。松土、锄草、培土、扩穴后，做成外高内低的树盆状，以保土蓄水。

种后 1~2 年内及时查苗补苗，发现缺株应在适宜种植季节补植，以保全苗。

3.2.2 成林复垦

谚语云"油茶年年挖，产量年年加"。深挖复垦的最佳时间是"冬挖夏铲"。冬挖从谢花后到根系萌动前；夏铲一般为 7 月至 9 月。复垦的作用是消除杂草、灌木，疏松、改良土壤，增加抗旱能力，改善林地环境，减少病虫害，促进生长发育，提高油茶产量。

油茶等经济林挖垦抚育要因地制宜，要"看山、看时、看树、看土"挖垦，讲究实效。在地势平坦，坡度在 15°以下，搞林粮间作或荒芜的茶山，可用全垦。在 15°~30°坡度和不搞林粮间作的茶山，用带垦或穴垦。超过30°容易引起水土流失的油茶林，可修山砍除杂草、灌木。春垦浅，冬垦深；成林深，幼林浅；树冠内浅，树冠外深；熟山浅，荒山深；陡坡浅，平坡深。一般深挖20cm左右，浅铲5cm左右。三年一深挖，一年一浅铲。

3.2.3 水分管理

油茶苗期要有充足的水分。遇夏季干旱需及时浇水灌淋。油茶生长最适宜的土壤水分含量为最大持水量的50%~80%，在砂壤土中，以土壤最大持水量的55%~60%对油茶生长较为适宜。水分含量的多少，既影响光合作用，也影响油脂的合成。在油脂形成过程中，只要有足够的水分，含油量就会显著提高。

3.2.4 施肥

为使油茶高产稳产，必须合理施肥，一般在3月上旬、5月下旬、7月中下旬各追肥1次，以有机肥为主，化肥为辅，氮、磷、钾配合使用。冬季每株施农家肥10~20kg，春施速效肥，在春梢萌动前施复合肥0.5kg。用0.5%的尿素液肥进行叶面追肥，对保花保果均有较好的效果。提倡测土配方，精准施肥。

施肥要做到因时制宜，按需搭配。一般要求大年多施氮肥、磷肥，以促进保果、长油和抽梢，小年多施钾肥、磷肥，以固果和促进花芽分化。就一年来说，春季为了促进油茶抽梢、发叶和多长花芽，应施氮肥和少量的钾肥；夏季为了防止落果，提高出油率，应多施磷肥、钾肥；秋季为使油茶多吸收水分，防止干旱和落果，可施硫酸铵、过磷酸钙等氮肥、磷肥；冬季为保持土温，促进开花和为明年抽梢、发叶打好基础，应全面施肥，做到氮、磷、钾肥合理搭配。施肥量一般每亩施复合肥40~60kg、钾肥10~20kg、氮肥10~20kg。施肥时应掌握树大、花果多的多施，树小、花果少的少施。施肥方法：采用环状沟施，即沿树冠投影外缘挖深宽30~40cm的坏状沟，在坡度较大的油茶山，应于树冠的上方挖半月形沟，把肥均匀放入沟内，再复土，以后逐年更换位置，以促进油茶吸收根的增加和扩展。

在油茶行间或树冠下种植绿肥，既能改善林地土壤条件，增加油茶营养，又能培肥土壤，增加有机质和全氮。油茶林地套种的绿肥，一般以豆科的低矮植物为主。

3.3 整形修剪

3.3.1 幼树整形修剪

为了形成合理的结构和丰产树冠，必须分期分批修枝整形，油茶在造林后当主干生长到一定高度时，就应按预定的主干高度截顶梢，（白花油茶在0.8m，大果红花油茶在1.5m）控制高生长，促进侧枝发达，形成冠幅。然后在主干上部选3~4个枝条作为主枝，均匀导引主枝向外上方生长，并注意均匀分布。第二年主枝适当修剪，控制长势，使之均衡生长，并逐步培养成自然圆头型和开心型的树冠。一般以形成"1杆3枝9条梢"的结构最合理。修剪的步骤是：先剪下部，后剪中上部，先修冠内，后修冠外，要求小空，内饱外满，左右不重，枝叶繁茂，通风透光，增大结果体积。

油茶萌芽力很强，如果对幼树进行重剪，将会在剪口处萌发大量的新枝，消耗大量养分，使树势生长失去平衡。因此，交叉重叠枝要全部剪去，基部萌生的徒长枝以短截控制，密生和细弱枝适当疏去，使养分合理调节。

为了促使树体的生长发育，形成饱满的分枝、均匀的树冠，最好控制油茶的早期结果，促使养分集中用于抽发新枝，扩大树冠；4~5年以后，中下部内膛枝条，可让其着生适量的果实，把上部花芽摘去，以减少养分的消耗。

3.3.2 成年树修剪

(1) 修剪时间

冬季修剪一般在冬季开始一直到春季萌动前均可进行。夏季修剪是冬季修剪的一种补充，主要是抹芽、除梢、曲枝等办法来调节枝条的生长，这样既可节约养分，又可提高冬春修剪的效果。

(2) 修剪方法

一般来说，普通油茶主干高度以30~50cm为宜。修剪要因树制宜，掌握"剪密留疏、去弱留强、弱树重剪、强树轻剪"的原则，按照树冠各部枝条分布及生长情况决定修剪方法。一般先剪去干枯枝、衰老枝、下脚枝、病虫枝、荫蔽枝等，对徒长枝、交叉枝根据情况采用疏枝修剪，为了使树冠透光良好，增加结果面积，除了剪除大枝外，一般可将连续对称萌发的侧枝交错剪去一半。短截修剪时，应修剪到有侧枝分生的位置，不能将一枝条上的侧枝在短截时一起截去，这样会萌生许多新枝。

3.4 大树嫁接换种

利用优良无性系或新品种的枝条作接穗，对进入结果年龄的低产油茶进行嫁接换种，是油茶低产林改造的重要方法。

3.4.1 嫁接时间

油茶嫁接宜在春梢、夏梢萌发的前15d进行。具体时间因嫁接方法而有所不同。一般5~6月形成层活动最为强烈，利于愈合，容易成活。

3.4.2 砧木选择

选择长势旺盛的10~15年生油茶作砧木，每株有3~6个开张形主枝。

3.4.3 接穗选择

选择优良无性系、新品种母树树冠中上部、发育健全、无病虫害、粗度2~3 cm的木质化或半木质化枝条作接穗。接穗剪取后立即用湿毛巾分株系包扎保湿。

3.4.4 嫁接方法

嫁接方法主要有切接、插皮接、皮下枝接和嵌芽接等。前两种方法是断砧后再嫁接，后两种方法是嫁接成活后再断砧。这些嫁接方法都具有操作简便、容易掌握、成活率高、接穗生长快等特点。嫁接部位距地面高度视接口处砧木的粗度而定，一般以保持接口处砧木的粗度2~4 cm为宜。因此，大砧木嫁接部分可高些，小砧木嫁接部位可低些，以有利于接穗的接口愈合为准。

3.5 提高坐果率措施

油茶是异花虫媒粉树种，自花和风媒授粉坐果率很低。可通过饲养蜜蜂或培养土蜂，促进异花授粉，提高坐果率。土峰和蜜蜂蜂群在采粉时，将不同植株的花粉进行频繁的传递，起到多次为花混合授粉的作用，可以提高油茶坐果率，提高产量。

3.6 主要病虫害防治

3.6.1 病害防治

(1) 油茶炭疽病

①危害　油茶炭疽病是油茶产区的主要病害,在油茶整个生育期内侵染危害油茶地上部分各个器官,引起落花、落果、落叶、落蕾,枝梢枯死,严重的枝干枯死,整株死亡。特别是危害油茶的果实,造成大量的落果。

②防治　油茶中的历史病株,必须在冬春进行清除和改造。严重病区应全部清除病源物,最大限度地控制和消灭病源。根据病害发生的特点,定期喷施赛力散、波尔多混合液(在1%波尔多液中加入0.5%的赛力散)3~4次,即在春季新梢生长后喷1次,病害中期(6月)1次,盛发期(8~9月)每隔半月喷1次,连喷2次。药液中加入1%茶枯水能增加黏性。喷药要匀、细、透。水源缺乏时可改用赛力散、消石灰粉(1:10)喷撒。

(2) 油茶软腐病

①危害　油茶软腐病危害油茶的叶片和果实,引起大量落叶、落果,甚至叶果落光,影响芽的形成;干旱季节枝干枯死,并有植株死亡。

②防治　冬季清除病叶、病果,消灭过冬病菌。生长过密的油茶林要进行整枝修剪,使林内通风透光。苗圃地应选择排水良好的地方,并做好田间管理工作。严重发病的林分,在病害高峰之前(一般5月下旬)喷1%的波尔多液,或喷50%可湿性退菌特600~800倍液和500倍液

3.6.2 虫害防治

(1) 油茶毛虫

①危害　又名茶辣子、毛毛虫、摆头虫,鳞翅目毒蛾科,是油茶产区主要害虫之一。幼虫咀食油茶叶片,咬成残缺,甚至食尽叶片后咬食茎皮、花和嫩果,整株被害光秃。虫体有毒毛,人体触及引起皮肤红肿奇痒。

②防治　摘除卵块。主要是摘除越冬卵块,可于11月至翌年3月间进行。幼龄幼虫群集安定,被害叶易发现,应及时剪下有虫枝叶,就地处死或放入盛有农药或肥皂水的容器中。油茶毛虫盛蛹期,结合中耕根际培土5cm左右,可阻止变蛾出土。及时清除或深埋根际附近的落叶,消灭部分蛹。

发蛾期可于夜晚点灯诱杀。用未交尾的雌蛾放在小笼内,以雌诱雄,早晚进行均有效果。

幼虫期可喷施青虫菌等细菌农药(每克含孢子100亿)300~500倍液,也可就地收集感染病毒的死虫,直接研碎对水使用,或再经活虫接种扩大繁殖后喷用。

药物防治宜在幼虫3龄前进行。通常可喷施90%敌百虫、25%亚胺硫磷、50%马拉松、500%杀螟松1 000~2 000倍液,80%敌敌畏2 000~3 000倍液,或棉油皂100~150倍液。敌敌畏烟剂熏杀,也可取得较好的效果。

(2) 油茶枯叶蛾

①危害　油茶枯叶蛾又名茶枯蛾、茶毛虫、杨梅毛虫,鳞翅目枯叶蛾科,为油茶的主要害虫之一。以幼虫危害叶片,严重时将整株油茶叶片吃光。

②防治　清除卵蛹。油茶枯叶蛾卵成块状在一起,可结合冬季深垦进行清除。

诱杀成虫,成虫趋光性强,在9月中旬羽化盛期,点灯诱杀效果很好。

幼虫在3龄以前有群栖性,喷施50%敌敌畏1 000倍液及除虫菊酯40mg/L,均有良好效果。还可利用幼虫群居丝幕中时,摘下丝幕集中处理。

(3)茶蚕

①危害　茶蚕又名绵虫、茶狗子,鳞翅目蚕蛾科。幼虫咀食叶片,致使油茶林受害光秃无叶,造成茶株枯死,产量大减。

②防治　耕作灭蛹。冬季结合深垦,在根际培土6~10 cm,并稍加镇压,阻止来年变蛾出土。夏季可结合中耕灭蛹。幼虫群集,无毒,易于发现、捕捉,也可利用其假死性,震落处死。有卵嫩叶应及时摘除。

利用青虫菌、杀螟杆菌和苏云金杆菌,每毫升含0.5亿~0.25亿孢子浓度单喷,或每毫升含0.1亿孢子与50%敌敌畏1 000倍混用,防止第一代茶蚕幼虫,均有良好效果。每毫升含0.2亿孢子的菌液,对第二代茶蚕幼虫也有良好的效果。

2龄前茶蚕食量尚小,群集性强,耐药力弱,宜掌握在幼龄幼虫盛期喷药,通常可喷90%敌百虫、50%马拉松、50%杀螟松、50%敌敌畏1 500~2 000倍液,或2.5%鱼藤精200倍液。

(4)油茶尺蠖

①危害　又名圆纹尺蠖、"量步虫"。鳞翅目尺蠖蛾科。幼虫首先咀食嫩叶和表皮,长大后取食老叶,严重时整株叶片吃光,二三年后树势才得以恢复,是油茶的主要害虫。

②防治　结合抚育灭蛹除卵。冬季结合深耕,使越冬蛹深埋土下,不能变蛾出土,或翻至土面增进越冬死亡。生长季节各代盛蛹期,结合中耕除草,从根际表土内扒出虫蛹,促进其自然死亡。

可在3龄前喷杀螟杆菌等细菌农药,每毫升含孢子1.0亿的菌液(加洗衣粉0.1%),4~6月间油茶尺蠖绒茧蜂自然寄生率较高,应保护利用。此外,还可以在成虫盛发期夜晚,进行灯光或者糖醋诱杀,效果也很好。

药物防治首先重点防治一、二代,一般应掌握在各代幼龄幼虫盛期3龄之前进行。通常喷1.8%阿维菌素乳油3 000倍液,重点防治可用氰戊菊酯乳油2 000~3 000倍液或2.5%鱼藤精300~400倍液。

4. 果实采收

"红桃着黑子,青果结黄子;黑子是油缸,黄子如谷糠",通常油茶果实成熟具有明显的特征:茶果色泽鲜艳、发红、发黄、呈现油光,果皮油毛脱尽,果基毛硬且粗,果壳微裂,籽壳变黑发亮,籽仁现油。此时采收获得油多。若提前采收,茶桃尚青,种子色黄壳厚,无光泽,种仁不饱满,含油量特别少。

"及时采摘籽不落,适当摊晒油分多",油茶籽有后熟特性,在后熟期间完成物质的转化。因此,在采收油茶籽后,不要马上剥籽,要堆沤、翻晒,待完成后熟后,可以增加油分,提高茶油质量。群众经验,对晒场也要选择,用土晒场比用水泥晒场和三合土晒场出油率高,大约每50kg茶籽要多出油1kg,且油色也比较清亮。

一般油茶果成熟期通常在霜降后,即10月20日后开始采收最为适宜。果实采回后,堆放不得超过4d，堆放高度不得超过0.5m，要及时晾晒脱壳、脱粒。

任务8　油桐栽培

油桐是油桐属植物的统称，是重要的工业油料树种。桐油（从油桐种子榨取或提取）是世界上最优质的干性油，是我国传统出口物资之一。它是制造油漆、油墨的主要原料，大量用作建筑、机械、兵器、车船、渔具、电器的防水、防腐、防锈涂料，并可制作油布、油纸、肥皂、农药和医药用呕吐剂、杀虫剂等。油桐与油茶、核桃、乌桕并称中国四大木本油料植物。

油桐树的叶、树皮、种子、根均含有毒成分，种子的毒性最大，吃一颗甚至可能会致死。榨油后的桐油饼所含毒苷，毒性大于桐油。

1. 良种选育

1.1　分布

我国油桐栽培最广泛的地区是长江流域及其附近地区，即北纬22°15′～34°30′，东经99°40′～122°07′范围内。其中，以800m以下的低山、丘陵区最多。四川、贵州、湖南、湖北为我国生产桐油的四大省份，四川的桐油产量占全国首位。重庆市秀山县的"秀油"，湖南洪江的"洪油"，是我国桐油中的上品。

油桐是亚热带树种，喜温暖、湿润的气候环境。要求年均气温14.5～22℃，1月平均气温2～8℃，最冷气温0℃以上；7月平均气温25℃以上，年≥10℃以上积温4 500～5 000℃。花期要求气温不低于14.5℃，且忌寒冷气候。俗有"开花遇冷风，十窝桐子九窝空"之说。在年降水量750～2 200mm地区，均可栽培，但以年降水量900～1 200mm、空气相对湿度60%～80%、生长天数占全年80%左右的地区，为最佳栽培区。油桐喜光，不耐遮阴，怕风寒。它根系较浅，侧根十分发达，在土层深厚、排水良好、土质肥沃、向阳避风的缓坡山腰和山脚适宜栽种。油桐对土壤适应性广泛，其中以深厚、湿润、疏松、肥沃、排水良好的微酸性或中性的砂壤土最好。

1.2　种类

油桐属植物共3个物种。油桐（又名三年桐）、千年桐（又名皱桐，木油树）、日本油桐。油桐和千年桐原产我国且都有大面积栽培，三年桐最广泛。桐油质量以三年桐最佳，千年桐次之。

主要有油桐和千年桐。油桐的优良品种有四川小米桐、湖南葡萄桐、浙江少花球桐、四川大米桐，千年桐主要有桂皱27号无性系和浙皱7号无性系。

（1）四川小米桐

为小米桐类品种，树高5m以下；分枝矮而平展，轮间距短，主枝分轮不明显。果实通常5～6个丛生，多时可达20个以上。果实球形或扁球形。略具果尖，果小，果径4.0～5.5cm，平均鲜果重约59g。果皮薄，光滑，气干果出籽率58.5%，气干果出仁率

59%,种仁含油率约66%。本品种栽后3~4年开始结果,5~6年进入盛果期;单产高,盛果期株产一般8~10kg,最高可达30~40kg;油质好;栽培面积广。但大小年明显,不耐荒芜,适宜选择立地条件好的地域进行集约栽培。

(2)湖南葡萄桐

为小米桐类品种。植株比较短小,树高2.5~5m,主杆和分枝分层明显。枝条平展或下垂,轮间距大,枝条较稀疏。一般每丛果序6~15个果,最多可达60个以上。果实球形或扁球形,略具果尖,果小,果径4.0~5.5cm,平均鲜果重约58g。果皮薄,光滑。果实丛生性极强,单产高,进入盛果期早。但不耐瘠薄,抗叶斑病能力弱,宜优良立地条件下集约栽培。

(3)浙江少花球桐

为小米桐类品种。树体中等大小,树高4~6m,主干分层多为2轮,枝条密度较大而细短。少花花序,雄花着生花轴枝顶,丛生果序,常3~5个为一序。中小型果,球形或扁球形,果径5.0cm,单果鲜重约65g。气干果出籽率53.5%,出仁率64.2%,种仁含油率约66%。3年开始结果,盛果期持续10年左右,15年以后逐步衰老。该品种雄性较强,单产高。但不耐瘠薄,宜选择在水肥条件好的立地上种植。

(4)四川大米桐

为大米桐类品种。树体高大,树高6~10m,主杆分明,分层清楚,常3~4层轮生。果实单生或2~5个丛生,大型,果径7.1cm,单果重约115g。该品种4~5年始果,6~8年进入成果期,盛果期长达20~30年以上;树势强健,适应性强,产量稳定。是重庆、贵州、湖南、四川等地的主要栽培品种。

(5)桂皱27号无性系

具有结实早、产量高、适应广、抗性强等特点。成年树高7~8m,主枝4~5轮。树冠广卵型或伞型,冠幅5~7m。圆锥状聚伞花序,主轴长平均8.7cm,有雌花20~30朵,果实丛生,通常每序4~8果。单果重54g,含种子3粒。属雌雄异株类型。适合纯林经营和桐农混种。

(6)浙皱7号无性系

7年生树高5.5m,冠幅5~6m,主枝4~5轮;圆锥花序至总状花序,每花序有花20~30朵。果型三角状近球型,3纵棱。单果重46.6g,种子3粒。种后第2年开花结实,5~6年进入盛果期。盛果期年产桐油300~450kg·hm^2。气干果重20.7g,出籽率45.7%,籽重2.7g,出仁率55.6%,干仁含油率64.9%。属雌雄异株类型。适合于千年桐北缘地区种植。

2. 苗木繁育

2.1 实生繁殖

2.1.1 种实处理

"三月选花,五月选树;七月选果,十月选籽"。这是关于选种的谚语:油桐选种要农历三月选花,选雌花多,雄花少的花序类型,即"叶包花类型";农历五月选树,选树势健壮，分枝型好，有效果枝多，无病虫害的树；农历七月选果，选结果多、有效结果率高、果重、果柄短、果皮薄、鲜果出油率高的果实；农历十月选籽，选果大饱满，出油率高、含油率高、油质好的种子，经过一次次的选择，就可以选出优良的油桐品种。10~11月当果皮由青色转变为赤褐色时，即可采收，此期种子含油量最高。采回的桐果，应堆在阴湿处，上盖稻草，待果皮软化腐熟后，及时剥开挖出种子。稍加处理即可冬播；若春播，须将种子阴干后混沙贮藏；贮藏期间要常检查，防止发霉变质。

2.1.2 选择苗圃

圃地选避风向阳、排水良好、结构疏松的微酸性或中性砂质壤土。整地时，施足基肥，每公顷施厩肥30t左右，深耕细作，筑成高床。床高20~30cm，床面平整，宽45~50cm。

2.1.3 播种

果成熟后可随采随播，也可贮藏至翌年春播。春播最迟在3月下旬。播前用湿沙层积或温水浸种催芽。条播，条距20~30cm，株距10cm左右。每公顷用种750~900kg，覆细土3~4cm，经常保持地表湿润，并用稻草或其他物覆盖。播后30d左右，即可发芽出土。然后撤去覆盖物，并及时浅耕、除草、施肥与灌水，防治病虫等。一年生苗高80~100cm，可出圃造林。

营养袋育苗。营养土配方为土杂肥、林地表土、腐熟饼肥、磷肥5:5:1:1，将其充分拌匀、装袋。将种子用50~60℃温水浸泡12h后，取沉底的种子，于2月下旬播种入袋，每袋1~2粒。当小苗在拱苗期至展叶前，移苗上山定植。这种方法成效较好，可避免伤根。

2.2 嫁接繁殖

（1）砧木选择

选择寿命长、根系发达、抗逆性强的油桐品种苗作砧木。千年桐具有亲和力强、适应能力强、抗病虫害能力强、生长健壮、寿命长、抗旱、抗涝、抗寒，易繁殖等特性，最适宜作砧木。

（2）接穗选择、采集与贮运

接穗必须从优良品种优良母树上或从采穗圃中采取。采当年生生长健壮、无病虫的发育枝。嫩枝达到半木质化时即可使用，且嫁接成活率高。如需远途运输，必须将接穗两端蘸石蜡或蜂蜡，标明品种，用湿纸或湿苔藓包后运输。如需贮藏，要插入湿沙中。

（3）嫁接

春季采用劈接，夏季采用嵌芽接。

3. 栽培管理

3.1 栽植

3.1.1 实生栽植

油桐种粒大，发芽率高，出土力强，直播容易成活，且省工易管，多直播造林，俗称

"点播"。直播造林用种必须是来自经过鉴定的优树种子，应从种子园或优树上直接采集。油桐果实出籽率20%~30%，千粒重3 000~4 000g，每千克300~400粒，发芽力2年。"寒露(黄金)黄，桐子闹新房"、"冬播带壳不浸种，春播四浸三晒七催芽"，都是油桐种苗的谚语。桐子在"寒露"到"霜降"时成熟，果皮由青变黄、变软，自然掉落，即可捡收。桐子捡收回来，冬播的要在立冬后下种，有比较充裕的时间从土中吸收水分发芽，所以不必浸种去壳，去了壳反而易遭兽害。春播的要在"立春"前后下种，这个时候离生长发育节气较近，需要浸种催芽：浸1d，晒1d，反复3次；最末一次浸种后，就可拌沙堆集催芽。冬播在12月至翌年1月进行；春播一般在2月下旬至3月上旬。方法是：在已整好的造林地上，按株行距50cm×50cm，挖深30cm的穴，穴底垫基肥，每穴播种2~3粒，呈品字形摆放；覆土5~7cm，上盖一层干草，以防表土板结；5、6月份苗高10cm时进行间苗，每穴留健壮苗1株。

3.1.2 苗木栽植

(1)栽植方式

应选用优良无性系嫁接苗栽植。在春季、秋末冬初均能进行，以4月上旬苗木萌芽但还未放叶时栽植成活率最高；栽植时选顶芽饱满，高度为90~120cm，径粗1.5~2.5cm的苗木；将其根系置于0.5%的高分子吸水剂溶液或500mg/L的ABT 3号生根粉溶液中浸泡，然后按株行距挖0.8m见方的穴栽植。密度因立地条件和品种而定。

(2)造林密度

造林密度遵循的原则如下，土壤肥沃稀，土壤瘠薄稍稀；缓坡稀，陡坡密；间作稀，纯林密；大冠品种稀，早实或小冠品种密。一般情况下，纯林每公顷600株左右，平缓坡地土壤肥沃，进行短期间作时，每公顷450株左右，农耕地上栽种油桐实行长期间作时，每公顷150株左右；堰埂地边单行栽植的，株行距6~7m；栽植早实或小冠品种(如对岁桐，葡萄桐类)每公顷750~900株；油桐与油茶混交，株行距5~10m；与松树、杉木、柳杉、栎类等多采用单行混交，一般1行油桐，2~3行松树或杉木或栎类，油桐距松树或杉木或栎类3~5m。5~10年转向以经营松树(或杉木、栎类)纯林为目的。

3.2 幼林抚育管理

油桐生长快，结果早，幼林管理尤为重要。造林后1~3年内，每年中耕除草，施肥两次并整形修剪，培养"台灯形"丰产树型。油桐一年生苗常遭受冻害，要做好防寒防冻工作：在苗木生长培育阶段，除施入底肥，5~9月份要及时松土除草，不施速效肥，秋季停止浇水，以防新梢徒长；对于一年生苗，可在"小雪"前后灌足越冬水，在根颈部培土30~40cm，用干草包扎主干，翌年3月下旬晚霜过后解除绑缚物，扒开土堆。对于二年生苗木，只在根颈部围土堆即可；对于结果树，可涂白防冻。合理间作，以耕代抚，可加速树体生长。

3.3 成林垦复

油桐根系浅，最怕荒芜，桐农有谚语："一年不垦叶发黄，二年不垦减产量，三年不垦树死光"。因此，加强成林垦复很重要。垦复主要措施包括：①"冬挖"：从秋末到翌春，对林地进行深翻，深20~30cm，将土壤大块深挖翻转；②"夏锄"：7~8月浅锄

(10~15cm)桐林地,铲除杂草、疏松土壤;③施肥:进入结果期后及时施肥。以农家肥为主,追施一些化肥。施农家肥结合"冬挖"进行,在冠幅内进行沟施,每株20~30kg左右,饼肥每株2.5kg(腐熟)。花前追肥以氮肥为主,适量配施磷肥,每株施尿素0.5kg、钙镁磷、氯化钾各0.1kg。7~9月是桐果长油花芽分化时期,每株施尿素0.15kg、钙镁磷0.25kg、氯化钾0.3kg,于7月份施下,可减少落果,促桐果生长,含油量增加。结合中耕除草沟施或穴施。

3.4 修剪和更新

3.4.1 修剪

通过幼树修剪可培养丰产树体结构。在休眠期,树高1m定干,促使抽生分枝。分枝长1m后,再剪去顶芽,促使二级分枝生长。最后形成主干较低、层次清楚、分枝较多、层距适当、立体结果的伞形树冠:有中心干、三层枝、枝下1.1~1.2m。即一层4~5主枝,二层3~4主枝,层距40~60cm,三层3~4个主枝,层距30~50cm,高4.5m以下的丰产树形。成龄树一般于落叶后至翌春发芽前剪除枯枝、弱枝、徒长枝、过密枝、交叉枝、病虫枝。油桐为混合芽,其结果部位在顶端,修剪时要严加保护。只有在树冠空隙较大时,剪去枝顶,促使多萌分枝,填补空腹,增加结果部位。修剪切口要平滑,不损皮,不留枝桩,并防病虫和雨水侵入。同时还应及时清除藤蔓、杂灌及寄生植物。

3.4.2 老树更新

油桐20~30年后,生长衰弱,结果稀少。为促进生长,增加结果量,延长经济结果年限,应及时进行更新。

(1)截枝更新

树龄不大,因管理不善,荒芜较久,呈现衰老现象的树,可在1~2月截枝更新,将从2~3级分枝7~10cm处截去,切口平滑,涂保护剂。翌春,枝桩萌芽后选留2~3个壮枝,其余抹去。截枝后,加强抚育,第二年开始结果,4~5年为盛果期,8年后可进行二次截枝更新。同时,林下新栽植株,作为"接班树"更替老树。树势衰弱、大枝残缺的老龄树,从距地面0.7~1.3m处将树干截断,利用干上潜伏芽抽生新枝。培育新的树冠,加强管理,延长结果年限。

(2)高接换头

改造低产劣株的技术手段。具体方法可参考油茶的高接技术。

3.5 病虫害防治

3.5.1 病害防治

(1)油桐黑斑病

①危害 油桐黑斑病又称黑疤病,角斑病。主要危害油桐的叶和果实,引起早期落叶、落果,降低油桐产量。叶片和果实感病初期出现褐色小斑,逐渐扩大成多角形病斑后,使叶枯黄脱落。果实染病后,初期成淡褐色圆斑,后形成黑色硬疤。

②防治 冬春结合油桐林管理,将病叶、病果清除烧掉或深埋;3~4月喷0.8%~1%波尔多液,连续几次,护叶不受侵染,6~7月喷果实2~3次,防病害。

(2)油桐枯萎病

①危害 为三年桐一种毁灭性病害。病菌从根部侵入,通过维管束向树干、枝条、叶梢和叶脉扩展,引起全株或部分枝干枯死,是一种典型的维管束病害。病株根系环切腐烂,引起叶、果变小,侧、主根腐烂后,全株干枯而死。

②防治 林地要求排水良好;加强抚育管理,增施饼肥、草木灰,以促进根系生长;感病时清除病株,及时烧毁。每株施熟石灰 0.5~1 kg 处理病土,防止蔓延。发病初期,用 1∶1∶100 的波尔多液浇油桐根部周围,每株施熟石灰 1.5~2 kg。以千年桐作砧木嫁接繁殖是防治三年桐枯萎病的根本措施。

(3)油桐腐烂病

①危害 发生于新梢及二年生枝条上。常从枝梢顶端开始枯死,向枝下扩展。枯死枝呈灰黑色或枯黄色;或在当年生小枝及幼苗嫩茎上,出现棱形暗褐色溃汤状病斑。当病斑环生枝梢时,上部枝枯死。病斑内具小突起黑点(子座)。

②防治 适地适树,加强抚育管理。枯死枝剪掉烧之。

3.5.2 虫害防治

(1)云斑白条天牛

①危害 为蛀干害虫。该虫 2 年发生 1 代,以幼虫和成虫在树干虫道内越冬,翌年成虫在树干基部粗糙皮缝内产卵,孵化出幼虫后,开始在韧皮部和木质部啃食,后蛀入木质部形成虫道,破坏水分、营养输导组织而造成枯萎而死。

②防治 加强油桐林抚育管理,提高抗虫能力;6~8 月趁成虫外出到皮缝产卵时人工捕杀。用棉花蘸 40% 增效氧化乐果 1∶20 倍液或磷化物熏杀剂塞入虫蛀孔内杀灭,杀虫率达 95% 以上。对受害的老弱桐林,要及时清除并进行烧毁,以切断虫源。

(2)油桐尺蠖

①危害 每年发生 2 代,以蛹在土中越冬。翌年 4 月羽化,产卵于树缝处。幼虫孵化后吐丝下垂。初龄幼虫啃食叶肉,长大幼虫食叶留脉,严重时可把叶吃光。成虫有趋光性。

②防治 结合垦复进行挖蛹;成虫有趋光性,可用黑灯光或火光诱杀;药物防治:5~11 月幼虫危害期可喷 90% 敌百虫 800~1 000 倍药液毒杀;生物防治:保护利用黑卵蜂、姬蜂等进行生物防治,或喷 2 亿~4 亿/mL 的苏云金杆菌,保护白颈乌鸦、竹鸡等捕食幼虫,或在油桐林放猪。

(3)油桐黑刺蛾

①危害 1 年发生 2 代,多以幼虫在茧中越冬,茧多结于地下,少数结于枝或干上,1~4 龄幼虫以群集为食,5 龄后分散为害,初孵幼虫只吃叶肉,老龄幼虫吃树叶只留下叶脉和叶柄,会影响桐树的生长和产果量,严重的导致树体枯死。成虫有趋光性,产卵多在叶背,通常在 6~8 月为害。

②防治 冬季结合桐林垦复,击杀石块下或树干基部的越冬虫茧,并剪除枝上虫茧;6~8 月进行灯火诱杀;发现刚孵幼虫,可摘虫叶毁灭;对为害严重、虫口密度大的桐林,用 90% 晶体敌百虫 1 500 倍液等喷洒。针对面积大、郁闭度高的桐林,使用敌马烟剂熏蒸效果较好。

(4)大袋蛾

①危害 幼虫吃树叶、嫩枝皮、果实,7~9月为害最凶,严重的几天内可将全树叶子吃光,使枝条枯死。

②防治 采集蘘囊压杀;对初龄幼虫,用敌百虫800~1 000倍液、80%敌敌畏1 000~1 500倍液喷杀,或喷含菌体1亿~2亿/mL浓度的苏云金杆菌液,效果达85%~100%。

3.5.3 菟丝子防除

①危害 菟丝子缠绕树木,产生吸根,侵入树体,吸收水分、养分,轻则将树木缠伤,枝叶枯黄,重则整株缠死。

②防治 在4~5月发现植体或在种子不成熟时,将其植体进行深埋。发现菟丝子后,可撒鲁保一号即将菟丝菌消灭。

3.6 油桐的经营方式

3.6.1 桐农混种

即油桐与农作物长期混种,油桐种植稀疏,每公顷120~150株,桐林下长期种农作物,"远看是桐林,近看是农田"。其方法是将油桐单行栽植农田边缘或梯田地埂上,或大株距栽植在农田里。

此种经营方式的特点是能够充分利用土地,充分利用光能,合理分配空间,在单位面积土地上能最大限度地发挥经济效益,最恰当地解决了桐、农争地的矛盾。

适合此种经营方式的油桐品种,以分枝角度较小、冠幅不大、枝条较稀、重生性较强、耐修剪的品种为宜。间种的农作物则几乎都是旱地作物。

3.6.2 纯林经营

专门经营油桐,不间种农作物和其他树种。但为充分利用土地,垦地之初先种1~2年农作物,第三年栽种油桐,再间种1~2年农作物,待桐树接近郁闭时(一般为种后两三年),不再间种农作物,专门经营油桐。经营年限15~30年不等,立地条件良好,抚育管理周到,品种优良,经营时间可长达40~50年,甚至更长。

特点是栽培集中,管理方便,利于集约经营,单位面积产量高,品质好。每公顷栽植450~600株,生长初期间种油菜、花生、豆类等作物,实行以耕代抚,早见效益,以短养长,是发展油桐的好办法。采用此种经营方式,也要特别注意水土保持。

此种经营方式,一般面积较大,连片集中,宜于现代化经营管理,能形成一定规模的商品生产,取得较好的经济效益和社会效益。国家投资建立的桐油生产基地,多采用此种经营方式。

这种经营方式对品种的要求是株型不宜太大,分枝角度较小,宜于密植,小枝着果率和丛生果比率均较高,高产稳产(大小年不显著),果实大小不均,适于机械脱粒。

适于此种经营方式的优良品种甚多,如四川小米桐、四川窄冠桐、湖南五爪桐、湖南白杨桐、泸西葡萄桐、湖北九子桐、景阳桐、南百1号无性系、三江无爪桐等。在千年桐栽培区,选用桂皱27号千年桐无性系,可获得十分可佳的经济效益。

3.6.3 桐杉混交和桐茶混交

即油桐和杉木混交造林、油桐和油茶混交造林。一般是垦地后,先种1~2年农作物

(玉米、黄豆、棉花、粟、旱禾等),第3年在栽种杉木或油茶的同时。播种油桐,同时再套种1~2年农作物,第4~5年(油桐2~5年生)收桐籽,第7年前后,杉木已接近郁闭,油茶亦开始开花结果。广西东北部民歌云:"三年农,五年桐,七年茶籽满山红,十年杉树绿葱葱",就是这两种混交造林作业方式。还有油桐与松树混交,油桐与茶树混交等。

混交造林的优点是长短结合,以短养长,远功近利。它虽是我国小农经济制度下所产生的一种经营方式,但在现代化大生产中应用,仍然是有其所长的。

混交造林对油桐品种的要求是株型小、结实早、产量高、寿命短,对年桐品种类群正好满足混交要求。目前该类群著名优良品种有恭城对年铜、龙胜三年富、湖南对岁桐等。

3.6.4 零星种植

将油桐树零星种植在村旁宅后、地头地尾,或作公路和村道的行道树。一般都选用树形高大和寿命长的品种,如大米桐类。千年桐栽培区则多选用千年铜。

不管是大米桐或千年桐,零星栽种的树形高大、寿命长、产量高。树高通常可达10m以上,冠幅10~20m,树龄可长达70~80年,单株年产桐油一般可达10~20kg,高的可达50~100kg。

3.6.5 庭院经营

这是我国南方在推行农田林业和庭院经济时所创造的一种油桐经营方式。

庭院经营所选用的油桐品种各地颇为不一。有的选用树形高大寿命长的;有的则选速生高产无性系。由于油桐树的木材是优良菌材,故也有不少地区在庭院经营时是取其作菌材。桂皱27号千年桐无性系不但速生高产,又易于截枝更新,果、菌材双益,群众尤其喜爱。

4. 采收

油桐果实通常在10~11月成熟。当果皮由绿色变为黄绿色、紫红色或淡褐色,并逐渐开始自然脱落时,就可采收。桐果采收回来后,堆放在阴凉的室内,切勿暴晒,堆放10~15d后待果皮变软时可进行机械或人工剥取种子。榨油用的种子要晒干、风净后装袋、送入库房贮藏。库房要求通风、干燥、防鼠。种子贮藏时间不宜太长,最多能在翌年2~3月榨油完毕,以免影响出油率和油质。用来播种繁殖的种子,宜在室内湿沙低温贮藏。

任务9 油用牡丹栽培

油用牡丹是一种新兴的木本油料作物,具备突出的"三高一低"的特点:高产出(五年生亩产可达300kg,亩综合效益可达万元)、高含油率(籽含油率22%)、高品质(不饱和脂肪酸含量92%)、低成本(油用牡丹耐旱耐贫瘠,适合荒山绿化造林、林下种植;一年种百年收,成本低)。目前,以油用牡丹为原料,已开发出高档食用油、高档化妆品、保健品、药物、日用品五大类数十种产品。牡丹籽油含不饱和脂肪酸高达92.26%,特别是其中的α-亚麻酸含量达42%以上,是橄榄油的40倍。α-亚麻酸是构成人体脑细胞和组织细胞的重要成分,是人体不可缺少的自身不能合成又不能替代的多不饱和脂肪酸,现代人十分需要却又普遍缺乏,有"血液营养素""维生素F"和"植物脑黄金"之称,具有降"三高"、预防糖尿病、提高免疫力等功效,正因为其极高的营养价值,2011年,牡丹籽油被原卫生部列为新资源食品。

1. 良种选育

1.1 分布

油用牡丹是我国所独有的、土生土长的、原生态的小灌木,广泛分布于我国20多个省份。油用牡丹的培育地主要是在陕西、山东菏泽、甘肃、山东聊城、安徽铜陵等地,以陕西、菏泽、兰州为主要分布点。现全国最大的种植区位于山东菏泽,达35万亩。

牡丹属于典型的温带型植物,适应于温带的气候特点,"宜凉畏热,喜燥恶湿"。喜阳光,也耐半阴;耐干旱,忌积水;耐寒,怕热,怕烈日直射;耐弱碱。肉质根系,适宜在疏松、肥沃、土层深厚、地势高燥、排水良好的中性砂壤土中生长。酸性或黏重土壤中生长不良。具有"春发枝,秋发根,夏打盹,冬休眠"的特性。

1.2 种类

牡丹是落叶灌木。茎高达2m;分枝短而粗。叶通常为二回三出复叶,偶尔近枝顶的叶为3小叶;顶生小叶宽卵形,长7~8cm,宽5.5~7cm,3裂至中部,裂片不裂或2~3浅裂,表面绿色,无毛,背面淡绿色,有时具白粉,沿叶脉疏生短柔毛或近无毛,小叶柄长1.2~3cm;侧生小叶狭卵形或长圆状卵形,长4.5~6.5cm,宽2.5~4cm,不等2裂至3浅裂或不裂,近无柄;叶柄长5~11cm,和叶轴均无毛。花单生枝顶,直径10~17cm;花梗长4~6cm;苞片5,长椭圆形。

油用牡丹是一种多年生小灌木,也是一种很好的生态树种,牡丹是多年生木本植物,不像大豆一样年年播种,除了前三年没有产量外,此后30~60年里产量一直会很稳定。牡丹栽培利用大体经历了三个阶段:药用阶段、观赏阶段和综合利用阶段。21世纪以来牡丹籽油生产、牡丹花的食用与精油的加工利用等产业迅速兴起,开辟了牡丹综合利用的重要发展方向。

其中专性种子繁殖的种类具有良好油用潜力,目前主要是凤丹、紫斑等品种

①凤丹 凤丹适种范围是北纬26°(福建龙岩、广西桂林、云南昆明)以北地区,至北纬46°(辽宁沈阳、内蒙古呼和浩特、新疆乌鲁木齐)以南地区,油用牡丹的正常生长要求。但南截止线最好栽种在海拔较高地区(海拔300m以上),北截止线注意不要栽种在风口。

②紫斑 紫斑牡丹又名甘肃牡丹、西北牡丹,原产中国、被誉为"国色天香"的牡丹,在世界上享有崇高声誉。紫斑牡丹引起花瓣基部有明显的大块紫斑和紫红斑而得名,原产于甘肃高寒地区残次林中,在海拔1 100~3 200m的高山上如今仍有少量残存植株生长。这些地区冬季最低温一般都达到-30℃,部分地区达到-38℃,因此,该品种天生就抗寒。抗寒力稍强于凤丹牡丹,但其株型过于高大,易倒伏。

2. 苗木繁育

目前培育油用牡丹种苗,一般采用播种法。每亩出苗在 7 万~12 万株。

2.1 采种

黄河流域自然条件下种子在 7 月底至 8 月初陆续成熟,当果实熟至九分呈蟹黄色时分批采收,放室内阴凉处,使种子在壳内后熟,并经常翻动,以免发热。待大部果实开裂,种子脱出,即可进行播种。若种子老熟或播种过迟,翌年春季多不发芽,有的种子甚至到第 3 年才发芽。

2.2 播种

牡丹种子成熟后应立即播种,播种越迟发芽率越低。黄河中下游地区一般在 8 月下旬至 9 月上、中旬。种子在播种当年只生根不发芽,到翌年 3 月底或 4 月初才开始发芽出土。为了翌年春季种子发芽整齐,可在种子成熟采收后进行湿沙或浸泡催芽。用当年采收的新鲜种子,选粒大饱满者,用 50℃温水浸种 24~30h,使种皮变软脱胶,吸水膨胀。播种前,施足基肥,将土地深耕细耙,作成 120~150cm 宽的平畦,条播或撒播均可。条播行距 20cm,沟深 3cm,将种子每隔 1~1.5cm 一粒均匀播于沟内,然后覆土盖平,稍压,每亩用种量 25~35kg;撒播时先将畦面表土扒去 3cm 深,再将种子均匀地撒入畦面,然后用湿土覆盖 3cm 左右,稍压,每亩用种量约 50kg。为防止冬季干旱,可在覆土后盖 3cm 厚的厩肥或用薄膜覆盖防寒保湿,等到翌年 3 月出苗时再揭去。播种后如长期无雨遇干旱时要浇"过冬水"。幼苗出土前浇一次"催芽水",以后保持足墒。出苗后由于苗小芽嫩,一般应采取人工拔草。夏季追施腐熟饼肥或人粪尿 1 次。雨季注意排除积水。层积和赤霉素处理能够有效打破种子休眠,提高发芽率和整齐度。

3. 栽培管理

3.1 栽植管理

9 月下旬到 10 月上旬均可栽植。

建议选用三年生壮苗。移栽也须施足底肥,按株行距挖坑,深 25~30cm,将所栽牡丹苗的伤、病根剪除。用 0.1% 的硫酸铜溶液浸泡根部 0.5h,或用 500~700 倍甲基托布津加 800~1 000 倍甲基异柳磷混合液浸蘸植株 30s,以防病虫害。栽植不可过深或过浅,以刚刚埋住根最好。填土时注意使根伸直,填一半时将苗轻轻往上提一下,使根舒展不弯曲,将周围泥土压实。并在露出地面的芽上用松土培成小土堆,以防旱保湿越冬。

3.1.1 栽植密度

一般每亩栽植 2 500~3 000 株,传统栽植密度为:行距 70cm,株距 35~40cm。随着劳动力成本的提高,为便于机械化作业,栽植密度可调整为行距 90~100cm,株距 30~35cm。

3.1.2 栽植模式

丘陵山区,提倡与经济林(梨、核桃等)、速丰林(杨树等)、中药材(玄参、知母等)或其他作物(如辣椒、油葵等)进行间作套种搞复合经营。既可以与荒山绿化、退耕还林、林下种植以及风景区建设、城市郊野公园等结合大量种植,也可以利用房前屋后、道路两侧、公园绿地等零星种植。

3.2 土肥水管理

3.2.1 水分管理

牡丹忌积水,浇水必须适时适地适量。定植水很关键,栽植后必须浇一次透水。生长季节酌情浇水。北方气候干燥,浇水次数应多一些,特别要浇好定植水、花前水、花后水、鼓粒灌浆水、越冬水;而在南方雨水多,一般不必浇水,"梅雨"季节还要注意及时排水。总之,既保持土壤湿润,又不可过湿,更不能积水,宁干勿湿。

3.2.2 中耕

松土有"湿地锄干,干地锄湿"之效,为了改善土壤通气状况,提高保温保墒能力,促进牡丹根系更好的生长,要经常进行松土除草,"做到有草必除,无草也要松土"。春季花开前锄地二、三次,主要是防旱保墒;夏季多雨,杂草滋生,要锄地多次,有草即锄,保墒散湿。为了保墒要深锄,为了排湿要浅锄、勤锄。对二年生以上牡丹,秋冬实施行间土壤深翻,有利于杀菌、促进土壤风化、增加肥力。深度约30cm,靠近根部可浅一些,以不伤根为宜。

3.2.3 施肥

栽植一年后,秋季可行施肥,以腐熟有机肥料为主,每亩施人畜粪2 000 kg,饼肥100 kg。结合松土,撒施、穴施均可。以后每年要施肥3次。

第一次"花肥",在春季清明前后,牡丹开花前15~20d施用。此次施肥补充根和枝条内部原有贮藏营养物质的消耗或不足,对当年开花十分有利。主要以氮肥和磷肥为主。

第二次"芽肥",在花后半个月内进行,大约在立夏和小满之间。以氮肥为主,混以少量的磷肥。

第三次"冬肥",在秋冬季施用。在圃地封冻之前,结合灌冻水进行,也可以干施。这次施肥用量可以多些,施入全肥,常用腐熟的堆肥和厩肥。有助于保护牡丹安全过冬,并能提高其抗病能力。如果在封冻之前来不及施"冬肥",也可以到翌年春季再施。但其效果不如"冬肥"好。其他施肥时间可以根据牡丹的生长发育情况酌情进行,但在炎热的夏季绝对不可追肥。施肥注意事项如下。

①追肥时常用撒施法,将腐熟的有机肥料均匀撒于畦面上,每亩施2 000~3 000kg。随后松土,松土深度一般为5cm,使肥料与表土混合,然后灌水;如果牡丹不多或肥料少,也可以采用沟施或棵施,方法是在植株基部两侧20cm左右处,开出深约10cm的沟,沟宽10~20cm,施入肥料后覆土;或将充分腐熟的肥料撒在靠近牡丹植株的四周。"花肥"和"芽肥"多用粪干、饼肥和麻酱渣。二年生的小牡丹每株可施100~150g;三四年生的牡丹每株施200~250g以上,然后覆土。施肥量要根据植株长势酌情而定,生长强的可以多施,而生长弱的可以少施些,第一年新栽的不施。

②牡丹主张施淡肥、轻肥、熟肥,牡丹勿施生肥、浓肥,冬季施肥伴随灌冻水进行。

3.3 修剪

栽植当年,多行平茬。春季萌发后,留5枝左右,其余抹除,以集中营养。树龄较大的植株,可适当多留枝干。所留枝干要分布均匀,高度一致。除选定主枝外,还要对主干上的侧枝进行合理修剪,除掉重叠、内向、交叉、病弱的枝条。牡丹有"枯梢退枝"现象,俗称"长一尺退八寸",这是牡丹具亚冠木特性的明显表现,也是生长较慢的主要原因之一。冬季在落叶后剪除枯叶和枯梢,剪除交叉重叠的多余枝条。春季萌芽前复剪一次。对于树龄很大的老牡丹,因"牡丹好丛生,久自繁冗",为保证主枝生长健旺,每年修剪时,要"剥尽旁枝",将基部萌生的萌蘖条(土芽)全部剪除。油用牡丹的理想株型应是直立、紧凑、不倒覆、不早衰、结实性好、产量高、油品优。

3.4 病虫害防治

3.4.1 病害防治

(1)牡丹灰霉病

①危害 该病为真菌病害。危及牡丹的茎、叶、花,出现褐色水渍状斑,导致腐烂,苗凋萎并倒伏。叶片受侵染,产生水渍状病斑,叶尖和叶缘病斑较多,病斑多为褐色,有时具不规则的轮纹。叶柄及茎干病斑多为长条形、暗褐色、略凹陷,病部易折断。花芽受侵染变褐、干枯,花瓣变褐色、腐烂。在潮湿条件下,发病部位均可产生灰色霉层。

②防治 及时清除病叶和病株,并集中烧毁。生长季节药剂喷雾防治:1%石灰等量式波尔多液,或70%甲基托布津1 000倍液,或65%代森锌500倍液,或50%氯硝胺1 000倍液。每隔10~15d喷1次,连续喷2~3次。栽植密度要适度;雨后及时排水,株丛基部不要培湿土;重病区要实行轮作;栽植无病种苗,苗木可用65%代森锌300倍液浸泡10~15min进行消毒。

(2)牡丹褐斑病

①危害 该病由真菌所致。主要危害牡丹的叶片,也侵染枝条、花器、种实等部位。发病初期,叶片上出现近圆形或不规则形的褐色大斑;病重时病斑汇合引起叶枯扭曲,潮湿条件下病斑背面生出墨绿色霉层;茎、叶柄受侵染后,出现长条形病斑,紫褐色,初期稍隆起,后期稍凹陷,病斑中央开裂,病斑发生在枝条分叉处时,病部易折断;花器上的病斑为褐色小斑点,病重时花瓣边缘枯焦。

②防治 秋冬季彻底清除病残体,减少侵染来源。芽萌动前喷50%多菌灵600倍液或3°Be石硫合剂,杀灭植株上的病菌。5月始,每隔15d喷施1次50%代森锰锌500倍液,或75%的百菌清800倍液,连喷3~4次。栽植密度适度,施有机肥及复合肥。

(3)牡丹炭疽病

①危害 危害叶、茎、花器等部位。4月下旬自叶面、叶柄及茎上发生圆形紫褐斑点,逐渐扩大为近圆形黑褐色病斑,后期中部为灰白色,斑缘为红褐色。病斑上散生许多黑点,在潮湿条件下,黑点上出现红褐色黏孢子团。病斑后期开裂,穿孔。病茎有扭曲现象,病重时会折断。嫩茎发病会迅速枯死。芽鳞和花瓣受害可引起花芽枯死和花冠畸形。该病为真菌病害。

②防治 剪除被害部分烧掉。发病初期(5~6月)喷70%炭疽福美500倍液,或1%

石灰等量式波尔多液,或65%代森锌500倍液,10~15d喷1次,共喷2~3次。保持植株通风透光,避免高温多湿。

(4)紫纹羽病

①危害 属真菌病害。主要由土壤及分栽时随根部传播。发病部位在主干接近地面的根颈处以及根部。被害幼根或根颈处覆盖有棉絮状紫色或白色菌丝,受害后初呈黄褐色,以后变为黑色。患此病后,牡丹老根腐烂,新根不生,枝条细,发芽迟,叶变小,自下而上枯黄凋萎,枝干随之死亡。

②防治 选择地势高燥、排水良好的疏松土质,施用的肥料要充分腐熟,避免肥料直接触及根部。分栽时,用0.1%的硫酸铜溶液浸泡根部3h,或用石灰水浸泡0.5h,然后用清水洗净再栽。发现病株,应立即拔除或用刀刮去腐烂部分后,再用4°~5°Be 石硫合剂或0.1%的硫酸铜溶液进行消毒,并对受害植株根部周围土壤用石灰或硫黄消毒。发病初期可用50%代森锌1 000倍液浇灌根部,每株浇500~1 000mL。

(5)锈病

锈病病菌是转主寄生,其中间寄主是山芍药、凤仙花、马先蒿、松树等,圃地附近不能栽上述植物。

①危害 叶片褪绿,叶背着生黄色孢子堆。生长后期,病叶上生柱状毛发物。

②防治 清除并销毁病株。种植地势要高敞,排水良好。发病前喷施等量式波尔多液160倍稀释液,或撒施400倍代森锌。发病后用石硫合剂、敌锈钠、粉锈宁等防治。

(6)茎腐病

①危害 在茎近地面附近发生水浸状斑点,逐渐扩大腐烂,出现白色绵状物。叶上最初生小斑点,逐渐扩大为灰白色和淡褐色大斑点,潮湿天气有白色绵状物出现。花蕾受害时有暗褐色斑点,进而腐烂。

②防治 拔除病株,进行土壤消毒。喷洒等量式波尔多液。

(7)白绢病

①危害 发病初期根颈表面形成白色菌丝,严重时被丝绢状菌丝覆盖,并产生菌核,造成牡丹生长衰弱或死亡。

②防治 先将根颈部病斑用刀彻底刮除,并用1%的硫酸铜溶液消毒伤口,同时扒开病株周围土壤,用70%的五氯硝基苯以1∶100的比例与新土混合,均匀地撒于病根周围的土壤中。用50%代森锌400倍液浇灌根部周围土壤。

(8)根腐病

①危害 为害根部,使根变黑腐烂,严重时整个植株死亡。

②防治 将病株掘出烧毁,并在栽植穴内撒一些硫黄粉或石灰进行土壤消毒。

3.4.2 虫害防治

(1)根结线虫

①危害 在牡丹的营养根上长出大小不等的瘤状物,幼嫩根瘤黄色,直径为2~3mm,质地坚硬;后期根瘤表皮组织破损,切开根瘤,剖面有发亮的白色斑块,即线虫体。牡丹根结线虫的最大特征是根瘤上长须根,须根上再长瘤,可以反复多次,使根瘤呈丛枝状。

②防治 加强检疫,防止疫区扩大。引种工作中发现病苗必须处理:用0.1%甲基异

柳磷浸泡30min，或在48~49℃的温水中浸泡30min。田间防治：用15%的涕灭威颗粒剂或40%甲基异柳磷1~2mL穴施，每株5~10g，穴深15~20cm。5~8月用药，1年3次。病土处理：用溴烷、涕灭威、克线磷等消毒。防除杂草，最好不要在一二年生牡丹园内间作花生。

(2)吹绵蚧

①危害　产卵时常群聚叶背或嫩梢上，吸取汁液，使叶色发黄，枝梢枯萎，引起落叶或全株枯死。并能分泌蜜露诱发黑霉病，影响光合作用。

②防治　用软刷轻轻刷净有虫的树干。幼虫孵化期，喷施氟乙酰胺。在入冬前和早春发芽前用3°Be石硫合剂涂刷枝干。

(3)红蜘蛛

①危害　以雌成虫或卵在枝、干、树皮或土缝中过冬。

②防治　发现叶片有灰黄色斑点时，仔细检查叶背及叶面，发现红蜘蛛时，将叶片摘除烧掉。虫较多时，喷施40%三氯杀螨醇1 000~1 500倍液，或40%氧化乐果1 200~1 500倍液。如杀死卵则要用0.3°Be石硫合剂。

(4)金龟子

①危害　成虫为害叶、花、嫩梢；幼虫称蛴螬，为地下害虫，群集或分散为害。

②防治　利用其假死性，人工捕杀成虫。盛行时喷洒1 000倍氧化乐果。利用其趋光性、趋化性诱杀。用性引诱诱杀。

(5)刺蛾

①危害　俗称洋辣子，又叫刺毛虫。每年繁殖2代，以幼虫在枝干上结茧越冬。7~8月间幼虫为害严重。

②防治　人工消灭越冬虫茧。发现幼虫时摘除虫叶杀死。幼虫发生时喷5%辛硫磷乳油1 500~2 000倍液，或90%晶体敌百虫1 000倍液。

(6)天牛

①危害　以幼虫和成虫为害枝干，幼虫蛀食钻孔时，从侵入口处向外排粪，木屑由孔排出，并流有汁液。

②防治　人工捕捉成虫。用硫黄末塞于洞口中，或向虫孔注入80%敌敌畏，或40%氧化乐果100~200倍液，然后用湿泥密封虫孔。

(7)蝼蛄、地老虎

①危害　蝼蛄3年1代，以若虫或成虫在土穴中越冬，翌年3~4月开始活动，到处开掘隧道，咬食幼苗及根、茎。对有机质肥料有趋性。地老虎幼虫在5月中下旬为害严重。幼虫3龄以前多群集叶、茎上为害，3龄后则分散，白天潜伏土表，夜间出土危害，咬断幼苗及根茎，造成缺苗。

②防治　适当深耕，精耕细作，清除杂草。利用冬闲深翻土壤，一可增加土壤的透气性，为牡丹根系生长创造良好条件；二则便于发现土壤中潜伏的幼虫、蛹、卵等，利于人工捕杀或机械损伤以及天敌鸟类啄食，减少越冬虫量。施有机肥时要充分腐熟，否则能诱发多种地下害虫。用氧化乐果或敌敌畏乳油500~800倍液浇灌根部，毒杀幼虫。人工捕捉幼虫或成虫。用锌硫磷颗粒剂(每亩约用药0.25kg)均匀撒布于土壤表面，然后翻入深20cm处与土壤混合。修剪病虫枝叶，并及时清理干净；将园内枯枝落叶和杂草及时清除

销毁，改善卫生状况，对防治螨类、蛾类有显效。冬初浇封冻水，冬季结冰，可以冻死土层表面或越冬虫卵及虫体。

子项目3　木本香料树种栽培

任务10　花椒栽培

花椒属芸香科花椒属植物，其经济利用部分主要是果实。一般为落叶灌木或小乔木。用途极为广泛，经济价值很高的树种。可孤植又可作防护刺篱；果皮浓香，为调味香料，并可提取芳香油，又可入药；种子可食用，可以榨油，含油率为25%~30%，为优良的食用和工业用油，又可加工制作肥皂，又是重要的医药原料，有延年益寿的功能。服食花椒水能驱除寄生虫；可除各种肉类的腥气；促进唾液分泌，增加食欲；使血管扩张，从而起到降低血压的作用。花椒抗干旱、耐瘠薄且根系较发达，适应能力强，是山区造林绿化的优良树种，具有显著的保持水土作用。

1. 良种选育

1.1　分布

原产我国北部及中部，今北起辽南，南达两广，西至云南、贵州、四川、甘肃均有栽培，尤以黄河中下游为主要产区。台湾、海南及广东不产。见于平原至海拔较高的山地，在青海，见于海拔2500m的坡地，也有栽种。

适宜温暖湿润及土层深厚肥沃的壤土、砂壤土，萌蘖性强，耐寒，耐旱，喜阳光，抗病能力强，隐芽寿命长，故耐强修剪。不耐涝，短期积水可致死亡。

1.2　种类

花椒属芸香科花椒属植物。一般为落叶灌木或小乔木，高3~8m，枝具有宽扁而尖锐皮刺。小叶为卵形至卵状椭圆形，长1.5~5.0cm，先端尖，基部近圆形或广楔形，锯齿细钝，齿缝处有大透明油腺点，表面无刺毛，背面中脉基部两侧常簇生褐色长柔毛，叶轴具窄翅。聚伞状圆锥花序顶生，花单性，花被片4~8片，1轮；子房无柄。骨突果球形，红色或紫红色，密生疣状腺体。花期3~5月，果7~10月成熟。

原变种主要有椿叶花椒、砚壳花椒、刺壳花椒、大叶臭花椒、竹叶花椒、两面针、刺花椒、岭南花椒、异叶花椒。

主要变种有油叶花椒、毛叶花椒，还有毛椿叶花椒、长叶蚬壳花椒、针边蚬壳花椒、毛刺壳花椒、毛大叶臭花椒、毛叶两面针、毛刺花椒、毛竹叶花椒、毛叶岭南花椒、多异叶花椒、刺异叶花椒。

目前，具有代表性的主要栽培品种有大红袍、大红椒、小红椒、白沙椒、豆椒、秦安1号等。

(1) 大红袍

大红袍也称狮子头、大红椒、疙瘩椒、秦椒、风椒等,是我国分布范围较广、栽培面积最大的花椒优良品种。该品种树势强健,生长迅速,树形紧凑,树姿半开张,分枝角度小,树冠半圆形,盛果期树高3~5m。成熟的果实艳红色,表面疣状腺点突起明显。果穗紧凑,果柄短,果实颗粒大,直径5~6.5mm,鲜果千粒重85g左右。果实成熟期8月中旬至9月上旬。成熟的果实果皮易开裂,采收期集中,晒干后的果皮呈浓红色,麻味浓,品质优。一般4.0~5.0kg鲜果可晒制1kg干椒皮。大红袍花椒丰产性强,喜肥抗旱,不耐水湿,不耐寒。适宜在海拔300~1 800m、向阳湿润、深厚肥沃的沙质壤土上栽培。现在在甘肃陇南武都区等地栽培集中并已形成规模。

(2) 大红椒

大红椒又称油椒、二红袍、二性子等。该品种树势中强,树姿开张,分枝角度大,树冠圆头形。盛果期树高2.5~5m。果实9月中旬前后成熟。果实成熟时表面鲜红色,并具明亮光泽,表面疣状腺点明显。果穗松散,果柄较长,果实颗粒中等、大小均匀,直径4.5~5.0mm,鲜果千粒重70g左右。晒干后的果皮呈酱红色,果皮较厚,具浓郁的麻香味,品质优。一般3.5~4.0kg鲜果可晒制1kg干椒皮。大红椒属中熟种,丰产、稳产性强,喜肥耐湿,抗逆性强,适宜海拔1 300~1 700m,庄前屋后地埂路旁栽植。

(3) 小红椒

小红椒也称米椒、小椒子、马尾椒等。该品种树势中等,树姿开张,分枝角度大,树冠扁圆形。盛果期树高2~4m。成熟果实鲜红色,果柄较长,果穗较松散,果实颗粒小,直径4.0~4.5mm,大小不太均匀,鲜果千粒重58g左右。果实8月上中旬成熟,成熟后的果皮易开裂,成熟不集中,采收期短。晒干后的果皮红色鲜艳,麻香味浓郁,特别是香味浓,品质优。一般3.0~3.5kg鲜果可晒制1kg干椒皮。小红椒属早熟品种,果实成熟时果皮易开裂,栽植对面积不宜太大,以免因不能及时采收,造成大量落果,影响产量和品质。

(4) 白沙椒

白沙椒也称白里椒、白沙旦。盛果期树高2.5~5.0m。当年生枝绿白色,一年生枝淡褐绿色,多年生枝灰绿色。皮刺大而稀疏,在多年生枝的基部皮刺常脱落。叶片较宽大,叶色淡绿。成熟果实淡红色,果柄较长,果穗松散,果实颗粒大小中等,鲜果千粒重75g左右。果实8月中下旬成熟,晒干后干椒皮呈褐红色,麻香味较浓,但色泽较差。一般3.5~4.0kg鲜果可晒制1kg干椒皮。白沙椒属中熟种,丰产性和稳产性均强,但做皮色泽较差,市场销售不太好,不宜大面积栽培;在山东、河北、河南、山西栽培较普遍。

(5) 豆椒

豆椒又称白椒。该品种树势较强,盛果期树高为2.5~3.0m。果实成熟前由绿色变为绿白色,果皮厚,颗粒大,直径5.5~6.5mm,鲜果千粒重91g左右。果柄粗长,果穗松散。果实9月下旬至10月中旬成熟,果实成熟时淡红色,晒干后呈暗红色,椒皮品质中等。一般4.0~5.0kg鲜果可晒制1kg干椒皮。豆椒属晚熟种,抗性强,产量高,在甘肃、山西、陕西等地均有栽培。

2. 苗木繁育

花椒的繁殖可采用播种、嫁接、扦插和分株4种方法。生产中以播种繁殖为主。

2.1 播种繁殖

花椒种壳坚硬,油质多,不透水,发芽比较困难,播种前首先要进行脱脂处理和贮藏。3月上旬将贮藏的种子用70℃水浸泡12h后,用碱水把种子表面的腊质层搓去,再用清水洗净后湿沙增温至20℃催芽贮藏。3月中旬后,待种子露胚根后开始条播。一般株行距(3~5)cm×(30~40)cm,也可成畦撒播。秋播一般在土壤封冻前的10月下旬进行,对晚熟品种如大红袍、豆椒也可以随采随播。将种子放在碱水中浸泡,1kg种子用碱面0.025kg,加水以淹没种子为度,除去空秕粒,浸泡2d,搓洗种皮油脂,捞出后用清水冲净即可播种。

2.2 扦插繁殖

在5年生以下已结果的花椒树上,选取一年生枝条作插穗。插穗可用500mg/L的吲哚乙酸浸泡30min,或500mg/L的萘乙酸浸泡2h,也可采用温床催根的方法。经处理的插穗,生根成苗率高。

2.3 嫁接繁殖

一般采用芽接和枝接。芽接多用"T"字形、"工"字形芽接,枝接常用劈接、切接、腹接等方法。

2.4 分株繁殖

春季花椒发芽前,将一二年生分蘖苗的基部进行环剥,埋于土内,让剥口处长出新根来,经1个生长季后,将分蘖苗与母株分开,即可用以造林。另一种做法是将分蘖苗基部用锋利的小刀破削2/3后培土生根。分蘖苗切离母株后,如根系长得好,即可直接移栽,如根系长得不好,可假植于苗圃中,待其新根发多后再移栽。

3. 栽培管理

3.1 栽植管理

3.1.1 园地选择

花椒植株较小,根系分布浅,适应性强,可充分利用荒山、荒地、路旁、地边、房前屋后等空闲土地栽植花椒。山顶、地势低洼、风口、土层薄、岩石裸露处或重黏土上不宜栽植。

3.1.2 花椒园(林带)整地

在平地建立丰产园地,可采取全园整地,深翻30~50cm,翻前施足基肥,每亩施4~5t,耙平耙细,栽植点挖成1m见方的大坑;在平缓的山坡上建立丰产园时,可按等高线修成水平梯田或反坡梯田;在地埂、地边等处栽花椒时,可挖成直径60cm或80cm的大坑,带状栽植无论用哪种栽植坑,在回填时,还应混入20~25kg左右的有机肥。在丘陵山地整地,必须坚持做好水土保持工作。

3.1.3 栽植

以冬春栽植较好。春栽宜在椒苗芽苞萌动时,冬栽在"立冬"前。品种以"大红袍"为主,选择经过鉴定的"狮子头""无刺椒"等优良品种最好。栽植密度的大小随立地条件而定,地埂单行栽植时,株距3~4m为宜;整片建园时,每亩定植50~80株;可根据立地条件选用2.5m×4m、3m×4m、3m×3.5m等株行距进行栽植,随苗木植株大小而定。栽植时宜采用大坑(深60cm,宽80~100cm)浅栽,切忌深。为提高花椒苗成活率,栽植时穴内先填湿土,有条件时应浇水,并严格按照"三埋两踩一提苗"的方法进行栽植。栽后浇定根水,春季提倡栽后覆盖地膜进行保墒,以提高幼苗成活率。

3.2 土肥水管理

3.2.1 土壤改良

深翻土壤,扩大树盘,达到熟化土壤的目的,花椒是一种深根性植物,根系的旺盛生长,需要有通气良好和富有机质的土壤条件。定植后如不进行深耕扩穴,随着树龄的增长,根系也会限制在表土层内,其后果将造成冠形矮小,地上部分所需营养供不应求,果实丰产性差,花椒树寿命短。所以从秋季开始到封冻前要进行深翻改土,具体做法是花椒树冠下土壤浅挖,树冠外土壤深翻,以免伤根,松土的深度一般应掌握在20~25cm。

3.2.2 蓄水保墒

山坡地建园时,采用硬埂水平阶、反坡梯田、鱼鳞坑等技术。水平阶要求宽1m以上,边沿修筑宽、高各20~40cm的土埂,外高内平,利蓄水而又不积水;鱼鳞坑要求1m×1m。地埂或整片建园时,推广丰产沟技术。在春季或秋季,沿树冠外缘投影挖宽40~60cm、深40cm的条形或环形沟,株施农家肥约40~50kg或施入腐熟秸秆先回填熟土、表土、垫生土,再堆筑高20cm,宽30cm的蓄水埂,以蓄雨水。

3.2.3 施肥

基肥宜在采收后至土壤封冻前和春季土壤解冻后进行,秋施基肥最好。基肥以施有机肥为主,化肥为辅;化肥以磷钾为主,氮肥为辅。结果树株施农家肥20~30kg,化肥用量按每产1kg干椒施多元复合肥0.5kg计算,老弱树应适当增加氮肥用量。施肥方法采用条形沟法或环状沟法。追肥以速效肥为主,一般每年2次。第1次在萌芽现蕾前进行,第2次5月中旬进行,结合土壤墒情来定。株施尿素0.2~0.5kg,多元复合肥0.2~0.5kg。叶面喷肥以补充微量元素为主。结合病虫害防治,喷氨基酸螯合肥、0.5%磷酸二氢钾、0.5%~1%硼肥等2~3次。采椒后到落叶前20d,喷1~2次0.5%尿素和1%磷酸二氢钾等。

3.3 整形修剪

3.3.1 整形

(1) 多主枝丛状形

无明显主干。栽植时定干较低,基部着生3~5个方向不同、长势均匀的主枝,呈丛状形分布。每主枝上着生1~2个侧枝,第1侧枝距主枝基约50cm,第2侧枝距第1侧枝60~70cm,同一级侧枝同一方向,一、二级侧枝方向相反。

(2)自然开心形

主干高 40cm 左右，上有 3 个主枝，主枝水平角 120°向外均匀延伸。每主枝上着生 2 个侧枝，第 1 侧枝距树干约 50cm，第 2 侧枝距第 1 侧枝 50~60cm，同一级侧枝方位相同，一、二级侧枝方位相反。

3.3.2 修剪

花椒萌蘖性强，耐修剪，故合理整形修剪，既可提高产量，又可增延树龄。于采收后至第 2 年开春发芽前修剪均可，以采椒季节修剪最好。修剪以更新及控制结果部位外移为主，每年在落叶后应及时疏除枯死枝，回缩更新老果枝。

(1)幼龄树

为整形和结果，栽后第 1 年距地面要求高度剪截，第 2 年在发芽前除去树干基部 30~50cm 处的枝条，并均匀保留主枝 5~7 个进行短截。其余枝条不能短截，疏除不合理枝（细弱枝、密挤枝、长放强壮枝、竞争枝、病虫枝）。

(2)结果树

疏除多余大枝，冠内枝条以疏为主，疏除不合理枝(密生枝、交叉枝、重叠枝、病虫枝、徒长枝)。

(3)老年枝

以疏剪为主，抽大枝、去弱枝、留大芽，及时更新复壮结果枝组，去老养小，疏弱留壮，选壮芽、壮枝、壮头。

3.4 主要病虫害防治

常见的病害是锈病，发病初期(7 月中下旬)用 1:1:100 波尔多液预防，发病期间用 25% 粉锈宁 600 倍液喷打。蚜虫是花椒树的主要害虫，一般发生在 5~6 月，以 5 月下旬至 6 月中旬最为严重，危害严重时对树木的生长和产量影响甚大。为此，在蚜虫宜发生期应随时注意观察虫情，如有发生危害及早进行防治。花椒谢花后喷施 40% 乐果 1 000~1 500 倍液或三氯杀螨醇 1 000 倍液，严重时 8d 左右再喷施 1 次。跳甲虫为害花椒叶，发生时用溴氰菊酯 3 000 倍液或杀螟松喷打；天牛蛀食枝干，发生时用注射器向蛀孔中注入甲胺磷 800 倍液；木蠹蛾为害树干及根茎，发生时用 40% 乐果柴油液(1:9)涂虫孔，进行毒杀，在成虫产卵盛期和幼虫孵化盛期用 50% 杀螟松 500 倍液杀死。此外可用敌百虫或 50% 马拉松乳剂 1 000 倍液喷杀黄凤蝶。用 40% 乐果乳剂 200 倍液浇根防治黑金龟子。

4. 果实采收

花椒果实成熟期一般在立秋至处暑前后。当果实完全变为鲜红色，并呈现油光光泽时采收。其着色成熟后应在 7d 左右采收完毕。果实采收后不能直接在太阳下暴晒，要放在通风良好、干燥的室内或在阴凉通风处摊开晾干。当椒果全部开裂，用细竹竿轻敲果实，使种子与果皮分离，再用筛子将种子和果皮分开即可。

任务 11　八角栽培

八角为木兰科八角属植物，为常绿乔木树种。是我国南方的一种药食兼用的经济树种,以果入药,有温中开胃、祛寒的疗效。八角干燥成熟果实含有含芳香油、脂肪油、蛋白质、树脂等,提取物为茴香油。种子含油1.7%~2.7%,鲜果皮含油5%~6%,树叶含油0.75%~0.90%。主要成分有茴香醚、茴香醛、茴香酮、黄樟醚、水芹烯等;20世纪80年代已开发应用的深加工产品有茴香脑、八角精等,这些产品在食品、香料、化工、医学等多领域广泛应用。八角木质优良(防虫蛀),是制作各种家具的好材料。栽培八角树具有较高的经济效益、生态效益和社会效益。随着社会的发展,人们越来越重视八角深加工产品的研究应用,实现更大增值。

1. 良种选育

1.1 分布

八角是我国南亚热带地区的一种珍贵经济树种,原产于广西左江和右江流域,目前广西绝大部分地区均有种植,在广东、福建、台湾、贵州和云南等地也有引种栽培。

八角属于阴性树种,它对温度的要求比较严格,一般要求年平均气温16~23℃,年降水量1 100mm以上。八角适宜种植在海拔500~1 100m,临近水源、坡度比较平缓、不出现冻害和霜害、日照时间短、湿度在85%以上的背风山坡地上,并且种植地的土层应疏松且深厚、透气,结构良好,腐殖质含量高,pH值为1.0~5.5的山地红壤、黄红壤、黄壤等微酸性沙质土壤上。

1.2 种类

八角为木兰科八角属植物。常绿乔木,高10~20m。树皮灰色至红褐色,有不规则裂纹;枝密集,呈水平伸展。叶互生或3~6枚簇生于枝顶,革质,椭圆状倒卵形或椭圆状披针形,顶端急尖或短渐尖,基部狭楔形,全缘,上面深绿色,具光泽和透明的油点,下面浅绿色疏生柔毛,叶柄粗壮。花两性,单生于叶腋;花被片7~12,数轮,覆瓦状排列,内轮粉红色至深红色;雄蕊10~19,排成1~2轮;心皮8~9个,离生,轮状排列。聚合果,多由8个蓇葖果呈放射状排列成八角形,红褐色或淡褐色,木质;果柄弯曲呈钩状;单一蓇葖果扁平呈小艇形,先端钝尖或钝,果皮厚,背面粗糙有皱纹,成熟时沿腹缝线开裂,内藏种子1枚,扁卵形,平滑,亮棕色。具浓郁香气,味甜。花期春、秋两季,果期秋季至第2年春季。

根据1986年广西壮族自治区林业科学研究所等单位的《广西八角品种资源》将中国八角划分为4个品种群,计17个品种。

1.2.1 红花八角品种群

普通红花八角、柔枝红花八角、红萼八角、大果红花八角、多角红花八角、鹰嘴红花八角、小果红花八角、厚叶红花八角和矮型红花八角。

(1)普通红花八角

常绿树木,树高10~16m,胸径23~40cm。花红色,花期3~7月,果期7~10月,也有的花期10~11月。果8枚,千克鲜果约200个,每千克气干果700~1 000个,分布在广西各产区。

(2) 柔枝红花八角

主干明显，冠幅窄，一般2.9~3.0m。树冠形状近似圆柱形，分枝角度小，小枝细长且密生，呈柳枝状柔软易垂，叶薄草质，长椭圆形，老叶保存期长，果肥大正形，大小年不显著。分布在防城、德保、龙州等地。

(3) 红萼八角

与普通红花八角的区别是花柄、花萼、花瓣和果脊线为红色。分布在防城、德保、龙州。

(4) 大果红花八角

果径大于4cm，果厚1.1cm以上，每千克鲜果100~140个，每千克气干果约500个。分布在防城、德保、龙州。

(5) 多角红花八角

果9~13瓣。果瓣大小不匀，特征与普通红花八角相同，分布在防城、宁明、龙州。

(6) 鹰嘴红花八角

与普通红花八角区别是果8枚，果尖渐尖且向内勾曲，形似鹰嘴，分布广西凌云、德保、防城。

(7) 小果红花八角

叶长6.1~8.2cm，宽2.1~3.0cm，果形正八瓣，色鲜香味浓，每千克鲜果400个左右。分布在广西宁明那陶乡。

(8) 厚叶红花八角

叶厚为普通红花八角，叶厚度的2倍以上，草质、墨绿色、稀生、结果较少，分布在德保、藤县。

(9) 矮形红花八角

植株自然矮化，树高8m以下，分枝低冠幅大，侧枝发达，小枝密。叶薄草质，分布在德保、藤县。

1.2.2 淡红花八角品种群

(1) 普通淡红花八角

常绿乔木，树高10~17m，胸径23~41cm。花淡红色或边缘呈白色，果8枚，分布在各八角产区。

(2) 多角淡红花八角

花淡红色，果9~13枚。分布在防城、宁明、藤县等青林场。

(3) 厚叶淡红花八角

花淡红色，叶椭圆形主倒卵形，叶厚于一般八角叶的2倍以上。分布于藤县等青林场。

(4) 柔枝淡红花八角

花淡红色，枝条着生性状与柔枝红花八角相似。分布于防城、宁明、德保、凌云。

1.2.3 白花八角品种群

(1) 普通白花八角

花白色，果8枚，叶薄草质，长椭圆形，嫩叶红色，成叶深绿色，有光泽，叶集生枝顶。花期12~3月，果期5~11月。分布在防城、宁明、德保、凌云、龙州、金秀。

(2) 多角白花八角

果实特征与多角红花八角相似。分布于宁明、藤县等青林场。

(3) 柔枝白花八角

花白色,枝条特征与柔枝红花八角相似,零星散布于广西德保、防城、龙州、宁明。

1.2.4 黄花八角品种群

黄花八角

花黄色,果7~10个,嫩叶红色成叶深绿色,小枝粗壮直立或平展。分布在防城大录乡。

经多地实践证明,红花八角的单位面积和单株产量是最高的,在红花类型中又以红花大果大叶柔枝八角为最佳。柔枝红花八角、柔枝淡红花八角、柔枝白花八角、普通红花八角、普通淡红花八角、普通白花八角这6个优良品种分布广、面积大、产量高、抗性强、大小年不明显,为作为目前种植八角的主栽品种来发展。

2. 苗木繁育

八角采用播种繁殖。播种时采用条播,行距15~20cm,播种沟要平,条距要整齐,播种沟深4cm,按3~4cm株距点播种子1粒。播后用烧过的草皮拌细土覆盖,厚约3cm,为了防止土壤干燥和雨水冲刷畦面,保证发芽快而整齐,播种后用稻草覆盖。在幼苗出土前,要经常淋水,促使种子发芽出土。

3. 栽培管理

3.1 栽植管理

3.1.1 园地选择

八角是阴性树种,适宜栽植在日照时间短、植被茂盛、土层深厚、排水良好、腐殖质丰富的疏松林、酸性砂质土壤上。因此,营造八角树林应选择地形起伏、比较避风丘陵山地的北坡。为取得较好的经济效益和生态效益,山地建园应进行深翻改土,做好水土保持工作。在缓坡山地建园,整地应按等高线挖宽1.0~1.2m、深50~70cm、外高内低的沟。熟土倒置回填。

3.1.2 栽植

选用二年生的优质壮苗,要求根系新鲜完整,最好当天起苗当天栽完。一般株行距为4m×5m或4m×4m,挖40cm×40cm×30cm的坑。叶用林株行距为1.5m×2.0 m。在1~2月(早春)栽植,栽植最好选阴雨天进行,雨天栽植的成活率可达85%~90%。

3.2 土肥水管理

3.2.1 土壤管理

垦复以改善土壤的结构,补充水分来源,促进八角的花芽分化以及幼果的正常发育。在带状整地的基础上,每年2次。第1次在2~3月,全面铲草压青,第2次在8~9月间再铲草。每隔3~4年进行垦复1次,时间在11~12月份进行。同时八角每年至少进行1~2次中耕除草。以1~2月、5~6月各进行1次为好。除草时以树体为中心,全面清除1m范围内的乔杂灌草,最好连根挖除,并将清除的杂草均匀盖在定植穴周围。这样既减少水分蒸发,又抑制草灌的生长。如果除草工作量太大,可采用除草剂除草,常用的有草甘宁、扑草净、茅草枯等。

3.2.2 肥水管理

为了提高种植八角的最高产量,在种植八角树的时期,最重要的一个程序就是施肥,正确、必要有效的施肥,能够保证八角树生长需要的足够营养吸收,从而提高果实产量。施肥最佳时间是2月和6月。春天的有效施肥有利于树梢的生长,夏季施肥能加速八角树健康繁盛的生长。施肥以氮肥为主,对3年以上的幼林可兼施一些复合肥,第1~2年树,每年每株施尿素50~150g,3年树每株每次施尿素150~250g,加复合肥100~200g。八角幼林施肥比不施肥的提早2~3年结果。

幼年树新梢期要保持土壤湿润。成林树春芽期、谢花期、果实膨大期严防干旱。雨季要防果树盘积水,并及时排水。

3.3 修枝整形

根据八角的生物学特性和实践经验,最佳树形是枝条柔软、均匀分布、丰满充实的圆柱形,其次是圆锥形。因此,幼林高1.5~2.0m时,即可截顶促分枝,每株保留2~5条分枝即可。果用林以保留2~3条为宜,叶用林以留3~5条为宜。经过3~4次修剪后,树冠骨架基本完成。

结果树修剪。树冠外围生长健壮的一年生枝大多为优良结果母枝,应保留。如过密,则疏剪其中较弱的枝、生长过旺的结果母枝,应在其下方另留1~2枝培养成结果母枝,既可增加产量,又分散养分、缓和生长势。若母枝因连年结果而趋于衰弱时,应予回缩修剪,并在下部培养新的结果母枝代替。对于结果母枝,应使其转弱为强,疏除病虫枝、交叉重叠枝。对一般弱枝可短截或回缩,促使剪口芽或剪口下方的枝条转化成新结果母枝。

3.4 病虫害防治

八角经常发生的病虫害有八角炭疽病、煤烟病、尺蠖、八角金花虫、介壳虫、八角吊丝虫、八角叶甲等。

在八角整个种植过程中应该尽量的选择施磷钾肥或农家肥,这种施肥方法,是最有效的提高八角树本身抵抗病虫害的措施。八角炭疽病的防治,发病初期可以喷0.5%波尔多液进行防治。建议种植户把已经感染病毒的枝叶全部摘除,并统一焚烧消灭传染源。这样可以有效地切断病源的传播途径,降低感染枝叶的数量,保证把病虫害的损失降到最低值。另外,也要注意预防和治疗煤烟病、各类介壳虫、蚜虫等害虫,通常要定期修剪八角树的枝条,使植株的每个部位都可以得到必需的光照。发病初期喷1:1:200波尔多液,防止病害蔓延。

防治尺蠖在幼虫期可用1.8%阿维菌素乳油1 500~3 000倍液喷杀,或用10%吡虫啉可湿性粉剂1 000倍液喷杀。

防治八角金花虫在幼虫3龄以前喷洒40%乐果800倍,或50%稻丰散乳油1 000倍。

防治介壳虫要在冬季清园,剪除病虫枝及枯枝并集中烧毁。并用速扑杀1 000倍、或吡虫啉1 000倍喷杀。防治八角吊丝虫可用叶蝉散乳油或203乳油兑水喷杀,吊丝虫在喷药后会受惊顺丝掉下后,一定要给掉下来的吊丝虫再次喷药。

防治八角叶甲可用80%敌百虫或80%敌敌畏乳油对水喷杀。

4. 果实采收

春果(春八角)在3~4月成熟,占年产量的20%。待果实老熟落地后(因成熟时间不同),从地上拾取,收回后晒干,贮藏于干燥处。秋果(秋八角)在10~11月采收,占年产量的80%~90%,每株可产果50~100kg。果实采收后,立即"杀青",即用竹筐装鲜果,放入沸水中用木棒搅拌5~10min变黄,迅速捞出,置于竹席架上暴晒(5~6d)干燥或烘干。以烘干的八角品质优,香味浓。

任务12 肉桂栽培

肉桂为樟科常绿乔木。肉桂的干燥树皮或枝皮,原名牡桂,别名肉桂皮、桂、桂皮、玉桂、桂楠、玉树皮、筒桂、官桂等,是我国常用大宗药材品。桂皮制成的多种产品,如桂通、油桂、卷筒桂等为中国、日本、新加坡等的传统的珍贵中药。肉桂是名贵的香料植物,桂皮粉在西方国家通常用来烤制面包、点心,腌制肉类食品。桂油主要成分除肉桂醛外,还含有苯甲醛、肉桂醇、丁香烯、香豆素等十多种成分,广泛用于饮料、食品的增香、医药配方、调和香精和高级化妆品。肉桂材质优良,结构细致,不易开裂,可制作高档家具。肉桂树四季常绿,枝叶繁盛,生物量和落叶量大,能有效地改良土壤和涵养水源。此外,肉桂树形美观、常年浓荫、花果气味芳香,是一种优良的绿化树种。

1. 良种选育

1.1 分布

原产中国,现广东、广西、福建、台湾、云南等省份的热带及亚热带地区广为栽培,其中尤以广西栽培为多。印度、老挝、越南至印度尼西亚等地也有,但大都为人工栽培。

肉桂属深根性树种,要求土层深厚、质地疏松、排水良好、通透性强的砂壤土或壤土。喜微酸性或酸性土壤,在pH 4.5~6.5的红、黄壤土上生长良好。肉桂幼树生长缓慢,成株生长较快,萌芽力强;树龄达10年以上的实生树开始开花;寿命较长,可达数百年。肉桂种子寿命短,不能暴晒和久存。

1.2 种类

肉桂为常绿乔木,高10~15m。树皮灰褐色,幼枝有不规则的四棱,被有褐色茸毛。叶互生或近对生,革质,矩圆形,近披针形;叶面绿色,有光泽,无毛;叶背粉绿色,微被茸毛,顶端急尖,全缘,有3条明显的离基叶脉。圆锥花序腋生或近顶生,花小,黄绿色。花被6片，白色；能育雄蕊9个，3轮，内轮花丝基部有2个腺体，子房卵形。浆果紫黑色，椭圆形，具浅杯状果托。花期6~7月，果熟期10月至翌年2~3月。

1.2.1 栽培种类

目前，国内肉桂栽培种类有中国肉桂、清化肉桂和锡兰肉桂。中国肉桂原产广西南部，又名广西桂，适生性强，分布广，是目前国内主要当家品种。肉桂按产地可划分为防城桂和西江桂；按新芽颜色又分为红芽肉桂、白芽肉挂和沙皮肉桂，其中白芽肉桂属于优质品种。清化肉桂是中国肉桂的一个变种，原产越南，是品质较好的一个肉桂品种，无论是桂皮厚度还是桂油含量都高于中国肉桂，适生性又强于锡兰肉桂，是国内较为理想的栽培种。锡兰肉桂是国际上著名的优质品种，主产斯里兰卡、印度、马耳加什、马来西亚、毛里求斯等热带国家和地区，我国广东、广西等地有引种栽培。

1.2.2 优良品种

（1）南肉桂

南肉桂是樟科樟属肉桂的大叶变种，是越南主要栽培品种，在国际市场颇受厚爱。1967年以来，我国多次从越南广宁省引种种植，面积选3 000亩以上。该品种植株生长迅速。圆锥花序，腋生或顶生，长7~16cm，花小，黄绿色，花期5~7月。结实率较低，一般20%左右，果为荚果，成熟期在12月至翌年2月。桂皮味甘甜辛辣，口嚼时先甜后辣。该品种无论桂皮厚度，还是桂油含量，都高于中国本地肉桂，适应性强。抗病、耐旱能力强，是国内种植理想栽培品种，值得推广使用。

（2）白芽本地肉桂

又称黑油桂，是我国本地肉桂中较好的栽培品种。该品种植株较速生。圆锥花序，近顶生，长9~16cm，花序总柄较短，花小白色，花期6~8月，结实率较高，一般30%左右，果成熟期2~3月。桂皮味辛辣味重，口嚼时先辣后甜。该品种在我国分布广，适应性强，品种资源丰富，是当前国内主要当家品种，但其桂皮较薄，国际市两竞争不过南肉桂。

（3）锡兰桂

又称斯里兰卡桂，是国际市场上最著名最优质的品种。1960年我国从国外引进海南岛试种，1971—1972年间广东、云南、广西等地也从海南岛引种栽培。该品种为中大乔木。嫩叶抽发时由淡红色转为玫瑰红色，善为美观，老叶呈深绿色。圆锥花序，顶生，长10~12cm，花小而整齐，白色或淡黄色，果为椭圆形，浆果，成熟时黑红色。花期1~2月，果实成熟期8~9月，与肉桂完全不同。该品种是典型的热带植物，要求生境有较高的热量水平，其需要的气候和土壤条件直接影响到树皮的产量和质量。我国肉桂产区纬度偏高，自然条件差，目前只限于小规模引种试种。

2. 苗木繁育

肉桂可用种子繁殖、扦插繁殖和压条繁殖。以种子繁殖为主，育苗移栽。

2.1 播种繁殖

最好于春季随采随播，不能马上播种时可用湿沙贮藏。用1份种子与2份湿润的细河沙混合均匀，铺20cm左右，贮存在室内阴凉避风处。可以放置2个月，能保证80%左右的发芽率。选择水源充足、排水良好、土层深厚、肥沃湿润的砂壤土或轻壤土作苗圃,深耕细耙,做成高25cm、宽120cm、沟道宽40cm的苗床,做到土壤细碎、床面平坦、沟道畅通。开沟条播,行距25cm、沟深5cm,每行播种40粒左右,每亩用种20kg。播后盖细土2cm,床面盖稻草保温、保湿。幼苗出土后揭去盖草,及时中耕除草。当幼苗长出3~5片真叶时,开始施稀薄肥水,每15d追肥1次,8~9月施草木灰1次,冬季不宜施肥灌水。1年后苗高达30cm以上时,即可出圃定植。

2.2 扦插繁殖

一般在每年3~4月进行。选择无病虫害、粗0.3~1cm的青褐色的细枝条,剪成长13~15cm的插条,其切口靠节上端1~2cm处剪成平口,下端近节处剪成楔尖形斜口。剪好的插条宜放在阴凉处浸在清水里或用湿草覆盖,防止切口干燥而影响生根。扦插的苗床宜用清洁的细河沙,厚30cm左右,按行、株距15~16cm斜插,插入沙中2/3长度,稍压,理平畦面,淋水浇透,上加盖塑料薄膜,经常保持湿润、荫蔽,经40~50d插条下端剪口的皮层愈合并长出根,待根较多时,可移到苗圃或营养钵内继续培育。

2.3 压条繁殖

每年4月上旬,选择一二年生、高100cm、直径2~2.5cm的萌蘖,在接近地面处用锋利的小刀剥去茎部一圈约3~4cm的树皮,随即用疏松、肥沃的表土将剥皮部位覆盖,稍压实后淋透水。1年后,剥皮处长出新根。造林时把土扒开,将萌蘖与母树分离,移至林地定植,这种苗木定植后成活率可达95%以上,但不易获得大量苗木。

3. 栽培管理

3.1 栽植技术

选择阳光充足、排水良好、土层深厚、质地疏松,肥沃湿润的山腰以下的山坡或山窝整地定植。进行大穴整地,穴距(3~4)m×(2~3)m,用表土填穴。每穴施入15~20kg土杂肥作基肥。在3~4月,选择阴天或小雨天挖取苗木定植。剪去苗木基部枝叶和过长的主根,用黄泥浆沾根后用湿草包装,随即运至定植地种植。每穴栽苗1株,要做到苗身端正、根系舒展、压紧土壤、松土培蔸、盖草保墒。如果土壤干燥,必须浇定根水。

3.2 肥料管理

幼树郁闭前,可间作高秆作物遮阳、以耕代抚。一般每年追肥2次,结合春、秋中耕除草进行。幼树每株可施尿素、过磷酸钙或复合肥0.1~0.2kg,成年树每株施肥0.1~0.5kg,穴施或沟施,施后覆土。

3.3 修枝整形

每年冬季进行修剪,剪去下垂枝、过密枝、病虫枝、纤弱枝和无用的萌蘖,以改善通风透光条件,促进树干通直、粗壮。肉桂树萌芽力强,砍伐后留下的树桩能重新萌芽成林。当树桩长出新的萌芽枝条时，选留2~3株，将其余的剪除。

3.4 病虫害防治

3.4.1 病害防治

①危害　肉桂主要的病害有褐斑病和根腐病。褐斑病一般4~6月发生。主要危害新叶，叶面出现黄褐色病斑，病斑不断扩大。呈现许多小黑点，最后全叶黄萎凋谢。

②防治　注意排除苗圃和林地积水，剪除病叶；用0.5%波尔多液喷雾防治。根腐病一般4~5月发生，危害幼苗，发病初期须根和侧根腐烂，而后根系全部腐朽，全株枯死。雨季要注意排除苗圃积水，清除病株；用5%石灰乳浇灌防治。

3.4.2 虫害防治

①危害　肉桂的害虫有樟红天牛和地老虎、金龟子、蝼蛄、蟋蟀等。樟红天牛5~7月在树枝顶端产卵，孵化后幼虫啃食干茎，使受害部分枯死。

②防治　剪除受害枝干，用棉花蘸80%敌敌畏塞入蛀孔，并用黏土封口熏杀；5~7月可人工捕杀成虫。地下害虫可在整地时适量施入5%呋喃丹颗粒剂毒杀。

4. 果实采收

每年2~4月，当果实变为紫黑色、果肉变软时便可采收。采收后要及时将果实放入竹筐内，置清水中把果皮搓烂，掏去果皮和果肉，取出沉于水底层的种子，摊放在室内通风处晾干表面水分即可播种。种子不宜在阳光下暴晒和长期久放，如到市场购买则需挑新鲜饱满果大的，买回马上洗净处理，晾干下地播种。

子项目4　木本药用树种栽培

任务13　红豆杉栽培

我国红豆杉科红豆杉属原生树种，均属国家一级重点保护树种。红豆杉属植物均为常绿乔木或灌木、雌雄异株、异花授粉。该属植物枝叶、木材、种子普遍含有毒物质紫杉醇（Taxine），从红豆杉植物体内提取的紫杉醇及其衍生物是目前世界上最好的抗癌药物之一，具有很高的开发利用价值。珍贵用材树种，纹理直，结构细，坚实耐用，干后少开裂，可供建筑、车辆、家具、器具、农具及文具等用材。

1. 良种选育

1.1 分布

红豆杉属约11种，分布于北半球的温带至热带地区。中国4种1变种的分布情况如下。

(1) 红豆杉

中国特有种。分布较广,分布于甘肃南部、陕西南部、湖北西部、四川等地。华中地区多见于1 000m以上的山地上部未干扰环境中。华南、西南区多见于1 500~3 000m的山地落叶阔叶林中。相对集中分布于横断山区和四川盆地周边山地。

(2) 东北红豆杉

产于吉林辽宁东部长白山区林中。耐阴树种,生长迟缓。浅根性,侧根发达,喜生于富含有机质之潮润土壤中,性耐寒冷,在空气湿度较高处生长良好。

(3) 云南红豆杉

分布于云南西北部、西藏东南部和四川西南部,多见于海拔2 000~3 500m的杂木林中。

(4) 西藏红豆杉

为西藏特有树种。主要分布于西藏自治区南部吉隆等地和邻近的云南部分地区。生于海拔2 500~3 400m的云南铁杉、乔松、高山栎类林中。

(5) 南方红豆杉(变种)

产于安徽南部、浙江、台湾、福建、江西、广东北部、广西北部及东北部、湖南、湖北西部、河南西部、陕西南部、甘肃南部、四川、贵州及云南东北部。

1.2 种类

该属约11种,分布于北半球的温带至热带地区。中国4个树种1变种。

(1) 红豆杉(观音杉)

常绿乔木,树高达30m,胸径达65~100cm;树皮灰褐色或暗褐色,条状浅裂;大枝开展,一年生枝绿色或淡黄绿色,秋季变成绿黄色;叶条形,螺旋状互生,基部扭转为二列,略微弯曲,长1.5~3cm,宽2~4mm,叶缘微反曲,叶端渐尖,叶背有2条黄绿色或灰绿色气孔带,中脉上密生有细小凸点;雌雄异株,雄球花单生于叶腋,雌球花的胚珠单生于花轴上部侧生短轴的顶端,基部有杯状假种皮,花期3~4月,种子当年11~12月成熟。种子扁卵圆形,有2棱,种皮黑褐色。属浅根植物,其主根不明显、侧根发达。

(2) 东北红豆杉

常绿乔木,树高可达20m;叶长1~2.5cm,较直,排列较紧密,呈不规则二列状,叶下面中脉带上无角质的乳头状凸起。种子卵圆形,长约6mm,紫红色,上部通常有3~4钝棱脊。花期5~6月,种熟期9~10月。

(3) 云南红豆杉

高可达20m,雌雄异株。枝叶茂盛,生命力强,单株树龄可达千年以上。树皮灰褐色、灰紫色或淡紫褐色,裂成鳞状薄片脱落;叶质地薄而柔,条状披针形或披针状条形,常呈弯镰状。雄球花淡褐黄色,种子生于肉质杯状的假种皮中,卵圆形,种脐椭圆形,成熟时假种皮红色。花期5~6月,种熟期9~10月。

(4) 西藏红豆杉

乔木或大灌木,一年生枝绿色。叶条形,质地较厚。雌雄异株,球花单生叶腋;雄球花圆球形,具多数螺旋状排列的雄蕊,具短梗;雌球花几无梗,花期5月,种子9~10月成熟,种子坚果状,柱状长圆形,生于肉质、红色、杯状假种皮中。

(5)南方红豆杉(变种)

特征与红豆杉相似,区别在于叶较宽长,呈镰状弯曲,长2~4.5cm,宽3~5mm,叶下面中脉局部有角质乳头状凸起。种子多呈倒卵圆形。花期3~4月,种熟期11~12月。

2. 苗木繁育

目前生产上,红豆杉苗木多采用种子繁殖和扦插繁殖。

2.1 种子繁殖

采种催芽。10月中下旬,果实呈深红色时采收种子。该种子属生理后熟,需要经过1年的湿沙贮藏才能发芽。常采取室外自然变湿沙藏层积法处理种子,以提高发芽率。一般在早春播种。种子贮藏1年后,有30%种子裂口现白时,及时筛出种子,放在0.2%的高锰酸钾溶液中消毒10min,再用清水冲洗干净,晾干明水后均匀地播在沟内。条播为主,粒距5~7cm。也可采用撒播。播种后,挖取松林下带有菌根并过筛的黄壤土覆盖种子,厚度以不见种子为度。幼苗期注意遮阴,播种时覆盖稻草以不见土为适宜,苗期搭建荫棚,透光度在60%。然后铺植苔藓护苗,保护苗床不受日晒雨淋,并经常保持土壤疏松、湿润。种子出苗率在70%以上。

2.2 扦插育苗

春季以嫩枝为好,秋季以硬枝为好。在树木休眠萌动期,选择砂土、锯末、珍珠岩混合基质作扦插土。选择1~4年生的木质化实生枝,将插条剪为10cm、15cm或30cm长的小段,在剪枝时要求切口平滑、下切口马耳形,2/3以下去叶。选择ATP、ABT、NAA、IBA等药剂处理插枝后扦插、盖膜,扦插成活率一般在85%以上。苗期注意保暖,搭建低棚遮阴。翌年移栽。

3. 栽培管理

3.1 栽植管理

3.1.1 园地选择

在温暖湿润的地区。选坡度平缓、土层深厚、肥沃、疏松、富含腐殖质、排水良好的高山台地、沟谷溪流两岸的深厚湿润性棕壤、暗棕壤、砂壤土为好。pH 5~7。

3.1.2 整地

精细整地,深翻、整平,山地按等高线修成适宜的台田,反坡梯田或鱼鳞坑。于栽植前1~2个月整地,挖0.4m×0.4m带状沟,沟施有机肥,每株10kg,与表土混匀,培成丘状,将苗木放入,使根系舒展,校正位置,填入表肥土,分层踏实,最后填入心土,筑0.4m宽灌水沟,立即灌水,浇足灌透,水渗下后要求根颈与地面平,然后封土保墒,适当遮阴能提高成活率。

3.1.3 栽植

北方以初春树液尚未流动,即落叶树类尚未萌芽前,南方以新梢冬季停止生长后的休眠期栽植为宜。各地因气候条件可适当早栽,有利于根系的恢复,成活率高。

一般种子育苗的1~2年,扦插繁殖的1年左右,当苗高长至30~50cm即可移栽。移栽在10~11月或2~3月萌芽前进行,栽植密度1m或0.8m×1.2m,,浇水,适当遮荫。在8~9月份将林地杂草和灌木清除掉,整理成水平梯面,深挖20~30cm,于11月份浅翻细耙。整地时,施入腐熟基肥1 000~1 500kg/亩,分厢作床,床高15~20cm,宽1.2m,整平厢面后用15cm宽的木板压出播种沟,深2cm,播种沟距离20cm。

红豆杉幼树喜阴湿,宜密植,鉴于收获物为小枝与叶片,其产量一靠发枝量,二靠密度,因此,除加强管理促进生长外,也应加大栽培密度,每公顷栽植1.8万~2万株为宜。为了便于管理与采集收获,株行距以0.4m×1.0m为宜。

3.2 土肥水管理

种子出苗后,要经常拔除杂草。每年追肥1~2次,多雨季节要防积水,以防烂根。施氮磷钾复合肥0.05~0.1kg,旺盛生长期间,即5~7月间,应追肥2~3次,追肥以氮肥为主,每次每公顷可施尿素75~150kg。另外,还可辅以0.1%~0.3%尿素结合磷酸二氢钾叶面喷肥,定干后,每年中耕除草2次,林地封闭后一般仅冬季中耕除草,培土5次。结合中耕除草进行追肥,肥源以农家肥为主,幼树期应剪除萌蘖,以保证主干挺直、快长。红豆杉喜阴湿,特别是结合幼龄期植株怕强光与干旱的特点,建圃初期可套种高秆作物(如玉米)与低矮作物(如小青菜),水分管理以保持较高空气湿度,土壤湿润而不涝渍为宜。

3.3 主要病虫害防治

①危害 红豆杉茎腐病是红豆杉扦插苗生长期危害最重的病害之一。红豆杉扦插2个月后,扦插苗茎基部会陆续发生茎腐病,由开始个别株致病而后扩展成整株致病,导致穗条叶片失绿、枯死和脱落。由于该病主要发生在夏秋高温季节,扦插苗受到高土温的损伤而为病菌侵入提供了条件,其病害的发生和流行主要取决于7~8月份气温,若发病较早,苗木抗热能力弱,其发病则重。

②防治 于夏秋间降低苗床土壤表层温度,防止灼伤苗木茎基部,以免造成伤口导致病菌侵入;增施肥料,以促进扦插苗生长和增强其抗病能力。用多菌灵+甲基托布津可湿性粉剂以4g/kg浓度混合兑水浇灌,其防治效果达83%。

4. 红豆杉枝条的采收

红豆杉根系较浅、喜湿,所以常浇水,保持根际湿润是栽后管理关键。小苗成活后在距地面约30cm处截去主干,以栽植结束后或夏眠前后为宜,有利于侧枝萌发。第二年仍同样管理,采下的枝条可选用作插条,第三年后则可每年采收新枝叶供药用原料。

一般种植3年后即可适当采收枝叶,6~7年后进入盛产期。最佳采收时间为每年的10~12月,此时树体尚未停止生长,树液尚未回落到根部,枝叶中"紫杉醇"含量较高。

轮流采收，轮采是指剪枝的时候只剪取整株中的一部分，而另一部留到来年采集，这样每年都可采收，细水长流，循环利用。

间隔采收，间采是指剪枝的时候把整株枝叶全部剪掉，只保留树体主干，这样一次性可采收更多枝叶，此方法只能两年采一次，其中一年时间用来等待枝叶再次生长。

采收来的枝叶应该及时通风晾晒，不要堆在一起，防止枝叶腐变。采剪枝叶后，最好对枝条的伤口进行包扎处置，避免病菌感染和水分丢失。

建议最好是以轻剪为主，剪取多年生的枝梢，并留一小截枝干，以便翌年萌发枝叶。

任务14 辣木栽培

因其树根具有辛辣味且有一定毒性，故而得名辣木。辣木的叶、嫩枝叶、果荚、果实富含多种矿物质、维生素，作为蔬菜和食品有增进营养、食疗保健功能，也可用于医药、保健、工业等方面，因此被誉为"神奇之树""生命之树"。

1. 良种选育

1.1 分布

辣木原产于北印度喜马拉雅区域及非洲，广泛分布在印度、埃及、菲律宾、斯里兰卡、泰国、马来西亚、巴基斯坦、新加坡、古巴、尼日利亚、坦桑尼亚等国。辣木生长快、用途多、较耐旱、易栽培，可适应多种生态环境。例如，在云南辣木适合于海拔1 400m以下的干热河谷区栽培。辣木生长受温度影响较为明显，对温度的变化较敏感。

辣木是印度的主要蔬菜之一，印度是世界上最大的辣木生产国，栽培面积约60×10^4亩，每年约生产$110 \times 10^4 \sim 30 \times 10^4$t果荚。

1.2 种类及用途

辣木为多年生常绿或落叶乔木，喜光照，速生，高可达$7 \sim 12$m，树干胸径可达$20 \sim 40$cm，树干直，主干$1.5 \sim 2$m开始萌生侧枝。树冠伞形，在枝梢顶部交织形成$2 \sim 3$排。一般为三回羽状复叶，长$20 \sim 70$cm，小叶长$1 \sim 2$cm，椭圆形、宽椭圆形或卵形，无毛，翠绿而柔嫩。花白色或奶黄色，气味芳香，圆锥形花序，左右对称腋生，两性花，萼筒盆状、开花时向下向外弯曲，花序长$10 \sim 25$cm，瓣宽2.5cm，萼片、花瓣、雄蕊及退化的雌蕊均为5。果荚具有三纵棱，长$20 \sim 60$cm，成熟时3开裂，每荚果含种子$12 \sim 35$粒。种子圆形、褐色，其上有3个纸质白翼。辣木根肉质，有的块状。

辣木主要品种有13种，根据树形和根的性状有3种类型：一是纤细型，二是粗壮型，三是块根型。根据分布区域通常有印度传统辣木、印度改良种辣木和非洲辣木，其中生长快、分布广、利用和研究最多的是产于印度北部喜马拉雅区域的印度传统辣木，属于块根型。非洲辣木原产于肯尼亚图尔卡纳湖附近及埃塞俄比亚西南部，属于粗壮型。

在实际生产中应根据不同用途选择不同的品种或种源。若主要用于经济开发，应选一年生的PKM-1和PKM-2品种，若主要用于改善生态环境，应选择印度传统辣木或非洲辣木。选择适合的优良品种、种源是辣木栽培的关键。要把握好适地、适树、适种源的基本原则。

2. 苗木培育

辣木繁殖可用种子实生繁殖，也可用扦插无性繁殖。

苗木培育与造林方式有关。辣木生长迅速，较容易成活，可以直播造林、裸根苗造林、袋苗造林。在水、肥条件好的地方可采用裸根苗造林或直播造林，荒山造林应采用袋苗造林。

2.1 播种繁殖

繁殖用的种子一定要从优良品种（种源）植株或优株上采摘。多年生辣木树荚果3~6月成熟，第二茬在9~10月成熟。荚果在树上明显干瘪、颜色呈黄至棕色，已全部纤维化，是种子成熟的标志。采下后晒干，果荚会自行开裂，除去果荚可得到成熟种子。种子风干，室温保存。播种前对辣木种子进行精选，辣木种子用25℃水温浸泡30h，种子充分吸水后捞出备用。也可采用药剂浸种，药水可选用800~1 200倍液多菌灵、绿亨2号、百菌清等杀菌剂。在气温高的地方浸种时间可适当减少。

在云南，辣木全年都可以播种，主要根据出圃定植时间来确定播种时间。一般采取春季育苗。辣木春季育苗播种时间可以在3月下旬至4月上旬。

圃地选择。苗圃所在地应没有霜期或只有几天微霜期，气温低的地方应采用薄膜覆盖甚至大棚、温室育苗。苗圃应选择开阔地带，阳坡。圃地应选择土壤肥力较高或中等的土地，沙质土壤为好。

2.2 扦插繁殖

辣木也可用茎、枝条扦插，进行无性繁殖。用粗14~16cm、长100~150cm的大枝进行扦插，辣木仍能够生根。印度传统辣木属多年生辣木类型，往往在雨季来临时对优良母株进行修剪。修剪后母株保留高90cm左右，留2~3个枝条，以维持其生长。修剪下来的枝条，剪取长100cm、粗4~5cm的枝条进行扦插。以5m×5m的株行距，开挖定植穴60cm×60cm×60cm栽种扦插条，栽种时应把1/3的插条埋在穴里，易于生根生长；如果是黏土，应注意排水以避免根腐。

3. 栽培管理

3.1 栽植技术

根据辣木利用目的的不同，决定其有不同的栽培方式。栽培方式可以有荒山造林、露地栽培、大棚栽培等。用于绿化荒山、改善生态为目的应当采用袋苗造林；在立地条件较好的地块栽种辣木，用于经营开发可以采用露地栽培或大棚栽培。袋苗造林和露地栽培是常用的方式。云南省的冬季和春旱季节，也正是辣木落叶季节，为了在淡季有辣木叶、果上市,大棚栽培是较好的集约经营方式。

3.1.1 辣木大棚栽培

采用辣木大棚栽培可以做到辣木鲜菜的全年供应。

棚栽辣木可采用直接播种,播种穴45cm×45cm×45cm。或移栽育好的优质辣木苗,在棚内通过整地,建立高墒,墒高30cm。以2m×1m的株行距定植,每穴施复合肥300g。辣木适宜生长温度为20~30℃,只要温度合适,在大棚内全年均可定植。

3.1.2 辣木露地栽培

(1)整地

露地栽培采用穴状整地。挖50cm×50cm×50cm的塘,株行距选用3m×2m或3m~2.5m。云南干热地区造林挖塘在11~12月进行。挖出的生土到翌年5~6月定植回填已熟化。挖塘时表土、下层土要分置。

(2)栽植

在没有灌溉条件的干热地区辣木通常在雨季造林,其他地区可在春季造林。雨季造林宜早不宜迟,可提高保存率。辣木苗定植要掌握好以下技术要点。回塘、施底肥,按"三埋两踩一提苗栽植要领"定植。

3.2 抚育管理

3.2.1 露地栽培抚育管理

抚育管理的内容主要是中耕除草、施肥、更新弱树、树体管理、防火、防牲畜危害等。

(1)中耕除草

每年雨季后的秋末,在树的周围1~1.5m范围铲除杂草、松土。在中耕除草的同时检查每株树。死树、弱树、畸形树、枯梢树、病虫牲畜严重危害的树要及时拔除,重新定植壮苗。

(2)追肥

雨季来临前结合松土进行追肥。辣木栽培过程中需要定期追肥,肥料的种类及氮、磷、钾比例根据栽培目的而异,以采叶为目的的主要以氮肥和有机肥为主,以花、果和种子为栽培目的的以有机肥和钾肥为主。一般采用根部追肥和叶面喷肥。根部追肥根据树的大小,在离主茎20~30cm处挖弧形沟放入高钾复合肥或有机复混肥,每株施0.2~0.4kg,雨季30d施1次,旱季45~60d施1次,施肥要均匀,施肥后要盖土。叶面肥可喷0.5%的磷酸二氢钾,叶面肥可与病虫害防治同时进行,这样可减少生产成本。

(3)树体管理

辣木生长很快,辣木顶端优势明显,为了获得最大产量必须及时摘顶,定期修剪整形。便于管理和采收。种植辣木的主要目的是采收叶片、果荚或种子,应根据不同目的对树体进行相应的管理。

①采收枝叶辣木的树体管理 一般在主茎直径达到3cm时,在50cm处截干,截干后萌发出多个嫩梢,在萌发出的嫩梢中选留3~4个不同方位的健壮嫩梢培养成主枝,当枝条直径达到2cm左右再进行第二次修剪,这样反复多次修剪后,每株每年可抽发100~160个嫩梢,形成较大树冠。菜用梢一般在嫩梢长到20~30cm,叶片完全展开后,在未老

化处用手采摘。在营养充足条件下，雨季一般15d左右可采1次，旱季一般25d左右可采1次。辣木在不作任何修剪的条件下，抽出的梢越来越细，最终只有每次采收留下的成扫把状的枝，因此每年必须进行回缩修剪2~4次。

②菜用果和菜用种子辣木的树体管理　为了获得高产及便于管理和采收，一般在主茎直径达到4cm时，在80cm处截干，截干后会萌发出多个嫩梢，选留不同方位的健壮嫩梢3~4枝培养成主枝，当枝条直径达到2cm左右再进行第二次修剪，这样反复2~3次后，就会形成较合理的树冠。最后一次修剪时间最为重要，因为它决定着果实的采收时间，同时也可起到避病避虫的作用。在热带地区最后一次修剪时间可在11月中、下旬，果实采收后进行回缩修剪、施肥等农艺措施，确保下季产量。辣木萌发力强，即使剪枝过度，也可以再生出来。只要雨水充足辣木就会开花和结荚，如果雨水连续不断，辣木几乎可以全年连续生产，旱季通过灌溉可以促使其开花。如果为了生产果荚，第一年的花应该去除，以使第二年和以后的果荚增产。辣木幼树生长快、萌发力强宜在冬春季树木停止生长时剪去弱枝、多余枝以保证主干生长。一般为了增加分枝及方便采收，通常将植株高度控制在1.5m左右，建议在新长出嫩芽长至60cm时，摘除30cm，摘下之嫩叶可以食用，较老叶片干燥后可以磨成粉末食用，每年可以将老株修剪至1m以下高度，修剪后再重新施肥有利于长出新枝以利于将来开花。二三年生幼树要剪去内膛枝，促使辣木树多产枝叶、多结果。

3.2.2　大棚栽培抚育管理

(1) 整形与采收

辣木苗木生长到1m时，进行摘心，促使侧枝生长。一般选留一级侧枝4个为固定母枝，每个一级侧枝上保留2~3个二级侧枝，以形成1m左右的冠幅，每个二级侧枝上可萌发3~4个嫩梢，当嫩梢萌发生长到20cm左右时即可采收作为蔬菜利用。采收后适当留叶1~2片进行回缩，促进新的嫩梢生长，约1周后可以进行第二次采收。

从7月下旬开始，摘去苗干基部部分叶片，减少郁闭，以利通风透光。方法是从苗干基部将叶逐渐去掉1/3 ~ 1/2，不仅能促进苗干木质化程度，而且还能起到矮化的目的。采摘老叶时，注意不要损伤苗干，要从羽状复叶基部留下几小叶掐断或剪断，摘下的叶片还可制绿色干叶粉，以增加收入。为提高萌芽的整齐度，可采用喷施赤霉素打破辣木的休眠期，促其早萌芽早上市，提高前期产量。赤霉素使用浓度为0.1%。

(2) 水肥管理

辣木生长量大，采收后需要及时补充水分和养分。辣木灌水要适中，过湿易烂苗，过干则生长发育缓慢。采芽后应及时补充肥料，每次采芽后要每亩追施氮肥5.0kg，磷肥15kg，钾肥1.5kg，施肥后浇透水1次，也可灌稀沼液来代替施肥灌水。土壤施肥的同时，在顶芽萌动后，每隔10 ~ 15d进行1次根外追肥，用0.2%尿素、0.2%磷酸二氢钾和0.3%三元复合肥交替喷施。

(3) 温度管理

为保证2 ~ 3月有嫩梢供应，一般10 ~ 11月停止采摘，并控制生长。12月中旬关棚，灌水，促使生长。并保持棚内夜间温度在10 ~ 20℃以上，白天温度在25 ~ 30℃。经20d左右辣木开始生长，当嫩梢生长至30cm左右时进行收获，收获后回缩修剪与追肥。棚内温度超过40℃时，须开棚降温。

(4) 农药控制

采叶期禁止使用农药，可获得无公害辣木嫩梢。对地下害虫，通过定期灌沼液的方式能收到较好的防治效果。

3.3 主要病虫害防治

3.3.1 病害防治

①危害 嫩梢萎蔫病、枝条溃疡病、落叶病和豆荚褐腐病几种主要病害的病原菌相同或相似。

②防治 主要是通过施肥、修剪等农业措施增加植株自身抵抗能力，调节花、果期避开发病季节，减少侵染源，改善环境，病害严重流行时喷600倍代森锰锌和绿亨2号等广谱性杀菌剂进行防治，并停止采收。苗期积水或水分太多时易发生根部腐烂，根部或茎基部腐烂防治难度大，一般只能整株连根挖出，并对植穴进行消毒处理；通过改善土壤的通透性，或种植在砂壤上可降低该病的发生。

3.3.2 虫害防治

防治原则是尽早发现受虫危害的树，用印楝油、烟碱等低毒、低残留的杀虫剂或生物源杀虫剂进行局部控制，及时消灭虫源，将虫害控制在最小范围。由于这几种害虫的发生时间和危害部位大致相同，防治可以同时进行。个体大的二疣犀甲采用人工捕捉成虫及寻找并破坏越冬幼虫的地下场所，减少翌年的虫害发生率。白蚁的防治一般在树基部环涂杀虫剂。对于蝶类幼虫可用人工清除、摘除病叶或用药防治。红蜘蛛可用阿维菌素2 000倍防治，蝶类幼虫可用抑太保、卡死克等常用杀虫剂防治。因辣木生命力极强，如有病虫害而不想施药时，可以剪除所有的枝叶烧除或深埋，修剪过的植株约15d左右就可以重新长出健康的枝叶。

3.3.3 辣木防治病虫害的营林措施

施肥、除草、间作等营林措施能促进林木健壮，增强林木抗病、虫能力，同时又能减少病虫滋生。水热条件好的地区杂草生长快，由于辣木栽培的主要目的是食用，宜采用人工及物理除草，除草最好是在杂草开花前后，不能等种子成熟了再进行，除下来的杂草沤熟可作为绿肥。

由于辣木树冠稀疏，可间作耐阴的低矮经济作物，以提高土地利用率，增加单位面积的经济价值。实践证明间作能明显抑制杂草生长，从而减少人工除草的成本。

酸性土壤定期施石灰不仅可调整土壤pH值，还可预防根部或茎基部腐烂。

4. 枝叶和果荚采收

枝叶的采收方法有两种：一种是用手从复叶叶柄基部采摘全部复叶及枝条的绿色部分；二是用枝剪剪去每个枝条的3/4~2/3的枝条，再从剪下的枝条上采摘整修叶片。第一种方法必须进行回缩修剪，无论用哪种方法，必须除去每个枝条的顶部和保留少量叶片确保植株的正常生长。辣木鲜叶作为蔬菜时可在定植2个月后定期或不定期摘取枝梢和嫩叶，老叶可制成茶叶饮用。

菜用果一般在果实横向生长结束时采摘，太早达不到应有的产量，太晚种壳变硬又影响口感。果荚用作食用时，应该在果荚幼嫩、柔韧时采收，其适宜采摘期是折断果荚时不出现纤维丝。种子必须在绿色时才能食用，变成浅黄色就不宜食用了。生产种子的果实必须完全成熟，当果实重量变得很轻或果皮颜色变为土黄色时即可采收，过早种子成熟度不够，太晚种子会裂开、发霉、虫蛀、变质。老一些的果荚可到果荚成熟以后收获种子用于榨油，此时要等果荚在树上变干变黄，但在还没有裂开落地时再采收，干种子也可以打成粉末，作为调料。种子要在通风良好、避光、干燥的地方储存。

任务15　枸杞栽培

枸杞嫩叶营养丰富可作蔬菜，枸杞果实具有滋肾、补肝、明目的功效，主治肝肾阴亏、腰膝酸软、虚劳咳嗽。枸杞叶具有补虚益精、清热、止渴、祛风明目的功效，主治虚劳发热、目赤昏痛。由于枸杞植株抗干旱，可生长在沙地和干旱地，可作为水土保持的灌木，并且枸杞具有抗盐碱性，又成为盐碱地的开树先锋。

1. 良种选育

1.1　分布

枸杞在全国大部分地区有分布。中华枸杞分布于中国东北、河北、山西、陕西、甘肃南部以及西南、华中、华南和华东各省区；朝鲜，日本，欧洲有栽培或逸为野生。常生于山坡、荒地、丘陵地、盐碱地、路旁及村边宅旁。在我国除普遍野生外，各地也有作药用、蔬菜或绿化栽培。宁夏枸杞由中国西北地区的野生枸杞演化的，现有的栽培品种仍可以在适宜的条件之下野生。其他地区也有栽培。

光照充足，枸杞枝条生长健壮，花果多，果粒大，产量高，品质好。枸杞多生长在碱性土和沙质壤土，最适合在土层深厚，肥沃的壤土上栽培。由于耐干旱，可生长在沙地，因此可作为水土保持的灌木。

1.2　种类

枸杞系茄科多年生落叶小灌木，高约2m，枝有棱、具刺；单叶互生或簇生于短枝上，披针形或菱形，全缘；花紫红色；浆果，橙红色，卵形或长椭圆形。

枸杞常见种有宁夏枸杞、中华枸杞。丰产性好、结果早的品种有宁杞1号、2号、4号。枸杞一年采收2次，分为夏果和秋果。5~6月第1次开花，6月中旬果熟，8~9月第2次开花，9~10月果熟。

（1）中华枸杞

中华枸杞为多分枝灌木，高0.5~1m，栽培时可达2m多；枝条细弱，弓状弯曲或俯垂，淡灰色，有纵条纹；叶纸质或栽培者质稍厚，单叶互生或2~4枚簇生，卵形、卵状菱形、长椭圆形、卵状披针形，顶端急尖，基部楔形；花在长枝上单生或双生于叶腋，在短枝上则同叶簇生；浆果红色，卵状；种子扁肾脏形，长2.5~3mm，黄色。花果期6~11月。

(2) 宁夏枸杞

宁夏枸杞为灌木，或栽培因人工整枝而成大灌木，高 0.8~2m，栽培者茎粗直径达 10~20cm；分枝细密，野生时多开展而略斜升或弓曲，栽培时小枝弓曲而树冠多呈圆形，有纵棱纹，灰白色或灰黄色，无毛而微有光泽，有不生叶的短棘刺和生叶、花的长棘刺。叶互生或簇生，披针形或长椭圆状披针形；花在长枝上 1~2 朵生于叶腋，在短枝上 2~6 朵同叶簇生；浆果红色或在栽培类型中也有橙色，果皮肉质，多汁液，形状及大小由于经长期人工培育或植株年龄、生境的不同而多变，广椭圆状、矩圆状、卵状或近球状，顶端有短尖头或平截、有时稍凹陷；花果期较长，一般从 5~10 月边开花边结果，采摘果实时成熟一批采摘一批。

2. 苗木繁育

2.1 播种育苗

采摘成熟度高的枸杞果实捣烂后用水淘洗，取沉底的种子晾晒干后备用。育苗地要选择在地势平坦、灌溉方便、疏松肥沃，pH 值在 8 左右、含盐量在 0.3% 以下的砂壤土或壤土地上。播种前先平整土地，结合全面耕翻施入厩肥，按宽 1.5~2 m，长 10~15 m 作好苗床。播种时间以春季为主，但雨季和秋季也可进行。春播在 3 月下旬至 4 月上旬，秋播在 8 月上、中旬。按行距 20~30cm 开沟进行条播，沟深 2~3 cm，播幅 2~3cm，覆土 0.5 cm，轻轻镇压后用铁耙摊平。也可采用落水播的方法，将床面细致整平后，小水漫灌床面，待水渗后，拉线分行撒播种子，播幅宽 1~2 cm，行间距 15~20 cm，然后用筛子或小锹覆盖细土 0.5 cm，最后用塑料薄膜覆盖。每公顷播种量 1.5~3 kg。幼苗刚出土时要注意防止立枯病和日灼。苗高 4~5 cm 时间苗，10cm 时定株，株距 10~15 cm，每公顷留苗 18 万~21 万株，以后注意松土除草。6~7 月份追肥 1~2 次，每次每公顷追施尿素 90~120 kg。要及时抹去茎基部萌发的侧芽。根据枸杞品种枝条下垂程度确定定干高度，一般在苗高达到 60~80 cm 时及时摘心，在定干摘心的同时要从侧方插入苗根底部 15cm 处截断主根，以促使侧根发育。当根茎粗 0.7 cm 时即可出圃移栽。

2.2 扦插育苗

首先要在优良母树上采集 1 年生、粗度在 0.5 cm 以上已木质化的枝条，最好是用 1 年生徒长枝和根部萌生条，剪成 18~20 cm 长的插穗，扎成小捆，用 100 mg/kg 的萘乙酸浸泡 2~3h，然后扦插。扦插时间可在 4 月上旬萌芽前或秋季进行。扦插时先在床面开扦插沟，沟距 20~30 cm，深 15 cm，按 8~10cm 株距把插穗斜插在沟内，填土踏实，插穗上端留 1~2 个节露出地面。春季扦插后最好覆盖塑料薄膜，以利保墒和保温，提高成活率。当幼苗芽条长到 5cm 左右时，可保留一个直立健壮枝条，将其余芽条全部抹掉。

3. 栽培管理

3.1 田间管理

当年定植的枸杞树冠小,行间空地大,其间可种植棉花、蔬菜、瓜类等低矮经济作物,但间种作物必须距枸杞树留出 0.8~1m 的空地,给枸杞的生长留出足够的生长空间。枸杞幼树生长快,尤其是在良好的水肥条件下,树冠迅速扩大,幼树的主干常常支撑不住沉重的树冠。栽植第二年就要培土并用竹、木支撑,以保证树干直立,树冠端正。每年 3 月中旬至 4 月上旬要翻晒园土 1 次。行间翻土深度以 10~15cm 为宜;树冠下稍浅,以 8~10cm 为宜;近树干周围更浅,以避免伤及主要侧根。8 月中下旬还要深翻 1 次,这次翻土深度行间可达 20cm 左右,近树干周围仍要浅些。5、6、7 三个月的上旬各进行 1 次中耕除草。4 月上旬至 6 月上旬需及时灌水 2 次;6 月中旬至 8 月中旬,应在每采一次果后灌水 1 次;9 月上旬结合施入基肥灌水 1 次;10 月下旬至 11 月上旬要根据气候情况及时冬灌。除每年秋末开沟施入 1 次基肥外,5、6、7 月的上旬还要结合中耕除草各追施 1 次磷铵复合肥,7 月中旬若花多,可施氮肥、钾肥。5 年以上的大树每次追肥 200~300kg/hm,幼树每次追肥 70~100kg/hm。花果期叶面喷肥能提高果实产量。基肥以腐熟农家肥、沤肥、沼气肥、作物秸秆肥等为主,施肥时沿树冠外缘开施肥沟,沟身 20~30cm,以诱导主根向土壤深处延伸。

实践证明,在枸杞生长期进行薄膜覆盖、秸秆覆盖、地膜覆盖的保墒节水方式也可以提高枸杞的产量。另外,枸杞怕积水,出现积水,要及时排出。

3.2 整形修剪

3.2.1 幼树整形

首先要进行定干。对未在苗圃定干或扦插定植的苗木,应根据不同品种的定干高度及时定干。定干后的第一年秋季或第二年春季,在主干上部的四周选择 3~5 个生长粗壮的枝条作为主枝,并于 20cm 处短截,第二年秋季再在主枝上选留 3~5 个骨干枝留 20cm 进行短截,第三年时,下层主枝和骨干枝均已形成,这时还要选择一个接近树冠中心的直立枝,将其留 30~40 cm 摘心,使其再发新侧枝。经过 5~6 年整形培养,树冠基本形成,即进入成年树阶段。

3.2.2 成年树的修剪

在枸杞萌芽至新梢生长初期进行春季修剪,主要剪去枯死的枝条。6~8 月进行夏季修剪,主要是对徒长枝进行处理。当树冠有空缺或光顶时,将有用的徒长枝在适当的高度摘心,多余的全部剪除。9~10 月进行秋季修剪,具体时间在枝叶停止生长后,主要是对当年结果的枝条只留 2~3cm 进行短截,同时剪除徒长枝、虫害枝及树冠周围的老、弱枝条,清除树冠内膛衰弱枝。枸杞园一般在 15~20 年后进行更新。在更新前 2 年按合理的布局选留行间健壮的根蘖苗加强培育,两年后即可刨除老树,为新树让开空间。

3.3 病虫害防治

3.3.1 病害防治

①危害 炭疽病主要危害果实和叶片，使病果变黑，使叶片产生小黑点或破裂穿孔。高温多湿时发病严重，发病初期可用50%的多菌灵灌根，同时用三锉酮100倍溶液涂抹病斑；枸杞白粉病叶片正面和背面形成白粉，常造成叶片卷缩，干枯和早期脱落。多发病于多雨的7、8月份。

②防治 发病时可用50%退菌特600～800倍液，每10d喷1次，连续喷2～3次。

3.3.2 虫害防治

(1)枸杞负泥虫(肉旦虫)

①危害 幼虫和成虫均危害叶片，造成千疮百孔，严重时仅留叶脉。

②防治 4月中旬，5～9月负泥虫危害时，一旦发现有虫害发生迹象，可以人工挑除负泥虫幼虫、成虫、卵。同时及时修剪被危害枝，将虫害控制在发生初期，一旦成虫爆发，大量产卵，损失更加严重。幼虫时期可以使用1.3%苦烟乳油1 000倍液进行喷洒。1.8%阿维菌素1 000倍液进行喷洒。可在冬季成虫或老熟幼虫越冬后清理树下的枯枝落叶及杂草，早春清洁田园，可有效降低越冬虫口数量。生物防治则可从负泥虫的体背上经常覆盖有茶褐色虫屎的特性考虑，曾使用昆虫病原线虫进行了防治试验，防效明显。

(2)枸杞木虱(黄疸)

①危害 形似缩小的蝉，5～7月为若虫大量发生时期，虫体布满叶片，叶片发黄，幼虫比成虫的危害更严重。

②防治 发病时用灭菊酯1 600倍液，每10d喷1次，连续喷2～3次。

虫害还有蚜虫、枸杞实蝇、枸杞驻果蛾等，可在萌芽前地面撒5%西维因拌制的毒土，杀灭越冬虫，发现有虫果，及时摘除，虫害发生时，可选用吡虫啉、阿维菌素等。

4. 采收

枸杞以果实入药，采果期在6月中旬～8月上旬，当果实变红、果蒂较松时即可采收。采收方法是"三轻、二净、三不采"，采收时要轻采轻放，采收后，先将果实放到凉棚下晾晒，果皮有皱褶时，再暴晒至外皮干硬而果实柔软即可，晒时不要翻动，以防黑果。采下的鲜果及时摊平，厚度不超过1 cm，经日晒或烘烤成干果。日晒时注意鲜果在采下后2d内不宜在中午强阳光下暴晒，不能用手翻动。干果的标准是含水量10%～12%，果皮不软不脆。

任务16 萝芙木栽培

萝芙木根、茎、叶均可入药，是我国珍贵的药用植物。其主要成分之一的利血平，具有降压、镇静、活血止痛、清热解毒的功效，为常用的降压药；另一种重要活性物质育亨宾，具有壮阳补肾等功效。外用治跌打损伤，毒蛇咬伤。

根含利血平、阿吗碱、阿吗灵、蛇根亭碱，育亨宾等多种生物碱，有降低血压效用；

民间用根治疥癣。

1. 良种选育

1.1 分布

分布于中国西南、华南及台湾等地区。越南也有分布。生长在海拔 900~1 300m 山地灌丛中或山坡密林荫处、溪边潮湿肥沃地方。

1.2 种类

萝芙木属植物：云南萝芙木（云南、广西）、蛇根木（广西）、阔叶萝芙木（广西、广东）、海南萝芙木（广西、海南）、红果萝芙木（广西、海南）、药用萝芙木（广西）等均可供药用。

（1）云南萝芙木

直立灌木，高 1~2m，具乳汁；茎有稀疏皮孔，无毛。叶对生至 5 叶轮生，膜质，椭圆形或椭圆状披针形，长 6~30cm，宽 1.5~9cm，深绿色；侧脉弧曲上升，每边 12~17 条。

聚伞花序腋生，着花稠密，多达 150 朵，总花梗 4~9 条，柔弱；花萼 5 裂；花冠白色，高脚碟状，花冠筒中部膨大，内面密被长柔毛，花冠裂片 5 枚，宽卵形，长和宽约相等，向左覆盖；雄蕊 5 枚，着生于花冠筒中部；花盘环状，高达子房一半；心皮离生。核果椭圆形，红色。

（2）蛇根木

灌木，高 50~60cm，除花冠筒内上部被长柔毛外，其余皆无毛；茎麦秆色，具纵条纹被稀疏皮孔，直径约 5mm；节间长 1~4cm。叶集生于枝的上部，对生、三叶或四叶轮生，稀为互生，椭圆状披针形或倒卵形，长 7~17cm，宽 2~5.5cm；叶面中脉近扁平，叶背中脉凸出，侧脉 10~12 对；叶柄长 1~1.5cm。

伞形或伞房状的聚伞花序，具单条的总花梗，上部多分枝，长 3~13cm；小苞片披针形，长约 2mm；总花梗、花梗、花萼和花冠筒均红色。核果成对，红色，近球形，合生至中部。花期第一次 2~5 月，第二次 6~10 月；果期第一次 5~8 月；第二次 10 月至翌年春季。

2. 苗木繁育

以种子繁殖为主，也可扦插、压条等。

2.1 直播育苗

于 9~10 月采收成熟果实，用水浸泡 1d，搓烂果肉，洗出充实种子，用湿沙混合贮藏。3~4 月播种、用种量 90~112.5kg/hm²。出苗后，在 5 月、7 月、9 月各中耕除草、追肥 1 次，培育 1 年，即可定植。扦插繁殖：于 2~3 月，选健壮枝条，剪成 20~23cm 的插条。每根插条要具有 2~3 个节。在苗床培育 1 年,即可定植。春、秋季均可定植,按行窝距各约 67 cm 挖窝,每窝栽苗 1 株,栽后淋水。

5~8 月,在畦内灌足水,待水渗下,墒情适宜时,进行松土、整平。苗床宽 1 m,按行距 20 cm 条播,开横沟,沟深 2~2.5 cm。种子用 6% 盐水选种,去除浮种,将沉底的种子用清水洗净,晾干。按每行撒 100 粒左右,上面盖 1~1.5 cm 厚土,稍镇压。用塑料膜覆盖畦面,保持湿润。地温在 26℃ 以上约 30 d 可达出苗盛期。去掉膜,加强田间管理。

2.2　扦插育苗

于初春或夏季,选生长健壮无病虫害、芽饱满的枝条,剪成 10~20 cm 的插条。每根插条要具有 2~3 个节,将基部 3~4 cm 插于 0.03% 萘乙酸溶液中浸泡 1 min 后晾干扦插,也可用生根粉处理。先在整理好的沙床或沙土(沙土比为 1:1)上开 5~6 cm 深的浅沟,将苗斜插沟边再填土压实。在苗床培育 1 年,生根长芽即可挖苗移栽。

2.2.1　宿根萌蘖

头年收获后,留桩 10~15 cm 进行低砍,开盘追肥后培土满桩,并随时浇水,促进多长萌苗。2 月气温回升后,大量萌苗长出,留 1~2 苗成株,其余可作扦插和压枝材料。

2.2.2　压条

7~8 月份,将成株茎基 15 cm 以下的萌株,从中部压弯插入土中。压株前用刀在基部 5~10 cm 割 1 条口(伤达木质部),以促根生长,压土后随时浇水。翌年 3 月萌芽前,若压株长根,即可从基部砍断栽种。

3.　栽培管理

3.1　栽植管理

3.1.1　整地

深耕整地,选好土层深厚、土壤肥沃的土地之后,冬季进行机耕或套犁深耕 30 cm 以上。晒垡 1 个月后,使土壤风化,再细耙碎土,种植前翻犁细耙,做到深耕碎垡、平整地面。

3.1.2　栽植

(1)重施底肥

每亩用畜厩粪 2 t、过磷酸钙 50 kg、硫酸钾 15 kg 混合施用,肥料以 7 成作为底肥施用,每穴施 15~20 kg。回填熟土高出地面 15 cm 左右,踩实备种。

(2)高垄穴植

在整好的地上开宽 2 m、高 30 cm 的高垄。每垄打两行穴栽,行距 1 m,距边沟 50 cm,株距 1 m,对空打 30 cm×30 cm 的三角形穴。雨季定植,先把苗的下部枝叶剪除,上部叶片剪去 2/3,把根舒展放入穴内,覆入细土,轻提稍压,再把表土覆盖到稍高于地面,稍压、浇水,成活率在 90% 以上。

3.2 土肥水管理

(1) 浇水与松土

土干后或无降雨时浇水灌溉。苗高20cm时进行松土、除草。松土宜浅，保持土表疏松、无杂草。

(2) 追肥

定苗1a后每年可追肥3次（2~3月、6~7月、10~11月），每次每公顷用硫酸铵450~900kg或1:3的人粪尿15 000kg或火烧土33 750kg或堆肥63 750kg。堆肥宜在秋冬施用，于树冠外缘下开宽30cm、深10~15cm的沟施入，覆土。施肥与中耕除草结合进行。第1年施肥3次，第2年施肥2次，第3年施肥1次。春、夏季施人畜粪水，每次每公顷施15 000~30 000kg；秋、冬季除用人畜粪水外，增施过磷酸钙和火灰，施后盖土。

(3) 摘除花蕾

为使养分集中供给根的生长，除留种株外，可10~15d摘1次成龄植株的花蕾。

3.3 病虫害防治

3.3.1 病害防治

(1) 根结线虫病

①危害 幼苗及成龄植株的根部都可被侵害。受害植株地上部矮化，根系形成大小不等的念珠状瘤状结节。

②防治 选用无病地及种苗；忌连作；必要时用80%二溴氯丙烷乳油15kg/hm² 处理土壤；开沟稀释100~150倍，灌注稀释10~15倍。

(2) 煤烟病

①危害 病原种类较多，常见的有 *Gapnodium* sp. 和 *Meliola* sp. 等煤点病菌，病株叶和嫩茎布满黑色霉层，如煤烟污染状。影响植株光合作用和生长，严重者可致植株枯萎。以菌丝体、分生孢子器、子囊壳等在病部越冬，翌年遇介壳虫、蚜虫分泌的蜜露和适合的温湿度即开始生长繁殖，并借气流、昆虫传播。

②防治 注意通风透光；及时防治蚜虫、介壳虫等害虫。

(3) 叶斑病

①危害 萝芙木属常见发生，初期病斑呈褐色，周围有黄晕，扩展后中央呈褐色，外围赤褐色，病斑破裂穿孔。

②防治 及时摘除病叶，用1:1:100波尔多液或65%代森锌800倍液喷雾，每隔半个月喷1次。

3.3.2 虫害防治

(1) 介壳虫

①危害 介壳虫是各种萝芙木普遍发生的一种虫害。常见危害的有吹绵蚧、橘粉蚧、咖啡绿蚧、盔蚧等种类。以成、若虫吸食枝叶、果实、花序汁液，使其发黄，同时引起煤烟病脱落，严重者使植株枯萎。终年危害，10月份蔓延最快。

②防治 注意清园，将枯枝落叶集中烧毁；掌握在若虫孵化期用0.5°Be石硫合剂或50%马拉硫磷乳油800~1 000倍液或50%锌硫磷乳油800~1 000倍液喷雾防治；利用瓢

虫等天敌进行生物防治。

(2) 筒天牛

①危害 危害萝芙木幼龄和成龄树，幼龄树受害严重。以幼虫钻进茎髓部，使受害处以上茎叶枯萎。

②防治 剪去枯萎部分，集中烧毁；往虫孔注入90%敌百虫1 000倍液，杀灭幼虫；释放天牛肿腿蜂进行生物防治。

4. 采收

(1) 采收时期

综合产量和药用成分含量两方面因素，云南萝芙木在种植后2~3a收获，全年均可采收，但在10~12月采收最佳。

(2) 采收方法

将地上部分砍除，沿侧根方向挖掘拣出，或用履带拖拉机拔出大根，再挖拣遗留下来的较小的根。最后，除去病、烂根和残茎。分别采收叶、皮和根，并将皮和根截成10cm长的小段，晒干即可。

任务17 五味子栽培

五味子别名山花椒，木兰科五味子属落叶木质藤本植物，以果实入药，是我国的地道名贵中药材。具有益气、滋肾、敛肺、生津、安神、涩精等多种功效。五味子除过药用外，因其含有多种营养成分，具有丰富的营养价值和特有的医疗保健作用。尚可加工成果酒、果酱、果汁饮料和保健品等。五味子作为常用中药材，其价格随社会经济不断发展，必然会不断升高。

北五味子喜凉爽、湿润的气候，极耐寒，在-42℃的严寒地带北五味子能正常越冬。要求空气湿润，耐阴，但在光照条件好的小环境下，有利于形成花芽而且雌性花明显增多。因此，人工栽培五味子要同时注意小生境的空气湿度与光照两个因素。喜肥沃、湿润、疏松、土层深厚，含腐殖质多，排水良好的暗棕壤。不耐水湿地，不耐干旱贫瘠和黏湿的土壤。

1. 良种选育

1.1 分布

五味子有南北之分，北五味子为传统正品，品质优良，主要分布于黑龙江、辽宁、吉林、河北等地；南五味子为五味子副品，品质较次，主要分布于山西、陕西、云南、四川等地。

野生多分布于溪流两岸的针阔混交林缘，林间空地，采伐迹地。以半阴坡毛榛子、山杨、白桦林和毛榛子、珍珠梅、水曲柳、核桃楸林内分布较多。干旱、寒冷、无遮阴的裸地上有枯梢现象，结果少。

1.2 种类

主要有红珍珠品种和早红、巨红、优红三个品系。为木质藤本植物，茎细长、柔软，需依附其他物体缠绕向上生长；不同枝类及芽位着花状况不同，以中长果枝结果为主；五味子叶具耐阴喜光特性，直接影响芽的分化质量；芽为复芽，有主副芽之分，中间发育较好的为主芽，两侧发育瘦弱的为副芽；五味子花为单性花，雌雄同株异花，常4~7朵轮生于新梢基部。虫媒花，花粉量较大，以异花授粉为主，自花授粉结实率较低；五味子不同植株穗长、穗重差异较大，穗长一般5~15cm，穗重5~30g，浆果近球形，成熟时粉红色至深红色(也发现有白色、黑色浆果报道)。种子肾形，淡褐色或黄褐色，种皮光滑，种脐呈明显V形，千粒重17~25g，种仁淡黄色。

(1) 红珍珠

中国农业科学院特产研究所选育，1999年通过吉林省农作物品种审定委员会审定，是我国的第一个北五味子新品种。树势强健，抗寒性强，中长枝结果为主，平均穗重12.5g，平均穗长8.2cm，平均单粒重0.6g，成熟果深红色，出汁率54.5%。

(2) 早红(优系)

枝条硬度大，开张，抗病性强，早熟，丰产稳产。平均果穗重23.2g 平均果穗长8.5cm，平均单粒重0.97g，成熟期8月中旬。

(3) 巨红(优系)

枝蔓柔软、下垂，果穗果粒大，树势强，丰产稳产性好。平均穗重30.4g，平均单粒重1.2g。

(4) 优红(优系)

枝蔓柔软、下垂，抗病性强，丰产稳产，树体通风透光性差。平均穗重14.4g，平均单粒重0.7g。

2. 苗木繁育

五味子苗木繁育可采用播种繁苗、扦插繁苗、嫁接繁苗、根蘖繁苗、组织培养繁苗等多种方法。生产生应用较多的主要为播种繁苗。

2.1 播种繁苗

2.1.1 育苗田选择

育苗田最好选择地势平坦、向阳、排水良好，周围没有污染源的，靠近水源的林缘熟地；地势要平缓，土层要深厚，土壤富含腐殖质的疏松、肥沃的腐殖土、沙质壤土。

2.1.2 育苗田整地

育苗地选好后进行翻耕，深度为25~30cm，翻耕时施入腐熟农家肥1 000~2 000kg/亩；然后做成宽1.2m、高15cm的畦床，长度视实际情况而定，搂平床面，即可播种。地势高燥、干旱、雨水较少地块可做成平床。

2.1.3 种子处理

8月末至9月中旬,种子成熟时,选择穗大,粒紧而均匀,粒大饱满,果实变软,富有弹性,外观呈现红色或紫红色,成熟度基本一致种子采摘。采摘后,置阴凉处后熟10d左右,然后浸水搓去果皮果肉,用清水漂洗,同时漂除瘪粒,放阴凉处晾干。12月中下旬,用清水浸泡种子3~4d,每天注意换水,然后再用0.1%~0.3%的高锰酸钾水溶液浸泡约4h后用清水冲洗干净,进行消毒。再按种沙比1:3比例拌入清洁湿沙,混拌均匀,沙子湿度以手握成团而不滴水,松手触之即散为度,装入编织袋,置于8~15℃温度条件,每隔15d检查1次,同时注意保湿,干时喷水,时间约60~70d,使种胚发育充分。当种子裂口率达30%以上时,转入0~5℃温度条件下沙藏,使物质充分转化。播种前半个月左右,将种子取出,置20~25℃温度条件下进行催芽,当大部分种子种皮开裂,露出胚根时,即可播种。

东北地区亦可将当年采收新鲜种子,置阴凉处后熟10d左右后浸水搓去种皮果肉,立即消毒杀菌,然后进行自然温度湿沙层级催芽,在土壤封冻前选背风向阳地方挖深60cm左右贮藏坑,坑长宽视种量而定,将经过自然温度湿沙层级催芽处理的种子装入袋内放入坑中,上覆10~20cm细土,并加盖植物秸秆等进行自然低温处理,翌年春季土壤化冻后取出种子进行高温(20~25℃)催芽。大部分种子种皮开裂,露出胚根,即可播种。

种子处理过程中一定要注意种子的杀菌消毒工作和检查工作。因五味子种子常常带有各种病源菌,致使在催芽处理过程中和播种后引起烂种或幼苗病害,消毒除采用前面方法中的消毒方法外,亦可采用种子重量0.2%~0.3%多菌灵拌种,或用50%咪唑霉400~1 000倍液或70%代森锰锌1 000倍液浸种2h,效果较好。

种子处理还可以采用,当种子采摘去除果肉,漂去秕粒,捞出控干后用250mg/L浓度的赤霉素或1%浓度的硫酸铜溶液浸种24h。然后拌入2~3倍湿沙,同时拌入消毒杀菌剂,放置凉爽地方,15d翻动1次;当室外结冰时,选背风向阳处挖60cm深土坑,将拌有湿沙的种子装入麻袋,埋入坑内进行冷冻;翌年化冻后,挖出种子在20~25℃温度下催芽;当70%的种子裂口,胚根露出小白点时,即为最佳播种期。

2.1.4 播种

4月中旬至5月上旬气温回升后,将经过催芽处理的种子在准备好的苗床上进行播种。播种采用条播,行距15~20cm,沟深2~3cm,播种量13~14kg/亩,覆土1.5~2cm,轻轻镇压并加盖覆盖物进行保温保湿。为防止立枯病和其他土传病害,可结合浇水喷施50%多菌灵可湿性粉剂500倍液。

播种时间亦可采用秋季播种,是在种子采收后经过搓脱果皮果肉,漂除瘪粒,用赤霉素处理,拌入湿沙中的种子在保湿状态下于土壤上冻前按照春季播种方法播入土壤,经过整个冬季的自然低温处理,在下年春季温度回升后,自然出苗且出苗整齐一致。

2.1.5 播后管理

播后20~30d陆续出苗。小苗出土50%~70%时,撤掉覆盖物,搭1~1.5m高的棚架,上面用草帘或苇帘、遮阳网等遮阳,透光率50%为宜;幼苗长出3~4片真叶时,进行间苗,保留株距5cm左右;幼苗长出5~6片真叶时将遮阴棚撤掉。

土壤干旱时浇水,保持土壤湿度30%~40%;及时松土除草;为了防止苗木叶枯病,在苗木展叶后喷1:1:100波尔多液,每周喷一次,连喷2~3次。白粉病可用25%粉锈宁可湿性粉剂 800~1 000 倍液，或甲基托布津可湿性粉剂 800~1 000 倍液预防。

苗期追肥 2 次，第一次在去掉遮阴棚时，于行间开沟施尿素 8~10kg/亩催苗；第二次在株高 10cm 左右进行，施复合肥 12~15kg/亩，施肥后及时浇水，以利幼苗吸收。

2.2 扦插繁苗

扦插繁苗一般采用半木质化绿枝扦插，亦可 5 月上中旬采用硬枝带嫩梢扦插，或 5 月初新梢长至 5~10cm 时采用嫩梢扦插均可。下面以半木质化绿枝扦插为例进行介绍。

6 月上中旬采集五味子优良品种或优系半木质化新梢，一般要求上午 10:00 前采集粗度大于 0.3cm 的枝条。并将其剪截成长 15~20cm 的插穗，保留中上部 2~3 片叶，其他叶片剪除，剪除时带皮，可少留部分叶柄。下剪口在半木质化节上，剪成马耳形斜口，上剪口距离最上部叶片 1~1.5cm，剪成平口。将剪好的插穗用 0.1% 多菌灵药液浸泡 1~2min，抖落水滴后用 1 000mg/kg 萘乙酸或 100mg/kg ABT 一号生根粉浸泡插穗基部 20~30s 备用。

插床挖成宽 1.2~1.5m，长 6~10m，深 20cm 的扦插池，四周用砖砌好，池上方搭拱棚和遮阴棚，以 1:1 干净河沙与过筛炉渣为基质，床底用 0.1% 多菌灵和 0.2% 辛硫磷杀菌灭虫，基质用 2% 高锰酸钾溶液喷淋消毒，堆放 2h 后用清水淋洗，再按 15~20cm 厚度均匀铺在插床上。用直径 2.5cm 木棒按 5cm×8cm 株行距打 3~4cm 深孔，插入接穗并压实，注意叶片不要相互重叠，随后喷水。

保持棚内湿度 90% 以上，透光率 40% 左右，温度控制在 20~30℃ 之间，每天根据湿度情况喷雾 3~4 次，要求喷雾后不形成径流，叶片保持坚挺，不萎蔫。插后每隔 10d 左右喷一次多菌灵消毒液。30~40d 左右可生根，以后逐渐减少喷水次数，进行控水炼苗，雨天注意防止雨水灌入苗床。经炼苗处理的生根壮苗可按 20cm×10cm 移至露地苗床继续培养以至成苗，移植后要注意精细管理，前促后控，培育出地下根系发达，地上木质化程度高的优质壮苗。

硬枝带嫩梢扦插是在 5 月上中旬，将优良品种母树上的当年生嫩梢带上年生硬枝剪成插穗进行扦插，要求保留上年生硬枝 8~10cm，带当年生嫩梢 3~5cm。插床上层基质与半木质化嫩枝扦插基质相同，下层基质为 10cm 厚的营养土（园土加腐熟农家肥），培养成活后的扦插苗可留床培养为壮苗。

嫩梢扦插是在 5 月初，五味子新梢长至 5~10cm 时，在温室或大棚内将采集的嫩梢同半木质化扦插一样进行扦插，插床同样是上层与半木质化扦插基质相同，下层与硬枝带嫩梢扦插基质相同，培养成活的扦插苗也是留床培养成壮苗。

2.3 嫁接繁苗

嫁接繁苗可以采用绿枝劈接或硬枝劈接嫁接方法。接穗应从优良品种植株上选取当年萌发形成、生长健壮的半木质化新梢。

绿枝嫁接时，砧木在嫁接头一年秋季上冻前剪留 3~4 个饱满芽剪断，灌足封冻水，防止越冬抽干，第二年春季化冻后及时灌水并施肥，促使新梢生长，每株选留 1~2 个新梢，其余全部疏除，并注意去除基部萌发的地下横走茎。

5 月下旬至 7 月上旬之间均可嫁接，嫁接时选取砧木上萌发的生长健壮的新梢，剪留

2 枚叶片，剪口距最上部叶 1cm 左右，从髓心部位垂直劈开一个切口。

接穗剪下后，去掉叶片，只留叶柄，在芽上 1cm 左右位置剪断，芽下留 1.5~2cm，削成 1cm 左右的双斜面楔形，接穗最好随采随用。接穗削好后插入切好的砧木切口，使形成层两面或一面对齐。用塑料布条绑紧扎严，不要漏风。注意接穗插入时要留白，为了防止接穗失水影响成活，可用塑料薄膜"带帽"封顶。

嫁接过程中需要注意剪刀要锋利，削面要平滑，角度要小而均匀，砧木要新鲜，不要木质化程度太高，以免影响成活率，接后及时灌水并保持土壤湿润，反复去除砧木萌蘖及横走茎，成活后及时摘除塑料薄膜。

硬枝劈接嫁接是在落叶后至萌芽前采集优良品种植株上一年生、粗度大于 0.4cm、充分木质化的枝条进行嫁接。方法与绿枝劈接嫁接方法相同。

2.4 根蘖繁苗

是将五味子优良品种栽培园内植株地下横走茎上不定芽萌发形成的根蘖苗挖出，直接进行栽植或归圃培育壮苗的繁苗方法。

2.5 组织培养

是用五味子优良品种或优系植株的腋芽作为外植体，通过芽的诱导、继代培养、生根培养、炼苗栽植培育形成新植株的方法。

3. 栽培管理

3.1 栽植管理

3.1.1 园地选择

五味子野生主要在山地背阴坡林缘及疏林地，因此选地应选生长期内无严重晚霜、冰雹等灾害天气，土壤深厚肥沃、富含腐殖质、疏松透气、保水能力好、排水良好的林缘地或质地疏松的沙质壤土农田地，但要注意远离大田作物，以防受到大田作物经营过程中漂移性除草剂的危害。耕作层积水或地下水位在 1m 以上地块不适于选择。周围要有优质水源，无污染性工厂，距离交通干线 1km 以上，交通方便。也可选择阔叶林地或混交林地，但要求立木分布均匀，受光面积大、时间长的阳坡，林分郁闭度 0.3~0.4。

3.1.2 园地清理整地

园地规划好后，首先进行清理整地，把所规划园地内的杂草、乱石、小灌木、枯枝、树根等清理出园地，然后进行深翻土壤，去高填低，平整土地，山地可进行带状或块状整地，翻地深度要求达到 30~35cm 以上，时间最好能在栽植前一年的秋季进行，以利于熟化土壤。如果是带状或块状整地，则需要按规划好的株行距进行深翻整地，创造有利于五味子生长发育的土壤条件。同时，注意按规划搞好水土保持。

3.1.3 架柱埋设，架线设立

为了提高栽苗质量，使株行距准确，在整好地、栽植前首先完成架柱埋设，架线设立工作。

架柱可用木架柱、水泥架柱。木架柱中柱要求小头直径8~12cm，长2.6m；边柱要求小头直径12~14cm，长2.8m的小径木。木架柱要求入土前将入土部分烤焦并涂以沥青，提高防腐性，延长使用年限。水泥架柱用钢筋混凝土浇制而成，中柱为8~10cm，两端粗细一致，长2.6m；边柱10cm×10cm，长2.8m。

埋设时，依据标定栽植点位置先埋边柱，后埋中柱。架柱之间距离一般水泥架柱6m，木架柱4m。埋柱深度边柱80cm，中柱60cm。要求埋完的架柱成一条直线，并边埋土边夯实，达到垂直、坚实目的。埋设边柱时，需要有锚石拉线或支撑，以防将来五味子上架后增加重量而导致架柱倾倒。

架柱埋设好后，按第一道架线距地面75cm，然后按间距60cm拉好第二道、第三道架线。架线采用10号或12号铁丝。架线时先把一端按相应位置固定，然后将架线设置在行的另一端，用紧线器拉紧后固定于边柱，与中柱的交叉点用12号铁丝固定即可。

3.1.4 定点画线

根据规划好的株行距及篱架设置位置，用石灰粉标注定植点或定植沟位置。一般五味子栽植可采用的株行距为0.3 m×1.2m、0.5m×1.2m、0.5m×1.4m、0.5m×1.5m、0.5m×2m、0.75m×2m、1m×2m等。

3.1.5 定植点、沟挖掘与回填

五味子定植一般在春季，但春季新挖掘的定植穴或定植沟土壤在栽植后经常由于土壤沉实造成苗木高低不平，甚至影响成活率，因此，定植沟穴的挖掘最好在前一年秋季完成，使回填土有一个冬季的沉实过程，保证春季定植苗的成活率。

定植沟穴的挖掘规格据园地土壤状况可有所不同，土层深厚肥沃，定植沟穴可浅一些、窄一些，一般40~50cm深，40~60cm宽。如果土层薄，底土黏重，通气性差，定植沟穴必须深些、宽些，一般要求60~80cm深，50~80cm宽。挖掘时，表土与底土分开堆放。挖掘定植沟穴必须保证质量，上下宽度一致。

挖好后，经过一段时间的自然风化，然后回填。在回填的同时，分层均匀施入有机肥和无机肥。一般先回填表土，同时施入有机肥料，回填过程中，要分2~3次踩实，以免回填的松土塌陷，影响栽苗质量，全部回填完毕后，再把底土撒开，使全园平整。

3.1.6 栽植

栽植季节可秋季，亦可春季。秋季栽植在土壤封冻前进行，栽植后入冬前要求培土，将苗木全部覆盖，开春再把土堆扒开。

春季栽植是指在地表下50cm深土层化冻后栽植。如果苗木经过了冬季贮藏或从外地调运，栽植前要将苗木全株用清水浸泡12~24h以补充水分，促进成活。

定植前，要对苗木进行定干和修根，是将植株剪留4~5个饱满芽短截，同时剪除地下横走茎，剪除病腐根系及回缩过长根系。

在前一年已深翻熟化的地段上，把栽植带平整好，按规划好的株距挖掘直径40cm、深30cm的圆形定植穴，株距较近也可挖掘宽40cm、深30cm的栽植沟，栽植点和栽植沟应在篱架投影正下方或距离15~20cm左右。

栽植时，由定植穴挖出的土壤按每穴施入优质腐熟有机肥2.5kg拌匀，将其中一半回填入穴内，中央呈馒头状，踩实，使距地表10cm左右。然后将修整好的苗木放入穴中央，行向对齐，使根系舒展，把剩余土壤打碎埋到根上，轻轻抖动，使土与根系密接，填

平,踩实,做好树盘或灌水沟,浇透水,待水渗下后,再覆一层松土即可。

栽苗过程中要注意苗木不宜在园地放置太久,以防根系失水干枯,影响成活率。

3.1.7 栽植当年管理

栽植当年土壤管理比较简单,采用全园清耕方法。要求全年中耕除草5次以上,保持五味子栽植带内土壤疏松无杂草。

栽植后到5月下旬之间,幼苗生长比较缓慢,可适当喷施尿素或叶面肥,促进叶片光合作用积累营养。5月下旬以后,新梢开始迅速生长,需加强肥水管理,每株追施尿素或磷酸二氢钾5~10g,8月上中旬,为促进枝条充分成熟,每株追施过磷酸钙100g,硫酸钾10~15g,或叶面喷施0.3%磷酸二氢钾。

生长期内遇干旱应及时灌水,雨季注意排涝。

当新梢进入迅速生长期后,新梢长至50cm左右时,据栽培模式每株选留健壮主蔓1~2条引缚上架,其他新梢进行摘心,抑制生长,促进制造营养,保证植株迅速生长。主蔓超过2m时及时摘心,促进枝条成熟,对产生的副梢,保持间距15~20cm,长度30cm进行摘心和疏除。促进副梢生长充实,芽体饱满。

五味子幼苗一般很少发生病虫害危害,但也不能掉以轻心,要加强检查,一旦发生病虫危害,需及时防治,特别是黑斑病和白粉病。

3.2 土肥水管理

3.2.1 土壤管理

生长期的土壤管理主要是松土除草,保证园内土壤疏松透气,不板结,并能起到抗旱保水作用和清除杂草作用。一般每年进行4~5次中耕除草工作,中耕深度10cm左右,注意不能伤及五味子根系,尤其不能伤及地上主蔓。除草尽量不要使用除草剂,以免危害五味子。

3.2.2 施肥管理

以生产果实为目的的五味子园,每年消耗大量养分,适时、适量施肥,能有效地增加产果量。因此每年秋季都应施一次农家肥,施肥量为3 000~4 000kg/亩,施肥方法为在栽植行两侧据植株0.5m处轮换开条沟施肥,要求沟宽40cm,沟深30~40cm,施肥后填土覆平,直至全园遍施为止。

另外,生长期还要追肥两次,第一次在5月初(萌芽前),追施速效氮肥及钾肥;第二次在8月中旬追施速效磷钾肥,随树体扩大,肥料用量逐年增加,施肥量按硝酸铵25~100g/株,过磷酸钙200~400g/株,硫酸钾10~25g/株。

由于五味子根系不发达,果实膨大期、新梢生长期及花芽分化期都消耗较多的营养,易造成营养竞争,所以在这些时期还应进行叶面喷施0.3%的磷酸二氢钾或尿素,以满足生长发育需求。

据研究,以在五味子的新芽形成期(7月份)施肥,增产效果最明显。每株施10g氮磷肥,比对照增产44.15%;施用有机肥,效果也很佳,每株施1~1.5kg有机肥,比对照增产38.38%~41.23%。

3.2.3 水分管理

五味子根系分布较浅,干旱对五味子生长发育影响较大。东北地区冬春季,雨雪量较少，容易出现旱情，灌溉特别重要。

五味子在萌芽期、新梢迅速生长期和浆果迅速膨大期对水分反应最为敏感。生长前期缺水，萌芽不整齐、新梢、叶片短小坐果率低，严重影响当年产量；浆果膨大期缺水，会造成严重落果现象；果实成熟期轻微缺水可促进浆果成熟，提高果实质量，严重缺水则会延迟成熟，浆果质量降低。因此，五味子生长期应在萌芽前、开花前、开花后浆果膨大期、浆果着色期土壤封冻前分别根据天气状况、土壤水分状况进行灌溉。

雨季则要注意排水，以免因园内积水或过涝而使五味子植株受害或因高湿造成病害蔓延。

3.3 整形修剪

五味子为藤本植物，栽植需要搭架，一般采用篱架栽培。

3.3.1 整形

五味子栽培常采用树形为一组或两组主蔓，在主蔓上着生侧蔓、结果母枝，每个结果母枝间距15～20cm，均匀分布，结果母枝上着生结果枝及营养枝。该树形结构简单、整形修剪技术容易掌握；株、行间均可进行耕作且便于操作；植株体积小、负载量小，对土壤肥水要求不严格。

一般整形需要3年时间完成，整形过程中，注意主蔓的选留，要选择生长势强、生长充实、芽眼饱满的枝条作为主蔓。严格控制每组主蔓的数量。

3.3.2 修剪

(1) 修剪方法

矮干低枝或无干多蔓，疏密合理，通风透光，清除废枝，集中营养。修剪中，对中长果枝尽量保留，并一律截到饱满芽带；对基生枝，除保留3～4条用做更新外，一律剪除；对短果枝、病枝、干枝及过密枝，一律从基部剪除。

(2) 修剪时间

主要在春季萌发前。也可在6～8月结合松土除草，清除萌发的多余基生枝。

(3) 不同时期的修剪方法

①结果前期　栽植后2～4年，主蔓已形成，主蔓上长出多条侧蔓，营养生长旺盛，为开花结果做好准备。目的是理顺关系，利用空间，促进通风透光。

抹除主蔓基部的过多侧蔓，剪除多余基生蔓；徒长(2m左右)主蔓及时打尖或拉大分布角使其水平生长，减弱长势，促进萌发侧蔓；疏去生长势弱的侧蔓；7月下旬对侧蔓进行一次较全面的掐尖，控制生长促进木质化，并结合喷施1～2次0.3%的磷酸二氢钾，促进木质化，减少越冬枯梢现象，春季将枯梢及时剪除。

②结果初期(5～6年)　目的是控制营养生长，促进开花结实。

基于前一阶段的培育，五味子丰产骨架，营养面已经形成。侧蔓的中上部已形成较多的混合芽，开花结果正常，因此要培育健壮的结果母蔓，抹除弱蔓，抑制过强的徒长蔓。结果母蔓上部的芽以保留4～7个为佳，中下部芽多留。芽间距10～15cm，有利于结果。一般雌花多分布在结果母蔓的上部，下部则雄花较多。因此7月中旬要打尖控制结果蔓延长生长，以利于加粗生长和分化出更多混合芽。主蔓基部的多余基生蔓继续抹除，使基部疏空。

③盛果期(7～9年)　五味子进入盛果期产量增多，结果面上移，主蔓下部逐渐秃裸。

目的是加强肥水管理,维持树势,延缓衰老。

剪去枯死蔓,弱小蔓,疏去过多的寄生蔓,培养新的结果母蔓,尤其是注意选留主蔓下部长出的新蔓,将其培养成结果母蔓。剪去上部已老化、秃裸的结果母蔓,回缩结果位置,保证盛果期产量,实现长期高产。从基生蔓中,选留好3~4条作为主蔓的后备,以备更新。

④衰老期(10年以上)　衰老期,五味子主蔓秃裸严重,结果力下降。目的是更替主蔓,平茬复壮,用培养起的更新蔓取代衰老主蔓。砍去老蔓,清理架面,让出空间,促使新蔓生长与结果。

3.4　病虫害防治

3.4.1　病害防治

(1)白粉病

①危害　危害五味子叶片、果实和新梢,一般先从幼叶开始浸染,叶背出现针刺状斑点,逐渐上覆白粉,严重时扩展至整个叶片,病叶由绿变黄,向上卷缩,枯萎脱落。高温干旱易发生,枝蔓过密、徒长、氮肥施用量过多、通风不良更为严重。

②防治　5月下旬喷洒1∶1∶100倍等量式波尔多液预防,6月中旬再喷1次,预防效果很好。突发白粉病,可喷洒25%粉锈宁800~1 000倍液,或甲基托布津可湿性粉剂800~1 000倍液,每10~15d喷1次,连续2~3次。

(2)根腐病(掐脖子病)

①危害　为五味子栽培主要病害之一。发病普遍,危害严重。一般5~8月均有发生,发病时根茎部表皮变黑,进一步腐烂、脱落,形成环状,叶片萎蔫,几天后整株死亡。林内生态园,因环境或枯枝落叶环境优越,可免除伤害,无此病发生。

②防治　选择高燥、不低洼积水的壤土、砂壤土进行栽培。秋季培土埋住根颈,防止受冻,减少伤害,加强管理,多施有机肥,使枝蔓生长发育健壮充实,雨季注意排水。

发病初期用50%多菌灵可湿性粉剂500倍液灌根,或用30%土菌消水剂灌根,发病期连续用药,间隔10d。

(3)黑斑病

①危害　6月上旬至8月下旬发病,发病时叶尖或叶缘开始,叶表有针尖大小圆形黑色斑点,微具轮纹,随着扩展相互合并成不规则病斑,干燥时易脆裂,潮湿时病斑背面生黑色霉状物;果粒染病,病部洼陷,变成褐色,种子外露,造成落果茎上病斑椭圆形、褐色,严重时干枯。空气潮湿,雨水偏多易发病。肥料不足或偏施氮肥、地势低洼、架面郁闭发病严重。

②防治　5月下旬喷布1∶1∶100倍等量式波尔多液预防,每隔10d喷1次。发病时用50%代森锰锌可湿性粉剂500~600倍液,或10%世高水分散性颗粒剂1 500倍液或腈菌唑25%乳油4 000~6 000倍液喷雾。

落叶后至萌芽前彻底清理园地,要求将病枝病叶全部清理出烧毁或深埋,减少越冬病原菌,萌芽前全园喷布5°Be石硫合剂。管理上注意枝蔓合理分布,避免架面郁闭,增强通风透光。

3.4.2 虫害防治

（1）女贞细卷蛾

①危害　为五味子重要害虫之一，以幼虫为害五味子果实、果穗梗、种子。幼虫蛀入果实在果面形成 1~2mm 疤痕，取食果肉，虫粪排在果外，受害果实变褐腐烂，呈黑色干枯僵果留在果穗上；啃食果穗梗，形成长短不规则凹痕；幼虫取食果肉到达种子后，咬破种皮，取食种仁。

②防治　秋季落叶后，彻底清理园地，烧毁或集中深埋；用黑光灯诱杀成虫；观测卵果率达 0.5%~1% 时，用 20% 溴氰菊酯或 5% 来福灵乳油 2 000~3 000 倍液喷施，15~20d 喷 1 次，整个生长期 2~4 次。

（2）柳蝙蛾

①危害　为五味子重要虫害。蛀食枝干，造成植株折断或死亡。

②防治　及时清除园内杂草，集中烧毁或深埋；5 月下旬枝干涂白防止受害；及时剪除被害枝；5 月下旬至 6 月上旬，地面喷洒 50% 辛硫磷乳油 1 500 倍液或 25% 爱卡士乳油 1 500 倍液。

3.4.3 药害防治

①危害　是农药残留引起或漂移性除草剂漂移引起植株枯萎、卷叶、落花落果、失绿、生长缓慢、生育期推迟、甚至植株死亡等症状。

②防治　可使用沃土安降解土壤中的农药残留。在农田休闲期间用 750g/亩沃土安加水 2 000 倍，搅拌均匀后均匀喷洒于地面，然后翻耕休闲；播种前或定植前，再次使用相同浓度相同用量沃土安喷洒苗床或种植带，然后播种或栽植。

目前对因 2,4-D 丁酯等漂移性农田除草剂引起的五味子药害防治上要求搞好区域种植规划，保证并保持五味子与禾本科农作物之间有足够隔离带且五味子应种植于上风口，五味子临近 200m 区域内，严禁使用此类化学除草剂；发生药害后，可喷施 1%~2% 尿素或 0.3% 磷酸二氢钾等速效肥料，促进农作物生长，提高抗药能力；也可用 0.1% 芸薹素内酯 300~600mL/hm² 对水 750kg 进行喷雾，严重的还需加喷 85% 赤霉素结晶粉 20mg/kg 进一步补救。

4. 采收、干制与贮藏

（1）采收

采收不能过早也不能过晚，一般 8 月末至 9 月上中旬果实变软、富有弹性，外观呈红色或紫红色时采收。过早，加工干品色泽差、质地硬、有效成分含量低，降低商品性；过晚果实易落粒，不耐挤压，易造成经济损失。

采收应选择晴天上午露水消失后采收。采收时，尽量少伤叶片和枝条，暂时不能运出的，放阴凉处贮藏，采要尽量排除杂草及有毒物质混入，剔除破损、腐烂变质部分。

（2）干制与贮藏

采收后放置干燥阴凉通风处摊开，厚度不超过 3cm，经常翻动，防止发霉，直至晾干，阴干的干品有效成分损失少、色泽好，但耗时长、易霉变。也可在日光下晒干，晒干时厚度不宜超过 5cm，经常翻动，使晾晒均匀。晾晒中可经夜露，干后油性大，质量好，但晾晒过程中绝不可暴晒,否则会导致干品色泽黑暗、质量差。晾干后紫红色有光泽,绉皱明显,有弹性,柔润者为佳。晾干率约(3~3.5):1。

晾干后要装入麻袋或透气的编织袋内贮存,通风防湿,防霉变。

任务 18　黄柏栽培

别名黄檗、黄波罗,芸香科黄柏属植物,以去栓皮的树皮入药;性寒、味苦。有清热解毒、泻火燥湿、抑制病菌之功能。黄柏不仅是常用中药材,而且是重要医药工业原料和传统大宗出口药材,主要来源为野生,虽有栽培,但面积很小,已被国家列为重点的植物保护资源。近些年,随着天保工程、退耕还林等林业工程实施及西部大开发,调整产业结构,发展生态农业等为中药材发展提供了有利条件,野生黄柏数量有上升趋势,但数量远远不能满足需求。

1. 良种选育

1.1　分布

据产地分为川黄柏和关黄柏 2 种,大致以吕梁山和黄河为界,以南为川黄柏,以北为关黄柏,二者皆为黄柏正品。

关黄柏分布于东北、华北及宁夏等地,主产黑龙江虎林、饶河、桦南、伊春、尚志、通河等地,辽宁新宾、铁岭、岫岩、本溪等地;吉林敦化、抚松、桦甸、白山等地。其中黑龙江虎林、饶河野生蕴藏量就达 $500 \times 10^4 \sim 1\,000 \times 10^4 \mathrm{kg}$。

川黄柏分布于四川、陕西、甘肃、湖北、广西、贵州、云南等省区,主产于四川巫溪、城口、都江堰、秀山、叙永等地;贵州务川、印江、湄潭、剑河、赫章、凤冈等地。其中都江堰的野生蕴藏量可达 $1\,000 \times 10^4 \sim 5\,000 \times 10^4 \mathrm{kg}$。

黄柏适应性强,我国南北各地均能生长。阳性树种,苗期稍耐阴,成年后喜光,川黄柏在强光下生长不良,野生多分布于温带、暖温带山地,耐寒能力强,幼树对霜冻敏感;多生于阔叶混交林中,少生长于针阔混交林,喜潮湿,不耐干旱,在河谷两侧及山体中下部土层深厚、湿润肥沃、排水良好的腐殖质土、棕色森林土中生长良好,在干旱瘠薄、排水不良、透气性差、黏重土层上生长不良。

1.2　种类

黄柏落叶乔木,高 10~25m。树皮灰色,有较厚的木栓层,内层鲜黄色。叶对生,奇数羽状复叶,小叶 5~13,卵状披针形或近卵形,先端长渐尖,基部宽楔形,边缘有不明显钝锯齿。花单性,雌雄异株。花絮圆锥形,花小,花瓣 5,雄花有雄蕊 5 枚,雌花内有退化雄蕊呈鳞片状,雌蕊 1 枚。花期 5~6 月。核果圆球形,熟时紫黑色。果期 9~10 月。

川黄柏与关黄柏的区别为树皮的木栓层较薄,小叶 7~15 片,长圆柱状披针形至长圆状卵形。花瓣 5~8 枚;雄花有雄蕊 5~6 枚;雌花有退化雄蕊 5~6 枚。

2. 苗木繁育

黄柏繁殖可采用播种繁殖、扦插繁殖和分根繁殖方法。生产中主要采用播种繁殖方法。

2.1 播种繁殖

2.1.1 种子采摘与调制

9月末至10月初,黄柏果皮由绿变黑,并有特殊香气和苦味时成熟,由于黄柏果实成熟后一时不易脱落,所以采种以10月初至10月中旬为宜。果实采收时最好选择15年生以上壮龄母树采种,采后堆放于室内,覆盖麻袋、草帘等物2~3周使其外皮软化,直至果实完全发黑、腐烂、发臭时,取出将果皮捣碎,置于筛内在清水中漂去果皮杂质,捞出干净种子晒干或阴干,放在通风阴凉仓库或室内贮藏,待播。

2.1.2 种子处理

当年采收的种子可以直接秋季播种,不需要进行催芽处理;如果第二年春季播种,则需要进行种子处理。处理方法如下。

(1)雪埋法

在冬季下雪后,将种子与3倍的积雪混合,埋入露天的坑内自然越冬,翌年春季播种前15~20d取出,化去雪水,平摊于地面上暴晒。当30%左右种子裂口露白时立即播种。

(2)沙藏冷冻法

春季播种前1~2个月,将黄柏种子与湿沙按种沙比1:3混合,埋入室外土内,保持一定湿度,最上面覆盖一层6~10cm厚土壤,再盖上稻草或杂草,春播前取出,除净沙土,即可播种。

也可以在播种前2个月,用0.5%高锰酸钾溶液将拌种河沙消毒30min,然后用清水冲洗干净,再将种子用0.3%高锰酸钾溶液消毒1h后浸泡于50℃温水中3h,然后捞出与3倍种量消毒河沙混拌均匀,种沙含水量60%,堆放于通风良好温度15℃左右室内,每天翻动。3d后转入0~5℃温度条件下,期间注意检查含水量,干时喷水,5月初取出,放入25℃以上温室内,并每天翻动,保持湿度,5月下旬种子有80%裂口露白时播种。

2.1.3 育苗地选择

育苗地应选向阳背风、温暖湿润地带的土层深厚、肥沃湿润、排水良好的沙质壤土地进行黄柏育苗。积水、黏重、贫瘠沙土地不宜选用。

2.1.4 育苗地整地

整地要在冬季深翻土壤,翻耕深度20~25cm,使其充分熟化。早春播种前,耙细整平,亩施腐熟有机肥3 000kg、过磷酸钙25kg,翻入土内作为基肥,然后浅耕,平整土地,做成1.2m宽、15~25cm高的育苗床。

2.1.5 播种

北方地区播种可在秋季也可在春季,秋季播种在土壤上冻之前进行,春季播种4月下旬至5月上旬进行。华北地区一般3月下旬进行春播,长江流域多在3月上旬进行,播种宜早不宜迟。

播种时，在准备好的苗床上按行距 15~20cm 开 5~6cm 深沟，浇上底水，然后将经过催芽处理的种子均匀撒入沟内，播种量为 5kg/亩，覆土 1~1.5cm，稍加镇压，再覆盖上草帘或松针、稻草等保湿。

南方春播一般在播种前将干种子浸水 24h，在准备好的苗床上按 30cm 行距开 3cm 深沟，沟内按 1 500~2 000kg/亩施入稀薄人粪尿作为底肥，然后按播幅 10cm 将种子均匀撒入，播种量 3kg，播后覆土 1.5~3cm，稍加镇压后浇水，再覆盖稻草 3~4cm，以保持土壤湿润，在种子发芽但未出土时，及时撤除覆盖物，以利出苗，播后 40~50d 出苗。

2.1.6 播后管理

播后注意经常保湿，床面不能干燥，约半月即可出苗，秋播出苗更早。黄柏幼苗忌高温干旱，8 月前也要经常保持土壤湿润，以利于幼苗生长。8 月后要注意控水，以防幼苗不能充分木质化。但在雨季也要注意排水，以免造成烂根。

经常进行松土除草，保持土壤疏松、田间无杂草。

幼苗长至 7~10cm 高时，进行间苗，拔出受压苗、病苗、弱小苗，保证苗间距 4~5cm。苗高达 15~20cm 时进行定苗，保持苗间距 10~12cm，尽可能使苗成"品"字形错开分布。

黄柏幼苗生长期施肥与不施肥差异较大，施肥 1 年生幼苗可达 50~60cm，不施肥 2 年生也只有 30cm 左右。因此，黄柏育苗除播种前施足底肥外，生长期还要进行 2~3 次追肥。分别在间苗后、定苗后追施腐熟人粪尿 1 500~2 000kg/亩或硫酸铵 10~20kg/亩，植株封行时追施腐熟农家肥 3 000kg/亩。7 月末和 8 月中旬分别各进行一次叶面喷施 0.2% 磷酸二氢钾，以促进幼苗充分木质化，提高越冬抗寒性。

黄柏主根长，侧根少，应在 8 月初用切根刀进行截根，切断主根，促进萌发更多侧根，切后用脚踩实土壤或浇水，防止透风。

黄柏幼苗喜阴凉湿润，如遇高温，易造成幼苗枯萎死亡，为此，幼苗生长未达半木质化前要对幼苗进行遮阴，避免阳光直射，可采用 50% 的遮阳网或间作其他遮阴作物，提高幼苗成活率。

2.2 扦插繁殖

是在 6~8 月的高温多雨季节，选取生长发育健壮的当年生半木质化枝条，剪成 15~18cm 长小段，斜插于以干净河沙为基质的插床上，经常浇水保湿，培育至第二年秋冬季进行移栽。

2.3 分根繁殖

是在黄柏秋季落叶后至土壤上冻前选刨手指粗细的嫩根，截成 15~20cm 长的小段，窖藏至翌春土壤解冻后，斜埋于温暖的苗床内，不能露出地面，埋好后浇水，1 个月后发芽出苗，培育 1 年后移栽。

3. 栽培管理

3.1 栽植

3.1.1 选地

黄柏对气候适应性较强，山区或丘陵地都能生长，但栽培应选好地块。栽植时应选缓坡中下部、山脚或沟谷两侧，且土壤深厚肥沃、疏松湿润、排水良好的壤质冲积土、砂壤土或棕色森林土为宜，干旱、瘠薄、沼泽地、水湿地、风沙地、冷空气汇聚地及质地黏重土壤不宜选用。

3.1.2 清理整地

在栽植前进行园地清理，将影响黄柏生长发育的灌木、杂草、石块、枯木、伐桩等彻底清理出园地，然后进行细致整地，有一定坡度的沿等高线进行带状整地或块状整地，整成 1.5~2m 的育林带，使其外高里低，便于保水，然后按株行距 2m×3m 挖成长宽各 80cm、深 60cm 的大坑，将挖出表土与心土分开堆放，或进行鱼鳞坑整地；平地则进行全园深翻后，以株行距 2.5m×3.5m 挖 50cm×50cm×40cm 的栽植穴。

3.1.3 栽植建园

黄柏根系发达，栽植前应将过长根系、受损根系、发育不正常的偏根进行修剪。

栽植在春季 4 月上中旬顶浆栽植。栽植时，首先按 5~10kg/穴有机肥与表土混合后回填至坑深的一半，踩实，然后将经过修根的苗木放入坑中央，前后左右对齐，再将土壤覆盖至苗木根系，并轻轻抖动，使根系舒展并与土壤密接，边覆盖边踩实，至填满栽植坑，浇水，待水渗下后，再盖一层松土，减少水分蒸发与保持土壤不板结。

3.2 栽后管理

山地黄柏栽后抚育管理年限以 5 年为宜，各年抚育次数为 3、3、2、2、1 次，以扩穴和割草为主。

平地栽培，前 2~3 年要经常进行中耕除草，保持土壤疏松、透气、无杂草，大树期间，每年进行深翻扩穴，保证根系发育，促进快速生长。

生长期施肥以农家肥、绿肥、植物秸秆为主，即可增加肥效，补充各种营养元素，又可改良土壤。幼树可在 10 月施有机肥 15~20kg/株，大树结合扩穴株施有机肥 80~100kg/株。

大面积栽植黄柏，定植头 4~5 年，植株较小，空地较多，为充分利用土地，增加收入，可间作山野菜、草本中草药或其他矮秆作物或绿肥作物。

黄柏幼树时，侧枝横生、主干不明显、养分分散，严重制约高生长，需要通过摘芽修枝、去掉不良侧枝，提高树干形质，促进高生长。一般是在 2 年生的幼林内，6 月初开始进行第一次摘芽，以后每年一次，连续 4 年；修枝在 3 年生幼林内，于每年 3 月树液未流动前进行，修枝强度依每株树具体情况来定。

成年黄柏树，一般只进行冬季修剪，每年一次，时间为 11 月至树体萌芽前，修剪方法简单，修剪量不大。以采皮为主要目的，适当修剪侧枝，疏除过密侧枝及内膛枯死枝、细弱枝、病死枝,促进树干及主枝健壮生长。为培育大树,可进行适当疏伐。

3.4 病虫害防治

3.4.1 病害防治

(1)锈病

①危害　5~6月发病,为害叶片。发病初期叶片上出现黄绿色近圆形边缘不明显的小点,后期叶背呈黄色突起小疱斑。

②防治　清洁园田、集中烧毁病残体,减少菌源。发病初期用敌锈钠400倍液或25%粉锈宁700倍液喷雾。

(2)煤污病

①危害　主要危害黄柏叶和嫩梢。发病时,叶片上常覆盖一层煤烟状黑色霉层,影响叶片光合作用,严重时造成叶片脱落。

②防治　加强管理,适当修枝,改善通风透光状况,降低湿度,减轻病害。用3%啶虫脒乳油1 500~2 000倍液喷洒防治蚜虫和介壳虫,增强叶片抗病能力。发病期间喷洒50%多菌灵可湿性粉剂800倍液,或0.3°Be波美度石硫合剂。

(3)轮纹病

①危害　危害黄柏叶片。发病初期,叶片上出现暗褐色、近圆形病斑,有轮纹,后期,病斑上着生黑色小点。

②防治　冬季清扫落叶,集中烧毁;苗期喷洒1:1:160波尔多液,或70%甲基托布津可湿性粉剂800倍液,或70%代森锰锌可湿性粉剂500~600倍液。

(4)褐斑病

①危害　主要危害黄柏叶片,病斑呈圆形、灰褐色,病斑两面有淡黑色霉状物。

②防治　彻底清扫落叶、病枝,集中烧毁;苗期喷洒1:1:160波尔多液,或77%可杀得可湿性粉剂600倍液,或58%瑞毒锰锌可湿性粉剂500~600倍液。

3.4.2 虫害防治

(1)黄柏凤蝶(橘黑黄凤蝶)

①危害　5~8月发生,以幼虫为害黄柏叶片,形成缺刻或孔洞。

②防治　利用天敌,即寄生蜂(大腿小蜂和另一种寄生蜂)抑制凤蝶发生,人工捕捉幼虫和采蛹时把蛹放在纱笼内,使寄生蜂羽化后继续寄生;幼虫幼龄期,用90%敌百虫800倍液,或50%辛硫磷乳油1 000倍液,或4.5%高效氯氰菊酯乳油2 500~3 000倍液,7 d喷1次,连喷2~3次;幼虫3龄后大量发生时,用苏云金杆菌菌粉500~800倍液喷雾,或含菌量100亿/g的青虫菌粉300倍液,每10~15 d喷1次,连喷2~3次。

(2)蚜虫

①危害　以成虫、若虫吸食叶、嫩梢和嫩茎汁液,危害严重时造成茎叶发黄,早期大量落叶。

②防治　冬季清园,将枯枝、落叶彻底清理后深埋或烧毁;黄柏芽体未展开时,喷洒3%啶虫脒乳油1 500~2 000倍液,或10%吡虫啉可湿性粉剂2 000~3 000倍液,或20%杀灭菊酯乳油或2.5%溴氰菊酯乳油2 000~3 000倍液;秋季发生时继续喷洒上述药剂。

（3）小地老虎

①危害　以低龄幼虫群集在幼苗心中或叶背取食，将叶片吃成缺刻或网孔状，3龄后幼虫将幼苗从近地面嫩茎处咬断，拖入洞中，造成缺苗。

②防治　冬季翻耕，将越冬成虫机械杀死或冻死，冬春季将田边、路旁杂草清除干净，消灭越冬虫源，减少产卵场所和食物；用糖醋液诱杀越冬代成虫，或将新鲜菜叶浸入90%晶体敌百虫400倍液10min，傍晚放置田间诱杀幼虫；3龄前嫩叶出现被害状时向地面喷洒48%乐斯本乳油1 000倍液封锁地面，或用90%晶体敌百虫150g加适量水配成药液，拌入炒香的麦麸5kg制成毒饵，傍晚投放在幼苗嫩茎处，每亩投放2~2.5kg诱杀。

此外，还有黄地老虎、蛞蝓（发生期用瓜皮或蔬菜诱杀，或喷1%~3%的石灰水进行防治）等为害黄柏。

4. 采收加工

4.1　采收

定植10~15年后即可采收，时间在5~6月，此时植株水分充足，有黏液，易剥皮。剥皮可采用部分剥皮法、砍树剥皮法和大面积环状剥皮法。

①砍树剥皮法　多用于老树砍伐时。先砍倒树，按长60cm左右依次剥下树皮、枝皮和根皮，树干越粗，树皮质量越好。

②部分剥皮法　即在树干离地面10~20cm以上，分年交错剥去树皮的1/3，以使树体能继续生长，伤口愈合后能够再继续剥皮的方法，但剥皮部位要每年轮换。

③大面积环状剥皮法　剥皮时间在夏季，气温25~36℃，相对湿度80%以上，树木生长旺盛，体内汁液多，易剥皮，且剥皮后能够在冬季来临前使生长的新皮有一定厚度，免受冻害，天气应选阴天或多云天气，晴天应在4时以后进行。剥皮时在树干上横割1刀，呈"T"字形再纵切一刀，割至韧皮部，不伤及木质部，掌握适当宽度，将树皮剥离。注意选择生长强壮的树体；气候干燥时，剥皮前3~4d适当浇水；剥皮动作要快，将整张树皮剥下，不要零碎撕剥；剥皮后不要用手摸剥皮部位；24h内不要日光直射、雨淋、喷农药，以免影响愈伤组织形成，为了促进新皮迅速再生，可用薄膜或防潮纸包裹，1周内保持形成层黏液不干，保护形成层。2年后可达到原生皮的厚度，再次剥皮后仍可再生。

剥皮采收后要加强养护，及时灌水，保持土壤和空气湿度，增施肥料，提高树体生长势，加强防寒，以免冻伤。

4.2　加工

剥下的树皮趁鲜刮去粗皮，至显黄色为度，晒至半干，重叠成堆，用石板压平，再晒干即可。产品以身干、色鲜黄、粗皮净、皮厚者为佳。最后打捆包装，一般每件20~25kg。贮运或放通风干燥处，防受潮发霉和虫蛀。贮藏过程中要注意检查，发现发霉或虫蛀，需及时处理，以免降低产品质量。

子项目 5　木本蔬菜栽培

任务 19　香椿栽培

香椿为楝科，落叶乔木速生树种。香椿的嫩叶、嫩芽含有多种微量元素及 17 种氨基酸，营养丰富，清香宜人，生拌、熟炒、腌制皆可，生产过程中基本无污染，是名副其实的绿色保健食品，是我国特产纯天然蔬菜，也是菜篮子工程。香椿材质细密，能耐腐、易加工、不变形、有光泽、防虫蛀，花纹优美，是建筑、车船、农家具、三弦琴模板及网球拍等的有名良材，有"中国桃花心木"之称；树冠庞大，树叶繁茂，树干通直，又是"四旁"绿化的好树种；经济价值很高，潜力很大，市场前景看好，深受广大群众的欢迎。

1. 良种选育

1.1　分布

原产中国中部和南部。东北自辽宁南部，西至甘肃，北起内蒙古南部，南到广东、广西，西南至云南均有栽培。其中尤以山东，河南，河北栽植最多。

香椿喜温，适宜在平均气温 8~10℃ 的地区栽培，抗寒能力随苗树龄的增加而提高。用种子直播的一年生幼苗在 -10℃ 左右可能受冻。喜光，较耐湿，适宜生长于河边、宅院周围肥沃湿润的土壤中，一般以砂壤土为好。适宜的土壤酸碱度 pH 5.5~8.0。

1.2　种类

香椿为楝科，落叶乔木速生树种。叶互生，羽状复叶，有浓郁香味；花两性，圆锥花序顶生，花白色有芳香味；蒴果狭椭圆形或近卵圆形；种子椭圆形，一端有膜质长翅；花期 6 月，果熟期 10 月中下旬。

香椿品种很多，根据香椿初出芽苞和子叶的颜色不同，基本上可分为紫香椿和绿香椿两大类。属紫香椿的有黑油椿、红油椿、焦作红香椿、西牟紫椿等品种。属绿香椿的有青油椿、黄罗伞等品种。主要栽培品种介绍如下。

(1) 黑油椿

黑油椿原产安徽省太和县。幼树长势强壮，萌芽力强。芽初放时红色，光泽油亮，后由下至上逐渐转为墨绿色，尖端暗紫红色，嫩叶有皱纹。芽粗壮肥嫩，香味浓，品质好。嫩芽 8~13d 长成商品芽。即可采收，单芽重达 20~30g。

(2) 红油椿

本品种也是安徽省太和县的农家品种，仅次于黑油椿，栽植地点相同，芽初生时芽薹及嫩叶鲜红色，油亮，5~7d 后颜色加深，8~12d 长成商品芽，芽薹下部及复叶下部的小叶绿色，背面褐色。嫩芽粗壮，香气浓，多汁无渣，脆嫩味甜，品质上等。

(3) 青油椿

本品种是安徽省太和县第3位农家品种，栽植地点与黑油椿、红油椿相同，芽初生时芽薹及嫩叶紫红色，6~7d 变为绿色，仅芽薹尖端和复叶前部的数对小叶为淡褐色，油亮，10~14d 长成商品芽。芽脆嫩，多汁少渣，味甜，香气淡，品质中上，优于红芽绿香椿。每100g 鲜品中含糖 3.38%，蛋白质 8.08%，脂肪 9.50%，维生素 C 61.4mg。按质量指标品评为第6位。

(4) 红香椿

红香椿原产山东沂蒙山区。其主要特点是香椿芽初萌发时呈棕红色，以后除顶部 1/4~1/3 保留红色外，其余逐渐变为绿色，叶片有皱缩。芽薹粗壮，嫩叶鲜亮、多汁、渣少、香气浓郁，品质好，产量高。

(5) 褐香椿

褐香椿在山东省胶东一带种植较多。嫩芽褐红色，展叶后变褐绿色，嫩叶有光泽，叶面皱缩较深，叶厚而大。芽薹粗壮、微甜、香气极浓，为香椿中的珍品。有些植株自然矮化，二年生苗只有 40~60cm 高，宜矮化密植栽培。

2. 苗木繁育

香椿繁殖方法有播种育苗和无性繁殖（分株或埋根）2 种。由于无性繁殖苗木受到限制，为获取大量苗木，目前生产上大多采用播种育苗。

2.1 播种繁殖

由于香椿种子发芽率较低，因此，播种前，要将种子加新高脂膜在 30~35℃ 温水中浸泡 24h，捞起后，置于 25℃ 处催芽。或将干藏种子用 5% 新鲜生石灰水浸种消毒 1.5h。然后用清水冲洗干净，用 50~60℃ 温水浸泡 12~15d，再用清水泡 10d，捞出放入竹篓里上盖湿毛巾催芽，至胚根露出米粒大小时播种。出苗后，2~3 片真叶时间苗，4~5 片真叶时定苗，行株距为 25cm × 15cm。

2.2 分株或埋根繁殖

可在早春挖取成株根部幼苗，种植在苗地上，当翌年苗长至 2m 左右，再行定植。也可采用断根分蘖方法，于冬末春初，在成树周围挖 60cm 深的圆形沟，切断部分侧根，而后将沟填平，由于香椿根部易生不定根，因此断根先端萌发新苗，翌年即可移栽。移栽后喷施新高脂膜，可有效防止地上水分不蒸发，苗体水分不蒸腾，隔绝病虫害，缩短缓苗期。

3. 栽培管理

3.1 栽植

3.1.1 苗圃地的选择

香椿是速生阔叶树种，对土壤和水肥均有较高的要求。苗圃需选择疏松肥沃、阳光充足、北风向阳、排水良好的熟地，忌低洼水涝，黏重土壤。前茬不宜种植茄科作物，忌连作，否则易引起根腐病。要深耕细作，施足底肥，最好每亩施细厩肥 400~500kg 或人粪尿 500~1 000kg，实行规范化育苗，这样培育出的幼苗生命力强，抗性好，移栽成活率高，生长迅速，当年株高可达 1~2m。

3.1.2 定植时间

香椿属冬季落叶冬眠植物，定植栽种时间在 12 月中旬到开春前为最佳，也可在夏季 6 月中旬除去顶尖嫩梢栽种。

3.1.3 定植密度

香椿是一种喜光速生树种，不耐庇荫，需要相当大的营养空间。以培育用材为目的，可适当稀植，株行距一般 2m×2m，栽 2 505 株/hm² 为宜。以培育香椿食用为目的，密度要适当密点，株行距一般 1.5m×1.5m，栽 4 500 株/hm²。

3.2 土肥水管理

香椿为速生木本蔬菜，需水量不大，肥料以钾肥需求较高，每 300m² 的温棚，底肥需充分腐熟的优质农家肥 2 500kg 左右、草木灰 75~50kg 或磷酸二氢钾 3~6kg、碳酸二铵 3~6kg。每次采摘后，根据地力、香椿长势及叶色，适量追肥、浇水。

3.3 打顶促分枝

以不同经营目的而采取不同栽培管理措施：若以用材为目的的侧芽萌发后，及时摘除。促进高生长。以摘取幼芽嫩叶为经营目的，在采摘第 2 茬香椿时，将顶部同时摘掉定干(从离地面 40cm 处打顶)。定干后喷洒 15% 多效唑溶液，浓度为 200~500ppm，以控制顶端优势，促进分枝迅速生长，达到矮化栽培。此后根据树型发育情况，及时打顶、打杈，确保树冠多分枝、多产椿芽，达到高产优质。

3.4 病虫害防治

香椿属早春采摘的芽菜植物，由于早春温度较低基本无病虫害，但夏、秋时病虫害十分突出。香椿病虫害主要有根腐病(立枯病)、叶锈病、云斑天牛、芳香木蠹蛾(蛀茎蛾)、乌蠹蛾等危害较为突出。

3.4.1 病害防治

(1) 香椿叶锈病

在冬天，要把落叶或残枝清扫干净，集中焚烧处理；于发病初期 0.2°~0.3°Be 石硫合剂喷洒，每半月一次，每亩用量 100kg 左右。

(2) 香椿干枯病

要注意品种的来源，引进或移栽时，要选择无病种株，做好消毒处理，杜绝病株或带菌株的流入。对林缘、道旁的树干涂白或混交其他树种遮阴，防止日灼或冻裂；发病时用 70% 托布津 2 000 倍液喷洒。剥除患处树皮，并涂以氯化锌甘油合剂或 10% 的碱水。

3.4.2 虫害防治

主要是云斑天牛危的防治。云斑天牛产卵部位低，明显可辨。在产卵和孵化初期，及时检查，发现产卵痕迹或幼虫，即可捕杀。清除洞内木屑，用铁钩杀死其中幼虫。捕杀成虫，清除排泄的木屑。

4. 采收

(1) 果实采收

采种时间以果实由绿变褐色时采收。采回的果实忌暴晒，晾晒至果壳裂开后，抖动果序把柄，种子便可脱出。香椿种子含油脂较多，极易丧失活力，应在干燥、低温条件下保存。常温贮藏的种子半年后发芽率仅有40%~50%，一年后几乎全部失去发芽能力。保存期间种子上的膜质翅不能搓去，以免影响种子发芽。

(2) 香椿采收

香椿采收方法有2种。一种是掰芽法，即将新发的嫩芽长到15~20cm长时，从芽基部整个掰下。另一种是掰叶法，即将嫩芽外层够长度的夏叶从叶柄基部掰下，每芽每次掰1~2片复叶，留下内层复叶，时隔3~4d再采，直到6月下旬为止。

任务20　刺五加栽培

刺五加是珍贵的中药材之一。刺五加的根皮及叶均可作药用，根状茎含刺五加甙、异秦皮啶、绿原酸、白芥子醛、葡萄糖甙、黄酮类化合物，皮可加工成五加皮。刺五加的根皮会起到与人参相同的作用，有着极大的药用价值，因此刺五加也叫做五加参。刺五加在调节神经机能、血压，并改善冠心病引起的一些病状方面有较好的效果。刺五加嫩茎和鲜叶食用价值很高，每100g含胡萝卜素5.4mg，核黄素0.52 mg，抗坏血酸121 mg，含有丰富的维生素。其嫩茎风味独特，清香微苦，是珍稀的绿色保健疏菜，可以炝拌清炒，做馅煨汤等。种子可榨油，制肥皂用。

1. 良种选育

1.1　分布

分布于华中、华东、华南和西南。广泛分布于东北长白山地区，辽宁省抚顺市清原县分布较多。

刺五加具有喜温暖、湿润气候的特性，同时，也耐寒、耐阴蔽。大多刺五加生长在土壤温润、腐殖质深厚、土壤微酸性的山地阔叶混交林下、林缘及山坡灌木丛中。尽管如此，刺五加还是可以在一般土壤中进行人工种植。

1.2　种类

刺五加为五加科五加属植物。别名刺拐棒、老虎獠子、刺老牙、刺花棒等，为落叶灌木。刺五加的高度在1~6m，只有一小部分会超过5m。分枝多，一二年生枝通常密生针状刺，老枝刺少。叶为掌状复叶，互生．有小叶5枚。花两性，伞形花序，具多数花，排列成球形。果为浆果状核果。近球形，紫黑色。花期6~7月，果期8~9月。目前生产上栽培的品种均为同一种。

2. 苗木繁育

刺五加繁殖方法主要有播种繁殖和扦插繁殖。也可根蘖繁殖和压条繁殖。

2.1 播种繁殖

春季4月中旬至5月初播种，秋季可在10月中、下旬播种。秋季播种前用清水浸种4d，每天换水，再用50倍10%的赤霉素液浸种4d后捞出，混3倍细河沙拌均。先进行2个月的暖湿处理，然后转入冷湿处理，2个月后将种子取出，置温棚中处理3~5d，当有30%的种子裂嘴吐白时即可进行播种。刺五加播种采用精细条播，行距10cm，播种量为每亩15kg，与细沙混合播种，并覆以1~2cm厚的细土，适当镇压，再覆以3~5cm厚的树叶、稻草等物保湿。

2.2 扦插繁殖

有嫩枝扦插和硬枝扦插。在6月中、下旬剪取半木质化嫩枝或木质化的硬枝，留一片掌状复叶或将叶片剪去一半，将插条在1×10^{-3}mg/L吲哚丁酸溶液中蘸一下或生根粉1号浓度为1 000mg/kg溶液蘸根30s，促进生根。插床上覆盖薄膜，每日浇水1~2次，20d左右生根，去掉薄膜，生长1年后移栽，按行株距2m×2m挖穴定植。

2.3 根蘖繁殖

刺五加有很强的根蘖能力，每年从母株的根部萌发出许多根蘖苗，将这些苗挖出定植，比扦插简单易行、成活率高、生长快、结实早。

2.4 压条繁殖

春季，选用刺五加母株的旺盛枝条，在节间靠近芽的下方，用刀刻出舌状的缺口，目的是刺激生根。将枝条弯曲压伏地面，清除地表枯枝落叶，用土将刻伤处理好，踏实，不让母条移位，再将全条培土埋严，土厚5cm左右，经50~60d后即可长成健壮根系。当年9月中、下旬，与母株分离栽植。

3. 栽培管理

3.1 栽植管理

3.1.1 园地的选择

为了培育优良的刺五加苗木，苗圃地最好选择地势平坦、水源方便、排水好、疏松、肥沃的砂壤土地块。苗圃地应在前1年土壤结冻前进行翻耕、耙细，翻耕深度25~30cm。

3.1.2 种苗选择

选择健壮的实生苗，当年生幼苗，苗高要在10~15cm，根茎2~3条，平均长度12~

14cm，须根发达。

3.1.3 栽植

按株、行距挖长、宽、深均为 30~35cm 的坑穴，表底土分放一侧。平地按 1.0~1.2m 株、行距挖穴，坡地按 0.6~0.7m 株、行距挖穴，林下按 0.8~1.0m 株、行距挖穴，距大树至少 1m 远。苗根放入坑穴中心，回土与粪肥混匀填入后踏实，原土印与地表平行。

3.2 土肥水管理

要保持刺五加田间土壤疏松、无杂草。刺五加是喜肥植物，每个生育期应追肥 2~3 次：第 1 次在返青后进行，每亩追施腐熟农家肥 2~3t；第 2 次在前次追肥 30~40d 后进行，用肥量同前次，同时，追施磷酸钾或磷酸二氢钾 20~30kg；第 3 次在秋后进行，用肥量同第 1 次。刺五加喜湿润土壤，但又怕涝，生育期间不能缺水，如遇天气干旱，每 2~3d 浇水 1 次，在雨季还要注意排水防涝，不要使田间积水。培土在入冬前进行，刺五加经过一个生育期的松土除草，有的根茎外露，影响越冬，秋末冬初应对刺五加进行培土，培土以能将根茎埋入即可。

3.3 病虫害防治

如有病虫害发生，要及时防治。慎重选择合适的杀虫剂和杀菌剂，适时喷洒，并选择合适的农药，预防病害及虫害。

4. 采收与加工

4.1 果实采收加工

刺五加果实 8 月下旬开始成熟，在 9 月上中旬分别采集长梗五加、短梗五加的成熟球果。采收的球果应立即入容器中揉搓，用清水清洗，漂净果肉、果皮、瘪种及杂质，将沉于容器底部的种涝起，沥干水分，置于背阴处理的违席上阴干，不得暴晒或用火烘干。

4.2 其他采收加工

(1) 嫩叶采收

在 4 月末至 8 月下旬这段时间可以进行采摘工作。可观察在嫩叶完全舒展后但不是特别鲜嫩时就可开始采摘。采摘过程中应采取采一留一的方式以确保树木的正常生长不受到影响。

(2) 嫩茎采收

在嫩茎为 15~20cm 时就可开始采摘工作。没有在正确的时机进行采摘会影响其产量、味道与品质。所以一定要掌握正确的采摘时机。

(3) 根皮及茎干的采收

对于根皮、茎干的采收工作最好在秋天当树木落叶后开始。根和茎采收后，要去掉泥土，趁鲜剁成 10~15cm 的小段，阴干备用。地上茎采回后，应及时冻藏，也可以趁新鲜送交收购部门或有关药厂。采回的嫩叶应阴干保鲜。

任务 21　龙牙楤木栽培

龙芽楤木为五加科楤木属小乔木或灌木，俗名刺龙芽、刺嫩芽、树头菜、刺老苞等。营养丰富，味美可口，是一种集食用、药用、工业加工、观赏价值于一体的经济植物。

春季采摘的嫩芽是非常名贵的山野菜，素有"山菜之王"的美称。嫩芽质地松脆，风味独特，营养丰富。经分析测定，每100g鲜品种含蛋白质0.56g，脂肪0.34g，还原糖1.44g，有机酸0.68g，还含多种维生素、矿物质及15种以上氨基酸，且含量远比蔬菜和其他谷物高，每100g嫩叶芽中含天门冬氨酸3.097g，谷氨酸4.772g，丙氨酸1.198g，缬氨酸1.448g，亮氨酸1.636g，赖氨酸1.475g等。可生食、炒食、酱食、做汤、做馅，或加工成不同风味的小咸菜等。

1. 良种选育

1.1　分布

分布于我国东北的小兴安岭、完达山、张广才岭，吉林、辽宁等地；在朝鲜、日本、俄罗斯西伯利亚地区也有种。另在我国的华东、华南、西南山区分布有其同属植物，其嫩芽和龙牙楤木一样可食。多生长于灌丛、林缘及林间空地。

龙牙楤木喜冷凉、湿润气候，多野生于背阴坡的杂木林、阔叶林和针阔混交林林缘、林下、林间空地、沟谷中，对土壤要求不太严格，从砂壤土、黏壤土、黄泥土到黑泥土均可良好生长，但喜疏松肥沃、湿润、中性或偏酸性砂壤土或壤质土，不耐黏重土壤。耐阴，对光照要求不高。

1.2　种类

龙牙楤木落叶小乔木或灌木，高1.5~6m，老皮灰褐色，小枝淡黄色，其上密生或疏生皮刺，皮刺尖、硬，基部膨大，疏密、长短程度与年龄及生境有关，一般新枝比老枝的刺长而密，阳坡生长的比阴坡生长的刺多，嫩芽上常有长达1.5cm的细长直刺。叶为二回或三回羽状复叶，叶片长达40~80cm，叶柄长20~40cm，无毛，基部抱茎，总叶轴和羽片基部通常有短刺，羽片有小叶7~11片，小叶卵形、阔卵形或椭圆状形，长6~13cm，宽2.5~8cm，先端渐尖，基部圆形、近圆形至微心形，边缘稍生锯齿，有时为粗大牙齿状。花序顶生，总花轴短缩，多数近圆形至微心形，每个圆锥花序长25~50cm，二次分枝的花序长4~8cm，其上着生3~7个伞形花序，伞形花序直径1~1.7cm，花瓣淡黄色。果实球形，黑色，具五棱，径3~5mm。花期7~8月，果熟期9月。目前栽培上只有1种。

2. 苗木繁育

龙牙楤木种苗繁育可以采用播种繁殖、根插繁殖、断根繁殖、组织培养，因其繁殖系数大，生产中主要采用播种繁殖。

2.1 播种育苗

2.1.1 种子采集

龙牙楤木种子9月下旬至10月中旬成熟，种子成熟时先成熟种子脱落。因此，种子采集应在9月下旬至10月中旬期间，观察种子成熟达果穗中部时采摘；采摘过早，成熟种子少，发芽率不高；采摘过晚，先成熟种子脱落，影响收种量。种子采收后放置阴凉干燥通风处，待其自然后熟后洗净果肉、果皮，漂除瘪粒种子，阴干储藏。

2.1.2 种子处理

11中下旬，先将采集调制好的充分成熟饱满种子用40℃温水浸泡，待其自然冷却后浸泡72h后捞出，每天换水1次。然后按种沙比1∶5比例混入干净湿河沙，沙子湿度以手握成团但无水滴出，松手触之即散为度，拌匀后置于15℃左右温度条件下，保持湿度，干时喷水拌匀，促使种子完成种胚发育，期间每隔10~15d检查1次，处理70d以后，检查裂口率，达30%左右时移入-5~0℃温度条件下进行低温恒温冷冻处理直至播种前取出进行播种。

也可在种子采集调制好后，将种子直接进行温水浸泡24h后，直接进行秋播，播后浇水覆盖，保持床面湿润直至土壤上冻，来年春季出苗早、出苗齐。

2.1.3 育苗田选择

龙牙楤木育苗田可选择背风向阳、土层深厚、土质肥沃、疏松湿润、排水良好、附近有灌溉水源的壤土或沙质壤土地进行育苗。

2.1.4 清理整地

3月下旬至4月上旬结合翻地，每亩施有机肥1 500~2 000kg作底肥，然后作床。床高10cm、宽1.2m、长10m左右，作好后用拿捕净、灭草灵等杀禾本科(单子叶)的除草剂进行床面封闭，然后扣地膜烤田增温。当10cm地温达12℃以上时进行播种。

2.1.5 播种

播前将地膜揭开，开2~3cm浅沟，浇底水，待水渗下后将种沙混合物均匀撒入沟内，如墒情好可不浇水。采用条播、撒播均可，每亩播种量1.5~2kg(干籽)，上覆5~10mm细沙或细土，再扣地膜或覆盖草帘、松针等保湿，注意地膜不能紧贴在地面。

2.1.6 播后管理

苗出齐后，要逐渐通风炼苗，但要注意防止日灼伤害幼苗，长出第一片真叶后把地膜揭掉，并适时松土、除草、浇水。长出3片真叶后，进行间苗移栽，保持株距7~10cm，移苗后加强田间管理，7月下旬每亩追施尿素10~20kg。

2.2 根插育苗

春季土壤化冻后，挖取3年生龙牙楤木母株的侧根，选择直径0.5~3cm粗细，剪成15cm长的根段，用多菌灵或甲基托布津500倍液浸泡根段1h后晾干根段表面水气，防止根段腐烂，然后呈30°斜插或平埋于地垄或苗床上，覆土厚3~4cm，稍踩实，浇1次透水，出苗前注意保湿，但不能过湿，以免龙牙楤木的肉质根在过湿环境下腐烂。1个月左右可萌发根蘖苗。萌发后加强管理，当年苗高即可达到50~100cm。

2.3 断根育苗

利用龙牙楤木根系在地上植株破坏后,有很强的萌蘖能力特性,可于春季土壤化冻、母株萌发前,在母株一侧距树干30cm处,挖掘宽30cm、深40cm沟,将遇到的根系全部截断,截断后的根系保留在土壤中,20~30d后截断的根系上就能萌发出新芽,萌发出的新芽每根上保留一个健壮的培养,当年秋季即可用于栽培。但要注意截断的根系断面最好用刀切削光滑平整,以促进愈伤组织形成。

2.4 组织培养

日本文献报道,龙牙楤木可采用组织培养方法进行繁苗,繁苗率比根插繁苗率高出400倍,每株3年生龙牙楤木可繁苗4万株以上。是将萌芽7~14d的龙牙楤木嫩芽叶柄作为外植体,经初代培养、继代培养、生根培养、驯化移植,培养成为独立植株。

3. 栽培管理

3.1 土肥水管理

栽后第1年龙牙楤木还没有长成树,容易受到杂草的侵害,管理以除草为主要任务。如果采取人工除草,注意不要伤害根系,因为立枯病、疫病的病菌主要是从根系伤口侵入,所以,在管理过程中,应尽量避免伤根。夏季以后,龙牙楤木长到一定高度,枝叶繁茂,杂草的威胁不大,可以放松管理,如果缠绕植物较多应适当进行处理。

龙牙楤木喜水,育苗地及栽植地均需要离水源近些,一旦发生旱情立即浇水,保证苗齐苗壮。特别是要防止春旱,因为用龙牙楤木嫩茎叶作蔬菜以春季第1次发的嫩芽为最好,早春干旱的地区为保证所发嫩芽饱满肥大应适时进行浇水。

另外,龙牙楤木虽然喜水,但不耐涝,所以一旦发生洪涝灾害或在雨后易积水地段,应在地块四周挖沟排涝,以缓解灾情。

栽后第2~3年,应在春季采芽后,下部保留3~4个饱满侧芽将茎干剪断。防止植株生长过高采收困难,同时促进多发分枝,提高产量。修剪时间不宜过迟,以免枝条不能达到充分木质化,造成越冬抽条。

生长季还需要将带状栽植的作业道内萌发的根蘖枝除去,加强通风透光并便于管理。

采收4~5年后,植株生长势下降,需要在春季采芽后将老植株从基部砍除,促进新植株萌发,以利于更新。

每年要根据地力和生长情况,适当追施农家肥或化肥。农家肥可直接铺于栽植带内地表,化肥进行穴施或撒施,撒施要注意选择雨前施入或施后灌水。化肥可在春季施入,农家肥秋季施入。施肥量按化肥每亩施15~20kg,农家肥每亩2 000~3 000kg施入。

如果是专为温室生产提供茎干,当年秋冬即可收割,收割时茎基部留2个芽苞,其余全部割掉;第2年每穴发出2株,秋冬收割时,每株基部再留2个芽苞;第3年以后秋冬收割茎干也是基部保留2个饱满侧芽,但需要在生长季除掉生长发育细弱低矮枝,保证生长点尽可能处于同一平面,使所有植株均能接受到充分光照,发育健壮,每亩保留

8 000～10 000 株即可。

3.2 病虫害防治

龙牙楤木在野生状态很少有病害报道，在我国，由于龙牙楤木人工栽培起步较晚，病害也比较少，春季见有蚜虫危害嫩芽，夏季有云斑天牛咬食叶片，近些年，随着栽培越来越多，也发现有卷叶病、疮痂病、白绢病等危害龙牙楤木。但据日本报道，人工栽培的龙牙楤木，病害严重，危害最大的是立枯病。

3.2.1 病害防治

(1) 立枯病

①危害　症状表现为病株新梢缺乏生机，数日内急速萎蔫、立枯，根部表皮内组织水渍状，淡褐色或黑褐色软腐，以发病株为中心，向四周辐射扩展。发病时，先由形成层开始，后达木质部，形成层软腐显著，发病后期，患根可像抽刀鞘一样抽出，有腐臭味，有蝇类寄生。

②防治　建园时避开排水不良的地块和老参地，挖好排水沟；栽植无病苗，生长季不进行伤根作业，不在病园内挖根扦插；发病时，将病株及其相邻株挖出烧毁，病穴用福尔马林等药物消毒。

(2) 卷叶病

①危害　一般认为是生理病害。通风不良，高温多湿都可引发。也有人称作叶斑病，锈病。发病轻时不影响来年萌芽，但大面积发病时需要防治。发病时从心叶开始卷曲，伴随红褐色角斑，植株生长受阻。夏季高温发病较重。

②防治　代森锌、克菌丹 500 倍混合液喷洒全株，7d 喷 1 次，连续 4～6 次基本可控制。

(3) 疮痂病

①危害　高温高湿季节易发。

②防治　春季萌芽前的休眠期喷施五氯酚钠 500 倍液进行预防。

(4) 白绢病

①危害　高温高湿易发。

②防治　栽前用多菌灵或甲基托布津 500 倍液处理种苗和根段。

3.2.2 虫害防治

蚜虫危害若在嫩芽采收期出现，不能将药剂直接喷洒于植株上，可采用将药剂涂抹于枝干上的方法进行预防。

4. 采收

当选用春季习惯性采摘时，采摘不能过早也不能过晚，过早，产量较低；过晚，品质下降。而各地气候条件不同，采摘具体时间应以当地气候情况而定。辽宁一般在 5 月上旬左右，当顶芽长到 15cm 左右，叶片尚未展开时采收。

龙牙楤木顶端优势很强，顶芽最先萌发，抑制两侧副芽及下部侧芽萌发。主芽采收后，两侧副芽和下部侧芽开始萌发，因此，在产区一年可采收 2～3 次，两侧副芽及下部侧芽展叶较早，一般长至 10cm 左右即可采收。

采收时用剪刀等物齐芽根削下，削下的芽要整齐、松散放在箱里，采收时应避免碰伤不够采收规格的芽，而且，最好做到随采随加工。

子项目 6　木本淀粉树种栽培

任务 22　板栗栽培

板栗属壳斗科，落叶乔木。板栗是我国特有的优良干果树种，国外称之为"中国甘栗"，国内有"铁杆庄稼"之誉。果实营养丰富，味道可口，可鲜食、炒食、煮食或加工成各种点心，是良好的副食品。板栗含淀粉 68.0%~70.1%、糖分 10%~20%、蛋白质 5.7%~10.7%、脂肪 2.0%~7.4%，还有多种维生素，具有一定保健功效，具有良好的市场前景和较高的经济价值。板栗不仅营养价值高，而且耐贮藏运输，适合外销。另外，板栗木材坚硬，能耐水湿，可供车船、枕木、桥梁、坑柱和家具用材，是果材兼用的优良树种；树皮和壳斗还可提炼栲胶，叶、果皮、树皮均可入药。

1. 良种选育

1.1　分布

板栗广泛分布于我国各省，北自吉林、南到广东，东起台湾和沿海各省，西至内蒙古、甘肃、四川、云南、贵州等。以黄河流域华北各省和长江流域各省栽培最为集中，产量最大。北方栗主要分布在华北地区的燕山及太行山山区及其邻近地区。包括河北、北京、河南北部、山东、陕西、甘肃部分地区及江苏北部。南方栗主要分布在江苏、浙江、安徽、湖北、湖南、河南南部。

栗喜光，具有深根性、耐旱、不耐湿等特点。在年平均气温 8~22℃，绝对最高气温 35~39℃，绝对最低气温 -25℃，年降水量 500~1 500mm 的气候条件下都能生长。且在年平均气温 10~14℃，年降水量 600~1 400mm 的微酸土壤生长最好。板栗对光照要求较高，光照不足会使其树冠内部小枝衰老枯死，枝条迅速外移，严重影响产量。

1.2　种类

板栗的树皮粗糙而直裂，小枝着生短毛。单叶互生，椭圆形或长椭圆形，先端渐尖，基部圆形或楔形，边缘有粗锯齿。背面被灰白色茸毛。花单性，雌雄同株，雄花序穗状，直立；雌花着生于花序基部，常 3 朵聚生在一个总苞内。5 月开青黄色花。坚果 9~10 月间成熟，熟时略呈黄色，果实外为刚刺密生的刺苞。

全国板栗品种已被命名的不下 300 余个，但大体上可分为两大品种类型，即北方栗和南方栗。我国南北板栗品种很多，且南方和北方品种群特征及特性方面有差异。一般南方品种群品质不及北方品种好，肉质偏粳性，适用于炒菜，又称为菜栗。适于华南栽培的优良品种叙述如下。

(1) 萝岗油栗

萝岗油栗产广州郊区。单果重10g左右。果皮光滑,深褐色,果顶微具茸毛,涩皮薄,易剥离。果肉淡黄色,品质优。10月中旬成熟。

(2) 河源油栗

河源油栗产广东河源市郊。果大,单果重14g左右。果皮薄,红棕色,油亮有光泽,无毛或具短茸毛。果肉质细嫩香甜,蛋黄色,品质优。9月下旬成熟。丰产。

(3) 封开油栗

封开油栗是中国板栗中最优良的品种之一,因其源于皮薄油亮、脆甜口香而得名,是封开一个著名的优良干果特产。封开油栗原产广东封开县长岗镇马欧村,约有500年栽培历史,分布于附近各县。果大,单果重15g左右。果皮薄,红褐色,有光泽,极少茸毛。果肉蛋黄色,具香气,品质优。9月下旬成熟。耐贮性较好。

(4) 农大1号板栗

农大1号板栗为华南农业大学利用快中子辐射诱变新技术,经16年试验研究筛选育成的早熟、矮化、丰产稳产板栗新品种,于1991年通过广东省科学技术委员会组织的成果鉴定。该品种5月中旬开花,8月下旬开始成熟,果实发育期虽短,但单果重13g,与原品种阳山油栗一样,且保持了内含物含量和较好风味,肉质细嫩甜香。树体矮化,树冠紧凑,枝条短,母枝壮,连续结果能力强,雄花减少,雌花增多,坐果率提高,嫁接苗植后4年少量结果,5年投产,比原品种产量高。

(5) 韶栗18号

韶栗18号为广东韶关市林业科学研究所于1974年从选育的优良实生无性系中选出。树冠圆头形,开张。单果重11g左右。果皮红棕色,油滑光亮。煮食糯质,味甘味,品质优良。9月上旬成熟。

(6) 九家种

九家种产于江苏吴县洞庭山,为当地主栽品种,是该省最优良品种之一,由"十家就有九家种"而得名。果中等大,单果重12g。肉甜糯性,品质极佳。9月下旬成熟。广西多点试种,均表现优良,8月下旬成熟。树形小,适于密植,丰产,耐贮。产量高,品质优良。该品种嫁接苗结果早,适合密植。坚果中等大小,果皮赤褐色,果肉质地细腻,甜糯,较香,较耐贮藏,适于炒食或菜用。

(7) 魁栗

魁栗产于浙江上虞,为当地主栽品种。果特大,单果重约25g。果皮赤褐色,有光泽。肉质粳性,适合菜用。9月中旬成熟。不耐贮。华南引种可能较早熟。

(8) 大果乌皮栗

大果乌皮栗在广西平原、山地均有栽培。果大,平均单果重19g。果皮乌黑。10月上旬至中旬成熟。高产稳产,抗病力强。

(9) 阳朔64-28油栗

阳朔64-28油栗是广西植物研究所从阳朔白沙古板乡选出的高产稳产中熟品种。单果重14g。果皮红褐色。10月中旬成熟。成年单株产量可达397kg。

(10) 玉林 74-11 栗

玉林 74-11 栗是广西植物研究所从玉林茂林乡选育成的高产稳产早熟品种。单果重约 11g。果皮褐色。9 月中旬至下旬成熟。单株产量可达 342kg。

2. 苗木繁育

由于对板栗用压条和扦插的育苗方式成活率低,所以生产上一般以播种和嫁接 2 种方法为主。

1.1 播种繁殖

板栗播种时间,分春播与秋播,以春播最为普遍。于 4 月上旬用沙藏好的种子采用大田式或苗床式开沟条播,行距(15~20)cm×(25~30)cm,沟深 5~10cm,覆土 3~5cm,将种子平放沟内,每亩播种量 125~150kg。秋播可适当加厚,土面上盖草,以防鼠害。苗圃管理与一般阔叶树种相同。

1.2 嫁接繁殖

板栗良种的繁殖采用嫁接方法繁殖,利用实生或野生的砧木进行嫁接逐渐普及。以本砧最为普遍,也有用野生种类的,我国北方多用二三年生板栗实生苗作砧木,南方多用同属的野板栗。接穗应在生长健壮、结果多、品质好的成年优良单株上剪取生长健壮的结果枝或发育枝,也可适当利用生长充实的徒长枝的中、下部分。枝接一般当砧木的芽开始萌动,树皮易剥开的时候进行。目前,栗树嫁接一般采用切接、插皮接、腹接、而芽接应用极少。

3. 栽培管理

3.1 栽植

3.1.1 园地选择

板栗为喜光果树,要生产优质果实,必须有充足的光照,山地种植宜选择南坡、东南坡及坡度不超过 25°的中坡或下坡。应选择土层深厚、通透性良好、有机质含量高、土壤微酸性、保水保肥的土壤,有利于优质、高产,获得较好的经济效益。

3.1.2 整地

在地势较缓的地方,采用 1m×1m 的大穴状整地,捡干净穴内的石头、杂根,每亩挖穴 35 个左右,当造林地的坡度超过 10°时,要先进行带状整地,带面度 2m,带间距离为 4m,带面整出后,再挖 1m×1m 的大穴,穴间距 4m。

3.1.3 选用良种

选用嫁接苗种植,有利于实现早结实、优质、丰产。尽量做到早、中、晚品种合理搭配。

3.1.4 栽植

选用优良的嫁接苗,11 月下旬至翌年 1 月上旬,土壤墒情很好时,栽植成活率高。

春季植苗期间，如遇天旱，要进行抗旱栽植。如果没有嫁接苗，在11月上旬至12月中旬，选择苗木地径在0.8cm以上，无病虫害，长势健壮的实苗栽植，苗木定植后，在翌年春季板栗树发芽前，采用插皮舌接的方法进行嫁接。所用接穗在优良的板栗树上随采随用，及时嫁接。合理密植是提高单位面积产量的基本措施。经多年试验观察表明，株行距以3m×5m为宜。树冠矮小的优良品种，株行距可设置为2m×3m，以后逐步进行隔行隔株间伐。种植时将苗木植于植穴中心，使根系自然舒展，用细土回填，扶正苗干并轻轻向上提，使细土进入根际，分层覆盖、压实，使根系与土壤充分接触，盖草后淋足定根水。

3.2 土肥水管理

3.2.1 深翻改土

为创造根系良好生长的条件，在雨季(6~7月份)，开深、宽各60cm的穴，同时分层埋入绿肥、有机肥，以改良土壤。夏季可结合中耕除草，浅耕10~15cm，秋季浅耕20~30cm。

3.2.2 施肥

(1) 幼年树

一梢一肥，第1次春、夏、秋季在树冠覆盖范围内15~20cm，每株施尿素0.3kg+硼砂；第2次在果实膨大期(6~7月)，株施复合肥0.30~0.75kg；第3次在秋季采果后落叶前施入有机肥。

(2) 结果树

一般可施肥4次，分别在3月、5月、采果后、落叶前各1次。花期用0.3%~0.7%硼酸或硼砂喷雾或春季每株施硼砂0.3kg。施足基肥：秋季施入有机肥，可结合深翻改土进行，追肥在萌芽前后、授粉期、果实膨大期进行，以氮肥和钾肥为主。

3.2.3 水分管理

板栗对水分需求比较多，种植后应注意淋水保湿，确保成活。生长干旱季节及时浇水，重点掌握在发芽前、新梢萌发期和果实迅速膨大期。

3.3 整形修剪

幼年树整形修剪：板栗为喜光树种。所以整形必须考虑光照问题。板栗丰产树形为疏散分层形和自然开心形，疏散分层形有中心疏导枝，干高1.0~1.2m，主枝5~7个，第1层3个，第2层1~2个，若有第3层，再留1~2个，第1、2层之间的距离大于1.5m，第2、3层之间的距离要大于1m，主枝之间错落生长，互不重叠，侧枝留在背斜下。自然开心形，第1层有主枝3~4个，向四周均匀分布，基角70°~80°，形成稀疏开张树冠，每个主枝可配2~3个侧枝。

结果树修剪：及时剪除重叠枝、细弱枝、交叉枝、病虫枝，对徒长枝进行短截。冬剪在冬季落叶后至第2年发芽前进行，夏剪主要以摘心短截为主，新梢长至30cm时摘心。

3.4 主要病虫害防治

危害板栗的常见病害有板栗芽枯病、白粉病、炭疽病、栗锈病、栗疫病等，虫害有栗实象鼻虫、栗大蚜、天牛、各种蚜虫等。病虫害防治工作要严格执行植物检疫制度，选用经审定的抗病虫品种，安全合理使用农药，控制用药量，以生物防治为主，减少环境污染。以白粉病和蛴螬类害虫为例，白粉病发生后应当及时剪除病枝并烧毁，并用石硫合剂和硫黄粉进行喷洒；对蛴螬类害虫应当以预防为主，冬季对圃地进行深耕，若发现即刻灭除，并提早播种，使板栗苗提前木质化，若虫害严重时可适量使用杀虫剂。

4. 果实采收与贮藏

采收的最适时期是总苞开裂，果皮变色，栗果自然脱落的时候。采收方法有两种：一是自然脱落法：每天早晚拣拾自然落果。栗果成熟充分，品质好，重量重，容易贮藏。二是分期打落法：就是先熟先打，分期分批采收。一般2~3d打1次，打苞时，由树冠外围向内敲打小枝振落栗苞，以免损伤树枝和叶片影响下年结果。

采收的果实置于阴处堆沤数天，待大部分球苞开裂后取出栗实分级、贮藏。

任务23　银杏栽培

银杏，银杏科银杏属，别名白果、公孙树等。银杏生长较慢，寿命极长，是世界上最古老的珍稀树种之一，有植物界"活化石"之称，为国家二级保护植物。银杏的食用部分为种仁，营养丰富，香糯可口，既是高级滋补品，又具有一定的药用价值；银杏树姿挺拔，叶片秀丽，对空气有一定的净化作用，是优良的绿化和风景树木；银杏木材材质细软且富有弹性，可用于制作贵重家具和精细工艺品；银杏的叶子、种子和树根有提高免疫力和消炎等作用。

1. 良种选育

1.1　分布

银杏在中国、日本、朝鲜、韩国、加拿大、新西兰、澳大利亚、美国、法国、俄罗斯等国家均有大量分布。在中国，银杏的栽培区甚广，主要分布温带和亚热带气候气候区内，从资源分布量来看，以山东、浙江、江西、安徽、广西、湖北、四川、江苏、贵州等省份最多。

银杏为阳性树，喜适当湿润而排水良好的深厚壤土，适于生长在水热条件比较优越的亚热带季风区。在酸性土(pH 4.5)、石灰性土(pH 8.0)中均可生长良好，而以中性或微酸土最适宜，不耐积水之地，较能耐旱，单在过于干燥处及多石山坡或低湿之地生长不良。

1.2　种类

银杏，银杏科银杏属，别名白果、公孙树等，是现存种子植物中最古老的孑遗植物，是我国稀有珍贵树种。为落叶大乔木，胸径可达4m，幼树树皮近平滑，浅灰色，大树之皮灰褐色，不规则纵裂，粗糙；有长枝与生长缓慢的距状短枝。幼年及壮年树冠圆锥形，老则广卵形，枝近轮生，斜上伸展(雌株的大枝常较雄株开展)；一年生的长枝淡褐黄色，二年生以上变为灰色,并有细纵裂纹;短枝密被叶痕,黑灰色,短枝上亦可长出长枝;冬芽黄褐色,常为卵圆形,先端钝尖。叶互生,在长枝上辐射状散生,在短枝上3~5枚成簇生状。球花雌雄异株,单性,生于短枝顶端的鳞片状叶的腋内,呈簇生状。雄球花葇荑花序状,下垂,雄蕊排列疏松,具短梗,花药常2个,长椭圆形,药室纵裂,药隔不发;雌球花具长梗,梗端常分两叉,稀3~5叉或不分叉,每叉顶生一盘状珠座,胚珠着生其上,通常仅一个叉端的胚珠发育成种子,内媒传粉。4月开花,10月种子成熟。

目前世界上银杏仅存1科、1属、1种。在植物学上称为单型属植物,我国将银杏大概分为5类:长子银杏类、佛手银杏类、马铃银杏类、梅核银杏类、龙眼银杏类。银杏的主要品种有梅核、大佛手、大龙眼、大马铃、铁富2号、铁富3号、铁富4号等。

1.2.1 核用优良品种

(1)长籽银杏类

长籽银杏种核长宽比大于1.75,呈长卵圆形,似橄榄果或长枣核型。如橄榄果、圆枣佛手、九甫长籽、金果佛手、粗佛子、金坠子、天目长籽、余村长籽等。

(2)佛指银杏类

佛指银杏种核长宽比为1.5~1.75,呈长卵圆形。如大佛指、佛指、扁佛指、野佛指、长柄佛手、长糯白果、鸭尾银杏、贵州长白果、黄皮果、青皮果、七星果、多珠佛手、宽基佛手等。其中佛指是江苏泰兴主栽品种,在全国各地均有引种栽培。该品种采用嫁接繁殖,叶片较小,为长卵圆形,种核长卵形或纺锤形,色白腰圆,形似手指,故名"佛指",是我国著名的银杏品种。

(3)马铃银杏类

马铃银杏种核长宽比为1.35~1.5,呈广卵圆形。如马铃、海洋皇、猪心白果、圆锥佛手、李子果、圆底果、药白果、处暑红、洲头大马铃、邳州大马铃等。

(4)梅核银杏类

梅核银杏种核长宽比为1.15~1.35,近广椭圆形,外观似梅核。如梅核、珍珠子、棉花果、新银8号、大白果、面白果等。

(5)圆籽银杏类

种实呈球形,种核圆形,长宽比小于1.15。如圆铃、龙眼、大圆子、小圆子、松壳银杏、皱皮果、葡萄果、糯米白果、桐子果、八月黄、安银1号等。

1.2.2 观赏用品种

(1)叶籽银杏

仅产于广西兴安县护城福寨二甲村和山东沂源织洞林场,同一短枝上有部分雌花直接坐落于叶片之上,并发育成为带叶种实,故得名。种核畸形、姿态各异、大小不一,多数呈椭圆形;胚乳丰满,绿色,没有胚芽。

(2)垂枝银杏

仅见于广西灵川县海洋乡,且只有雌株。垂枝银杏的枝条纤细绵长,如丝条下垂,风过枝条,绿影飘然,因而具有较高的观赏价值,通常被作为公园绿化树种。

(3)金丝银杏

雄株,实生,黄条纹叶与绿叶相间排列,从叶基直到叶缘条纹呈线状,宽度1~2mm。

2. 苗木繁育

银杏一般以播种繁殖为主；以生产果实为主的可采用嫁接繁殖法，也可扦插、分株繁殖。

2.1 播种繁殖

在春秋两季均可播种。秋播在 10~11 月，春播多在 4 月前后，若春播，必须先进行混沙层积催芽。播种方式一般用点播，开沟宽度 6~10 cm，深度 3~4 cm，床作沟距 20~25 cm(高垅双行的沟距 12~15 cm)，种粒距离 6~10 cm。每亩播种量 45~86 kg。

2.2 嫁接繁殖

在优良类型的结实母树上选择 2~8 年生的向阳壮枝，截成 20~25 cm 长的接穗，下端削成三棱形，头刀削至髓心，长 4~5 cm，再在反面轻削一刀，露出绿色皮层；用 8~10 年生、径 10 cm 左右幼树作砧木，离地 2 m 锯断，修平削光，切开皮层 6 cm 长，将接穗棱面对准木质部插入，同一砧木上可接 2~8 穗，然后用塑料布包扎，穗头露出 6 cm 左右，清明前后嫁接最好。接后加强管理和保护，经常抹去砧木上的萌蘖，促进嫁接枝生长，成活率可达 90% 以上。

2.3 扦插繁殖

利用银杏具有较强的萌蘖能力的特点，采用萌蘖条整枝扦插可获得较好的效果。作法是选择壮年母树基部 1~8 年生萌蘖壮条，于早春 2~3 月(在南方)带少许树皮掰下，扦插在地势稍荫蔽、土质湿润的苗床上育苗，插后浇足底水，并经常保持土壤湿润，这样一般成活率在 70% 以上。

2.4 分株繁殖

分株繁殖一般用来培育砧木和绿化用苗。银杏容易发生萌蘖，尤以 10 年~20 年的树木萌蘖最多。春季可利用分蘖进行分株繁殖，方法是剔除根际周围的土，用刀将带须根的蘖条从母株上切下，另行栽植培育。雌株的萌蘖可以提早结果年龄。

3. 栽培管理

3.1 栽植技术

3.1.1 园地选择

园地的选择以土层深厚(1~1.5 m)、疏松肥沃、pH 5.5~6.5、背风向阳、保水力强、排水性好、最大坡度不超过 15°的壤土或砂壤土地段为最佳。规划建园时，应设置防护林、排灌系统及道路。

3.1.2 品种的选择

选择坐果率高、出核率高于25%、种核出仁率高于80%、种核千粒质量在2.8 kg以上、丰产稳产、抗性高的优良品种。嫁接的苗品种要可靠,株高应该大于40 cm,茎粗大于1.0 cm,根系发达,无病虫害。

3.1.3 栽植

银杏以秋季带叶栽植及春季发叶前栽植为主,秋季栽植在10~11月进行,可使苗木根系有较长的恢复期,可为第二年春天地上部发芽作好准备。春季发芽前栽植,由于地上部分很快发芽根系没有足够的时间恢复,所以生长不如秋季栽植好。栽培密度因土壤肥力水平而异,肥水条件好的地方宜密植,肥水条件差的地方宜稀植。为在提高产量的同时保证单株树势,一般按株行距2~3m定植,第10年左右隔行疏移。银杏幼树生长缓慢,园内空间较大,可间作绿豆、黄豆、豇豆、花生等,可提高土壤肥力。银杏雌雄异株,如果雌雄比例和定植方向不当,会影响产量。一般雌株数与雄株数的比例为20:1,雄株应定植于雌株的上风向位置,要求二者花期一致。栽植时,将苗木根系自然舒展,与前后左右苗木对齐,然后边填表上边踏实。栽植深度以培土到苗木原土印上2~3cm为宜,不要将苗木埋得过深。定植好后及时浇定根水,以提高成活率。

3.2 肥水管理

3.2.1 施肥

全年至少施肥3次。萌芽肥,每株施腐熟的粪肥10~15 kg或复合肥0.3 kg,肥料与土拌均匀,以免产生肥害。壮梢肥,每株施腐熟的粪肥3~5 kg或复合肥0.5~1.0 kg。养体肥,秋季气温开始下降,养分大量回流,根系再次进入生长高峰,此时施肥有利于翌年生长结果,肥料种类为人畜粪、麸肥、土杂肥等。

3.2.2 水分管理

银杏对土壤水分要求较严,耐旱忌涝。若积水15cm连续7d,就会引起落叶和烂根现象,甚至整株死亡。此时的浇水至关重要。水量大会烂根,水量少植株又生长不良。成片栽植一定要开好排水沟。雨季应及时排除园内积水。南方7~8月份干旱期,每隔5~7d对树盘喷水1次,随后覆稻草,保持树盘土壤湿度,以增加果实饱满度,提高产量与品质。

3.3 整形修剪

早实丰产银杏园的树形多采用开心形。干高控制在0.7~1.5 m,由分布均匀的3个主枝组成骨架,主枝开张角度50°~60°,辅养枝60°以上。修剪通常在休眠期进行,应保留枝冠内膛的健壮结果枝,剪除直立枝、交叉枝、徒长枝、细弱枝、病虫枝等。

3.4 人工授粉

银杏雌雄异株,人工辅助授粉可提高产量和质量。当2/3的植株吐性水时,是人工授粉的关键期。采集完全成熟的黄绿色雄花序,收集花粉,花粉、硼砂、白糖的比例为1:5:5,再加250倍水配制成花粉液,在晴天的9:00~10:00或16:00喷树冠。

3.5 主要病虫害防治

银杏树的主要病害有银杏树叶枯病和干腐病，均为真菌性病害。叶枯病可在生长前期用25%的多菌灵500倍液或70%甲基托布津600倍液喷布2~3次，并及时清除落叶烧毁。干腐病的防治可参照苹果。主要虫害有天牛、蓑蛾、蓟马和卷叶蛾。蓟马为害银杏树幼嫩叶片，可在生长前期喷2.5%的敌杀死乳油2 000倍液或20%的速灭杀丁(杀灭菊酯)乳油3 000倍液，也可用40%的乐果或氧化乐果乳油1 000~1 500倍液进行防治。卷叶蛾幼虫初夏缀叶蛀食，可人工摘除虫苞、卷叶，在成虫发生时挂糖醋罐诱杀，或喷50%的辛硫磷乳油1 000倍液防治。

4. 果实采收与处理

银杏一般8~10月成熟。当外果皮由青绿色变为淡黄或橙黄色，果肉由硬变软，白粉由暗变明，皱褶由少变多，并有少量果实开始自然落下时即可采收，一般用竹竿击落，采收后要及时进行脱皮、漂白处理。可将果实堆成30~40cm厚的堆，覆湿作物秸秆等，2~3d后外果皮腐烂，用手搓或用木棍敲击使外果皮脱落，然后在漂白液中浸泡5~6min，捞出用清水冲洗干净，在通风良好的地方晾干，分级装袋后储藏(温度1~4℃、相对湿度50%~60%的冷库中可储存1年，自然条件下可储存6个月)或出售。

子项目7 纤维类树种栽培

任务24 竹子栽培

竹子是多年生禾本科竹亚科植物，是禾本科的一个分支，是高大、生长迅速的禾草类植物。

可用于造纸、做家具、地板、制作工艺品、乐器，也可作为建材建造棚架，与人们密切相关的日用品也十分常见，如扫帚、斗笠、凉席等；随着现代科技的发展，竹纤维被用于纺织品，可做成高档毛巾和衣物等。竹笋含有非常丰富的营养，是世界上一些国家的优良保健蔬菜之一。

1. 良种选育

1.1 分布

品种繁多，原产于中国，分布在热带、亚热带地区，东亚、东南亚和印度洋及太平洋岛屿上分布最集中。竹子在我国的南北均有种植，既是重要的速生森林资源，也是优秀的绿化观赏植物。

竹类大都喜温暖湿润的气候，盛产于热带、亚热带和温带地区。竹子对水分的要求：

既要有充足的水分，又要排水良好。

1.2 种类

竹子其竹叶呈狭披针形，长 7.5~16cm，宽 1~2cm，先端渐尖，基部钝形，叶柄长约 5mm，边缘之一侧较平滑，另一侧具小锯齿而粗糙；平行脉，次脉 6~8 对，小横脉甚显著；叶面深绿色，无毛，背面色较淡，基部具微毛；质薄而较脆。竹笋长 10~30cm，成年竹通体碧绿节数一般在 10~15 节之间。

竹子的种类繁多。识别竹子的种类，是根据它的生长特点来鉴别的。主要是从它繁殖类型、竹秆外形和竹箨的形状特征来识别。按繁殖类型分为丛生型、散生型和混生型三大类。

1.2.1 丛生型

就是母竹基部的芽繁殖新竹。如佛肚竹、凤凰竹、青皮竹等。

(1) 佛肚竹

幼秆深绿色，稍被白粉，老时转榄黄色。秆二型：正常圆筒形，高 7~10m，节间 30~35cm；畸形秆通常 25~50cm，节间较正常短。箨叶卵状披针形；箨鞘无毛；箨耳发达，圆形或卵形至镰刀形；箨舌极短。性喜温暖、湿润、不耐寒。宜在肥沃、疏松、湿润、排水良好的砂质壤土中生长。国内外均有分布。该种常作盆栽，施以人工截顶培植，形成畸形植株以供观赏；在地上种植时则形成高大竹丛，偶尔在正常竿中也长出少数畸形竿。是很多工艺品、文玩物品的加工对象。

(2) 凤凰竹

常绿灌木状，竿实心，高 1~3m，直径 3~5mm，小枝具 13~23 叶，且常下弯呈弓状，叶片较原变种小，长 1.6~3.2cm，宽 2.6~6.5mm。原产华南地区。多生于丘陵山地溪边，也常栽培于庭园间以作矮绿篱，或盆栽以供观赏。

(3) 青皮竹

竿高 8~10m，直径 3~5cm，尾梢弯垂，下部挺直；节间长 40~70cm，绿色，幼时被白蜡粉，并贴生或疏或密的淡棕色刺毛，以后变为无毛，竿壁薄(2~5mm)；节处平坦，无毛；分枝常自竿中下部第七节至第十一节开始，以数枝乃至多枝簇生，中央 1 枝略微较粗长。分布在华南地区，包括广东、广西、台湾、湖南、福建、云南南部。生于土壤疏松、湿润、肥沃的立地；河岸溪畔、平原、丘陵、四旁均可生长。适生于温暖湿润之气候环境中。主产于广东，以广宁县最多，也是全世界最大的青皮竹中心。

1.2.2 散生型

就是由鞭根(俗称马鞭子)上的芽繁殖新竹。如毛竹、斑竹、水竹、紫竹等等。

(1) 毛竹

竿高可达 20m，粗可达 20cm，老竿无毛，并由绿色渐变为绿黄色；壁厚约 1cm；竿环不明显，末级小枝 2~4 叶；叶耳不明显，叶舌隆起；叶片较小较薄，披针形，下表面在沿中脉基部柔毛，花枝穗状，无叶耳，小穗仅有 1 朵小花；花丝长 4cm，柱头羽毛状。颖果长椭圆形，顶端有宿存的花柱基部。4 月笋期，5~8 月开花。毛竹是中国栽培悠久、面积最广、经济价值也最重要的竹种。

(2) 斑竹

竿高 7~13m，径 3~10cm。与原变种之区别在于竿有紫褐色斑块与斑点，分枝亦有紫褐色斑点。为著名观赏竹,秆用作制工艺品及材用。

(3) 紫竹

竿高 4~8m,稀可高达 10m,直径可达 5cm,幼竿绿色,密被细柔毛及白粉,箨环有毛,一年生以后的竿逐渐先出现紫斑,最后全部变为紫黑色,无毛;叶片质薄,长 7~10cm,宽约 1.2cm。花枝呈短穗状,佛焰苞 4~6 片。小穗披针形,长 1.5~2cm,具 2 或 3 朵小花;花药长约 8mm;柱头 3,羽毛状。笋期为 4 月下旬。

1.2.3 混生型

就是既由母竹基部的芽繁殖,又能以竹鞭根上的芽繁殖。如苦竹、棕竹、箭竹、方竹等等。

(1) 苦竹

植株呈小乔木或灌木状。竿高 3~5m,粗 1.5~2cm,直立,竿壁厚约 6mm,幼竿淡绿色,具白粉,老后渐转绿黄色,被灰白色粉斑,竿散生或丛生,圆筒形。该植物的嫩叶、嫩苗、根茎等均可供药用,夏、秋季采摘,鲜用或晒干。

(2) 箭竹

秆小型,少数为中型,粗可达 5cm。箭竹为榛木科植被,多年生竹类,地下茎匍匐。秆挺直,壁光滑,故又称滑竹。箭竹的林地面积颇大,蓄积量蕴藏丰富,用途多,是大熊猫的主要食物来源,其中又有相当多的种类其竿为中型,是尚待开发利用的宝贵自然资源。

(3) 方竹

竿直立,高 3~8m,竹秆呈青绿色,小型竹杆呈圆形,成材时竹杆呈四方型,竹节头带有小刺枝,绿色婆娑成塔形。方竹叶薄而繁茂,蒸腾量大,容易失水,故多自然分布于荫湿凉爽、空气湿度大的环境中。除了观竿外,也是适宜观笋观姿的竹种。此外,其秆可制作手杖。笋味鲜美,可供食用。

2. 苗木繁育

2.1 埋鞭繁殖

适用于散生竹种和混生竹种。方法是挖取壮鞭,保留鞭根、鞭芽,多留宿根土,将竹鞭截成 50~60cm 的鞭段,平理于苗床上,覆土厚 5~8cm,保持苗床湿润。埋鞭时间宜选择在早春竹笋出土前 1 个月。埋鞭后注意旱天淋水,多雨排水。

2.2 埋竿繁殖

适用于丛生竹种。方法是选二年生健壮竹竿,连蔸挖起或不带蔸砍断,竹竿每一节上的枝条保留一个枝节,剪断并去掉竹竿梢头,每隔 1~2 节,在节中间砍或锯一缺口,将竹竿浸入净水中,竹腔内浸满水后用黏土封住切口。苗床开水平沟,将竹竿平放(切口向上),然后覆土 5~10cm,保持苗床湿润。约 1 个月左右,竹竿节的芽陆续萌发出苗。经半年至一年,即可挖竹竿截成单株竹苗,用于造林。埋竿育苗最佳时期是竹子发芽前 1 个月左右。

2.3 埋节繁殖

此法亦适用于丛生竹种，尤其是侧枝基部具有潜伏芽的丛生竹，如撑篙竹、青皮竹、大头典竹、吊丝竹等。方法是将竹竿逐节或每两节锯成一段，再将其移埋于苗床中并覆土、保湿，其管理要求与埋竿育苗相同。

2.4 侧枝繁殖

此法亦应用于丛生竹种。方法是从二年生以上的竹竿节上取下侧枝（次生枝），剪掉过多的枝梢与竹叶，保留5~8个节，保护好基部的芽。将侧枝插入苗床中并露出上半部枝叶，苗床架设荫棚，并经常喷水保湿。1~2周后次生枝基部长根，枝节上长新芽，逐渐发育成独立竹株。一般在竹子生长最旺盛时期进行侧枝扦插效果最佳。侧枝苗经一年培育，分蘖成竹丛，即可进行造林。

3. 栽培管理

3.1 栽植

3.1.1 园地选择

竹子适应性较强，能上山亦能下滩，耐干旱瘠薄，无论山坡、房前屋后、沟河路旁，还是公园都有竹子栽培，在大面积栽培竹林时，应选择地势平坦，背风向阳的平原、山脚下，旱能浇，涝能排的砂壤土。若土壤过于黏重或含沙量过高，要进行改土。

3.1.2 整地

栽竹子必须全面整地，深翻30~40 cm，清除砖头瓦块。施有机肥37 500 kg/hm^2。

3.1.3 栽植

根据不同地区的气候条件，灵活掌握，栽植时期以春季3月下旬至4月上旬。雨季移植以7月中、下旬为宜。或者在秋季，10~11月份，在种植时，有条件的最好选择雨天，或者下过雨后栽植。

要根据不同的品种，不同的栽培目的和不同的地区，有针对性地进行设计栽植密度，一般苗圃，或建园母竹密度为株行距1m×2m或2m×3m，即每亩栽植333株或111株，对于丛生竹，密度可稍大一些，造林建园时，为2m×3m或3m×4m株行距，即每亩栽植株数为111株或56株，景观绿地内的观赏竹，要按照规划设计方案的要求进行高标准栽植。若栽植连鞭群竹时，对母竹的要求，应选用生长健壮的，且竹龄在1~5a的竹子，在挖取时，少则3棵，多的要在10棵以上鞭最好。挖连鞭竹，应多带宿土，每亩的地栽植两丛以上的连鞭母竹群时，一年里就可长出新的竹笋，能达到快速成林的目的。栽植时要按照浅埋、踩实的原则进行。

3.2 土肥水管理

3.2.1 园地管理

造林后，应加强对林地的管理，为保证土壤疏松，雨后要及时松土，破除板结，并做好除草工作。竹林要每年培土，厚度以 5 cm 为宜，时间利用冬季。

3.2.2 施肥

竹林以施有机肥为主。时间以 11～12 月为宜，可施有机肥 $3.75 \times 10^4 \mathrm{kg/hm^2}$，设围栏，积竹叶是重要的施肥措施。

3.2.3 浇水

要抓住关键季节，春季出笋前(4 月)要浇足催笋水，5、6 月要浇拔节水，夏季雨水充沛可不浇或少浇，秋季(11、12 月)上旬浇孕笋水，冬季过于干旱的可适当喷水，竹林浇水要看天、看地、看竹林长势而定。

3.3 主要病虫害防治

竹子的主要虫害有竹蚜、竹螟、竹蝗和竹象鼻虫等，要及时喷药防治。可选用 20% 杀灭菊酯乳油 1 000 倍液进行防治。主要病害有丛枝病和煤污病，要加强栽培管理，增强竹间的通风透光性，增强其抗病虫的能力，对于煤污病主要是防治蚜虫，可用 65% 的噻嗪酮可湿性粉剂 1 000～1 500 倍液。病害在发病初期可用波尔多液或多菌灵等杀菌剂进行喷雾防治。

4. 采伐

竹子成材后，每年均可适当采伐，在采伐时，应掌握"去弱留强、砍老留幼、去密留稀、砍外留内"的原则，禁止砍伐 1 年生幼竹，采伐一般在每年的 12 月至翌年 2 月期间进行。

任务 25 构树栽培

构树是一种投资少、周期短、见效快、受益长的特种经济林树种。它全身是宝，果、叶、皮和枝干都有很高的利用价值。树皮含纤维量极高，纤维特长而细，品质优良，是生产制造宣纸和造币纸的优质原材料。树叶富含蛋白质、氨基酸、维生素、碳水化合物以及微量元素，是生产加工畜类饲料的纯天然原料。果、根皮、树皮乳浆均有很好的药用疗效，果为强壮剂；根皮为利尿药；树皮乳浆治癣及蛇、蜂、犬、虫等咬伤。树皮、茎及叶含有鞣质，可提取栲胶。树叶是加工畜类饲料的纯天然绿色原料，发展前景广阔。

1. 良种选育

1.1 分布

构树地理分布广泛，国内北自华北、西北，南至华南、西南各地均有分布，为低山、平原常见树种。国外锡金、缅甸、泰国、越南、马来西亚、日本、朝鲜等国家也有分布。常野生或栽培于海拔 1 400m 以下的山坡、田野路旁、沟边、墙隙或林中，河沟边、屋边、庭院及城郊也多有成片分布或散生。

为喜光树种,适应环境能力极强,既耐干旱瘠薄,又耐干冷湿热气候,在酸性土、中性土、石灰质土、山石坡积、石缝及峭壁上和水边、低湿地都能良好生长。其萌芽性强,速生,也是荒山绿化和退耕还林的优选树种。

1.2 种类

有野生或栽培种。本种韧皮纤维可作造纸材料,楮实子及根、皮可供药用。在各地形成了各地的栽培种,如日本构树,日本构树是近几年来从日本引进的制浆造纸、饲料加工专用的构树新品种。主要栽培种列举如下:

(1) 构树

构树又名楮树、构桃树、沙纸树、谷浆树、鹿仔树、谷皮树子等,为桑科构属落叶乔木。高10~20m;树皮暗灰色;小枝密生柔毛。叶螺旋状排列,广卵形至长椭圆状卵形,长6~18cm,宽5~9cm,先端渐尖,基部心形,两侧常不相等,边缘具粗锯齿,不分裂或3~5裂,小树之叶常有明显分裂,表面粗糙,疏生糙毛,背面密被绒毛,基生叶脉三出,侧脉6~7对;叶柄长2.5~8cm,密被糙毛;托叶大,卵形,狭渐尖,长1.5~2cm,宽0.8~1cm。花雌雄异株;雄花序为柔荑花序,粗壮,长3~8cm,苞片披针形,被毛,花被4裂,裂片三角状卵形,被毛,雄蕊4,花药近球形,退化雌蕊小;雌花序球形头状,苞片棍棒状,顶端被毛,花被管状,顶端与花柱紧贴,子房卵圆形,柱头线形,被毛。聚花果直径1.5~3cm,成熟时橙红色,肉质;瘦果具与等长的柄,表面有小瘤,龙骨双层,外果皮壳质。花期4~5月,果期6~7月。

(2) 光叶楮

光叶楮是日本近年来从野生构树中选育的一个变种。多年生落叶乔木,外观与野生构树比较表现为叶片大而肥厚,叶柄短,叶片绒毛少,节间长,枝杈少。叶柄及叶片呈淡绿色,枝条休眠时为棕红色,皮、树干均为优质造纸原料。产量可观。该树种适应性强,耐干旱、耐盐碱,在丘陵、河滩等瘠薄土地生长良好。光叶楮生产周期短,其木杆每亩年产量为1 500kg,生产木浆1 200kg,比一亩速生杨生长4~5年的产量还要高。其原浆白度达80%以上,成浆率85%以上。如果由农户种植,每千克木杆按0.6元收购,每吨木浆的原料成本仅为900元左右。

2. 苗木繁育

2.1 播种繁殖

播种时间一般在3月中、下旬。播种前要将种子用清水浸泡2~3h,捞出晾干后用4~5倍于种子的细沙混合均匀,堆放于室内进行催芽,要定期查看,保持湿润,当种子有30%裂嘴时,即可进行播种。采用条播方法,行距25cm,每亩播种量为0.15kg左右,播种时,将种子和细沙混合均匀后撒入条沟内,覆土以不见种子为度,播后盖草以防鸟害和保湿。当30%~40%幼苗出土时,应在下午分批揭除盖草。并注意浇水和排水,有杂草时及时松土除草。

2.2 扦插繁殖

选择优良母株上一年生健壮枝条,剪成 15cm 左右长插穗,基部斜剪成马耳形,用 0.5% 高锰酸钾稀释液浸一个晚上,即可取出扦插。扦插时间以 2 月底至 3 月上旬为宜。圃地以选择沙质壤土为好,插前可用 0.1% 高锰酸钾稀释液喷洒床面,淋透土层进行消毒。扦插后要加强保墒,及时进行松土除草和水肥管理,如管理得当,当年生扦插苗高可达 1m 以上,地径 1cm 左右。便可进行造林。

2.3 根蘖繁殖

结合构树林地冬季垦抚整地进行,方法是在母树根部周围选择 1~1.5cm 粗以上的构树根,距基部 40~50cm 处截断,但不要把根条取出,而是将根条原地不动地埋入土中踩实,将上部留出地面 1~2cm 用枝剪剪平即可。根条长者可以分段进行,一般以 35~40cm 为 1 段,最好是每段保留 1~2 条小细根与土壤连接。加强抚育管理,当年可萌发 3~6 个头,最高可达 2m 以上。这时可移栽造林。

3. 栽培管理

3.1 栽植技术

3.1.1 造林地的选择
构树造林不受条件和地形地貌的限制,既可集中连片造林,也可见缝插针,在干旱瘠薄、石漠沙荒地和沟、塘、库岸、溪流两侧,房前屋后都可种植,但以土层深厚肥沃的低山、陵缓坡地带造林最为适宜。

3.1.2 整地
对于散生和"四旁"种植构树,以采用穴状整地为好,规格为 60cm×60cm,深 40cm。在干旱瘠薄和石漠沙荒地造林,宜采取水平带状整地,带宽 1m,深 50cm。在土层深厚肥沃,立地条件较好地带造林,采用深度为 25~30cm 的全垦整地效果较好。

3.1.3 造林密度
构树的造林密度应根据经营目的而定。作为纸浆林,采取 1.0 m×1.0 m 的密度,3 分枝的树形较好;作为饲料林,宜以 1.0 m×2.0 m 的密度,5 分枝的树形种植。

3.1.4 栽植技术
构树造林一般在 2~3 月进行,栽植时要做到"三埋、二踩、一提苗"。在干旱地区,为了提高造林成活率,减少蒸腾,保持苗木水分平衡,可采取实生苗截干造林,即将苗栽植后距地面 30 cm 处剪去。

3.2 抚育管理

新造幼林要在 5~8 月份适时进行松土除草 2~3 次,并结合施肥埋青,增加林地营养。幼林栽植 2 a 后,林地全部郁闭后要从主干基部 30~50 cm 处截断,促其萌发枝条,提高单位面积产量。幼林进入采皮期,每次采皮后,应进行一次垦抚和施肥,以促进多发壮条。

3.3 主要病虫害防治

3.3.1 病害防治
①危害　主要病害为烟煤病。
②防治　烟煤病用石硫合剂每隔15d喷1次，连续2~3次即可。

3.3.2 虫害防治
①危害　构树主要虫害为桑天牛。
②防治　可在7~8月间成虫羽化盛期及时捕杀，并在种植区周边种植樟树或将构树与樟树混栽，以减轻桑天牛危害。也可用棉签蘸甲胺磷乳剂涂抹产卵痕以杀死卵或刚孵化的幼虫，或用医用注射器于蛀食道注入药物，并用泥封洞。

4. 皮、叶、果实采收与加工

(1) 采皮

砍条取皮应在清明节前，树液开始流动时进行，一般每2年取条1次最为适宜。这时的构皮产量和质量最高，过老或过嫩都会影响构皮的产量和质量。每次砍条时应将基桩上所有枝条清除，以利萌发新条。砍下的枝条应尽快剥皮，不要长时间放置，这样会影响取皮，最好是当天砍下的杖条当天剥完。选择晴天，边剥边晒，剥皮时注意将皮摆放整齐以利打捆，经过2~3 d即可晒干。晒干的构皮先打成小捆，再打成50的大捆，注意不要带湿打捆，以防霉烂变质。捆好的构皮要贮藏于干燥、通风的室内，严防潮湿。

(2) 采叶

采叶应在中秋时节，北方宜在9月上旬，南方宜在10月中上旬。采叶应选择晴天，采回来叶子要放在干净平坦的场地进行晾晒，并勤加翻动，尽快晾干，确保叶片的色泽不变。严防晾晒时淋雨；淋过雨的叶片会变黑或发黄降低或损坏叶片的质量。晒干后的叶片，经打碎或粉碎，除去叶柄、石块、枝棒等杂质，将其装袋贮藏。

(3) 果实采收

选择10~15年生以上的健壮无病虫植株作母树，在7~9月份，当果实由青色变鲜红色时种子成熟即可采收。将采集的种子放到桶内清水浸泡2~4h，手搓揉，将外种皮搓烂，冲水使种子下沉，经多次分离，即得纯净种子，阴干后即可播种；也可装挂在屋内通风干燥的地方，翌年春天再播种。

任务26　棕榈栽培

棕榈类中很多种类是重要的热带经济树种。如椰子的种子制干或取油；棕枣果是著名甜品。油棕有"世界油王"之称。棕榈、槟榔、椰子等的树干坚韧通直且耐水湿，可作建筑用材。棕竹属植物茎干细直坚韧，可制伞柄、手杖等。有的种类还可提供优质纤维和作制糖原料。槟榔种子可入药。蒲葵叶可供制扇和编织。黄藤和省藤则是编织藤器的良好材料。棕籽皮含脂16.3%，可制复写纸、地板蜡等；木材坚硬、耐腐、耐湿，可作建筑和手工艺品用材；花序、种子、根系均可入药。除上述经济用途外，棕榈类还多应用于城市绿化观赏。由于其具有抗多种污染和滞尘等功能，对环境保护也有重要作用。

1. 良种选育

1.1 分布

全世界棕榈科植物约有220余属、2 700余种，广泛分布于热带、亚热带地区，而以美洲和亚洲的热带地区为其分布中心。中国原产约20余属70多种，以云南、广西、广东、海南和台湾等地为多，长江流域也有分布。

棕榈类植物大多喜高温、高湿的热带、亚热带环境，但不同种类的耐寒、耐旱性有差异。土壤以湿润、肥沃而排水良好的酸性至中性壤土为宜。多数种类较耐阴。根浅，畏强风；但椰子为深根性，可抗强风。大多为长寿树种，但有些种类如贝叶棕开花结果后植株即死亡。

1.2 种类

(1) 棕榈

棕榈是棕榈科棕榈属的一种热带和亚热带的常绿乔木。高可达15m，干径达24cm，稀分枝。叶簇竖于顶，近圆形，径50~70cm，掌状裂深达中下部；叶柄长40~100cm，两侧细齿明显。雌雄异株，圆锥状佛焰花序腋生，花小而黄色。核果肾状球形，径约1cm，蓝褐色，被白粉。花期4~5月，果熟期10~11月。

棕榈原产于中国；日本、印度、缅甸也有分布。棕榈在中国分布很广：北起陕西南部，南到广西、广东和云南，西达西藏边界，东至上海和浙江。从长江出海口，沿着长江上游两岸500km广阔地带分布最广。

(2) 槟榔

棕榈科槟榔属常绿乔木，茎直立，乔木状，高10~30m，有明显的环状叶痕，雌雄同株，花序多分枝，子房长圆形，果实长圆形或卵球形，种子卵形，花果期3~4月。

槟榔原产马来西亚，中国主要分布云南、海南及台湾等热带地区。亚洲热带地区广泛栽培。槟榔是重要的中药材，在南方一些少数民族还将果实作为一种咀嚼嗜好品。世界已知的槟榔品种有36种，不同地区人们对这些栽培种有不同的分类方法，如海南农民根据花序和结果情况将槟榔分为长蒂种与短蒂种，不同品种的槟榔产量、生物碱种类和含量、药用价值及生物生态学特征都有较大差异。

(3) 椰子

棕榈科椰子属植物，植株高大，乔木状，高15~30m，茎粗壮，有环状叶痕，基部增粗，常有簇生小根。叶柄粗壮，长达1m以上。花序腋生，长1.5~2m，多分枝，果卵球状或近球形，果腔含有胚乳（即"果肉"或种仁），胚和汁液（椰子水）。花果期主要在秋季。

2. 苗木繁育

2.1 播种繁殖

最好随采随播种，如需要在翌春 3~4 月播种，发芽率达 80%~90%。播前应混于湿沙中贮藏。播种前应将种子用草木灰温水(灰水比为 2:8)浸泡 5~7d，去除种子表面蜡质，以利种子吸水萌发。棕榈幼苗耐阴，应选用林间空地或两坡夹沟的山谷、日照较短的阴坡山窝作育苗地，育苗地必须土层深厚、排水良好、质地疏松。做成高床，床高 25cm、宽 120cm，沟道宽 40cm，要做到床土细碎、床面平坦、沟道畅通。应结合整地做床，适量施入基肥。采用条播，条距 25cm、条宽 10cm，每亩播种 40kg，播种后覆盖细土，最后遮盖稻草。播种当年要进行 3~4 次中耕除草和追施肥料。年终幼苗一般有 2 个叶片。常留圃培育 2~3 年后才能出圃栽植。盆播株距 3cm，覆盖种土厚 3cm，每隔 2~3d 浇 1 次水；上扣另一花盆半掩状，约 40d 可发芽，之后除去扣盆，苗期及时除草、松土，加强肥水管理。

2.2 吸芽繁殖

有的丛生型棕榈植物，尤其是开花不结实的种类，可以采用吸芽繁殖。如桃棕引种到西双版纳热带植物园，由于缺乏授粉昆虫，致使种植几年后只开花而不结实，只能靠吸芽繁殖。

2.3 扦插繁殖

对一些能在茎节上出芽、长根的棕榈植物，如钩叶藤属的高地钩叶藤，在雨季时可截取部分茎节扦插，繁殖新的植株。

2.4 生物技术繁殖

利用植株体的胚或茎尖采用组培或离体胚培养的方法培养新个体，如目前世界上采用组织培养方法育苗最多的是油棕、椰子、海枣、桃棕、棕榈藤等；采用离体胚培养技术育苗的主要种类有酒瓶椰属、智利蜜椰属等。

3. 栽培管理

3.1 栽植管理

3.1.1 栽植地的选择

棕榈耐阴，喜肥润，耐干旱，忌水渍，最适宜土层深厚、土壤肥沃、质地疏松、排水良好的阴坡、山脚、山窝、山谷、林缘、房前屋后、菜地周围、溪河堤岸、池塘周边栽植。

3.1.2 整地

采用大穴整地，穴直径70cm、穴深60cm，片植的穴距2m×3m，零星栽植的穴距宜大些。挖穴时要捡去石块、树根、树枝，回填表土，适当施有机肥作基肥。整地必须在栽植前2个月完成，使凹穴土壤在栽前陷实。

3.1.3 栽植

宜在清明至谷雨期间，选择阴天、小雨天或初晴天起苗栽植。每穴栽1株，要做到苗根舒展、苗身端正、踩紧土壤、松土培蔸、盖草保墒。如果在坡地上栽植，苗梢方向应朝下坡，以提高成活率。用种子直播的，每穴播种子4~5粒，或播种经催芽的种子2~3粒，播种后盖细土1cm，并插上标记，以便识苗管理。

3.2 肥水管理

3.2.1 浇水

种植完毕后要浇一次透水，第三天浇第2水，第七天浇第3水，每天上午和下午阳光充足时对树体叶面喷雾(30d左右)。进入夏季后，30d左右浇一次透水，遇阴、雨天延迟浇水，10月初浇最后一次透水，11月初浇封冻水并用土培根。以后要根据棕榈的生长状况和天气状况决定是否浇水。除了做好浇水工作外，在雨天有积水时还要及时排除积水。

3.2.2 施肥

每年施肥两次，以酸性肥料为好。一次是秋肥，在秋末施用豆饼、鸡粪和腐熟肥料等有机肥；另一次在速生期，施用硫酸铵、硫酸亚铁、过磷酸钙等速效肥料。可采取穴施的方法，即在树冠正投影线的边缘，挖一条深约10cm的环形沟，将肥料施入。此法既简便又利于根系吸收，以后随着树的生长，施肥的环形沟直径和深度也随之增加。

3.3 遮阴

种植当年的夏季对其进行遮阴，时间为7月中旬至9月上旬，第2年后不再遮阴。

3.4 防寒

防寒是引种成功的关键因素。如果在北方栽培，第一年冬季，为了能使植株安全越冬，采取了根部埋土、树干缠草绳、树体覆膜的方法。于当年12月上旬保温，翌年立春后逐渐对薄膜打孔透风，3月后彻底取掉。通过以上措施，所植棕榈均安全越冬，没有冻害。此后的几年，冬季未采取任何措施，任其自然越冬。

3.5 主要病虫害防治

主要病害有棕榈叶斑病和炭疽病。在发病前可选用100倍半量式波尔多液、代森锌、代森锰锌、石硫合剂进行喷雾，能有效预防病害发生。棕榈腐烂病，防治措施包括：合理施肥，秋季停施氮肥，多施磷钾肥及有机肥等以增强植株的生长势，提高抵抗力。适时、适量剥棕，不可秋季剥棕太晚、春季剥棕太早或剥棕过多。春季一般以清明前后剥棕为宜。及时清除病叶等患病组织，刮去树干部病斑后，涂敷25%腐必治可湿性粉剂20倍液。秋后喷施含0.5mL三十烷醇、0.01mL芸薹素内酯、0.2mL富滋的溶液3~5次，或50%矮壮素水剂1 000倍稀释液1~2次以促壮。

在引种过程中，发现有少量介壳虫和金龟子危害，数量较少时可以人工捉除，也可用40%氧化乐果乳油1 000倍液进行喷洒。

4. 采收

（1）剥棕

棕榈植株高1.2m以上、有70~80片时，可以开始剥棕片。土质好的1年剥2次，3~4月和9~10月各1次；土质差的仅在9~10月剥1次。做到"三伏不剥，三九不剥"，以免严寒和高温为害。剥棕以每年剥12片、并保留12片叶为度，且要控制环割深度，切勿伤树干。

（2）果实采收

棕榈4~5月开花，10~11月果熟。当果粒坚硬、果肉亮白、外果皮有光泽而略附白色蜡粉时，种实就充分成熟，应及时采收。用刀将果穗平基部砍下，种实除去小枝梗后，放在室内，铺12~15cm厚，摊晾15d左右，即可播种。若待春播应将种子与湿沙混合，摊放室内，上盖一层稻草，保湿贮存。

子项目8 饲料和肥料树种栽培

任务27 桑树栽培

桑树，别名家桑，属桑科桑属，为落叶乔木，少数灌木。桑叶呈卵形，是喂蚕的饲料。我国是蚕桑生产的起源地，桑树栽培历史悠久，蚕区遍布全国。我国是世界上桑树品种资源最丰富的国家，桑树除产叶养蚕外，桑条具有很大的利用价值，粉碎后可制成培养香菇的原料；桑皮纤维好，是作桑皮纸和特种用纸的优质原料。

1. 良种选育

1.1 分布

原产我国中部，现南北各地广泛栽培，尤以长江中下游各地为多。桑树栽培区域辽阔，桑蚕生产遍及全国。

桑树为深根性树种，根系发达，适应性强，耐干旱、瘠薄，但在发芽和旺盛生长期间，应及时灌溉，保持土壤湿润。不耐水涝。喜深厚疏松肥沃的土壤；喜光，对气候、土壤适应性都很强；喜温暖湿润的气候，幼时稍耐庇荫。

1.2 种类

我国桑树品种资源丰富，有400多个。桑树长期生长在不同的生态环境中，经人工的不断选育，形成了适应一定环境条件和栽培技术的各种类型，主要的栽培类型介绍如下。

(1) 湖桑类型

主栽于江、浙一带，河南、山东等地有大面积栽培。湖桑以原产地湖州得名。栽培品种100多个，如江苏选育的湖桑7号，197号，32号、199号；浙江地方品种有白条桑、青桑、荷叶白；中国农业科学院选育的育2号等。这类品种主要特征、特性为树冠开展；侧枝少。小枝粗长，稍弯曲，少直立，有卧伏枝；节间微曲；皮色多黄褐色。叶近圆形，大，先端具锐头，缘乳头状锯齿，基部心形。花果少，种子发芽率低，1年生枝条木质化较迟，中等耐寒。可采用压条、嫁接、插根等方法繁殖。抗污叶病、白粉病较强，较抗旱耐湿。多养成低、中干形式，成片栽植。分布于全国各蚕区，是我国栽培数量最多的类型。

(2) 嘉定桑类型

适于长江流域栽培。主要特征、特性包括枝条细长，直立，皮棕褐色，发条数少，节间长。叶形大，心形，多为全缘，背面平滑，有光泽，先端锐尖，基部近心形或截形。雌雄同株或异株。耐寒性不如湖桑类型。对真菌病害抵抗力强。不耐寒、耐湿。本类型多栽植于田地四边，养成中干形式。其资源较丰富，分布于四川省各蚕区，以川南栽培最多。

(3) 广东桑类型

适于珠江流域栽培。主要特征为枝发条力强，耐修剪，细长，成叶多。叶形小，肉薄。花期长，结实性强。耐湿性强，特别不耐旱，抗寒性弱。主栽品种有伦敦40号、北区1号、广东荆桑等。本类型多养成根刈或低干形式，密植栽培，一般亩栽5 000~8 000株。其资源丰富，分布于广东、广西、海南、福建等地，贵州、江西、湖北、四川亦有引进栽培。

(4) 鲁桑类型

原产山东、河北等地。其特征、特性为枝条粗短，直立，节间短，卧伏枝少，皮色以棕褐色居多。叶形较大，全缘，少裂，叶肉厚，硬化早。具有抗寒、抗风、耐旱优良特性。适宜北方栽培。主要品种有包括山东地方品种：梨叶大桑、黄鲁桑等；河北地方品种：桲椤桑；河南地方品种：勺桑。易养成中、高干或乔木形式，不宜连年夏伐。其资源较丰富，分布于山东、河北两省及山西南部、辽宁东南部地区。

(5) 格鲁桑类型

主要特征、特性为枝条细长，直立，发条多。叶形中等，不裂或间有裂叶。成熟快，硬化早，耐寒、抗旱性较强。主栽优良品种有黑格鲁、白格鲁、藤桑、甜桑等。本类型在梯田边栽培最多，养成中、高干形式。其资源较丰富，主要分布于山西省，陕西、河南、甘肃、宁夏亦有栽培。

(6) 白桑类型

主栽品种有白桑、雄桑等。适应风力大，沙暴多和气候干燥的不良环境。多养成乔木式，主要分布于新疆南部。

(7) 辽桑类型

本类型与湖桑类型同地栽培，其发芽期和成熟期均早2~3d，多属中生中熟桑。发芽率高，一般达70%~80%，发条较多，枝条细长，达150~200cm，富有弹性，不易受积雪压断，侧枝多，节距约4cm，皮孔小而少。叶形小，叶长14~21cm，叶幅10~19cm，叶色深绿，硬化早。根系发达，主、侧根深入土层深。易感污叶病和白粉病，抗寒性强。

本类型多为分散栽植的乔木桑。分布于辽宁、吉林、黑龙江、内蒙古等地。

2. 苗木繁育

桑树适应性强，具有较强的萌芽性，耐修剪，种子、枝条、根都可作为繁殖材料。一般采用种子育苗。

2.1 播种育苗

选择优良母株进行采种，种子处理后干藏备用。也可于5月下旬至6月下旬随采随播。贮藏种子于4月上旬插种。条播行距20~25cm，播种沟宽3cm，深2cm。将净种子均匀撒入沟内，覆土0.5cm，用木磙镇平。加强管理，保持土壤湿润，气温在25℃以上，7~8d即可发芽，15d左右幼苗即可出齐。苗高5cm时，进行间苗，定苗，每公顷定苗22.5万~30万株。苗木生长期要及时进行灌溉、施肥、中耕、除草、防治病虫等，并进行叶面喷肥，用0.3%的尿素或0.5%的磷酸二氢钾溶液喷雾。当年苗高达1m以上。

2.2 嫁接繁殖

桑树嫁接方法很多，常用的有袋接、芽接和根接等。

（1）袋接

春季树液开始流动时，采取优良品种壮枝作接穗，贮藏一段时间，可抑制芽萌发，提高嫁接成活率。选当年生健壮实生苗作砧木，掘开苗基部四周的土，深达苗颈的青黄交界处，剪成马蹄形斜面。选穗上饱满的冬芽，在芽的反面下方约1cm处，斜切一刀，斜面长2~3 cm，再削斜两侧，使之露出形成层，最后在芽上方0.7cm处剪下，即成接穗。将接穗含在口中，捏开砧木皮层，呈袋形，把接穗插入皮层，对准形成层插紧后，用湿土封住接口，埋没接穗1~2 cm。

（2）芽接

芽接方法较多，常用的是"T"形芽接法。适于春夏季进行。接前，要"放水"。

（3）根接

对有些扦插不易生根的品种，多采用这种方法。做法是在小根上端削成马耳形斜面，插进接穗皮层内，深入1cm为宜。当天接，当天栽，雨天可用湿沙贮藏，晴天再栽。也可在冬天空闲时嫁接，春天栽植。

3. 栽培管理

3.1 桑园类型

①普通桑园 以中、高干为主，在采叶的同时，兼收木材。这类桑园投产快，产叶量较高，能保持较长年限的高产稳产，适于大面积栽植。

②速成桑园（密植桑园） 采用增加株数方法，养成无干矮化密植树形。它具有占地少，产叶量高，收效快等特点。

③间作桑园 在桑园内进行间作农作物，争取粮桑双丰收。

④四旁栽桑 多乔木桑，以培养用材及保持水土的作用，兼收桑叶。春栽或秋栽均可。

3.2 栽植

3.2.1 栽植时间

林谚云"槐栽芽，杨栽小，桑栽菁荬榆栽老""桑栽菁荬""榆栽老"，就是说这两个树种在春季适宜的造林时间。春栽时，桑树在发芽前形成菁荬时移栽成活率最高。秋栽在落叶后、封冻前进行。以秋栽为好，成活率高。种前先用磷肥加黄泥水蘸根，提高成活率。

3.2.2 栽植方法

(1) 沟栽

挖沟栽植，沟宽、深各为 0.5~0.7m，多用于速成桑园。在挖好植沟与施足基肥后，顺着植沟，按预定株距，先将苗木放正栽植位置，并纵横行列对齐，用细碎表土壅没根部，边壅土边轻提苗干，使苗根伸展并与土壤密接，再将根部土壤踏实，然后用心土填满植沟。

(2) 穴栽

对栽植距离较宽与散植的桑树，一般采用穴栽。穴深、长、宽各为 0.5~0.7m。栽植方法步骤与沟植相同。不论沟栽或穴栽，都要使苗正根伸，栽植深度以埋没根颈深度为标准，踏实土壤。

3.3 整形修剪

桑苗栽植后，为提早进入盛产期，需要根据其品种特性、环境条件和生产要求，运用伐条、疏芽、整枝、摘心等修剪技术，培养成一定的树型，投入生产。同时，为保证桑树高产稳产和延长盛产年限，仍需运用合理的修剪技术来维护丰产树型。

3.3.1 树形养成

桑树通过修剪后，能减少花果，使树冠通风透光，促进新梢生长，增加产叶量，并养成优良的树形。根据树形养成后的树干高度可分为低、中、高干乔木和无干桑几种形式。

(1) 无干密植桑养成

定植后，离地 7~10cm 处剪掉苗干，留 2~3 芽生长，春季不采叶，秋季可适当采叶。第二年，春蚕用叶后，可在枝条基部留 2cm 高剪伐(即夏伐)，以养成均匀的桑拳，以后年年夏伐，每株保持 4~6 条。

(2) 低干桑养成

树形低矮，养成时间短，产叶量高，适于专用桑园。桑苗栽植后，于开春发芽前离地面 15~20cm 处剪去苗干，发芽后，新梢生长到 10cm 左右时，进行疏芽，选留健壮匀称的芽 2~3 个任其生长，秋季可适当采叶。第二年春季离枝条基部 15~20cm 处春伐，养成第一支干 2~3 根，发芽后每支干选留位置适当的壮芽 2~3 个，共养成新梢 4~6 根，当新梢长 50cm 左右时，每一新梢留 15cm 进行剪梢，作第二支干，即在此部位定拳。腋芽萌发后，每支干选留 2~3 芽生长，其余疏去，可养成 8~12 根枝条。第三年以后，可进行拳式或无拳式修剪法保持树形。

(3) 中、高干及乔木桑养成

养成方法与低干桑养成法大体相同。主要区别是留干高度不同，留支干轮数不同，养成时间不同。中干桑留干高 35cm 左右，高干桑干高 50~80cm。中干桑留 3 轮支干，需四年养成，每株养成 14~20 根枝条，高干桑留 4 轮支干，需 6 年养成，每株养成 24 根左右。

3.3.2 修剪方法

树形养成后，进入收获期，为维护树势和桑叶产量，减少病虫害，修剪有着十分重要的作用。

(1) 拳式修剪法

即每年在枝条基部伐条，利用潜伏芽萌发新条，几年后在剪伐处形成拳头状的树疙瘩。这种方法操作技术简单，能固定树型，适于发条多的品种和水肥条件好、生长期长的地区。

(2) 无拳式修剪法

即在基部枝条留 6~10cm 剪伐，年年提高，连续几年，树冠过高，树势减弱时再降干回低。这种方法适于发条不旺的品种。

(3) 疏芽

疏芽是指伐条后及时疏去萌发过密的新芽。农谚有"疏芽如上粪（肥）"之说。无论春伐、夏伐，桑芽长到 10cm 左右就要疏芽，以养成树形或保持树势旺盛。疏芽时，去弱留壮，去密留稀，位置适当，分布均匀；留芽多少，以桑树树势和水肥条件决定。

(4) 摘心与剪梢

适时摘心是种好桑树的关键措施之一。在春蚕期中摘心梢能使桑叶增产 4% 左右，一般在用叶前 10~20d 摘心。晚秋剪梢，能促进枝条充实，翌年下部冬芽萌发增加春叶产量。剪梢时，可结合养蚕用叶，将没有木质化的梢部剪去。

(5) 整枝

整枝在冬季进行，把枯桩、枯枝、弱小枝、病虫害枝等锯下或剪掉，即有利于桑树生长，又可消灭越冬害虫。

3.3 土肥水管理

3.3.1 灌溉与排水

桑树属于"中生植物"，生长最合适的土壤湿度是最大田间持水率的 70%~80%，干旱和涝灾，都会引起叶质变劣，造成减产。发芽开叶期和夏秋期对水需求大，这两个时期可通过排灌、沟灌跑马水满足桑树的用水要求。

3.3.2 施肥

"有收无收在于水，多收少收在于肥"，说明肥水对桑树的生长都非常重要。桑树是用叶植物，由于每年需要多次采收桑叶，减少桑树的养分积累，使桑树需要从土壤中吸取大量的营养元素来补充。为获得高产、稳产、优质桑叶，必须重视桑园的施肥。

根据桑树生长发育规律及养蚕采叶时期，桑园施肥一般分为春、夏、秋、冬 4 个时期。

①春肥　促进桑树发芽、生长，又称催芽肥。宜在桑树发芽前施入，以速效肥为主。

②夏肥 一般分2次施入。第一次在夏伐后,一般不超过6月上旬;第二次在夏蚕结束后施入。夏肥有保持当年叶产量和提高来年产量的作用,所以用量要大,肥料质量要好,以速效肥为主。

③秋肥 在早秋蚕结束后至8月下旬前施。秋肥能促进枝叶继续旺盛生长,延长秋叶硬化,增加秋叶产量,并对桑树养分贮藏和明年春叶的产量有良好的作用。秋肥以速效肥为主,为提高桑树的抗寒能力,可增施磷、钾肥。

④冬肥 在落叶后土壤封冻前施入,以迟效肥为主。施冬肥应结合冬耕进行,冬肥有改良土壤,提高土壤肥力的作用,能为来年桑树生长创造良好的土壤条件。

3.3.3 中耕与除草

中耕可以改变土壤物理性状,改善土壤化学和生物学进程,使土壤中的水肥气热等因素协调,以提高土壤肥力,利于桑树根系生长,同时又有消灭杂草、减少病虫害的作用。中耕次数,依具体条件而定。杂草不仅和桑树争水分、养分,还会影响桑园通光透气,抑制桑树生长,降低桑叶产量和质量,又是滋生病虫害的基础,所以应及时进行桑园除草。依据杂草的生理特性,可采用人工、机械、化学等方法除草,也可结合间作绿肥进行中耕、除草。

3.4 病虫害防治

3.4.1 病害防治

(1) 桑萎缩病

①危害 一种全株性病害。病原菌为类菌原体。发病初期枝条顶端桑叶变小、变薄、卷曲、黄化。随病势加深,萌发的腋芽枝短、节间紧缩,枝条纤细、丛生,呈扫帚状,枝上叶片黄化脱落,枝条缺乏营养逐渐枯死。病原菌从一枝发展到整株,最后引起全株死亡。

②防治 挖除病树,杜绝病源;防治介体昆虫、桑萎纹叶蝉,切断病源传播媒介;选育抗病品种;加强对桑拟萎叶蝉及病原类菌的检疫,防止病害的传播;对感病植株用四环素或土霉素20万单位/mL溶液喷雾,可以有效地控制病害的发展。

(2) 桑干枯病

①危害 最初出现淡黄色椭圆形或不规则病斑,以后渐变成赤褐色。病斑逐渐扩大,连接包围枝干,引起枝干枯死。

②防治 在秋末或冬初用400°Be石硫合剂或50%甲基托布津的100倍液喷枝干;感染前,用树干刷白;春季剪去病枝烧毁。

(3) 桑芽枯病

①危害 危害桑芽,影响春叶产量。在早春桑芽萌发前后,患病枝条上冬芽出现脱褐色油渍状病斑,病菌丝体破坏芽部的分生组织和韧皮部,阻碍养分输导,引起芽死亡。

②防治 冬季桑树休眠后,整枝剪梢,处理病枝,减少越冬病原;枝干用0.2%铜铵液或15%氟硅酸200倍液喷洒枝干,消灭越冬渍菌;合理利用秋叶,增强桑树的抗病、抗寒能力。

(4) 桑紫纹羽病(霉根病)

①危害 根部病害。侵染桑树根系,从幼根侵入,逐渐向侧根及主根蔓延。初期症状

不明显,随病情发展,枝叶生长不良,严重时,芽叶凋萎,病枝逐渐枯死。在苗期危害特别严重,是常见苗圃病害。

②防治 病树的检疫和消毒:挖苗调苗前,应对苗木进行检疫,未经检疫的苗木,应禁止调运。对感病轻的苗木可用25%多菌灵500倍液或45℃温水浸根20~30min,即可杀死桑根里或组织内的病原菌;土壤消毒:对感病的土壤,可用氯化苦溶液熏蒸消毒,用量450kg/hm²;轮作:采用与小麦、玉米等农作物轮作。轮作时间,一般为4~5年。

(5)桑褐斑病

①危害 叶部病害。多发生在雨季,危害桑叶,病情轻时,叶质下降;严重时,叶面布满褐色病斑而使桑叶黄化脱落。

②防治 药剂防治,在发病初期,用70%甲基托布津1 500倍液,喷布叶片,隔10d左右再喷1次,可以控制病害的发生;消除冬季落叶,消灭越冬病原;栽植抗病品种,如湖桑7号、32号、197号、油桑、化敦40号等。

(6)桑里白粉病(白粉病)

①危害 桑叶病害。病叶背面布满白色和灰白色粉质状病斑,使桑叶提早硬化,叶质不良,用病叶养蚕,可使蚕体生长发育不良。

②防治 收集病叶烧掉,减少越冬病源;育苗或定植不宜过密,以便通风、透光;选栽抗病品种;发病初期,喷0.20°~0.30°Be石硫合剂。

3.4.2 虫害防治

(1)桑螟

①危害 为桑园主要的食叶虫害。以幼虫食害桑叶,轻者吃成洞孔,重者仅留叶脉,甚至成片桑园的桑叶被吃光,影响夏秋期桑叶产量和树势。

②防治 保护天敌,及时刮卵摘茧;药剂防治:用80%敌敌畏乳油1 500倍液、90%晶体敌百虫1 000倍液,于螟卵化期喷药。

(2)桑野蚕

①危害 为夏秋季桑树主要害虫之一。野蚕以幼虫食害桑叶,尤喜食害嫩叶,影响稚蚕用叶;严重时,全部桑叶被吃殆尽,影响桑树正常生长。

②防治 同桑螟。

(3)桑尺蠖

①危害 幼虫早春食害桑芽,开叶后食害桑叶。发生严重时,可将大片桑园的芽、叶吃尽,影响春蚕生产。桑尺蠖除危害桑树外,还危害核桃、梨树、枣树、榆树、杨树等。

②防治 同桑螟。

(4)桑天牛

①危害 幼虫蛀食枝干,危害严重时,能使整株桑树枯死。

②防治 捕捉成虫,刺死虫卵。成虫羽化期,可组织人工捕捉,防止产卵;发现桑天牛卵,即用小刀刺死虫卵;在夏伐后,向虫孔内注射50%杀螟松乳油1 000倍液或10%除虫菊乳油3 000倍液药杀幼虫。

(5)华北蝼蛄

①危害 常见苗圃地下害虫。成虫和若虫在桑苗圃地下啃食桑苗幼根,并穿孔形成隧道,使桑苗根与土壤分离,造成桑苗干死,断垄缺株。

②防治　夜间用黑光灯诱杀；在危害地块，于产卵盛期用锄刮去表土，发现洞口，向下挖 10～18cm，即可挖出华北蝼蛄卵。

3.5　其他灾害

3.5.1　霜冻

在植物生长季节里，由于土壤面、植物表面以及近地面空气层的温度降低，引起植物遭受冻害或死亡的现象。

防治措施：①熏烟法：在桑园的上风，堆放杂草、枯枝或落叶，点燃后发生浓烟，笼罩整个桑园，达到防霜冻的效果；②灌水法：霜冻前，采用沟灌或喷灌的方法预防霜冻，效果良好。

3.5.2　药害

农药对防治病虫危害起着极大作用，但由于农药的化学性质和浓度的高低，会对生物发生影响，如二甲四氯农药，微量时可以杀死病虫害，又可刺激桑树生长的作用，但若浓度、药量和残留量掌握不好，会对桑树、蚕桑及其他有益生物产生药害，甚至影响人类健康。故必须正确掌握桑园用药的种类、浓度和药量。在夏秋蚕期，桑园用药应选择残毒期短的农药。

4. 桑叶采摘

采叶的基该方法有摘叶法、采芽法和剪条法3种。摘叶法在小蚕或夏、秋蚕期应用；采芽法在春蚕大蚕期应用；剪条法是连条带叶剪取条桑，直接饲蚕。秋末冬初，通过剪梢（剪去枝条梢部），能减少桑树冻害，提高发芽率和春叶产量。

任务 28　榆树栽培

榆科榆属落叶乔木，主产温带。榆树除木材可用外，树皮内含淀粉及黏性物，磨成粉称榆皮面，掺合面粉中可食用，并为作醋原料；枝皮纤维坚韧，可代麻制绳索、麻袋或作人造棉与造纸原料；老果含油25%，可供医药和轻、化工业用；嫩果（俗称"榆钱"）可食，树皮、叶及翅果均可药用，能安神、利小便。

榆树叶还是比较好的猪饲料，新鲜的榆树叶含有粗蛋白质7.5%，无氮浸出物14%，以及相当多的矿物质和胡萝卜素。饲喂实践证明，榆树叶喂猪，不但能促进猪的生长发育，而且吃了后还少得病。榆树叶采集后可青喂，可打浆喂，也可风干后打成面粉喂。给猪常喂些榆树叶面粉，还可预防维生素缺乏症的发生。

1. 良种选育

1.1　分布

原产我国，分布于淮河流域、秦岭以南至华南各地。

榆树为喜光树种，耐旱，耐寒，耐瘠薄，不择土壤，适应性很强。在土壤深厚、肥沃、排水良好之冲积土及黄土高原生长良好。根系发达，抗风力、保土力强。萌芽力强，耐修剪。生长快，寿命长。能耐干冷气候及中度盐碱，但不耐水湿。

1.2 种类

榆树为榆科朴属苗木。又名沙朴，青朴，千粒树，朴，惧王树。我国有25种6变种。落叶乔木，高达15m。树皮灰褐色，粗糙而不开裂。单叶互生，叶卵形或椭圆状卵形，上半部具钝锯齿，基部不对称，3出脉。花两性或单性。

(1) 长序榆（野槭皮、野榆、牛皮筋）

落叶乔木，高达30m，胸径80cm。生长分布于浙江南部、福建北部、江西东部及安徽南部，生于海拔250~900m地带的常绿阔叶林中。

(2) 美国榆

落叶乔木，在原产地高达40m。原生长分布于北美，江苏南京、山东及北京等地引种栽培。

(3) 大叶榆（新疆）

落叶乔木，在原产地高达30m。原生长分布于欧洲，我国东北、新疆、北京、山东、江苏及安徽引种栽培，在新疆生长良好。

(4) 大果榆

又名黄榆、迸榆、扁榆、柳榆、山扁榆、翅枝黄榆、广卵果黄榆、蒙古黄榆。

①大果榆（原变种） 落叶乔木或灌木，高达20m，胸径可达40cm。分布于黑龙江、吉林、辽宁、内蒙古、河北、山东、江苏北部、安徽北部、河南、山西、陕西、甘肃及青海东部；生于700~1 800m地带之山坡、谷地、台地、黄土丘陵、固定沙丘及岩缝中。

②光果黄榆 本变种与原变种的主要区别在于翅果光滑无毛，果翅较薄。仅产于哈尔滨天然杂木林中。

(5) 脱皮榆

又名沙包榆。落叶小乔木，高8~12m，胸径15~20cm。分布河北、河南、山西等地，辽宁和北京有栽培。

(6) 杭州榆

①杭州榆（原变种） 落叶乔木，高达20余米，胸径90cm。分布于江苏南部、浙江、安徽、福建西部、江西北部、湖南、湖北及四川。

②昆明榆（变种） 昆明榆的形态特征与杭州榆极其相似。其主要区别是昆明榆的花常自混合芽抽出，散生于新枝基部或近基部的苞片（稀叶）的腋部，叶下面脉腋处有簇生毛；有时萌发枝上有周围膨大而不规则纵裂的木栓层。分布于四川南部、云南中部、贵州及广西西部海拔650~1 800m地带之山地林中。

(7) 裂叶榆

又名青榆、大青榆、麻榆、大叶榆、黏榆、尖尖榆。落叶乔木，高达27m，胸径50cm。分布于黑龙江、吉林、辽宁、内蒙古、河北、陕西、山西及河南。

2. 苗木繁育

2.1 育苗地选择

榆树具有怕盐碱、忌水湿、耐肥沃的特点，因而育苗地宜选在土层深厚，上壤肥沃、排水条件良好的砂壤土或壤土。低洼易涝、盐碱地不宜选用。

2.2 整地

初冬要及时耕地，深翻 30cm 左右，施足基肥，撒施农药，防治地下害虫。通常采用平床育苗，多雨地区或较低地区可用高床育苗。无灌溉条件的地方，可用大田式育苗。

2.3 育苗

主要采用播种繁殖，也可用嫁接、分蘖、扦插法繁殖。

2.3.1 播种育苗

(1) 采种

种子应采自 15～30 年生的健壮母树。4 月中旬榆钱由绿变浅黄色时适时采种，过早采收，种子秕，影响发芽率；过晚采集，种子易被风刮走。种子采收后不可暴晒，而应使其自然阴干，轻轻去掉种翅，避免损伤种子。

(2) 播种

翅果成熟后，千粒重 7.7g，发芽率 65%～85%。每公顷播种量 45～60kg，随采随播，一般不作催芽处理。经长途运输的种子，播前与湿沙混拌，2～3d 后再播。为达到发芽早、出苗齐、幼苗壮的目的，苗床要提前灌足水，趁墒松土后进行条播。行距 30cm，播幅 5cm，播种均匀。播后覆土 0.5～1cm，稍压。土壤干旱时不可浇蒙头大水，只可喷淋地表，以免土壤板结或冲走种子。播后 3～5d 发芽出土，10d 左右苗齐。

(3) 苗期管理

当幼苗出现第二片真叶时，按照"间弱留壮"、"间密留稀"的原则进行间苗。对缺苗断行处结合间苗进行移栽。第二年间苗至行株距 60cm×30cm，以后根据培养苗木的大小间苗至合适的密度。间苗或补苗后，要及时灌水。降水和灌水后，要及时松土，保持苗床无杂草，地表不板结。苗木速生期间，应适时适量施速效肥 2～3 次。苗木生长后期，停止追氮肥，喷施磷肥，促进苗木木质化。榆树苗较耐旱，干旱天气，每 10～15d 灌水 1 次。雨后及时排除苗床积水，以防烂根。一般当年苗高 1.5～2.0m，地径 0.6～1.2cm。每公顷留苗 1.5 万株左右。

2.3.2 扦插育苗

扦插繁殖成活率达 85% 左右。扦插苗比实生苗生长快、发育壮，且成活率高。

①扦插时间　秋季落叶后和春季萌芽前均可。

②采条剪穗　种条选用一龄苗干或枝条中、下部为好。秋季扦插，应随采随剪随插；春季扦插，种条可以冬藏，也可随采随插。选 0.5cm 以上的壮条，剪成 15～20cm 长的插穗，上剪口要剪平，下剪口在靠近芽眼处剪成马耳形。插条分粗细扦插或贮藏。

③扦插 插前用萘乙酸50mg/L浸泡12~24h，或用500mg/L速蘸插条下端。扦插行距30cm，株距20cm。插后，插条上端微露地面，踩实后灌透水。保持土壤湿润，促进生根成活，同时严防地下害虫。生根成活后及时疏芽，萌条高5cm时，选留壮条。

2.3.3 嫁接育苗

培育优良无性系，多用嫁接方法。以袋接法为好。

①嫁接时间 3月中、下旬树液流动，木质部与韧皮部易离时进行袋接。

②方法 选地径0.6~1.5cm的当年生壮苗作砧木；选1年生发育充实、粗3~4mm的长枝制作接穗，剪成4~5cm长，带2~3芽，且上部芽饱满。在其饱满芽背面下削成长1~1.5cm的平滑斜面，在其相反的一面再削一刀。扒开砧根表土，从根颈黄色处剪断，削成光斜面；用手捏砧木使剪口顶部韧皮部与木质部分离，成袋状，将削好的插穗插入砧木皮层，勿使皮部破裂。插入后，用湿润土培土，其高度稍高于接穗1cm，保持接口处具有湿润环境。如遇干旱，也可灌溉。嫁接10d后，开始萌芽展叶生长。当新芽5~10cm时，及时除萌。速生期间，搞好土肥水管理。

3. 栽培管理

3.1 栽植

平原地区栽培时，通常采用大穴栽植。穴1.0m×1.0m×0.8m，表土与心土分开放置。植树时，根系舒展后，用表土填入穴中根系范围内，覆土后轻轻提苗踩实。秋季栽植以落叶后早栽为佳，春季栽植，以土壤解冻后早栽为宜。

3.2 整形修剪

栽植的第1年可以不修或只剪去中下部侧弱枝和主干的竞争枝。从第2年开始整形，一直到6~7年树木成型为止。

修枝的原则应根据榆树分枝习性，主枝与侧枝相互关系，并保证生长所需的制造养料的叶子。

(1) 控制竞争枝

榆树分枝特性是竞争枝与主梢粗度相似，或齐头并进。对双头或多头的强竞争枝，要选留一个健壮枝为主梢，对其他强枝短截或剪除。有的主枝细弱，应剪除主枝选留一个上部健壮枝条作主枝。对树冠内的强枝条可以短截，控制其生长，促使主梢高生长。对树冠中的一般枝条，除疏除过密和重叠枝外，一般应保留，以组成良好树冠骨架。对弱枝，除枯黄枝要剪除外，一般应保留，以增加叶面积，进行光合作用制造养料。

(2) 控制干冠比例

榆树在栽后第1年，树冠应占全树高1/3左右。3~5年后，树高一般高3~6m，树冠应占全树高2/3左右。此时千万不要修枝过重，造成树干下粗上细，低头弯腰，难以成材。5年以后，树高一般7~8m，树冠应占全树高的1/2~2/3左右。以后随着树木生长，修枝强度要维持树冠占树高1/2以上的比例。10年后，树木成型，主干达到一定高度，不要再进行修枝抚育，以尽量扩大树冠，加速其粗生长。

3.3 病虫害防治

3.3.1 病害防治

(1)溃疡病

①危害 病部树皮组织坏死,枝、干部受害部位变细下陷,纵向开裂,形成不规则斑。当病斑环绕一周时,输导组织被切断,树木干枯死亡。

②防治 严格禁止使用带病苗木。及时修枝,提高抗病力。发病初期用甲基托布津200~300倍液,或50%多菌灵可湿性粉剂50~100倍液涂抹防治。

(2)枯枝病

①危害 表皮腐烂,病皮失水干缩,并产生朱红色小疣,若病皮绕树枝、干一周,则导致枯枝、枯干。

②防治 及时修枝、清理病虫枝和病虫木及枯立木。

(3)炭疽病

①危害 发病初期感病叶片有不规则病斑,后期黑色或黑褐色粒状突起,呈放射状排列,发病严重时树叶变黄,提前脱落。

②防治 落叶后喷施1∶3∶100波尔多液或45%代森锰锌500倍液。

(4)黑斑病

①危害 10~11月间病斑上出现圆形黑色小粒点,病斑呈疮状,病斑可互相联合形成不规则的大斑。

②防治 减少侵染来源,晚秋或初冬时,收集并烧毁落地病叶。发病初期及时剪除病叶、病枝,集中销毁。喷施1∶1∶100波尔多液,或65%可湿性代森锰锌500倍液,或65%可湿性福美铁500倍液,隔天喷1次,喷2~3次。

3.3.2 虫害防治

(1)榆绿金花虫

①危害 成虫在土内越冬,成虫不能飞行而有较强的爬行能力,受惊时落地假死。成虫越夏时,多聚集在枝干分杈处的背阴面或下树越夏。成虫能分泌一种黄色液体,气味难闻,借此逃避敌害。

②防治 幼虫在树干聚集时刷杀;根据成虫假死性强,于4月中旬至5月中旬震落捕杀,对于幼树也可摘除枝上的卵块;4月中旬至5月上旬成虫产卵前及9月上旬至10月上旬成虫集中在树上补充营养阶段,可喷洒杀虫剂。氯氰菊酯1 000倍液、或吡虫啉1 500倍液、或甲维盐1 500倍液都可以;生长季节,树干涂抹药环50倍的氧化乐果。

(2)木蠹蛾类

①危害 危害白榆的木蠹蛾有柳木蠹蛾等4种,其中榆木蠹蛾数量最多,分布又广,危害最严重。

②防治 灯光诱杀成虫;用磷化铝片剂堵孔熏杀根部幼虫;用40%哒嗪硫磷(杀虫净)300~500倍液或75%呋喃丹200~300倍液或50%久效磷100~200倍液注入树干受害部位。

(3)光肩星天牛

①危害 虫产卵部位以树干枝杈密集处较为集中。7月中旬初孵化幼虫先啃食树皮下

韧皮组织,排出红褐色粪便。3龄末至4龄时经25~30d钻入木质部穿凿隧道,排出白色木屑粪便。

②防治　及时清理林内的严重被害林木;成虫飞翔力不强,可捕捉;初孵幼虫未注入木质部前,用50%杀螟松乳油100~200倍液喷杀或用40%乐果毒泥堵塞虫孔,效果良好。

(4)榆毒蛾

①危害　幼虫孵化后,危害幼叶,9月中旬出现2代成虫,危害至10月下旬,伏树皮越冬。

②防治　春季越冬幼虫危害时,喷90%敌百虫1 000倍液于树干,或喷40%氧化乐果液500倍毒杀,或埋呋喃丹于树下,以根吸收后毒杀。用黑光灯诱杀成虫。

此外,还有榆绿天蛾、榆风蛾、榆叶蜂、榆绿斑蚜等害虫,应及时防治。

子项目9　饮料类树种栽培

任务29　沙棘栽培

沙棘果为胡颓子科沙棘属植物沙棘的果实,又名醋柳果,酸刺果。沙棘果是一种小浆果植物,落叶灌木或小乔木。沙棘是目前世界上含有天然维生素种类最多的珍贵经济林树种,其维生素C的含量远远高于鲜枣和猕猴桃,从而被誉为天然维生素的宝库。沙棘具有很高的营养价值、生态价值和经济价值、尤其是在"三北"防护林建设中具有重要的作用。沙棘还可以治疗烧伤、放射病、心脏病、青光眼等疾病,具有独特的药用价值。

1. 良种选育

1.1　分布

沙棘的地理分布很广,在东经2°~123°,北纬27°~69°之间,跨欧亚两洲温带地区,分为6种和12个亚种。我国是沙棘属植物分布区面积最大,种类最多的国家。目前有山西、陕西、内蒙古、河北、甘肃、宁夏、辽宁、青海、四川、云南、贵州、新疆、西藏等19个省(自治区)都有分布,总面积达$1\,800 \times 10^4$亩。在黄土高原极为普遍。

沙棘是喜光树种,在疏林下可以生长,但对郁闭度大的林区不能适应。沙棘对于土壤的要求不很严格,在粟钙土、灰钙土、棕钙土、草甸土、黑护土上都有分布,在砾石土、轻度盐碱土、沙土、甚至在砒砂岩和半石半土地区也可以生长但不喜过于黏重的土壤。沙棘对降水有一定的要求,一般年降水量应在400mm以上,沙棘对温度要求不很严格。

1.2　种类和品种

沙棘为落叶灌木或乔木,高1~5m,高山沟谷可达18m,棘刺较多,粗壮,顶生或侧生;嫩枝褐绿色,密被银白色而带褐色鳞片或有时具白色星状柔毛,老枝灰黑色,粗糙;

芽大，金黄色或锈色。单叶通常近对生，与枝条着生相似，纸质，狭披针形或矩圆状披针形，长 30~80mm，宽 4~10(~13)mm，两端钝形或基部近圆形，基部最宽，上面绿色，初被白色盾形毛或星状柔毛，下面银白色或淡白色，被鳞片，无星状毛；叶柄极短，几无或长 1~1.5mm。果实圆球形，直径 4~6mm，橙黄色或桔红色；果梗长 1~2.5mm；种子小，阔椭圆形至卵形，有时稍扁，长 3~4.2mm，黑色或紫黑色，具光泽。花期 4~5 月，果期 9~10 月。

1.2.1 种类

我国天然生长的沙棘主要有以下种(亚种)：

①中国沙棘亚种 面积最大，占我国沙棘资源面积的 80%以上，主要分布在黄河中游地区。目前我国在水土流失地区大面积种植的即是这种沙棘。

②中亚沙棘 主要分布在新疆的天山以南。

③西藏沙棘 主要分布在青藏高原。

④肋果沙棘 主要分布在青藏高原。

⑤蒙古沙棘 主要分布在新疆的天山以北。俄罗斯主要以这种沙棘为育种材料，培育出了大果沙棘良种。

⑥柳叶沙棘 主要分布在西藏东南部。开发研究较少。

⑦云南沙棘 主要分布在云贵高原等地区。开发研究较少。

⑧江孜沙棘 主要分布在四川西部，青藏高原东部。开发研究较少。

1.2.2 优良品种

①俄罗斯大果沙棘 俄罗斯大果沙具有早熟，高产果大，柄长，少刺或无刺的特点，完全适合在我国东北地区栽培，具有向我国西北，华北地区延伸的潜力，是我国改良沙棘品种。

②丰宁雄株 河北省丰宁县位于中国沙棘天然分布区的东北翼，丰宁沙棘是在中国沙棘种源试验研究基础上选出的优良种源。在中国沙棘中，丰宁沙棘属产果量高，棘刺较少，适应性强的种源。

③埠杂 2 号 本品种为双无性系品种，属大果无刺，高产类型。在适宜立地条件下，亩产量可达 1 000kg 以上，灌丛型。

④无刺大果沙棘 该品种属大果粒，无刺，高产类型。亩产量可达 1 500kg，树体呈灌丛状。树皮深棕色，萌蘖力强，萌蘖系数可达 10 以上。

⑤俄罗斯小太阳 本品种耐旱力强，产量高，棘刺少，为生态经济型品种。

2. 苗木繁育

2.1 育苗地准备

在第 2 年结合春耕进行，施腐熟的农家肥 37 500~60 000kg/hm²，或施坑塘泥 150.0~187.5t/hm²，再加磷酸二铵 188~225kg/hm² 作为底肥效果最好，施 10cm 深左右为宜。最好集中施用，如做垄时施于垄底，做床时按行施，但要注意将肥料和土掺均匀，以免烧根影响出苗。在干旱多风地区，春季育苗，一般在播种前 3~5d 把床做好。根据气候土壤条件的不同,可采用高床低床或弓形床。高床适用于雨量较多和排水不良的地区,低床适用于降水量较少的干旱地区,弓形床便于地膜覆盖。

2.2 播种育苗

(1)选种

播前要精选种子,选择沙棘种子应注意种子要新鲜,没有病虫害。

(2)播种时间

沙棘播种,在春、夏、秋三季均可,但以春季为宜。春季在土层5cm深处温度达9~10℃时,沙棘种子就可以发芽,以土温14~16℃时播种最为适宜。秋季播种,一般要晚,以防种子发芽易遭霜害。秋季播种不需要催芽,只播干种子。

(3)播种量

一般播种量60kg/hm^2,可产成苗82.5万株/hm^{2}左右,播种量以52.5~67.5kg/hm^{2}为宜。

(4)种子催芽

沙棘播种前应做好浸种催芽。催芽时先用0.5%的高锰酸钾水溶液消毒2h,然后再进行催芽处理。主要方法为混沙处理,用40~60℃的温水,浸泡1~2昼夜捞出,按1:3的比例混入湿沙,堆放在背风向阳处,用塑料薄膜或芦苇席草帘等物覆盖增温,保持一定温度,播前5~6d,每隔1d翻动1次,以后每天翻动1次,约10~15d,当30%~40%的种子裂嘴时即可播种。或直接装入麻袋,置于背风向阳处或热炕上,每天翻动1~2次,并用冷水淘洗1次,保持一定温度,经过5~6d,当有30%~40%的种子裂嘴时即可播种。

(5)播种

为利于苗木生长和便于管理,沙棘应采取大行距、宽播幅播种,一般播种行距20~25cm,播幅宽10~15cm,沟底要平,将种子均匀地撒入播幅内,覆细沙土2.0~2.5cm,稍加镇压,使种子与土壤接触。若春季播种时土壤干燥,播种前满足底水,待土壤干燥后再将床面整平,然后播种,或边开沟边播种,然后覆土以保墒情。为防止土壤干旱或雨后板结,播种后覆盖一层草,当幼苗全部出土后再分期去掉,以免小苗过嫩发生日灼。春季播种后,要经常喷水保湿,5~7d即可大部分出土,15d以后可出齐全苗。秋季播种必须用发芽能力强的种子,幼苗多半在第2年的4月份出苗,比春季播种早出苗10~14d,且发芽整齐。

2.3 扦插繁殖

分嫩枝扦插和硬枝扦插2种。

(1)嫩枝扦插

在6月至月份,选择生长、结果好的母树采条,条长12cm至多20cm,粗0.5~1cm,只带顶叶,其他叶片摘除,浸入ABT生根粉,按株行距3cm×7cm,插深2.5~3.0cm,470根/m^{2}插穗,插后马上大量喷水;也可不做床,只整平床面,在塑料棚内采用营养杯进行嫩枝扦插育苗。插穗生根发芽后移到苗圃地里继续培养,株行距为25cm×70cm。

(2)硬枝扦插

早春选当年生健壮、无病虫害、完全木质化的插条,插条长15~20cm,粗0.5~1cm,

保持3~4个饱芽，剪后按5~100条成捆，浸泡24~48h，只浸根部3~4cm。为了促进生根，可用ABT1号生态平衡根粉50~100mg/L，浸泡10~24h，在整好的苗床里，采用株行距20cm×30cm扦插，扦插深度为插穗的2/3，插后踩实浇水保湿。硬枝扦插育苗若在裸露地，扦插后应设置遮阴棚。当插条生长到8~12cm时，再将遮阴棚去除。

2.4 根蘖繁殖

在栽植当年选择一二年生发育良好的根蘖条，在距树干10~20cm处将根切断，分别标上雌或雄株标记。成活后移入定植地栽培。

3. 栽培管理

3.1 栽植

(1) 栽植时间

种植沙棘春秋两季均可。一般春季在4~5月上旬，秋季在10月中下旬~11月上旬，树木落叶后，土壤冻结前。秋季栽植的苗木，第二年春天生根发芽早，等晚春干旱来临时树已恢复正常，增强了抗旱性，秋季栽植比春季种植效果好。

(2) 栽植密度

每亩300株。株行距1.5m×2m。沙棘树是雌雄异株，雌雄比例是8:1。树穴的规格依树苗的大小而定，一般为直径35cm，深35cm。

(3) 栽植后管理

沙棘的生长分4个阶段：幼苗期、挂果期、旺果期、衰退期。定植后2年内，以地下生长为主，地上部分生长缓慢。3~4年生长旺盛，开始开花结果。成年沙棘树高2~2.5m，冠幅在1.5~2m。第五年进入旺果期。由于土壤条件和管理的不同，进入衰退期的时间也不一样，一般树龄15年后进入衰退期。

3.2 修剪养护

3.2.1 修剪原则

(1) 因枝修剪，增强树势

幼树易旺长，应注意缓和树势，一般应剪顶；成年树枝叶过多，修剪应注意通风透光和小枝更新复壮；老树树势衰退，应着重对弱树助势修剪，要保留结果枝，注意提高坐果枝沙棘果数。

(2) 因地修剪，增强结果

根据当地的地势、土壤、气候条件和栽培水平进行合理修剪，在瘠薄的山地上采取小树小丛树形，适当重剪，提高单株群体产量；对土壤肥力较好、地形平坦、雨量适中，树势优良的沙棘林，要适当采取大树冠形，以利发挥生长和结果的优势。

(3) 长短结果，综合考虑

修剪时既要考虑结果，又要考虑生长；既要高产，又要稳产；以确保连年丰产，并达到延缓树势衰老的目的。

3.2.2 修剪时期

沙棘和其他果树一样分为休眠和生长两大修剪期。冬剪,使春芽萌动,集中利用贮藏养分,梢叶很快成为生长中心,时间比较集中,其他器官竞争不大。所以冬剪越重,贮藏养分供应越集中,越能促进新梢旺长,故称"促长修剪"。从萌芽抽枝开始到落叶之间,所进行修剪均为生长期修剪,又称夏剪。夏剪在一定程度上对营养生长都有削弱的作用,而对结果则有促进作用。故有"冬剪要枝,夏剪要果"的说法。

3.2.3 修剪方法

(1) 疏剪

及时对过密、过弱、枯干、焦梢、病虫、不能利用的、徒长的、交叉枝等进行修剪。起到改善林冠内透风透光条件,增强母枝势力,积累养分的作用。

(2) 短截

剪去一年生枝梢的部分,促进抽枝,改变优势,促进局部,抑制徒长,以利早结果。

(3) 摘心

将新梢的嫩顶梢摘除,抑制生长,积累养分,有利枝条加粗生长,促进分枝,增加坐果率。

3.3 病害防治

(1) 沙棘干枯病

①危害 沙棘干枯病是一种苗圃和沙棘林均可发生的病害。幼苗发病其症状首先是叶片发黄,苗茎干枯,最后导致整株死亡。沙棘林或种植园内沙棘植株发病,症状表现是树干或枝条树皮上出现许多细小的枯色突起物和纵向黑色凹痕,叶片脱落,枝干枯死。

②防治 加强抚育管理,增施磷、钾肥,抑制病原菌的活性。在苗期发生时,可用60%~75%可湿性代森锌500~1 000倍液,在雨季前每隔10~15d喷洒1次,连续2~4次。还可用50%可湿性多菌灵粉剂的300~400倍液,每隔10~15d,连续喷洒2~3次。种植园栽培的沙棘,在行间间种禾本科牧草,也可减少干枯病的发生。

(2) 沙棘叶斑病

①危害 沙棘叶斑病是一种苗期病害,发病初期,叶片上有3~4个圆形病斑,随后病斑逐渐扩大,叶片干枯并脱落。

②防治 一般用50%可湿性退菌特粉剂800~1 000倍液,每隔10~15d喷1次,连续2~3次效果显著。

(3) 沙棘锈病

①危害 沙棘锈病是一种苗期病害,为害1~3年生沙棘苗。发生时间多在6~8月份。被害苗木症状是大量叶片发黄、干枯、植株矮化,叶片上的病斑呈圆形或近圆形,多数汇合。发病初期病斑处轻微退绿,后变为褐色、锈色或暗褐色。

②防治 沙棘锈病主要是预防,在苗期6月份每隔15~20d喷1次波尔多液,连续2~3次,可以减少沙棘锈病。

4 沙棘果的采收与贮藏

4.1 沙棘果的采收

沙棘果的果实一般密而小，皮薄，水分多，因此，适时科学采收是综合加工利用和丰产增收的关键。

(1) 采收时间

果实丰满而未软化，果面呈现橙黄色，种子呈褐色。由于品种不同，各地采收时间也存在差异。要确定合适的采收期的参数比较多，有果实中维生素C含量、油脂的含量、果柄的脱落力、黄酮类物质含量等，以不同的加工利用目的而确定。黄土高原地区，中国沙棘类型一般在9月下旬至10月中旬采收。

(2) 采收方法

①剪小枝法　目前多采用手工剪取结果枝条的方法，把带果枝条剪成10cm左右长的短枝。采果时，即使果实处于初果期，果实较硬，也要轻摘轻放，切勿多次翻倒。

②冻果法　沙棘果在-15℃以下会冻实，用木棒轻轻击打冻实的带果的沙棘条，沙棘果实便会脱落。

③采摘法　在果实完全成熟前采收，一般采用以捋枝方式为主的手提式工具，如夹齿采摘。夹齿具有弹性，可从两面夹住结实枝条的基部，然后向枝梢方向移动，从而将果实捋下。

④机械采收　德国等发达国家沙棘果的采摘有专门的机械采收设备，使用拖拉机作动力，先用人工剪取小枝，后用机械脱果，效率很高。俄罗斯及北欧一些国家有直接使用机械，采用震摇方法采收沙棘果的。但该法对树体伤害很大，采收效率也不高。机械收果法要求沙棘的果皮厚，果实和果柄易于分离，果柄较长，沙棘种植时留出隔道，便于机械行驶。

4.2 沙棘果的贮藏

刚采收的果实较硬，味较酸涩，没有香气。在温暖、封闭的环境和酶的作用下，果实由硬变软，涩味消失；部分淀粉转化为单糖，使果实变甜；由于呼吸作用，酸性物质被氧化，使酸味减轻；芳香物质的合成积累增加，果实便具有特殊芳香气味。因此，在贮藏和运输时，需创造低温、适当通气和排除有害气体的环境。一般采用低温、高湿和少氧的条件保持果实新鲜，延长贮藏时间。湿度也很重要，湿度过小，果内水分蒸发，果面皱缩；但湿度也不宜过大，否则容易腐烂变质。以相对湿度保持在90%~95%为宜。

任务30　咖啡栽培

咖啡与可可、茶叶同称为世界三大饮料，其产量、消费量和产值均居首位。咖啡除作饮料外，还可提取咖啡碱、咖啡油；在医药上可作麻醉剂、兴奋剂、利尿剂放强心剂。咖啡果肉可用来制酒、酿醋和提炼果胶，制糖蜜；干果肉可作牲口饲料；干果壳可作肥料、燃料、制硬纤维板；花含有香精油，可提取高级香料。

1. 良种选育

1.1 分布

咖啡主要分布在以赤道为中心，南、北纬25度之间的热带地区；世界上约有七十多个国家种植咖啡，咖啡主要种植区为中南美洲、非洲、亚洲最好的咖啡产区位于印度尼西亚。我国的咖啡主要分布在云南、海南、台湾，广东部分地区以及四川攀枝花部分地区也有少量种植。

咖啡喜温暖、耐旱不耐寒、怕冻坏，幼苗及成株易受霜冻脱叶致死，种子不能成熟。咖啡对土地要求不严，闲散地亦可种植，但以排水良好、土层深厚、疏松肥沃的沙质土壤为宜。咖啡原产热带非洲，小粒种的原产地是埃塞俄比亚的热带高原地区，海拔900～1 800m之间，年平均气温19℃；中粒种原产刚果的热带雨林区，海拔900m以下，年平均温度21～26℃。它们的原产地都是荫蔽或半荫蔽的森林和河谷地带，因此，形成了咖啡所需要的静风、温凉、湿润的环境条件。

1.2 种类

咖啡属茜草科，咖啡属多年常绿灌木或小乔木，约有90个种，我国目前栽培的有小粒种(阿拉伯种)、中粒种(甘弗拉种)、和大粒种(利比里亚种)。

(1) 小粒种

又称阿拉伯种，原产埃塞俄比亚，为常绿灌木。植株较小，高4～5m，分枝细长，枝干木栓化较早。叶片小而尖，长椭圆形，较中粒种为硬，叶缘波纹细而明显。果实较小，鲜果与干豆的比例为(4.5～5):1，种子外果皮厚而韧，种皮较厚，易与种仁分离。种子较小，1kg咖啡豆约3 400～5 200粒，单节结果较少，约12～15个，但枝条结果数较多，所以，在管理良好的情况下，产量并不低于中粒种。咖啡粉味香醇，饮用质量较好。植株抗风，较中粒种耐旱，抗寒力最弱，但极少感染锈病，产量较高，风味浓，刺激性强。其中著名的品种有罗马斯塔种、奎隆种、乌干达种及印度尼西亚的无性系BP38、BP42、东爪哇高产种Bgn300、Bgn124等。

近年，中国热带农业科学院香料饮料研究所从中粒种实生树选出8个高产优良无性系，经过多年试验证明，其产量高于现有的实生树3～4倍数，亩产干豆150～200kg，可在海南省推广种植。

(2) 中粒种

原产于刚果热带雨林地区，株高中等5～8m，叶大小中等，不耐强光，不耐干旱，味浓香，但刺激性强，品种中等，抗咖啡叶锈病，不易受天牛危害；多分布于低海拔地区。

(3) 大粒种

又称利比里亚种，为常绿乔木。植株高大，高达10m以上，枝条粗而硬，斜向上生长，枝条木栓化最快。叶片椭圆或圆形，革质叶面有光泽，叶端尖，叶缘无波纹。果实大，长圆形，果皮及果肉硬而厚，果脐大而凸出。鲜果与干豆的比例约为(7～10):1，种子外壳较厚，硬而韧，种皮紧贴种仁，豆粒大，每千克干豆约为2 600粒。成熟的果实为朱红色。枝条结果较少,每节果数约 5~6 粒。本种的主根深,较耐旱,抗风、抗寒力中等,耐光,最易感染锈病。单株产量高,单位面积产量低。风味浓烈,刺激性强。

主要品种有埃塞尔萨种(又称查理种),20 世纪 70 年代从广西引入海南种植。生势旺盛,果实有些似中粒种,但种皮厚硬似小粒种,鲜干比为(5~8):1,品质味浓稍带苦味。根深,耐旱耐寒力较强,对叶锈病和天牛均有抗性。

2. 苗木繁育

2.1 播种育苗

2.1.1 采种、洗种及种子贮藏

在咖啡的盛熟期(中粒种咖啡在海南岛的盛熟期为 2~3 月,小粒种为 9~11 月),从健壮丰产的母树上采摘充分成熟的果实做种子。果实采下后,立即进行脱皮洗种,方法是将果实置于硬而粗糙的地面上,用砖头磨破果皮,也可以用脱皮机脱去果皮,然后放在水中除去果皮,取出种子,加入炉灰搅拌,再放在水中冲洗,把种子表面的胶质洗净。洗种过程中,注意不要压破种壳,以免影响发芽。无种壳的种子发芽率仅 54%,保存种壳者,发芽率可达 80% 以上。种子洗净后,置于通风的地方晾干,不可暴晒,当种子暴晒至含水量 15% 时,发芽率显著降低。晾干的种子,不宜久藏。中粒种咖啡,贮藏时间超过三个月,就会丧失发芽力。小粒种咖啡,种子收获期在 9~11 月,采种后就是低温的冬季,种子可贮藏到翌年 2~3 月份播种,但应放于通风阴凉干燥的地方,并经常检查,防止发霉。

2.1.2 苗圃地的选择

宜选择靠近水源,排水良好,肥沃,土层深厚,疏松的壤土或砂壤土作苗圃地。

2.1.3 整地施基肥

苗圃地土壤要充分犁耙细碎,深耕 20~25cm,捡除石块、草根、杂物、然后起畦,畦面宽 1m,畦间小路宽 50cm,平地畦面东西走向。施入基肥 2 500~5 000kg,过磷酸钙 25~50kg,肥料要求充分腐熟,并与土壤混合均匀。

2.1.4 架设荫棚

咖啡幼苗不耐强光,必须架设荫棚。荫棚分为大、小两种。大荫棚高 180~200cm,面积可从数分至数亩。小荫棚高 80~100cm,每畦盖一个。大荫棚管理方便,透光均匀,但取材困难。但也可用遮光网,小荫棚管理不大方便,幼苗受光不均匀,但是材料容易解决。对这两种荫棚,各地可因地制宜进行架设。如用塑料袋育苗,最好使用大荫棚,可以充分利用土地。

2.1.5 播种催芽

咖啡种子从播种至出土所需的时间较长,如果直播,花工多,出芽不一致,生长不整齐。最好采用催芽移栽法育苗,即把种子集中播于沙床上,直到幼苗出现真叶前,移栽至苗圃。具体做法是在整地起畦后,在畦面上铺 1 寸左右厚的细沙,做成沙床,沙床须盖荫棚,保持 80%~90% 的荫蔽度,然后在沙床上均匀撒播种子。播种量约为 3m² 播 1kg 种子,种子间相距 1cm 左右,用板稍压种子,使种子与沙充分接触,上面再盖一层沙,厚

度以看不见种子为度,再盖一层薄草,并充分淋水。以后每天淋水1次,保持湿润,40~60d后,幼苗可出土。当有少数幼苗出土时,必须把覆盖物揭除,以便幼苗出土生长。

2.1.6 移苗

种子出土后,子叶已平展至真叶尚未长出前移苗最好,因为此时幼苗已开始生长第1~2轮侧根,移苗后恢复生长较快,移苗前,沙床先淋透水。起苗时,尽量保护根系,苗应随起随栽。并注意保持幼苗根系湿润。株行距按品种及苗龄而定。小粒种咖啡的株行距可用20cm×20cm,中粒种咖啡,,当年用苗的株行距可用20cm×20cm,隔年用苗的株行距可用25cm×25cm或25cm×30cm。移栽时主根不能弯曲,过长的主根可适当截短,回土时要分层压紧,使根系与土壤充分接触,移栽后应淋足定根水。

如用塑料袋育苗,每2~3株排成一行,行间留25~30cm宽的小路,方便淋水和使幼苗有足够的空间生长,不致徒长。育苗袋规格为14cm×22cm或15cm×24cm,当年用苗袋可小些,翌年用苗袋可大些。育苗袋的营养土可根据移苗床土壤施肥的标准,配合一定量的有机肥和过磷酸钙。

移苗时应注意按不同大小的苗分级分别种植;移苗深度要与原来催芽床深度相同,不能过深,以免影响幼苗生长;不要弯曲主根;移苗后淋足定根水。

2.1.7 苗圃管理

(1)淋水施肥

水肥充足是保证苗木迅速生长的关键。移苗后,每天淋水一次,保持土壤湿润。当抽出真叶后,可根据土壤水分状况,减少淋水次数。同时进行第一次施肥,以后每隔10~15d施肥一次,肥料可用猪栏肥和绿肥沤制成的充分腐熟的水肥。幼苗时期,肥料浓度不能太高,随苗木的长大,可逐渐增大浓度。施用化肥时,可溶于水后施用,但要掌握适当的浓度,化肥也不能接触叶片,如果干施化肥,要特别注意。苗木定植前一个月,应停止淋水施肥,同时拆除荫蔽,以锻炼苗木。

(2)除草松土

由于经常淋水施肥,土壤易于板结,杂草也多,必须经常注意除草松土。

(3)覆盖

有条件的地方,最好用覆盖物。既能保持土壤湿润,防止板结,减少松土除草工作,覆盖物腐烂后,又是良好的有机质肥料。

(4)调节荫蔽度

幼苗的需光量,随幼苗的生长而增加。抽出3对真叶前,荫蔽度应控制在70%~80%,3~6对真叶时,荫蔽度可减至50%~60%,到第一对分枝长出或定植前,荫蔽度可减至20%~30%,使苗木在定植前得到锻炼。

2.2 无性繁殖

中粒种咖啡是异花授粉作物,实生后代变异大,在同一园内,不同单株产量变异十分显著。因此,用无性繁殖的方法培育优良母树的种苗,使后代产量增加,保持结果量,咖啡果实和咖啡豆品质的均匀性,使优良品种不致退化。世界上大部分咖啡生产国均已采用无性繁殖方法,主要应用在中粒种。无性繁殖可分为扦插和嫁接两种。

2.2.1 扦插繁殖

(1)增殖苗圃的建立

咖啡无性繁殖需要大量的直生枝和芽片作为提供扦插和芽接用的材料,为了加快繁殖速度,都建立增殖苗圃。增殖苗辅种植密度为1.5m×1m,按不同的无性系分行种植。

(2)扦插材料的准备

扦插材料用直生枝,不能用一分枝,因为一分枝扦插后长成的新植只能匍匐生长,不能长成直生的咖啡树。

插条要用绿色未木栓化、叶片已充分老热的、健壮的直生顶芽对下第2~3段,不宜用半木栓化和已木栓化的直生枝。插条的叶片留四掼宽(约6~8cm),每段插条4~6cm长,将插条从中剖为二条,各带一个叶片,切口斜切削光滑。

(3)插床的准备

插床一般用沙床,厚度40~50cm,下部用粗砂,上部用中等细沙,插床要有80%~90%的荫蔽度。用时先将沙洗净,也可以混入1/2的椰糠。采用喷雾设备,插条发根率高,但设备购置费用高。

(4)扦插

插条斜插或直插均可,扦插深度以埋到叶节处为度。10~15cm一行,以叶片互相不遮蔽为标准。插后充分淋水,使插条与沙紧密接触。扦插后,要在插床上覆盖塑料薄膜,以减少水分蒸发,提高插条生根率。覆盖塑料薄膜时要用铁丝或竹片弯成拱形,插在沙床边缘,再将塑料薄膜覆盖于上,然后压紧,保持床内湿度。如用喷雾设备,则不用覆盖塑料薄膜。

(5)扦插后的管理

主要是淋水和防病,要求保持插床内有较高的空气湿度和较低的温度。淋水不能过多,以免插条腐烂或发生病害。为了防止病害发生,扦插后可即喷1∶1 000的多菌灵,以后如有病害发生,再喷1~2次。

(6)生根插条的移植

插条扦插后约60d新根长至3~4cm,此时移苗虽比较方便,但是最好是在插条根系长出第二轮侧根时移植(插后约90d),成活率高。移苗时应细心操作,因为根系很脆嫩易断。

未发根的插条继续插在沙床内,待发根后再次移苗,移苗后或装袋的扦插苗的管理与种子苗相同,在苗圃中培育至5~7对叶片时,便会长出第一对分枝,此时可出圃定植。

2.2.2 嫁接

嫁接方法可用芽接和劈接两种。

(1)芽接法

用一年生的幼苗,将茎基部的泥土擦净,然后开一长2.5~3.5cm的芽接位,从优良母树或增殖苗圃中选取发育饱满的节,削取带有少量木质部的芽片,放入芽接位,用捆绑带扎紧,20d后将芽点打开,30~40d开芽接口已愈合,全部解绑,5d后成活的苗即可剪去砧木,不成活的重新芽接。

(2)劈接法

用一年生的幼苗作砧木,劈接时,砧木离地10~15cm处剪断,在剪口中间垂直切下

3~5cm 长的切口，选用与砧木大小一致的直生枝，于节下 3~4cm 处削断，将接穗基部削成楔形，插入砧木切口处，注意对正形成层，用捆绑带扎紧，为了提高成活率，可用捆绑带将接穗包好，20d 后露芽点，30d~40d 全部解绑。

(3) 嫁接苗的管理

嫁接成活后需在苗圃地培育至符合定植标准的苗木，方可出圃定植。嫁接苗管理除与种子苗相同外，在管理中必须注意新芽的保护，并及时除去砧木抽出的芽。

嫁接前苗木要充分淋水，嫁接后淋水要小心，不要淋到接口。

3. 栽培管理

3.1 栽植

3.1.1 选地、规划和开垦

环境条件的好坏与咖啡生长发育有密切的关系，应该根据咖啡生长习性和对环境要求来决定。尽量避免选用冷空气容易积聚和凝霜的低地；咖啡根系好气，要选择排水良好疏松地土壤；咖啡需要静风环境，因此在无原生林的地区，要考虑规划防风林。规划咖啡园大小，主要依据当地风害的严重程度来考虑，一般 10~15 亩为宜。

开垦时注意保持原来林地静风环境，需要留下的大树作荫蔽的做好标记，予以保留，其余树木先砍伐后清理。

园地的水土保持，是一项非常重要的工作，在 10° 以下的缓坡地，可采用等高开垦，10° 以上的坡地修筑等高梯田。

挖穴可结合修筑梯田进行，植穴一般采用 60cm×60cm×50cm 的规格。挖穴时，表土、底土要分开放置，以便表土回穴。植穴在定植前要施足基肥，一般施腐熟的牛栏肥、猪栏肥或堆肥均可，每穴施 15~25kg，混入过磷酸钙 0.25kg，基肥施后再回表土，并混匀。如为密植，可挖水平沟，植穴在定植前 2~3 个月挖好，充分风化。

3.1.2 种植密度

种植密度主要取决于品种、修剪制度、土壤类型和降水量，以及管理水平如施肥、灌溉、荫蔽等。

中粒种咖啡，采用多干整形的，株行距一般为 2.5m×3m；采用单干整形的，一般为 2m×2.5m。

小粒种咖啡，采用多干整形的，株行距一般为 2m×3m 或 2.5m×3m；采用单干整形的，一般为 1.5m×2m 或 2m×2m。

大粒种咖啡，植株高大，株行距一般为 4m×5m。

一般说来，土壤肥沃，年降水量高，管理水平高的可种疏一些。

近年有以咖啡与椰子、槟榔、橡胶或其他作物间作的，株行距可按间作的要求而定。

3.1.3 定植时期

一般在每年雨季来临时定植，海南岛的定植时期最好在 8~9 月，有下雨的地方，在 2 月定植也可以。应选用 10~11 个月生的长出 2~3 对分枝的健壮苗种植。最好在阴天或晴天的下午挖苗，带土定植或裸根定植均可。裸根定植的，挖苗前一天应淋足水分，苗木挖起后,要把叶片剪去 1/2。

3.1.4 栽植

苗木最好随挖随种,如果要远运或不能立即种植,应用泥浆浆根,并放在阴凉处。塑料袋育苗的应剪破塑料袋,将苗放入植穴中,不要令袋中泥土松散,以免伤根。定植深度同苗木原来的深度相同,侧根应让其自然舒展,回土压紧,种植后即淋水和盖章。为了培养多干树形,定植时也可采用斜植法或截干法。

3.1.5 荫蔽

荫蔽的目的地是创造一个适应咖啡生长发育的环境,以保证在定植后通过综合的农业技术措施,获得高产稳产。荫蔽度在大小应根据不同栽培环境和不同品种而异,在热带高海拔地区和东西两侧或四周有高山的谷地、盆地种植咖啡,荫蔽度可小或不需要荫蔽;在湿度小、常风大、干旱季节长和光照强的西坡地种植咖啡,荫蔽度要适当大些。中粒种一般要求的荫蔽度为30%;小粒种要求的荫蔽度为25%~30%;大粒种的成龄树,一般不要荫蔽。

作为荫蔽的树种,要具有生长快、常绿、枝叶稀疏,主根深生、侧根少、抗风性强等条件。根据目前生产经验,台湾相思树是较好的荫蔽树,其缺点是有褐根病,萨尔瓦多银合欢生长快,但树冠不大。

荫蔽树的种植密度应根据其树冠的大小而定。如果选用台湾相思树作荫蔽树,可以在咖啡树行间每隔2~3行、株间每隔4~5株,种上1株台湾相思树。

荫蔽树最好提前种植,等到能起荫蔽作用后才种咖啡树。如果未能这样做,就应在咖啡树的行间种植临时荫蔽作物,如木豆、山毛豆、银合欢、田莆等,待永久荫蔽树起作用时砍掉。

临时荫蔽树要根据咖啡的不同生育期逐年进行疏伐,永久荫蔽树应将低于2m以下的枝条剪去,以免影响咖啡树正常生长,到进入结果期应保留较少的荫蔽度约25%~30%,多余的荫蔽树砍掉,每亩约留10~15株。

3.2 整形修剪

合理的整形修剪是获得咖啡速生丰产的保证,在咖啡树进入结果期之前进行整形,使之形成强壮的骨架树型,为丰产打下基础;修剪则是在整形的基础上调节生长和结果的关系,咖啡树的整形方式,主要有单干整形和多干整形两种。

3.2.1 单干整形修剪

单干整形是培养一条主干,利用一分枝为骨干枝,二、三分枝为主要结果枝的整形方法。单干整形时,为了促进分枝发育健壮,通常采用摘顶的措施,按照控制主干高度的要求,将顶芽摘除,抑制顶端优势,促进分枝生长,以达到单干整形的目的。摘顶方法可分为一次摘顶和多次摘顶。

(1)一次摘顶法

咖啡树高1.5~1.7m时,将顶芽剪去。也有在1.8~2.2m高才摘顶的。

(2)多次摘顶法

多应用在小粒种,分二次和三次摘顶。二次摘顶:树高1~1.2m时进行第一次摘顶,待第一分枝发育充实后(在管理好的条件下约需半年)选留一条生长健壮的直生枝作为延续的主干，生长高达 80~90cm 时，进行第二次摘顶，摘顶后不再留直生枝，保持树高约 1.7~1.8m。

如三次摘顶，第一次摘顶高度为 0.8~1m，第二次摘顶高度为 1.2~1.5m，第三次摘顶高度为 1.6~2m，每次摘顶后保留的延续主干应与上次留的延续主干方向相反，保持树冠的平衡。

3.2.2 多干整形

多干整形是利用一分枝为主要结果枝的整形方法。整形的目的就是要培养多条主干和长出大量健壮的一分枝，多干树不摘顶，结果 3~5 年后产量下降时，更换新主干。

(1) 培养多干的方法

①斜植法　定植时，将苗木斜植，一般与地面成 30~60 度角(最好是 45 度角)。

②弯干法　定植时直种，待苗木长至 1m 高左右，再把主干拉弯，并用绳子或木钩固定。

③截干法　此法主要适用于 2a 以上的苗木，在离地 25cm 左右的地方截干，然后定植于大田，利用截干后长出的多条直生枝培养成为新干。

无论采用哪种方法培养多干，当新主干留好以后，都要经常注意剪除从新、老干上萌发的直生枝，以免扰乱树形和消耗养分。

(2) 成龄树更换主干

多干整形的咖啡树，在结实 3~5a 后，由于主干继续生长，结实的部位逐渐升高，老干的生长量逐年减少，必须及时更换主干，其形成主要有两种，即一次更换和分枝更换。

①一次更换　在采果之后，从植株离地面 25~30cm 处，将所有的主干一次锯去。锯口略倾斜、平滑。当锯口下方抽生大量直生枝时，应适当选留 3~4 条生长健壮的、有一定间隔的直生枝作为新干，其余的除掉。

②分次更换　即每年更换 1~2 条主干，培养 1~2 条新干，在更换主干前就要培养 1~2 条直生枝，到截干时从直生枝萌出的上方锯干，其缺点是新干生长受老干影响，阳光不足而徒长，遇大风雨容易弯倒。

(3) 老树复壮

老树复壮采用一次截干，截干后一年即可有少量收获。在采果后进行截干，于老干离地 30cm 处，从上而下按 30°~45° 角锯干，锯口要平滑。截干后，要结合深翻土壤，修剪一部分根系，加强施肥，促进生长。及时除去多余的芽。

3.3 土肥水管理

3.3.1 除草

幼龄咖啡园，杂草容易滋生，特别在雨季，应每月除草 1 次。如劳动力充足，要先除净圈草。成龄咖啡园，可以 2~3 个月除草 1 次。如使用除草剂要注意不能喷到咖啡枝叶上，在幼龄咖啡园使用更需要慎重。

3.3.2 深翻、改土

可以改良土壤理化性状，特别是比较瘦瘠的土壤，深翻施肥更为重要。在一般的土壤条件下，深翻改土后，侧根生长量比不深翻的多 3~4 倍，地上部分生长量也深翻，深度 40~50cm，长度 60~80cm，宽度 40~50cm，每年进行一次。最好在深翻穴的底层压入绿肥10~15kg，分两层压下，在绿肥上施过磷酸钙200g。在穴的上层再施堆肥或猪、牛栏肥10~15kg，最后盖土。

3.3.3 灌溉

我国咖啡植区，均有明显的雨季和旱季之分。在干旱季节，特别是在花期遇旱时进行灌溉，可以保证咖啡植株的正常生长和开花，提高稔实率，从而达到丰产。

3.3.4 施肥

施肥是栽培咖啡获得丰产的关健措施之一。

(1) 幼树时期

在定植后1~2a内，结合整形进行施肥。幼龄咖啡树施肥以氮肥为主，同时适当施用磷钾肥，以加速树冠的形成和促进根系的发育。人畜粪尿和绿叶沤肥对幼龄咖啡树的生长也有很好的效果。

咖啡苗定植后两个月可以进行第一次施肥，以后每隔1~2个月施肥1次。如施人畜粪尿，应沤制腐熟并以1:3的比例加水稀释后使用，每株施5kg，水肥最好在旱季施用，硫酸铵可加在沤肥中一起施，每担沤肥可混入硫酸铵150~250g。化肥(氮、钾肥)也可在雨后于树冠范围外15cm处挖浅沟施，每株施15~25 g，幼龄咖啡的施肥应掌握勤施、薄施的原则。

(2) 结果期

在管理较好的情况下，咖啡定植后第三年便开始结果。据分析，咖啡果实的发育，除了氮素外还需要较多的钾元素，因此成龄咖啡结果树的施肥应以氮钾肥为主，并适当配合施磷肥及其他元素。在果实发育期间施用钾肥的效果非常显著。据测定，小粒种咖啡于7~8月份施用钾肥的效果最好；中粒种咖啡果实的干物质增长有3个高峰期，即7~9月、10~12月及翌年1~2月，因此，钾肥可以分3次施用。

结果树一般每年施肥5次，分别在2~3月(开花期)、4~5月(幼果期)、7~9月(果实开始充实期)、10~11月和12月~翌年1月各施肥1次。年施入有机肥或堆肥15~20kg，尿素250~500g、过磷酸钙150~500g、过磷酸钙150~250g、氯化钾150~200g。

3.4 病虫害防治

3.4.1 病害防治

(1) 咖啡锈病

①危害 为咖啡的主要病害，危害性最大，被害植株，轻者减产，重者死亡。此病主要为害小粒种咖啡和大粒种咖啡，而中粒种咖啡对锈病有较强的抵抗力。咖啡诱病主要为害叶片，有时也侵害幼果和嫩枝。叶片感病后，最初出现许多浅黄色小斑，并呈水渍状扩大，叶背面随即有橙黄色粉状孢子堆，病斑周围有浅绿晕圈，后期病斑逐渐扩大或连在一起，成为不规则的病斑，病斑最后干枯，呈深褐色，整个感病叶片脱落。海南岛咖啡锈病发生在每年10月至翌年4~5月。

②防治 选育抗锈病的品种种植，如小粒种咖啡中的卡狄莫在引种时要严格作好检疫工作，防止病菌传播。加强抚育管理，提高植株抗病力。清除病原。对苗圃的幼苗要经常进行检查，清除病叶；对咖啡园里的植株要结合修剪，除去弱枝病叶，特别是在旱季结束之前要全面检查，一旦发现病叶应立即组织人力全部摘除，并结合化学防治。化学防治。

采用1%~5%的波尔多液喷射，第一次应在雨季之前，根据各地具体情况和病情严重和程度而定，一般每隔2~3周喷施1次，粉锈宁对咖啡锈病有预防作用，发病初期有治疗作用。每亩用25%可湿性粉剂35~65g或5%可湿性粉剂150~300g，兑水30kg喷雾。

（2）咖啡炭疽病

①危害　几乎所有咖啡栽培的地区都有发生。它主要为害咖啡叶片，叶片初侵染后，上下表面均有淡褐色的病斑，直径约3cm。这些病斑中心呈灰白色，后期完全变成灰色，并有同心圆排列的黑色小点。侵染也常从叶边缘开始。病害可蔓延到枝条和果实，引起枝条干枯；果实感病后有变黑色的下陷病斑，果肉变硬并紧贴在豆粒上。

②防治　加强抚育管理（包括合理施肥和正确修剪），创造适合咖啡生长的小气候环境，使咖啡树生长健壮，提高抗病力。化学防治。1∶3∶100波尔多液防效较好。国外介绍采用1%敌菌丹在开花后2周开始喷第1次，以后第隔3周喷1次，共喷8次，可收到良好的防治效果。

（3）咖啡叶斑病（又称褐斑病）

①危害　各种品种的咖啡都可感染此病。它在阴湿天气流行最烈。主要为害叶片，受害叶片呈现不规则的大病斑，病斑为深褐色或黑色，无轮纹，严重时凋落。幼苗及幼树特别容易感染，往往引起枯萎。

②防治　一旦发现病症，应立即清理园地，将病叶收集烧毁，并随即喷施0.5%的波尔多液，保护植株。

（4）咖啡褐根病

①危害　此病为害咖啡的根部，影响地上部生长，叶片由有光泽的油绿色逐渐变成黄绿暗淡。发病严重时，植株生势显著衰退，叶片逐渐凋萎，下垂变褐色，最后全株死亡。在我国，以海南岛发生此病较多。

②防治　选择健壮无病的幼苗种植，剔除病株。轻病株可剪除病根，伤口涂上浓缩酸铜混合剂或涂上柏油，后培土使其恢复生长。避免用易受褐根病侵染的树种，如油桐或台湾相思树作荫蔽树。

（5）避免线疫病

①危害　此病多发生于雨季，中粒种咖啡较易感染。感病时叶背面覆盖着一层灰白色的蜘蛛网状的菌索，后期这些菌索变成黑色，干旱时梢脆而有点闪光，潮湿时变软且易剥离。菌索可蔓延至枝条。叶片被害后变黄，最后变黑色而脱落。有的落叶被菌索悬挂在枝条上。

②防治　对感病植株要及时进行修剪，并将修剪下的枝叶收集烧毁。在冬季前可喷射1%波尔多液，每隔14d喷1次，一般喷施3~4次即可。

3.4.2　虫害防治

（1）咖啡虎天牛

①危害　为咖啡的重大害虫之一。咖啡虎天牛以幼虫为害2a以上的咖啡树干，开始时在形成层与木质部之间蛀食，进而蛀食木质部。被害处呈一条弯曲的隧道，道中填满木屑，对咖啡的影响很大，轻者使植株萎黄、枯枝、落果，严重者整株死亡。受害部位因失去机械支持作用常在风雨中被折断。有时还蛀食咖啡根部，使植株失去再生能力。为害初期外表无明显的蛀入孔，仅在被害处表皮稍隆起。

②防治　创造适于咖啡生长的生态环境，加强管理，合理修剪，能够起到一定的防治作用。有适当的荫蔽环境比全光的环境较少发生咖啡虎天牛的为害，生长健壮的咖啡树具有一定的抗虫能力。人工捕杀成虫及幼虫，并及时将被害枝干砍除焚毁。在2~6月成虫出孔前，凡是茎粗达1.5cm以上的，可用 林丹加黄泥、牛粪和水混合成浆，涂于已木栓化的主干上，效果很好。

(2)咖啡黑枝小蠹虫

①危害　我国的中粒种咖啡遭此虫的为害较严重。多为害一年生的分枝及嫩干，为害后几周内引起枯枝落叶。5~6月是为害高峰期，据调查，在高峰期为害率可达60%。从受害枝条外表看被害状为一小孔，孔内有坑道，在同一枝条上有时可出现十多个蛀孔，虫道内卵、幼虫、成虫可同时并存，世代重叠。

②防治　结合修剪清除虫害枝条。1~3月份，当成虫处于越冬期时，进行全园性清除枯枝，把所有的虫害枯枝，尤其是部位的枯枝彻底清除，集中烧毁。当天剪除，当天烧毁，经试验，此法的防治可达85%。在5月上旬，用1:500倍杀螟松或1:400倍马拉磷进行一次全园性喷射，对抑制虫口有一定作用。经常清理园外防风林杂生灌木，砍除干净。

(3)咖啡豹纹木蠹蛾

①危害　分布很广，是常见的咖啡害虫之一，还为害多种经济作物。它能把4~5cm粗的主干环蛀断掉。以幼虫在枝干内越冬，幼虫在枝干内常是向上蛀食，形成30~60cm的隧道。

②防治　结合咖啡树整型修剪，把受害的枝条剪除，集中烧毁。用铁丝捅入虫道把幼虫刺死。从虫道孔注入1:10倍敌敌畏水剂，然后用沾药的棉花塞入洞内，再用泥浆封住洞口，这样可以毒杀为害咖啡主干的幼虫。

(4)介壳虫类

①危害　无论成年树或幼苗均可为害，枝、叶、干、果都是为害对象。叶片受害后发黄、畸形皱缩，并经常诱导煤烟病大量发生，对咖啡的光合作用及植株生势影响很大。

②防治　用乐果或马拉硫磷1:(400~500)倍水剂喷杀，每隔1周喷1次，连续3次，效果很好。也可用石硫合剂或松脂合剂喷杀。在自然环境中，绿蚧壳虫的许多天敌，其中以白僵菌和蚧黑菌最好，在雨季，白僵菌的寄主率达90%以上。

4. 采收加工

(1)采收

适时采收是保证咖啡丰产和提高产品质量的重要环节。采收的标准因品种的不同而异：小粒种咖啡的收获期比较集中，果实转红色时就可采收，应做到随熟采，如果等到完全变红后，果实容易脱落。中、大粒种咖啡的收获期较长，可等到较多的果实呈红色或紫色时才成批采收，这样可节约劳动力。

(2)加工

①干法加工　将采收的鲜果放在晒场上晒干，约15~20d。或用电烘箱烘干，然后用脱壳机、电磨脱去果皮和种皮，再筛去果、种皮及杂质，即成为商品咖啡豆。此法比较简单方便，但咖啡豆品质较差。

②湿法加工 为比较先进的加工方法，加工后豆粒质量好，加工程序如下。

a. 洗果：洗去黏在果实外的泥土或杂物。

b. 脱皮：用脱皮机或人工进行脱皮。使用人力带动的脱皮机，每小时可处理35～40kg鲜果；用小型电动脱皮机工效高，每小时处理鲜果250～400kg；大型的电动脱皮机，每小时处理鲜果3～4t。

c. 分皮：设备好的脱皮机均有分皮设备，即利用动力把豆粒与果皮分开。如果用人工分皮，每个工只能分26kg，工效很低。

d. 脱胶：把脱去果皮的豆粒在发酵池或水缸内浸水，进行发酵时间的长短，可随咖啡种类和气温的不同而异。小粒种咖啡需24～36h，中粒种咖啡需36～38h；气温高，发酵时间可短些。每隔12h换水1次。发酵时间的长短直接影响咖啡豆的品质，时间过短，脱胶不完全，不易晒干，豆粒的颜色不好；时间过长，会使豆粒带有酸味。脱胶后应立即把豆粒洗净，一般在大型洗果池内进行。洗净后，豆粒可晒干或烘干。大型加工厂一般用干燥机或干燥室进行干燥，干燥时间24～36h，干燥室的温度在最初的3～6h为90～100℃，以后的3～6h应保持80℃，最后维持60℃至完全干燥，若是晒干，需5～7d才行。干燥后进行脱壳处理，便成商品豆。

e. 加工注意事项：成熟果实与未成熟果实不可混在一起，在脱皮前最好先分级，否则豆粒大小不一，影响品质，降低商品价值。脱皮时不可弄破种壳，否则发酵时种仁会变黑，以致降低商品的质量。

任务31　山葡萄栽培

山葡萄是一种营养价值很高的野生浆果果树，也是经济价值较高的经济果树。其果汁丰富、酸甜适度、色泽红艳，是生产山葡萄酒的原料，也是生产天然染色剂和天然食用色素的重要原料。医疗保健方面，山葡萄具补肾、壮阳、滋神益血、降压、开胃功效，常饮可预防和治疗神经衰弱、胃痛、腹胀、软化血管等心血管疾病。

天然野生山葡萄资源由于长期掠夺式采摘，蕴藏量逐渐下降，遗传多样性日趋狭窄，生态环境遭到破坏。

1. 良种选育

1.1　分布

在我国，主要分布于吉林长白山，黑龙江完达山、小兴安岭，辽宁北部山区和半山区，内蒙古大青山等地。

山葡萄喜光，在充足光照条件下，植株生长健壮，花芽分化好，开花、坐果和果实生长正常，产量高、品质好；对土壤适应性较强，除极黏重土壤、沼泽地、重盐碱地不宜栽植外，其他各类土壤均可栽培，但以土层深厚、疏松肥沃、湿润，排水良好富含有机质的砂壤土或壤土生长发育好；耐旱，在较干旱土地上能正常生长，但在土壤水分充足条件下萌芽整齐、生长迅速，水分过多过少都会影响植株生长发育，空气长期干燥或过湿会导致减产、品质下降、病虫滋生、早期落叶甚至植株枯死；耐寒，野生可耐-40℃低温，栽培品种不同，耐寒能力有所差异。

1.2 种类

山葡萄主要有以下9个品种。

(1) 双优

吉林农业大学1981年从引种的"双庆"品种中选出的优良单株经无性繁育而成，1988年通过吉林审定。平均果穗重132.6g，平均果粒重1.19g，可溶性固形物含量15.8%，出汁率64.69%。两性花品种，生长势强，萌芽率高，丰产，抗霜霉病能力中等。

(2) 双丰

中国农业科学院特产研究所1975年通过杂交选育，1995年通过吉林审定。平均果穗重117.9g，平均果粒重0.81g，可溶性固形物含量14.25%，出汁率57%。两性花品种，生长势强，丰产。

(3) 左山一

中国农业科学院特产研究所1973年从野生山葡萄中选育，1984年通过吉林审定。平均果穗重78.7g，平均果粒重0.86g，可溶性固形物含量11.9%，出汁率50%。雌花品种，生长势强，萌芽率高，丰产，抗霜霉病能力强。

(4) 左山二

中国农业科学院特产研究所1974年从野生山葡萄中选育，1989年通过吉林审定。平均果穗重109.3g，平均果粒重0.97g，浆果可溶性固形物含量16%，出汁率62%。雌花品种，树势中等，抗寒，丰产，9月初浆果成熟。

(5) 左优红

我国选育的第一个酿造全汁葡萄酒的抗寒品种。平均果穗重144.8g，平均果粒重1.36g，果蓝黑色，果粉厚，皮肉易分离，可溶性固形物含量18.5%，出汁率66.4%。两性花品种，生长势强，萌芽率高，抗霜霉病能力强，丰产，沈阳以南和吉林集安岭南可安全越冬。

(6) 左红一

中国农业科学院特产研究所1984年选育，1998年通过吉林审定。平均果穗重156.7g，平均果粒重1.01g，可溶性固形物16.9%，出汁率61.9%。两性花品种，生长势中等，萌芽率高，丰产性强，抗寒性强，吉林栽培可安全越冬。

(7) 北冰红

中国农业科学院特产研究所选育，2008年通过吉林省审定。成熟时穗重159.7g，果粒重1.3g，5～6年生树平均株产5.45kg，亩产1 455.2kg；可溶性固形物含量平均18.9%，出汁率67.1%；12月4日采收树上冰冻果实，平均果穗重91.5g，平均果粒重0.95g，亩产600～787kg，比果实成熟期降低50.9%。抗病性强，但有轻微霜霉病，抗寒性强，近似"贝达"。

(8) 雪兰红

2001年以左优红作母本、北冰红作父本杂交育成，2012年3月通过吉林省审定。平均单穗重145.2g，平均果粒重1.39g，果皮蓝黑色，果肉绿色，果粉厚；可溶性固形物含量19.5%，出汁率60%；两性花，果实9月中下旬成熟，抗寒性强。

(9) 牡山1号

1995年从山葡萄自然实生苗中选出。平均穗重195.0g，最大穗重650.0g；平均粒重1.13g，果粒黑色，果肉绿色，果肉与果皮易分离；可溶性固形物含量16.00%，出汁率60.00%；黑龙江牡丹江9月上旬成熟；抗葡萄霜霉病、葡萄白腐病、葡萄黑痘病等病害；抗寒性极强，黑龙江中部、南部栽培可安全越冬。

2. 苗木繁育

山葡萄育苗可采用扦插育苗、播种育苗、压条育苗，生产上以扦插育苗为主。

2.1 扦插育苗

扦插育苗是当前山葡萄育苗的主要方法，分硬枝扦插和嫩枝扦插。

2.1.1 硬枝扦插

(1) 插条采集

结合冬季修剪采集木质化程度高、随心小、冬芽饱满的一年生枝蔓作为插条，剪截成80cm长，50~100根一捆，湿沙埋藏于贮藏窖内，防止风干、霉烂和提前发芽。也有报道称采集二年生枝条扦插成活率较一年生枝条更高。

采集野生植株的枝条，要提前对结果母株进行挑选，从生长势、开花习性、产量、成熟期、抗病性、籽粒大小等方面选择优良的母株，并注意区别雌、雄株，以免混杂。注意插条采集时间为落叶后至伤流期前。

(2) 棚室准备

扦插需要准备冷棚和暖棚，冷棚用于插穗催根，暖棚用于催根后苗木的移植，培育成品苗，棚的大小、数量根据育苗的数量而定。冷棚内准备好催根所需的细河沙、电热毯或电热丝、温度计、控温仪等，暖棚准备好营养土、据营养杯大小建成的畦等。

(3) 插条剪制

扦插前，按15~20cm的长度剪制插穗，一般2~3节，上剪口在上芽以上1~1.5cm处平剪，下剪口在下芽下0.5cm处剪成斜口，50~100根一捆，生理上下端不能搞错，下端墩齐，以备药剂处理。注意雌、雄株比例为15:1。

(4) 药剂处理

扦插前1~2d，将插穗下端4~5cm长浸入150mg/kg萘乙酸溶液浸泡24h，再用清水冲洗表面药液。

(5) 扦插

插穗处理好后，放入冷棚内进行扦插催根，待长出白色幼嫩根系后及时移植至暖棚进行培养。具体做法如下。

在冷棚内挖掘深25~30cm深，宽1.2m的畦，首先在畦底铺一层5cm经过消毒处理的湿锯末，畦四周用泡沫板围起，以保持温度。然后在锯末上铺一层2~3cm厚干净河沙，铺上电热毯或电热丝，再铺一层5cm厚干净细河沙，将处理好插穗生理上端向上摆放整齐，保持株间距1~2cm即可，插条间用干净细河沙填充，保持河沙手握成团但不滴水,含水量在8%~10%,上面再铺一层湿锯末保湿,要求露出上芽以下2~3cm为宜。

扦插好后,要在畦内各处均匀插入温度计,以观察升温是否均匀,温度计插入深度以感温部分与插穗下端在一个平面为宜。

插好后,通电升温,控制插穗基部位置温度保持在28~30℃,低时及时升温,高时断电降温或浇28~30℃水进行降温。同时注意保持沙子湿度不能过大,以防插穗脱皮霉烂。约经过30d,插穗基部愈伤组织形成并长出白色幼嫩根系,根系长至1cm左右时即可移植至暖棚培育。

(6)移植后管理

在冷棚内完成催根,长出根系后,移植至暖棚内准备好的营养杯中,保持暖棚的温度32~35℃左右,苗长到20cm左右,可以适当淋一些氮肥,促苗壮长,7月份以后不施氮肥,而增施磷钾肥,促进枝条木质化。苗木成活后,只留一个新梢,其余侧芽和副梢全部抹去,当生长到30~40cm时,进行摘心,促进新梢老熟并木质化,对于病虫害要以预防为主,前期注意地下害虫,尤其是雨季用波尔多液等预防各种病害的发生。

2.1.2 嫩枝扦插

据黑龙江省农垦科学院苏兴祥等研究,山葡萄嫩枝扦插方法简单,成苗率高,且成本较低,是一种非常不错的山葡萄育苗方法。具体做法介绍如下。

(1)插条采集与剪制

6月中下旬,从优良品种普通栽培山葡萄园地一二年生未结果幼树上剪取当年生嫩枝用于扦插。剪取插条时注意雌雄株分别,以免混杂,且雌雄比例为15:1;如果是完全花品系则无需考虑雌雄比例。剪取后随即放置于清水中保持枝条不萎蔫失水。并将其于扦插前剪制成15~20cm长插穗,一般1~2节为一插穗,嫩梢先端前三节过于幼嫩部分不要,前三节以下部分均可用于扦插。剪制时,保留最上一节的叶片并将其剪去1/2,下部叶片剪除至基部或保留很短叶柄,不能直接用手劈,以免带皮,上剪口在顶芽以上保留1~1.5cm平剪,下剪口在最下芽以下0.5cm处剪成斜口。

(2)插穗处理

插穗剪好后马上放置清水中浸泡8h,期间换水2~3次,然后直接用于扦插或用1 000mg/L浓度萘乙酸浸蘸5s后用于扦插。

(3)插床准备

用中等粗细河沙或炉灰作为扦插基质,做成高出地面15~20cm的高床,床宽1.2m,床长10m或据育苗数量而定。做好床后,在床上架设高出床面50cm的小拱棚架,并在其上架设高于拱架顶30cm的遮阴架。

(4)扦插

扦插前,扦插基质浇匀浇透清水,并轻轻拍实。按株行距5cm×7cm进行扦插,插条上芽露出沙面。插后立即浇水,并扣严棚膜,用草袋片遮阴。

(5)插后管理

每天中午前后揭膜浇水2~3次,以浇湿叶片为标准,同时起降温保湿作用,浇水后立即扣严棚膜。保持棚内相对湿度90%以上,气温35℃以下,扦插基质温度夜间11℃以上,白天30℃以下。经10~12d大部分插条即可开始生根,逐渐撤除棚膜和草袋片,每天仍浇水2~3次,这样锻炼5~6d后即可移植至苗圃,加强管理,当年即可成苗,但移植时间不能晚于7月上中旬，否则，苗木生长期短、木质化程度差，达不到成苗标准。

2.2 播种育苗

在11月中下旬，将山葡萄种子进行消毒处理后与干净河沙按种沙比1:5混匀后置于1~5℃温度条件下窖藏。翌春4月中下旬，将经过处理的种子按行距25~30cm进行条播，播种量2.5kg/亩，播后覆土2cm左右，然后覆草帘或松针保湿，出苗后加强管理。也可穴播，每穴2~4粒种子，株距7~10cm，行距20~25cm。

2.3 压条育苗

是适于山葡萄园补株的育苗方法，是在当年秋季修剪时特意选留要压条的枝条，在缺苗位置挖穴，把剪留枝条顺行压在穴内，然后用土压实，注意不能把枝条弄断，等到第二年秋季埋土部位生根后再将其剪离母株，使其成为独立植株的繁苗方法。

3. 栽培管理

3.1 栽植管理

3.1.1 园址选择

山葡萄建园应选择阳光充足、全年无霜期120d以上，≥10℃年积温达到2 400℃以上，生长期没有严重晚霜和冰雹危害，土层深厚、保水力强、排水良好、疏松透气、富含有机质，地下水位在1m以上，酸碱性显示为弱酸性至弱碱性范围内的土壤，附近有足够优质水源，交通便利的山地、缓坡山地或平地。不宜选择地下水位过浅，土壤过黏、积水，涝洼地，冷空气容易汇集的谷地、风口等地块。

3.1.2 园地清理与整地

根据规划技术进行园地清理与整地。首先将园地内影响建园的杂灌木、杂草、枯立木、伐桩、影响栽植的石块等彻底清理出园地。然后根据规划好的整地方式进行土地平整、深翻熟化土壤、施肥、标定定植点、挖掘定植沟穴与土壤回填等工作。

山葡萄根系分布深度会随疏松土层深浅变化，土层疏松深厚，根系分布深，一般结果期山葡萄根系分布于土表以下15~60cm范围，集中于45cm深土层。因此建园最好在栽植前一年的秋季进行全园深翻，如果为山地，全园深翻不便，也应进行带状或块状整地，并挖掘大规格栽植沟或定植穴，以便于土壤熟化，增强通气透水性。

施肥则需要结合整地深翻施入有机肥5 000kg/亩。如果是带状整地或块状整地，则需在回填土壤时将有机肥拌入表土内随回填土施入。

标定定植点在土地所有准备工作完成后，挖掘栽植沟或定植穴前进行。根据全园规划要求及小区设置方式，决定行向和栽植方式后，用经纬仪按株行距测出栽植位置，并用石灰粉进行标定。

山葡萄定植沟穴的挖掘应在前一年秋季完成，以便于充分利用时间及使得挖掘回填后的土壤有充分时间沉实，保证栽植质量。挖掘定植沟穴时，在标定定植沟穴位置按照规划规格进行挖掘定植沟穴，而定植沟穴规格是依据园地土壤实际情况来规划，土层深厚肥沃，可规划小些，土层薄、底土黏重、通气透水性差，可规划大些。一般定植沟规格为深40~80cm，宽60~100cm；定植穴规格为深50~80cm，宽60~100cm。挖掘时表土与底土分开堆放，上下宽度一致，保证质量。挖好后，经过一段时间的自然风化，在土壤上冻之前完成回填工作，以便于保证下年春季的栽培工作顺利进行。回填土壤时，先回填表土，同时要分层均匀施入农家肥，填至2/3时，要拌入完全腐熟的优质有机肥以满足植株苗期生长对营养的需求，回填过程中，要分2~3次踩实。

3.1.3 架式选择与树形

山葡萄耐寒力极强，东北地区枝蔓在架上可安全越冬，所以适合各种架式各种树形的整形修剪，但生产中大多采用单壁篱架，少部分采用小棚架。采用单壁篱架时一般采用大扇形树形，采用小棚架时一般采用双龙干树形。

（1）单壁篱架

一般按行距2.5~3m沿行向每隔4~6m埋设一根架柱，架柱入土深度60~80cm，地上2m，架柱规格为边柱12cm×12cm×280cm，中柱10cm×10cm×260cm或12cm×12cm×260cm钢筋混凝土倒制，架柱上每隔40~50cm拉一道10~12号镀锌铁丝，用紧线器拉紧，固定。

（2）小棚架

一般按行距3~3.5m沿行向每隔4~6m埋设第一排架柱，架柱高出地面地面70~120cm，然后以2m的相同间距埋设第二、第三排架柱，第二排架柱高出地面135~180cm，第三排架柱高出地面2m，再在架柱顶部顺枝蔓延伸方向架设横梁，横梁采用木杆、竹竿或8号镀锌铁丝，架面上顺行向每隔50cm拉一道10~12号镀锌铁丝，并用紧线器拉紧、加固每排架柱。

（3）大扇形树形结构

主蔓从地表发出，采用3~4条主蔓，各主蔓相距50cm，均匀分布于架面呈扇形，然后在各主蔓上均匀配备侧蔓与结果枝或结果枝组。

（4）双龙干树形结构

每株山葡萄留2个主蔓，主蔓间距50cm。主蔓直接从地表分出，称无主干形；从地面发出主干后再分出两条主蔓，称有主干形。然后直接在主蔓上均匀配备结果枝组。

3.1.4 栽植

山葡萄栽植季节一般为春季，当50cm以上土壤化冻后即可栽培，一般时间在4月中下旬至5月上旬。不宜过早也不宜过晚，过早，土壤没有完全解冻作业困难；过晚，缩短生长期，影响生长量。

栽植前，将经过冬季贮藏或从外地调运的苗木在清水中浸泡12~24h，补充水分。然后按标定好的栽植点挖掘30cm深、直径40cm的栽植穴。篱架栽培，穴中心在架线正投影下方，棚架栽培，穴中心在架面另一侧距架线正投影20cm位置处。

栽植时，在每个栽植穴挖掘出的土壤中拌入优质腐熟农家肥2.5kg，拌匀，回填至穴一半时，踩实，使穴中央呈馒头状，把苗木放入穴内，使根系舒展，剩余土壤埋到根上，轻轻抖动植株，使根系与土壤密接，填平踩实后浇水，待水渗下后再覆盖一层松土，防止土壤板结与水分蒸发，促进苗木成活。

栽植时需要注意按照规划配置方式配置好授粉树。栽植雌能花品种，按1:2或1:3比例配置两性花品种作为授粉树,栽植两性花品种则无需配置授粉树。

3.2 栽后管理

定植当年,当新梢长至15cm时,插架条作为支柱,引缚新梢向架上生长,发出副梢后,留1~2片叶摘心。新梢长至1m长时摘心,促进充分木质化。

定植当年全园清耕或种植适宜的间作物,但间作物不能影响山葡萄的生长发育,以矮干作物为宜。全年中耕除草5次,保持带间土壤疏松无杂草。进行2次追肥,第一次在苗木成活后于5月下旬追施氮肥和钾肥,每株施硝酸铵0.05kg、氯化钾0.015kg,离苗30cm沟施或穴施;第二次在7月中旬,追施磷肥与钾肥,株施过磷酸钙0.2kg,氯化钾0.015kg。生长期遇干旱灌水,雨季注意排水。

3.3 土肥水管理

3.3.1 土壤管理

成龄园后,由于行距小,通风透光条件差,易感染葡萄霜霉病等病害,因此,一般不进行间作,主要采用清耕,以便通风透光,全年结合除草工作进行3~4次中耕松土,保持土壤疏松透气。

3.3.2 施肥管理

每年于山葡萄采收后及时结合扩穴深翻土壤,施入腐熟农家肥3 500kg/亩,方法为条沟施肥。

生长期分别在开花前、开花后、果实膨大期追肥三次,前期以氮肥和磷肥为主,花前株施硝酸铵0.5kg、过磷酸钙0.25kg;花后株施硫酸钾0.2kg;后期以磷肥和钾肥为主,株施过磷酸钙0.1kg、硫酸钾0.2kg。另外在花期叶面喷施1次0.3%硼酸,以促进坐果。

3.3.3 水分管理

山葡萄怕涝,雨季要注意排水。春季干旱时结合施肥进行灌溉,土壤上冻前进行灌溉封冻水。其他季节,根据气候状况,如遇干旱,及时灌溉。

3.4 整形与修剪

3.4.1 整形

山葡萄在幼龄期的修剪目的主要是完成整形,为进入结果后打下基础。

(1)大扇形整形

栽植后第一年植株选留4~5个饱满芽进行定干,发出新梢后选留3~4个作为主蔓进行培养,如果发出新梢不够,可在新梢长至5~6片叶时摘心,促进副梢萌发,代替培养主蔓。第一年冬季对选留的主蔓剪留充分木质化部分50~60cm,第二年春季新梢萌发后,选留先端芽萌发的枝条作为主蔓延长枝继续培养主蔓,其他枝条离地30cm范围内进行适当摘心,冬季时剪除,其他培养为侧枝或结果母枝,引缚使其在架面上均匀分布。第二年冬季对主蔓剪留充分木质化部分50~60cm,培养为侧枝的剪留充分木质化部分30~40cm,结果母枝则剪留充分木质化部分饱满芽2~3个。第三年春季、冬季剪留与第二年相同,这样经过3~4年培养,即可培育形成大扇形树形。

(2) 双龙干树形整形

第一年定植后剪留3~4个饱满芽定干，萌发后选留2个壮梢作为主蔓培养，如果只有一个新梢，在新梢长出5~6片叶后进行摘心，促使副梢萌发，萌发后选留2个作为主蔓进行培养，冬季时对发育粗壮的主蔓剪留充分木质化部分80cm，细弱主蔓适当短留，木质化程度不高则剪留2~4个饱满芽，重新进行培养。第二年春季选留主蔓顶端芽萌发的新梢作为主蔓延长枝培养，其他部位芽萌发形成的新梢，离地30cm以下进行适当摘心，促进树体发育，冬剪时剪除，30cm以上作为结果母枝培养，使其在主蔓上分布合理，过密则抹除。冬季主蔓延长枝仍剪留充分木质化部分80cm，其他作为结果母枝的枝蔓剪留充分木质化部分饱满芽2~3个。第三年春季、冬季整形方法与第二年相同，这样经过4~5年培养，即可成形。

3.4.2 修剪

进入成龄后，修剪目的主要是促进结果与维持结果，保持良好树形结构。包括冬季修剪与夏季修剪。

(1) 夏季修剪

包括抹芽、摘心、抹梢定梢、副梢处理、去卷须、枝蔓引缚等。

①抹芽 一般在5月上旬萌芽后进行。幼龄期树每个节位只保留主芽形成的新梢，副芽形成的新梢一律抹除。主蔓距地面30cm内的萌芽全部抹除，但要从第三年开始，第二年这些位置萌发的新梢不能抹除，可进行适当摘心，以促进树体发育，冬季时剪除。成龄后抹除除主芽外所有萌发的副芽、主侧蔓上萌发的隐芽、主蔓上30cm以下所有萌发的芽，结果母枝基部萌发的芽，植株基部萌发的萌蘖芽等。

②摘心 幼龄期留作主蔓延长枝的新梢8月后摘心，其余的新梢长至8~10节时摘心。成龄期树开花前7d左右，在结果枝最先端果穗前留3~5片叶摘心，留叶多少据结果枝上花序数目而定，以摘心后使叶片与果穗的比例为3:1为宜。营养枝留8片叶摘心，目的是促进新梢停止生长积累养分供给开花结果。

③抹梢定梢 将着生位置不好、生长细弱、多余的营养枝等及时抹除，使新梢负载量达到适宜，调节生长与结果平衡，一般负载量以每平米保留20~25个新梢为适宜。

④副梢处理 新梢在摘心后萌发的副梢，保留最先端的留2~3片叶摘心，其余副梢从基部抹除，反复进行，直至不再萌发副梢。

⑤去卷须 山葡萄卷须的存在会扰乱树形和浪费树体营养，因此，发现有卷须需及时除去。

⑥枝蔓引缚 山葡萄为藤本植物，依靠卷须攀援其他物体向上生长，人工栽培为了保持一定的树形，使能够通风透光需要将扰乱树形的卷须去除，因此，必须进行枝蔓引缚，以达到按照我们人为制定的树形使其生长的目的，山葡萄冬季能够自然越冬，无需下架，所以引缚用材料要坚韧耐用。

(2) 冬季修剪

在休眠期进行的修剪，一般在秋季植株落叶2~3周后至第二年伤流期之前，一般不能晚于3月中旬。

山葡萄萌芽率、结果率均较高，夏季生长势强，适于超短梢和短梢修剪，主蔓、侧蔓修剪一般采用超长梢修剪和中、长梢修剪。

需要注意的是山葡萄组织疏松,容易抽干,所以修剪时剪口必须在预留芽上2.5~3cm处。选留结果母枝时,应选留长势中庸、芽饱满肥大、枝条发育充实成熟的枝蔓。徒长枝应及时疏除,基部芽和隐芽萌发的枝蔓在留芽不足情况下,可以用来补充调节植株下部内膛空虚现象。

3.5 病虫害防治

3.5.1 病害防治

(1)霜霉病

①危害 主要危害叶片,也能浸染幼嫩花序、果柄、幼果、新梢、叶柄、卷须等。叶片受害,初期产生半透明、边缘不清的油浸状病斑,后渐扩展为黄色、黄褐色界限不明显大斑,潮湿时,叶背产生纤细、浓密灰白色霉状物。

②防治 彻底清理果园,将病残体、枯枝、修剪下来的枝条等清理出园区烧毁或深埋,减少越冬病源;加强栽培管理,保持通风透光,园地无杂草、积水,适当增施磷钾肥,提高植株抗病能力;发病前喷布180~200倍等量式波尔多液,7~10d喷1次,连续3~4次,发病时喷布霜霉威或40%乙磷铝200~300倍液,或40%瑞毒霉800~1000倍液,或用瑞毒霉液灌根,能达到长期预防效果,或18%安克锰锌3000倍液,喷药时注意喷向叶背。

(2)褐斑病

①危害 危害叶片分大褐斑与小褐斑。大褐斑病初在叶面长出许多近圆形、多角形或不规则形褐色小斑点,后逐渐扩大,中部呈黑褐色,边缘褐色,病、健部分界明显,后期病斑背面产生深褐色霉状物,严重时叶干枯破裂,早期脱落。小褐斑在叶片上呈现深褐色小斑,中部颜色稍浅,后期病斑背面长出黑色霉状物,病斑大小比较一致。

②防治 秋季落叶后彻底清园,烧毁或深埋,减少越冬病源;加强栽培管理,提高抗性;发病初期喷布180~200倍半量式波尔多液或65%代森锌500~600倍液,每隔10~15d喷1次,连续2~3次;或用50%多菌灵可湿性粉剂800倍液,或5%菌毒清水剂1000倍液防治。

(3)灰霉病

①危害 主要危害叶片、花序、果实、新梢等。气温较低、相对湿度较高、通风不良易发病。病斑初时多呈椭圆形水渍状,稍软化,后变暗褐软腐,潮湿时,表面密生灰霉,果实近成熟时感染呈褐色凹陷后软腐。

②防治 冬季彻底清理园地,烧毁或深埋,减少病源;加强栽培管理,提高植株抗病性;花前喷布50%多菌灵500~800倍液,或50%甲基托布津500~800倍液预防,10~15d喷1次,连续2~3次;发病时喷布50%甲基托布津和65%代森锌混合液500~800倍液。

3.5.2 虫害防治

(1)绿盲蝽

①危害 以成虫和若虫通过刺吸式口器吮吸葡萄幼嫩器官的汁液,被害幼叶最初出现细小黑褐色坏死斑点,叶长大后形成无数孔洞,叶缘开裂,严重时叶片扭曲皱缩或呈畸形。

②防治　早春及时清除周边、园内杂草，集中深埋或烧毁，防止越冬卵的孵化；萌芽期，喷布40%氧化乐果1 500倍或2 000倍的灭扫利防治；或用20%氰戊菊酯1 500倍液加20%吡虫啉2 000倍液防治，效果较好。

(2) 葡萄二星叶蝉

①危害　主要以若虫、成虫聚集叶背吸食汁液，造成失绿斑点，严重时叶片苍白焦枯。

②防治　彻底清理园内落叶、杂草，减少越冬虫源；生长期加强管理，使园内通风透光，可减轻危害；5月下旬喷布40%氧化乐果1 200倍液，或40%久效磷2 000倍液进行防治孵化的第一代若虫。

4. 采收、包装和运输

(1) 采收

采收的适宜时期依据各品种成熟特性及各地气候条件而定，吉林地区一般在9月上中旬。采收不能过早也不能过晚，过早，产量低、含糖量低酿酒品质不佳；过晚，落粒、果皮皱缩，重量下降，降低产量，还会影响枝蔓成熟，影响下年丰产。适期特征为浆果出现固有紫黑色，果粒富有弹性，具山葡萄风味，含糖量达到12%～14%且不再增高。

采收方法为采收人员一手抓紧果穗梗，一手用采果剪在贴近果枝处将其剪下，轻轻放于采果篮内，不要擦去果粉，尽量使果穗完整，采收时，要轻拿轻放，一般采果筐最多装果20kg，装满后放置阴凉处使热量散失。

(2) 包装与运输

一般用纸箱或塑料箱，箱内放好铺垫物与内包装纸。使果穗、果粒填实挤紧，不可装过满，防止压坏葡萄粒，一般每箱装果不超过20kg。装好后不能长时存放，尽快运往加工地点，运输过程中也要轻拿轻放。

任务32　树莓栽培

树莓果实柔嫩多汁，风味独特，色泽诱人，是一种优良的小浆果。树莓果实为聚合浆果，肉嫩多汁，风味独特、色泽宜人。所含营养成分易被人体吸收，且有促进对其他营养物质吸收、改进新陈代谢、增强机体抗病能力的作用。因其特有的香气和独特的医疗保健作用，被誉为第三代水果。

欧洲、北美树莓栽培历史较早且栽培面积与产量较高，而我国作为农业大国，引进虽较早，但栽培一直未得到发展，近些年，随着栽培技术的不断提高及新品种的不断引进才有了较大发展。

1. 良种选育

1.1　分布

欧洲、北美是树莓栽培历史较早、面积和产量较高的地区。据联合国粮农组织统计，世界上有32个国家栽培树莓。大面积栽培主要集中在智利、波兰、南斯拉夫、美国和英国。

我国对树莓进行生产性栽培始于20世纪20~30年代。最早是由俄罗斯侨民引进，栽种于黑龙江尚志市，生产出的原料主要用于加工果酱、酿造果酒，产品绝大部分自产自用。20世纪80年代前，我国的树莓栽植区主要集中在黑龙江省滨绥铁路沿线。80年代初随着改革开放的不断深入，我国对树莓的利用有了新的认识。此时国际社会树莓的栽培开始向劳动力廉价地区转移。国际间的交流活动使许多树莓优良品种相继引进中国。东北、华北地区都有了一定规模的引种，甚至长江以南地区也进行了试种。

树莓喜凉爽忌炎热高温，不耐低温。树莓既耐阴又喜光，对光的强度适应范围较广。树莓喜水，不耐旱也不耐涝，对水分敏感。树莓对土壤要求不严，但适宜生长在土层深厚、土质疏松、保水保肥、富含有机质、排水良好的壤土或砂壤土，pH 6.5~7。

1.2 种类

树莓是蔷薇科悬钩子属多年生落叶小灌木果树，经济寿命可达10~20年。树莓多为无性繁殖的植株，没有垂直主根，为须根系。树莓枝上的芽为裸芽，互生。树莓的茎分地上与地下两部分，地下是树莓茎的主干。主干上的基生芽萌发出土形成基生枝。树莓的地上茎寿命只有两年，分一年生茎和二年生茎，一年生茎常称基生枝或初生茎，夏果型树莓一年生茎不结果，秋果型树莓一年生茎结果。树莓的叶互生，单数羽状或三出羽状复叶，顶端渐尖，基部心形，叶柄长6~9cm，叶片长7~13cm，宽8~15cm叶片颜色多深绿，泛紫红。花为两性花，完全花，雄蕊多数。树莓的果实是由多数小核果形成的聚合果，由一朵花发育而成。

全世界栽培的树莓品种有200多个，我国引进的约60个，产量、规模、面积都不大。我国目前还没有统一的树莓品种分类系统，现仅按其特征进行分类而不考虑与野生种的亲缘关系将我国的树莓品种大致分为两大类群。

1.2.1 树莓类群

聚合核果，花托与果实易分离，成熟后采下的果实空心，故也称空心莓类群。该类群是目前世界品种资源最丰富、栽培面积最大的类群。以其果实颜色又可分为4个类型：

①红树莓类型　果实红色，又称红莓。按其特性及结果成熟期可分夏果型红树莓和秋果型红树莓。

②黄树莓类型　果实黄色，又称黄莓。

③黑树莓类型　果实黑红色或黑紫色，又称黑红梅。

④紫树莓类型　果实紫红色，又称紫红莓。

1.2.2 黑莓类群

聚合核果，花托与果实不分离，果实成熟时颜色黑色、实心，花托变成肉质化，故又称实心莓类群。按其特性及形态分为3个类型：

①直立类型　茎直立。

②半直立类型　茎半直立，需支撑。

③匍匐类型　茎呈匍匐状。

1.2.3 优良品种

①丰满红(红树莓品种) 中国农业科学院特产研究所与吉林农业局从长白山野生种选育的极优良品种,通过吉林省品种审定,为农业部"科技入户工程"推荐品种。早果性强,定植当年50%结果,第二年进入盛果期,无大小年现象,平均单果重6.9g,最大16.3g,株产量1.765kg,亩产2 354kg,在当前诸多树莓品种中,单果重与产量均排名前列。

②红宝玉(红树莓品种) 吉林农业大学小浆果研究所在引入品种基础上选育出的新品种,其各项性状指标均远超原引入品种性状指标,已通过吉林省农作物品种审定委员会审定。颜色鲜艳、含糖量高、风味浓、香味厚、大小均匀,平均单果重2.9g,最大4g,亩产最高1 700kg,丰产稳产,产量高于目前大多数国外单季品种。

③98—6红树莓:1998年北京林业果树研究所从Tulmeen的实生苗中选出的优系。自花授粉结实率高达100%,北京地区7月上旬至8月上旬成熟,果成熟时红色,平均单果重10.01g,最大单果重14g,含糖量11.8%。

④早红(红树莓品种) 1986年由罗马尼亚引入,基生枝生长健壮,长2~2.5m,果实近圆锥形,红色,有光泽,平均单果重2.8g,抗病性强。品质优良,较丰产。早熟,6月下旬至7月下旬果实成熟。

⑤缤纷(Royalty)(紫树莓品种) 来自美国纽约。由卡波地(Cumberland)×纽奔(Newburgh)×夏印第安杂交而成。易受冻害,运输易变软。该品种是紫树莓中最优良的,茎高而强壮,具刺,从根冠部萌蘖,产量高,抗大红莓蚜虫,从而降低花叶病毒浸染的可能性,对冠瘤病敏感,果实成熟迟,大而软,平均单果重5.1g,为鲜食佳品。

⑥黑倩(Black Butte)(黑莓品种) 由美国农业部俄勒冈育种项目新命名的品种。果很大,风味佳,匍匐茎,有刺,适宜家庭果园和鲜食市场。平均果长5.1cm,直径2.54cm,是鲜食黑莓中果最大。脂肪和钠含量低,纤维、钾、V_A、V_C含量丰富。

⑦三冠王(Triple Crown)(黑莓品种) 来自美国,为半开张型无刺大果型黑莓品种,平均单果重8g,最大单果重16g。味酸甜,品质上等,丰产。7月中旬果实开始成熟,采收期5~7周。

⑧A4-17(黑莓品种) 由沈阳农业大学1983年引自美国黑莓品种Comanche的自然杂交种子实生繁殖后选育出的优良品系。基生枝生长强旺,较直立,易发二次枝,二次枝易成花结果。成熟浆果紫黑色,有光泽,圆柱形,平均单果重6.38g,最大14.6g,果肉紫红色,多汁,酸甜适口,含糖8.21%,含酸2.04%,含Vc27mg/100g。丰产,成熟期7月中下旬至8月下旬。

2. 苗木繁育

树莓繁殖在原产地美国和加拿大仍以自根营养繁殖为主,年产树莓苗700万株,营养繁殖苗占85%。某些易感病品种,为了获得无病毒苗木,会采用微体繁殖。我国引种栽植树莓时间尚短,尚未发现有严重易感病品种,因此多采用常规无性繁殖方法。有性繁殖因变异较大,只在培育新品种时采用。而无性繁殖品种性状变异小、繁殖技术也简单且结果早。树莓常采用的无性繁殖育苗方法主要有根蘖繁殖、埋根繁殖、压顶繁殖和扦插繁殖。

2.1 育苗地选择

苗圃地应选择交通方便、地势平坦、背风向阳，不易遭受风害与霜害的砂壤地，地下水位在1.5m以下，附近有优质水源可供灌溉，避免选择前茬作物为茄科或草莓的地块。

2.2 整地做床

冬前深翻35～40cm，冬季冻垡，翌春耙平。做宽1.2m、高15～20cm、长为10m整数倍的床面，均匀撒施有机肥2 000～2 500kg/亩，磷酸二氢铵20～25kg/亩，再翻耕一遍，混匀肥料，整平，灌透底水，待用。

2.3 根蘖繁殖

红树莓的根系上具有产生不定芽的习性，利用其这一特性可进行根蘖繁殖幼苗。即每年的5～6月间，在红树莓株丛周围会发生大量根蘖苗，可在6月中旬将半木质化的根蘖苗挖出，与母株切断，直接定植或移栽于苗圃进行进一步培育壮苗，也可在秋季挖出栽植或第二年春季栽植。

2.4 埋根繁殖

也是利用红树莓的根系上具有产生不定芽的习性，在树莓休眠期，土壤冻结前或早春土壤解冻后萌芽前，从种植园或品种园刨取树莓的根系，注意刨出根系的及时包装贮藏，以免风干失水。秋季刨根，贮藏要求温度0～2℃，贮藏前根系要用65%万霉灵超微可湿性粉剂1 000～1 500倍液消毒，且需保湿。春季刨根，可随刨根随育苗，不需贮藏，但育苗地需提前准备好。

春季土壤化冻植株萌芽前，将准备好的苗床用平板锹起一层3～4cm厚土，堆放于苗床两侧备用，然后整平床面，将刨出的树莓根系不分粗细不剪断，按25～30cm行距排列成条状平放于床面，再把备用土均匀撒在床面上，全面盖住根系，覆土厚度3～4cm，要均匀、不露根。该法出苗整齐、生长均匀，当年可出圃合格苗木50%左右。

2.5 压顶繁殖

也叫压条繁殖。是利用黑树莓品种的初生茎生长到一定高度后，采用摘心促发分枝，分枝生长到秋季，其顶梢的加长生长近乎停止，节间逐渐缩短，加粗生长形成棒状枝梢，在重力作用下自然下坠扎入土中，土壤水热适宜时可很快生根，同时形成新梢这一特性进行繁育幼苗。具体方法是在北京地区的8月下旬至9月上旬期间，在黑树莓栽植行两侧开沟，把枝梢压在沟中覆土，保持土壤湿润，越冬时覆土15～20cm防寒，翌年春季将生根苗移栽至苗圃培育壮苗。

2.6 扦插繁殖

即可硬枝扦插也可绿枝扦插，生产中主要应用绿枝扦插，硬枝扦插应用不多。

6～7月，选择优良品种生长健壮、无病虫害的当年生半木质化枝条，剪成带3～4个芽的插条，一般长度18~20cm左右，上剪口在上芽以上1~1.5cm处剪成平口，下剪口在下芽下0.5cm位置处剪成斜口或平口，保留上部2~3片叶，其他叶片剪掉，留很短的叶柄，不要用手劈，以免带皮撕下。剪好后50~100根捆成一捆，生理上下端不要弄错，下端墩齐，蘸上用1 000~1 500mg/L吲哚丁酸水溶液加适量滑石粉调成的糊状物，插入用泥炭掺入1/10蛭石或珍珠岩配制成的扦插基质的育苗床或营养钵内，营养钵整齐排放于喷雾床上，进行全光自动喷雾条件下40d左右愈合生根，冬季将营养钵苗移至温室或地窖越冬，苗床培育的进行防寒越冬，春季移栽到苗圃培育，当年即可出圃栽植。

2.7 苗期管理

育苗中必须加强田间管理，保持田间土壤湿润，促进生根，及时清除田间杂草，保证无杂草竞争水养分，雨季注意及时排水，根据土壤肥力和苗木生长状况适时适量施肥。

3. 栽培管理

3.1 栽植

3.1.1 园地选择

首先树莓不耐贮藏，多为鲜食或加工冷冻，因此选址需交通方便，距离市场、加工厂或冷冻厂近。其次要注意选择阳光充足、气候温暖、湿度适宜、地势平缓、土层深厚、土质疏松、自然肥力高、地下水位1.5m以下，附近有优质水源，不宜选择风大、低洼易涝、盐碱地，也不宜选择一直种植番茄、土豆、茄子等茄科作物和草莓的地块。附近最好不能有野生树莓种类，以便保持种的纯度。

3.1.2 整地

整地时提高树莓高产、稳产、优质的保证。原产地一般在种植树莓前1~2年整地，全面深耕改土，消除杂草，种植豆科绿肥作物，提高土壤有机质水平、改善物理性状。

定植前一年冬季进行深翻35~40cm，进行冬季冻垡，消灭土壤中的有害病菌和害虫，翌春土壤化冻后耙平。

3.1.3 挖掘栽植沟穴

树莓栽植一般采用单株穴状栽植，带状成林。按规划好的株行距首先进行标定栽植穴，然后按30cm半径挖深30cm的栽植穴。如果没有进行土壤耕翻，栽植时应挖定植沟，沟宽60~70cm，沟深50~60cm，南北走向，挖出的土壤表土、心土分开堆放，回填时，将表土与有机肥混匀填入沟内，直至肥土据地表15~20cm，再用熟化表土填满，底土做埂，以便于灌溉。

树莓栽植的最佳栽植株行距确定应依据不同的种植类型和品种特性及环境条件、管理水平等具体分析。一般可采用宽带栽植和窄带栽植两种方式。

①宽带栽植 行距3~3.5m，株距0.5m，带宽1.2~1.5m。每公顷栽植5 700~6 800株，3~5年后，平均每株丛保留8~12个基生枝，每公顷留枝量6万~7万。适于土壤条件好，管理水平高的园地，易于丰产。但带状较宽，采收不便，埋土防寒费工。

②窄带栽植 行距2.5m，株距0.5~0.8m，带宽0.7~1m，每公顷栽植5 000~8 000

株，3~5年后，平均每株丛保留5~8个基生枝，每公顷留枝量4万左右。适于沙荒地或坡度不大的坡耕地，采果方便，便于埋土防寒。但枝量少，产量低，特别是前期产量上升较慢。

3.1.4 栽植

栽植时间：可以是春季栽植和秋季栽植，北方以秋季栽植较好。

春季栽植在土壤化冻后至苗木萌芽前。在此期间以在保持苗木不萌发前提下晚栽为好，过早，土壤温度低，根系不易恢复，地上由于春季风大易导致枝条失水过多，降低成活率，沈阳地区一般在4月中下旬至5月上旬，土壤10~20cm深土温稳定在10℃以上为好。

秋季栽植在土壤上冻之前尽量早栽，沈阳地区为10月上中旬，此时10~20cm深土温仍保持在10℃以上，根系易于恢复，栽后将地上部分剪留10~15cm于上冻前埋土防寒，翌春出苗早，缓苗快，成活率高。

栽植前将起出的苗木进行适当修根，一般保留根系10cm左右，长的剪除，不足10cm的将伤根、烂根、枯根修好，春季栽植则放清水中浸泡3~5h补充水分，秋季栽植则边起苗边栽植。

栽植时将处理好的苗木放置栽植穴中央，使根系舒展，一手扶好，向苗木根系处覆土并轻轻抖动植株使根系与土壤密接，然后踩实，再填土至苗木原土印处，再踩实后浇水，最后再覆盖一层松土，以防土壤板结与水分蒸发。

3.1.5 栽植当年管理

栽植后随时检查成活情况，干旱地区出苗前要保持土壤相对湿润，发现干旱，及时灌水但量不能太多以提高地温。也可采用地膜覆盖等措施，既保湿又可提高地温。

整个生长季注意除草松土，保持田间无杂草，土壤疏松不板结，旱季时注意浇水，每次浇水后及时松土；雨季排水，以防烂根。

苗木成活后，为促进健壮生长，5月份和6月份各施追肥1次，每株施尿素20~30g，施肥要距树干20cm，施后及时浇水，并进行及时松土保墒。

在初生芽生长60cm左右时易弯曲伏地，需设立支架。

入冬前，北方寒冷地区对夏果型红树莓和黑莓的当年生茎进行埋土防寒。埋土前要灌一次封冻水，然后将整个植株平放于浅沟内，注意不要弄断枝条，盖一层废旧塑料，再盖10cm厚土壤，防寒幅宽1.2m。

3.2 土肥水管理

树莓生长有两大特点：一是每年基生枝的营养生长非常大；二是结果母枝的每年衰亡，要从园地带走大量营养物质。这就决定了树莓每年需要大量的营养物质和水分，除供果实消耗外，大部分用于新生基生枝的形成上。据有关研究表明，在树莓与醋栗产量相同条件下，树莓吸收氮素的数量要比醋栗高出4倍。因此，树莓栽培要求较高的土肥水条件，以供应树体生长发育所需，同时达到丰产优质的目的。

3.2.1 土壤管理

对保湿埋土防寒栽培地区，要在终霜前7~10d出土，以使出土萌芽后刚好躲过终霜。

树莓根系需氧量高，忌土壤板结，因此需经常进行中耕松土，特别是春季萌芽前的中耕,既可及时除去园内杂草,以保证土壤疏松、通气良好、增强微生物活动,又可提高地温,还可避免杂草与树莓株丛争夺养分。一般中耕深度10cm左右,可以少伤根。除草工作可结合中耕进行,也可采用化学除草方法,化学除草可采用甲草胺、西玛津、利谷隆等除草剂进行除草。

树莓随地下茎每年不断抽生新的植株,根系会不断向地表上移,前4~5年表现不明显,但以后根系易裸露土外,因此要根据需要结合松土进行根部培土。

北方特别寒冷地区栽植树莓,埋土保湿防寒越冬,对第二年的正常生长发育极其重要。一般是在土壤上冻之前完成封冻水灌溉及修枝后进行埋土防寒。方法是将枝条从架上解下来,捆扎后顺一个方向将枝条压倒,基部弯曲处堆好枕土,防止造成因负重而导致基部折断,然后盖一层废旧塑料薄膜,防止失水,再盖上25~30cm厚土,防寒幅宽一般1.2~1.5m。

3.2.2 施肥管理

树莓由于两大特点,每年需施肥以补充需要。施肥分基肥与追肥。

(1)基肥

春季在出土萌芽前每亩施优质农家肥1 000kg/亩,另加2.5kg尿素和磷酸铵混拌均匀直接撒施株丛内。

秋季树莓落叶后上冻前在株丛两侧距根茎30cm处开深、宽各25cm沟施入5 000~7 000kg/亩优质农家肥。

(2)追肥

萌芽后,在据株丛30cm处一侧开沟施入尿素20~25kg/亩;开花初期,在据株丛30cm处一侧开沟施入尿素30~35kg/亩;果实膨大期,每7~10d追肥1次,每次随灌溉施尿素15~20kg/亩。

另外,在结果枝抽生10cm左右时喷施1次1%尿素,以促进花芽深度分化、幼果形成和株丛健壮发育,肥力较差园地可间隔10~15d再补喷1次;坐果后开始,每10d喷1次0.2%磷酸二氢钾,以促进果实发育和提高果实品质,防止倒伏和提高枝条成熟度。

3.2.3 水分管理

出土后,据土壤墒情浇1次返青水,以促进萌芽后的枝条生长;萌芽后,正是结果枝萌发与花芽深度分化时期,恰逢春旱,土壤缺水严重,风力又大,空气温度不断升高,土壤水分蒸发严重,浇一次抽枝水十分必要;坐果期,又是副梢迅速生长和形成二次果当年新梢时期,必须浇水;果实膨大期,要经常浇水,保持土壤湿润,一般5~7d浇1次水。进入雨季,要注意及时排水,以免积水造成烂根。越冬前,要灌溉一次封冻水,以保证树莓安全越冬。注意每次浇水后都要及时松土,保证土壤疏松、通气性良好。

3.3 整形修剪

树莓是灌木与半灌木中间类型植物,基生枝为直立茎与匍匐茎的中间类型,有些品种基生枝直立性较强,有些品种基生枝直立性很弱,因此,为树莓设立支架是树莓园的一项基本措施。

3.3.1 架式及设置

树莓可采用的架式多种多样,有"T"字形、"V"字形、圆柱形和篱壁形等,生产中应用较多的为"T"字形和"V"字形架式。

(1)"T"字形架式

架材可用木柱或钢筋混凝土或角钢架柱。在栽植行内每隔5m埋设一根架柱，架柱入土45~40cm，地上1.2~1.5m，架柱上端用"U"形钉或铁丝一横杆，横杆长90~110cm，使横杆与架柱构成"T"字形。横杆离地面高度可根据不同品种茎长度和修剪留枝长度而定，一般可每年调整高度一次，使之与整形修剪高度一致，横杆两端用14号铁丝作为架线，也可选用经济耐用麻绳或塑料线做架线。

(2)"V"字形架式

架材亦可用木柱或钢筋混凝土或角钢架柱。埋设时，以栽植行为中心，在两侧每隔5m埋设两行架柱，两行架柱下端距离45cm，上端110cm，两柱并列向外侧倾斜成"V"字形结构，下端埋入土中45~50cm，"V"字形垂直斜面上根据需要布设多条架线。

3.3.2 整形修剪

(1)夏果型树莓整形修剪

①放任整形修剪法 即在生长期内任初生茎自然生长，第二年早春生长开始前，对越冬后的果茎进行修剪，每平方米株丛选择生长粗壮、无病虫害、无冻害、高度适宜的花茎20~30株，回缩到结果能力强的高度均匀引缚上架，浆果采收后及时贴地剪除，对遗弃不要的越冬果茎全部贴地剪断清除。该法适合较冷地区采用。

②隔年结果整形修剪法 即在休眠期至春季开始生长前，贴地将栽植行一半花茎全部剪除，另一半栽植行的花茎全部保留使其结果。剪除的一半当年只生长萌发初生茎，避免对花茎的干扰。保留结果花茎的一半仍伴有初生茎的萌发生长，到休眠期，再把所有结过果的花茎和初生茎全部贴地清除，再次萌发时形成单一初生茎生长带。该法方法简单，省时省工，但果实大小不整齐，品质降低，产量降低约30%。

③疏剪初生茎整形修剪法 即在结果当年将结果株内所有的初生茎全部剪除，再萌发再剪除，抑制初生茎生长，使花茎生长结果避开初生茎干扰。该法因在结果株内进行，操作麻烦，费工，且会使树莓萌发力和树势变得衰弱，不能连年使用。

④短截整形修剪法 即在春季生长初期，当初生茎高20cm左右时进行短截或摘心，控制高生长，发生分枝及时剪除分枝，使整个结果期内初生茎高度在花茎结果层以下。同时适当疏除部分花茎，减少营养消耗，改善光照条件和通风透光条件。最终达到提高冠内果实产量和质量的目的。该法通风透光、光照充足，产量高，质量好。

⑤疏剪整形修剪法 即在春季生长初期，当初生茎生长到高20cm左右时，每平方米选留生长粗壮的初生茎12~15株，其他生长瘦弱的全部贴地剪除。同时将生长弱的、有病害的、有冻害的花茎，保留生长健壮无病害的花茎。修剪完后使保留的初生茎和花茎分布均匀。该法初生茎与花茎相互干扰小，产量高、质量好，初生茎发育健壮充实。

(2)秋果型树莓整形修剪

每年秋季初生茎上的果实成熟采收，植株养分由叶片和茎回流转移至基部主茎和根系贮存，进入休眠后，将所有地上枝条全部贴地平茬，促使主茎和根每年抽生强壮的初生茎于夏末结果。该法需要注意影响初生茎和产量的主要因素是单位面积初生茎株数和花序坐果数，而单位面积内株数和花序坐果数又与栽植行宽度和密度有关。但过宽过密又影响光照和通风及病虫危害，并降低产量。因此需要通过生长季疏剪以维持合理密度和宽度，才能保持丰产、稳产。

不同品种类型树莓的修剪略有不同，结合生产及时调整。

3.4 病虫害防治

3.4.1 病害防治

(1) 灰霉病

①危害 主要危害花和果实，高温高湿发生严重，是树莓的主要病害之一。花期遇连续阴雨或空气潮湿，花蕾及整个花序被一层灰色细粉尘状物，晴天温度升高，湿度降低时，花甚至整个花序变黑枯萎。果实感病，小浆果破裂流水，变成果浆状腐烂，少数脱落，大部分干缩成灰褐色僵果。

②防治 红树莓易感，故发展红树莓尽量避免选择降水量大的地区，特别是6~8月阴雨连绵的高温地区；选择抗灰霉病强的品种，如夏蜜、马拉哈堤红树莓品种感病轻，维拉米、阿岗昆红树莓品种感病最重；栽植注意通风透光良好，避免密集，随时修剪消除病枯枝杜绝传染源；果实成熟后及时采收防止病菌在过熟果上滋生蔓延；结合春秋季修剪清扫园地，集中烧毁或深埋，减少病源。初花期与幼果形成期喷布50%万霉敌可湿性粉剂1 000~1 500倍液，效果好。

(2) 茎腐病

①危害 是北美树莓栽培区主要病害，我国引种栽培后也发现有此病，是危害树莓基生枝的一种严重病害。感病从初生茎的伤口发生，如剪口、茎相互的擦伤、茎皮受架面铁丝磨伤、虫孔等，起初在感染区布满细小黑色病斑，进一步发展成环状或在一侧上下延伸感染，木质部感病变成水渍状、暗褐色、易纵向破裂，表皮翘起块状剥落，叶片变小，枯黄，最后整株枯死。据观察，高温多雨易引发此病，我国七八月份高温多雨季节发病严重，黑莓、红莓"美22"、澳洲红和黄树莓感病较轻，表现较强抗病性。

②防治 园地清理，将剪下枝条及枯叶等彻底清理出园地，减少病源；防止初生茎受伤，避免造成不易愈合伤口；对初生茎必须短剪的品种，尽量选择晴天、干燥气候，以利伤口愈合，防止感染病害；初花期喷布65%万霉灵超微可湿性粉剂1 000~1 500倍液，发病期喷布0.3°~0.4°Be石硫合剂1~2次；5月中旬及7月发病初期分别在易发病品种上喷布甲基托布津500倍液，或40%乙磷铝500倍液，或福美双500倍液；越冬埋土防寒前、春季上架后发芽前喷4°~5°Be石硫合剂各1次。

(3) 根癌病

①危害 在我分布普遍，寄主很广。主要危害红树莓、黑树莓，紫树莓较轻，黑莓很少感病。细菌性病害，地下害虫和线虫传播，伤口浸入，苗木带病可远距离传播。发病主要在根茎部、直根和侧生根，瘤的形成形状不定，大小不一，多为球状或椭圆状，初生乳白色，渐变为褐色至暗褐色，表面龟裂粗糙。

②防治 建园时选择无病健壮幼苗，避免栽植病苗；选地不宜选择以前发生过根癌病的地块；栽培过程中尽量避免对红莓根系造成损伤；根蘖苗栽前用硫酸铜100倍液浸根5min，或用链霉素100~200mg/kg浸根20~30min灭菌消毒，减少病源；种植前地下施涕灭威或进口铁灭克灭杀地下害虫和线虫；定植前用生物药剂K84菌株的细菌悬浮液浸泡根系，防止栽后根癌病发生。

(4) 白粉病

①危害 以白色粉状物危害叶片，使叶片扭曲变形。

②防治 彻底清理园地，集中烧毁或深埋，减少病源；早春萌芽前、开花后、幼果期喷布70%甲基托布津可湿性粉剂800~1 000倍液，或25%粉锈宁可湿性粉剂1 000倍液，或50%多菌灵可湿性粉剂600~1 000倍液。

(5) 黑斑病

①危害 主要危害叶片。通常7月下旬发病，持续1个多月，天气转凉时，不再发病，是一种弱寄生菌浸染病害。发病初期叶片出现锈斑，随后扩展为圆形或不规则形斑块，中间灰褐色，外围黑褐色，严重时斑块连片，叶缘向上卷曲干枯，很少脱落。

②防治 加强管理，及时将弯曲向下枝条引缚上架，减少直射光不良影响；发病前期喷布50%多菌灵可湿性粉剂1 000倍液，或50%扑海因可湿性粉剂1 000倍液杀菌。

3.4.2 虫害防治

(1) 绿盲蝽

①危害 红莓、黑莓均受危害，花朵受害即枯死，小核果受害失水干瘪残留聚合果上，使聚合果产生凹陷、变形，失去食用价值。

②防治 清理园地周围杂草灌丛，减少越冬场所；开花前5~7d，第一次采果前10~15d，若虫为害期使用20%触击溃乳油2 000~2 500倍液喷雾。

(2) 金龟子

①危害 以成虫取食树莓的嫩叶、花蕾，严重时叶成网状，花朵被吃光；幼虫为害树莓主茎基部的幼芽及韧皮部。

②防治 冬春季彻底清理园地周围灌木杂草，减少越冬、栖息场所，结合施肥、刨根消灭幼虫；成虫危害期，利用成虫假死习性，将其由树上震落踩死，或在地面撒施30%甲胺磷粉剂，震落后的金龟子钻入土中将其毒杀。利用成虫的趋光性进行诱杀。成虫大发生时，可树体喷洒50%久效磷500倍液，或50%乐果乳油500倍液，或40%乐果乳剂800~1 000倍液进行防治；采果前20~25d用25%甲虫净可湿性粉剂1 000~1 500倍液喷雾，驱散或杀灭。

(3) 桑白蚧

①危害 以成虫和若虫危害树莓枝干，严重时初生茎表面布满虫体，灰白色介壳覆盖树皮，被害茎枝生长弱，叶片变小、发黄，秋季茎梢枯死。

②防治 及时清除被害植株，集中烧毁，栽植行的落叶、杂草一并清理，以花茎结果的红莓和黑莓，不能截干的，否则下年无产量，需用药剂防治，方法为11月，越冬防寒前和翌春发芽前，用5Be°石硫合剂喷布树干各一次。

(4) 柳蝙蝠蛾

①危害 7月上旬以幼虫在距地面40~60cm处蛀入新梢，并向下蛀食，造成被害枝折断、枯死，危害时，咬碎的木屑、粪便用丝黏挂在枝上，易于发现。

②防治 成虫羽化前剪除被害枝梢集中烧毁；虫害严重时5月中旬至6月上旬初龄幼虫活动期地面喷布2.5%溴氰菊酯2 000~3 000倍液或50%久效磷乳油1 000倍液。

(5) 树莓穿孔蛾

①危害 多危害红树莓，以幼虫做茧在基生枝基部越冬，展叶期爬上新梢，蛀入芽

内,吃光嫩芽,再蛀入新梢,成虫花期羽化,在花内产卵,孵化幼虫吸食浆果,最后转移至植株基部越冬。新梢受害后很快枯萎死亡,被害浆果出现孔洞。

②防治 秋季清扫园地,集中销毁被害枝条;早春展叶期喷80%敌敌畏1 000倍液,或2.5%溴氰菊酯3 000倍液,杀死幼虫;或歼灭500倍液,7~10d喷1次,连喷2次。

4. 采收、保鲜与贮运

(1) 采收

充分成熟的浆果具有品种独特的风味、香气和色泽,采收晚了,浆果变色,容易霉烂;采收过早,果皮发硬,果肉发酸,香味差,口感不好,因此必须适时采收。

综合考虑,采收的适宜时期应是充分成熟前,对红树莓而言即是果实第一次完全变红,向暗红色发展之前的成熟阶段;如供加工或就地上市的,可在充分成熟后采收。

树莓的浆果成熟期不一致,宜分批采收,分品种采收,且每次采摘要将适度成熟果全部采净,以免由于过熟造成腐烂或招引蚂蚁、黄蜂和其他害虫。一般浆果在7月上旬开始成熟,以后延续1个多月,双季树莓可延长到9~10月份。在第一次采收后的7~8d浆果开始大量成熟,以后每隔1~2d采收1次。但需注意尽可能在早晨露水下去后采收,有露水时或雨天不宜采收,因浆果沾水易腐烂。

目前树莓采收主要采用人工手摘。采摘时对聚合果与花托分离品种要依据销售市场远近决定是否带花托,以便于贮藏及延长货架寿命。供本地的可不带花托;供远地的带花托一起采收,且在充分成熟前2~3d采收以延长贮藏期;如供加工用也可不带花托采收。

采下的浆果应及时分装入小的容器,最适宜的为250g容量的透明、坚固的塑料容器,即不易弄脏容器,还可以保湿,消费者又可从外面直观看到内装的浆果,价格也不贵。

(2) 保鲜与贮运

树莓果实采收后必须在1h内完成预冷处理,使水分丢失、真菌生长、果实破裂缩小到最小程度,以延长贮藏时间和货架寿命。每延迟1h,货架寿命就会缩短1d。预冷以-1~4℃温度、相对湿度90%条件为宜,尽快使浆果温度降至1~2℃。

树莓浆果在经过预冷处理后,可采用低温保鲜、气调保鲜、防腐保鲜或速冻保鲜。

子项目10 工业原料类树种栽培

任务33 漆树栽培

漆树因生产生漆而得名,是我国重要的特用经济树种。它生产的生漆,耐酸、耐碱、耐高温、耐磨、绝缘、附着力强、环保等特点,被誉为"涂料之王",具有很高的经济价值。漆树同时也是用材树种,边材灰白色,心材黄绿色,色调鲜艳悦目,年轮明显。耐腐、耐湿、少见虫害。宜作桩木、坑木、电杆和家具用材,也可作细木工制品及高级建筑物的室内装饰。漆树种子可榨取漆油。漆油的主要成分是亚油酸,可制成工业油料、金属涂擦剂、润滑油及肥皂。果肉含蜡质,漆蜡用于提取甘油和制取硬脂酸,并可用于生产香皂、蜡烛、蜡纸、金属涂擦剂等。根、叶可提取单宁或制漂白剂。花、叶、果均可入药。

1. 良种选育

1.1 分布

漆树主要分布于亚洲温暖湿润地区，我国是漆树的中心产区。分布于东经97°~126°，北纬19°~42°之间，以陕西、湖北、四川、贵州、云南和甘肃6个省分布最多，在秦岭、横断山、大巴山、武当山、巫山、乌蒙山等山脉一带最为集中；垂直分布海拔一般在100~2 500m，以400~2 000m最为集中。

漆树为喜光树种，喜生长在背风向阳，光照充足、温和而湿润的环境。深厚肥沃而排水良好之土壤，在酸性、中性及钙质土上均能生长。不耐干风和严寒，以向阳、避风的山坡、山谷处生长为好。不耐水湿，土壤过于黏重特别是土内有不透水层时，容易烂根，甚至造成死亡。

1.2 种类

漆树为漆树科漆树属植物。落叶乔木，高可达20m，树皮幼时灰白色，较光滑，成年树皮粗糙，成不规则纵裂。小枝粗壮、具圆形或心形的大叶痕和突起的皮孔，顶芽大而显著，被棕黄色绒毛。单数羽状复叶互生，小叶9~15枚，具短柄，长7~15cm，宽2~6cm，边全缘，两面脉上有棕色短毛。圆锥花序腋生，长12~25cm，有短柔毛；花杂性或雌雄异株，密而小，直径1mm，黄绿色；花期5~6月，果熟期10~11月；果序下垂，核果扁圆形或肾形，直径6~8mm，棕黄色，光滑，中果皮蜡纸，果核坚硬。漆树在中国约有40多个品种，其中比较优良的品种有：阳高小木、登台小木、大红袍、高大木、高八尺、肤烟皮。主要优良品种：

(1) 大红袍漆

为小木漆树。7~8年生开始割漆，可割15年左右，平均单株年产漆0.3~0.45kg。该品种开割早，流漆快，产漆多，漆质好。在陕西省平利、岚皋等县栽培较多。分布与海拔1 000m以下的山麓、田边和路旁。

(2) 红皮高八尺漆树

为小木漆树。一般10年可开割，可割漆15~20年，平均单株年产漆0.15~0.25kg。该品种生长快，产漆多，漆质佳，木材好，适应性强，在陕西省平利、岚皋等县海拔1 500m以下地区栽培。

(3) 阳高大木漆

又名毛坝大木。为大木漆树，8年左右开割，可割20年以上，平均单株年产漆0.25kg，漆的质量很高。在湖北利川、咸丰、建始、恩施等地海拔1 200m以下的地区广有栽培。

(4) 贵州红漆树

为小木漆树。一般10年开割，可割25年以上，平均单株年产漆量0.5kg左右，寿命长、漆的质量好。

(5)灯台小木漆树

为小木漆树,5~6年开割,可割15年,平均单株年产漆量0.5kg。具有开割早、产漆量高、漆质好等特点。在重庆西阳、黔江,湖北咸丰等地栽培较多,垂直分布于海拔400~1 100m。

(6)天水大叶漆树

为大木漆树。耐寒性很强,产漆量大,一般单株产漆量0.5kg。主要分布于甘肃省天水市一带海拔1 500~2 000m 的山区。

(7)为大木漆树

7年开割,可割15~25 年,平均单株年产量0.25kg,局有开割期较早,产漆较多,漆质好等特点。主要分布于广西资源县一带海拔1 000~2 000m 的山区,栽培较多。

2. 苗木繁育

漆树的繁殖可采用播种、根插、嫁接3种方法。

2.1 播种繁殖

2.1.1 种子处理

漆树种子外表被有一层坚硬的蜡质,透气透水性差,在一般条件下难以萌发。处理方法有:

(1)碱处理法

将种子放入纯碱或洗衣粉溶液中(比例为1∶20),用力搓洗,直至种子变为黄白色或手捏感觉不再光滑时,用水淘洗干净后,再用冷水浸泡24h,然后保湿,在5℃的低温条件下贮藏20d后即可播种。

(2)机械处理法

把漆籽放入石碾中碾除蜡质,筛去蜡粉后将种子放入温水或混有草木灰的水中,用力搓洗,除去种子表面蜡衣,再把脱蜡后的种子装入竹筐内催芽,每天用温水淋洗1次,10d后约有5%的漆籽裂口露白时即可播种。通过上述2种方法处理后的漆树种子不仅发芽快,而且发芽率高,出苗整齐。

2.1.2 苗床播种

采用条播,行距40~50cm,开播种沟深5cm,播种225~300kg/hm²。播种后,覆土以不见种子为度,盖草以不露土为度。播种季节,冬播、春播均可。

2.1.3 容器育苗

容器育苗必须采用良种,种子品质达到国家标准规定的二级以上的种子,播种前要对种子进行消毒。漆树容器育苗基质最佳配比为锯木屑1份+树皮5份+谷壳8份+泥炭土4份。所选容器直径一般为5~10 cm,高8~20 cm。容器材质为泥炭钵、纸钵、塑料钵和塑料袋等。

2.2 扦插繁殖

2.2.1 采根
在4~5年生优良漆树上挖根,一次挖根只能挖树冠1/4的范围,单株挖根量不能超过2.5kg。挖根后当年不能割漆,挖根宜在3月上旬进行。

2.2.2 催芽、育苗
采根后,将粗2cm左右的根剪成10cm长根段,紧排圃地催芽,催芽时要保证充足的水分,催芽20d左右,当70%的根萌发,即可移至苗床,株行距20cm×30cm。移床后,进行中耕除草,水肥管理。一年生根苗高80~100cm,地茎1.2cm。产苗11万株/hm²左右。埋根育苗的根也可用起苗时剪下的粗1.0cm以上的根。

2.3 嫁接繁殖

嫁接以二年生火木漆为砧木,从十年生小木漆母树(或其他优良品种或者个体)采一年生健壮枝作接穗,采用盾形芽接法。7月中进行嫁接。嫁接成活后,要松缚,按正常进行圃地管理,翌年春季苗木出圃。

3. 栽培管理

3.1 栽植管理

3.1.1 造林地的选择
土壤深厚,水肥条件较好的立地是漆树造林的理想生境。

3.1.2 整地
(1)整地的要求

退化林地内整地,根据要栽植苗木根幅的大小,决定穴的深度和直径。穴的大小和深度尽量减少对地面扰动,减少对林内物种多样性破坏。干旱半干旱地区整地,要求较大的整地深度,以利于蓄水保墒。坡度越缓,整地的宽度可以宽些,喜光、速生的树种应宽些。山地造林整地由于难以保持带面的水平而可能汇集降水,引起水土流失,所以长度不宜太大。漆树为喜光树种,整地宽度应大些。

(2)整地方式

漆树整地,25°以下的坡地可以进行全面整地,25度以上的坡地可采用水平梯、撩壕、鱼鳞坑整地。全面整地深度25cm左右,带宽1~1.5m,穴的长宽为70cm,深60cm。

(3)整地季节

整地季节有提前整地和随整随造。漆树造林整地可在先年冬季或当年早春。应尽可能提前整地,以利于植物残体的腐烂分解,增加土壤有机质、改善土壤结构;有利于改善土壤水分状况。

3.1.3 栽植
苗木种类有容器苗、条播苗、根插苗,目前应用最广的是裸根苗。采用裸根起苗栽植,为提高栽植成活率,可采用清水浸根、磷肥泥浆蘸根或生根粉液蘸根等方法处理。一般在晚秋或早春进行。密度 450~900 株/hm²。植树穴 40cm×40cm，每穴施有机基肥 20~30kg。栽植的漆苗要选用顶芽饱满、根系完好的Ⅰ、Ⅱ级苗，漆树造林后，在 4~5 月检查成活率，成活率在 41%~85%需进行补植，成活率低于 40%必须重新栽植。

3.2 土肥水管理

3.2.1 土壤管理

幼苗期抚育主要是除草、施肥、灌水、修枝、平茬，目的是保证存活率，促进幼苗生长。林分幼龄期抚育主要是通过透光间伐，目的是促进整体林分生长和林地水保功能提高。栽植后每年要进行 1~2 次的中耕除草、施肥和水分管理，直至郁闭成林。

3.2.2 施肥

栽植后每年要进行 1~2 次的施肥，直至郁闭成林。一般山坡林地可用化肥，每株每次施尿素 50g，宜在春季或夏季施用。如施农家肥应在冬季或早春施用。

3.2.3 水分管理

定植的前 3 年应注意灌溉，特别是夏秋高温干旱时进行灌水保成活，成林以后则每次追肥后必须灌水。一般情况可不必灌溉。

3.3 修枝

以采漆为目的的漆树一般不需特别修枝，适度的修枝促进林木生长，枝叶繁茂，以达丰产目的即可。为了便于割漆，保证其形成有中心干形树体，并使树干生长较直，需进行修枝。

3.4 主要病虫害防治

3.4.1 病害防治

漆树的病虫害主要有漆树毛毡病、漆树膏药病、漆树褐斑病等。漆树毛毡病主要危害苗木和幼树，防治要结合杀螨，发芽前喷施 5°Be 石硫合剂，杀越冬螨；6 月份发病初期用 20%螨卵脂 800~1 000 倍液，或 25%倍乐霸可湿性粉剂 1 000~2 000 倍液喷洒。带螨苗木要烧掉，不从有毛毡病植株采根育苗。漆树膏药病的发生与立地条件、生长状况及介壳虫相关。主为害漆树的枝干，影响植株生长乃至死亡。要加强抚育管理，增强树势，保证林内通风透光，以免林内过分阴湿。注意防治介壳虫，常喷 40%的乐果乳剂 400~500 倍液，也可用合成洗衣粉等方法杀介壳虫。可用 20%石灰水、3°~5°Be 的石硫合剂或煤焦油，或抗菌剂(401)200 倍液，或 50%代森铵 200 倍液等药剂涂刷病部。漆树褐斑病主要为害叶部，严重时可使树叶枯黄脱落，影响树木生长和生漆的产量。要加强管理，增强树势，注意割方式，勿割太狠，注意栽培抗病品种，大红袍易感此病，有条件的地方，8 月份前后可喷 50%的退菌特 1 000 倍液，或 50%福美双 500~800 倍液。

3.4.2 虫害防治

漆树虫害主要有漆树金花虫、漆蚜、梢小蠹、天牛等。漆树金花虫，成虫期利用其假死性可震动树干，使其坠落而扑灭之，也可在冬前于树下铺草，诱集成虫越冬，翌年成虫活动前加以烧毁，可用 50%二溴磷乳剂 150~200 倍液喷杀之。幼虫可用 50%二溴磷乳剂 1 000 倍液，或敌百虫 1 000 倍液喷洒。梢小蠹寄居漆树枝条，使枝条枯死，影响树木的生长，发现被害后及时防治，还可人工剪除被害枝，集中销毁。天牛蛀干为害，主要危害衰弱树和成年漆树。特点是危害隐蔽，发生周期长，初期不易发现，一旦发现则树木已濒临死亡。主要采用营林措施，促进林木健壮生长，如加强肥水管理。发现危害时，可人工捕杀和药杀结合，如人工捕杀成虫；成虫产卵期(5~6月间)用铅丝刷刷产卵疤痕以刺杀卵或初孵幼虫；用钢丝从蛀孔钩杀幼虫，或放入蘸有50%敌敌畏乳油30~50倍液的棉花团，或放入1/4片磷化铝，然后用泥封住虫孔，进行药杀。

4. 割漆

(1) 割漆的年龄

一般实生苗造林5年后，埋根繁殖7年后即可采割。由于品种、立地条件和管理水平等不同而差异较大，主要根据树干的粗度，胸径超过6cm，树皮出现裂纹时即可采割。

(2) 割漆时间

一般从夏至开割，霜降收刀，采割期120d左右，气温较低的地方80~100d。

(3) 割漆方法

割漆先要准备好割刀、刮刀、蚌壳、毛刷和竹筒五种工具。割口一般习惯采用V字形为多。选择树干较平的一面，距地面20~30cm处，用刮刀刮去老皮，然后用割漆刀由下向上割成角度约80°、上口宽5~7cm的切口，下切口横割一缝，插入蚌壳接收漆液。每个割口第一次流的漆液因含水较多，通常不要。俗称"放水"。每隔2~3d，沿V字形割口上下两边加宽割面(每次不能过宽，以"露白"为宜)，当割面宽度达3~4cm时，即停止采割，以免伤口过大，难以愈合。割口深度以达形成层为宜，不能伤及木质部。第一年采割应在同一方向，严禁螺旋状采割而割断水分和养分输送通道，引起漆树的早衰、枯萎，甚至死亡。做到"三不割"，即主根一侧不割、幼树不割、桠枝下不割。第二年的割口要选在距第一年割口30cm以上的反方向，以后每年变换方向。一般漆树可采割10年。生漆采割要选择阴天或早晨、空气湿度大的天气进行，下雨天和干旱天气不宜采割。一般以5:00~10:00为宜，因这段时间空气相对湿度大，树木蒸腾作用小，有利于漆液分泌，采割2h后即可收集。每个割口每年可割10~20次，每次割好后，要用刀抹漆封好割口，以免收漆后，割口继续流漆造成浪费。同时也有利于伤口快速愈合，延长漆树寿命，达到长期受益。

(4) 漆液的保管

割下来的新鲜漆液含有一定的水分，保管不当容易腐烂。一般伏天割的漆所含的水分较少，不宜久晒，梅天割的漆含水量高，要在阳光下连续多晒一段时间。晒漆期间，可用麦秆时常进行搅拌翻动，直到净潮，颜色变成菜油颜色，硬度以麦秆抽上来后，麦秆上蘸的漆液向下滴，然后又往回收缩为宜。最后用皮纸封口，吊在通风干燥处，可长期保存。

任务34 紫胶寄主树栽培

紫胶树是指紫胶虫寄生的植物。紫胶是由紫胶虫寄生在寄主树上所分泌的一种天然树脂，主要由羟基脂肪酸、倍半萜烯酸组成。紫胶具有黏接性强、绝缘、防潮、涂膜光滑等优良特征，而且无毒、无味，是迄今为止仍不能被人工合成品代替的重要天然林产化工原料，被广泛应用于日用化工、国防军工、电子电器、食品医药、油漆涂料、塑料橡胶、出版印刷等行业和部门，具有重要的经济价值。

1. 良种选育

1.1 分布

中国紫胶产区主要分布于西南部，包括云南、四川、贵州、湖南、广西、福建、广东等地。云南是中国紫胶主产区，产量占全国紫胶产量的90%以上，主要分布于怒江流域及支流、澜沧江流域及支流、红河流域及支流、金沙江流域支流及伊洛瓦底江流域支流河谷两岸，大部分紫胶产区隶属于红河、思茅、保山、临沧、德宏和楚雄。

1.2 种类

紫胶虫寄主植物种类繁多，在全世界的自然分布区中约有350种。目前中国已经发现的紫胶虫寄主植物有300多种，生产上常用的有30多种，优良寄主植物有主要包括偏叶榕、木豆、高山榕、短翅黄杞、一担柴、滇刺枣、牛肋巴、思茅黄檀、南岭黄檀、大叶千斤拔、泡火绳、马鹿花、马椰树、苏门答腊金合欢、久树等。

(1) 钝叶黄檀

钝叶黄檀为黄檀属，俗名牛肋巴、牛筋木。落叶乔木，树高13~17m，主干直，侧枝斜生，树冠紧缩不开展。树皮灰白色，小枝青绿色。奇数羽状复叶，小叶5~7枚，倒卵形或椭圆形，先端微缺或钝，近革质；顶生小叶最大，托叶早落，圆锥花序顶生或腋生，总花梗与花梗初时有稀疏的短柔毛，花淡黄白色。荚果卵状椭圆形，不开裂，内有种子1~2粒。种子肾形，种皮光滑呈棕色。

钝叶黄檀分布在我国云南省西南部，垂直分布在海拔1 600m以下，集中分布在800~1 200m的干热河谷及二半山区一带。此外，广西、广东、福建、四川、贵州、湖南等地也有栽培成林的。

钝叶黄檀是紫胶新老产区高产稳产和冬代保种的优良寄主树之一。该树速生耐伐、繁殖栽培容易、萌发力强，耐虫率高达70%~80%，胶质优质。

(2) 南岭黄檀

南岭黄檀属蝶形花科黄檀属。俗名不知春、茶丫腾、水相思等。南岭黄檀是落叶乔木，树高达8~20m，树皮灰褐色，纵裂。树冠近圆形，树枝舒展，奇数羽状复叶，小叶7~25片，矩圆形或椭圆形，先端钝圆，常微缺，纸质；叶色深绿色，叶背灰褐色，被有小绒毛，叶柄及叶轴被微柔毛。嫩枝有披针形托叶。圆锥花序腋生，总花梗与花序有微柔毛，花白色，旗瓣，有紫色条纹。荚果扁平而薄，舌状，成熟后棕褐色，不开裂。多数内有种子一粒，扁平，肾形。

该树分布在长江以南的湖南、广东、广西、江西、福建、浙江、四川、云南、贵州、湖北等地。垂直分布在海拔900m以下的低山丘陵，山谷地及溪涧两旁较为潮湿的地方。

南岭黄檀较适应温暖潮湿的亚热带气候，有较强的抗寒能力。喜肥水，是浅根性树种，侧根发达。在土层深厚、湿润肥沃的微酸性红壤和黄壤上生长良好，是萌发力强的速生树种。3~4月发芽，展叶、抽梢；花期5~6月，果熟期11~12月，落叶期11月下旬至翌年2月。

该树繁殖容易，耐虫率高达70%~80%，是紫胶生产区高产稳产和冬代保种优良乡土寄主树，胶质优良。

(3) 木豆

木豆属蝶形花科木豆属。俗名三叶豆、树豆、树黄豆等。常绿或半落叶醒灌木，3~5年生，树高约1~3m，小枝细瘦，密被灰白色毛。三出复叶，小叶披针形或椭圆形，先端渐尖，纸质，小叶两面及叶柄均密被短柔毛。圆锥花序顶生，花色较杂，常因品种而异，花瓣多位黄色或橘红色，背面淡棕色或变为其他结合色，荚果有长喙和毛，荚果内种子间有斜凹槽隔开。有种子3~5粒，状如黄豆，颜色多样。

该树种在我国云南、贵州、四川、广西、广东、湖南、江西、福建、浙江等地均有栽培。垂直分布于云南、贵州、四川3省海拔1600m以下；华南地区在海拔500m以下常见栽培。

木豆栽培容易，生长快，投产早，产胶稳定，冬代保种效果好。是优良寄主树之一。在缺少乔木寄主树的地方，木豆是人工胶园以短养长较为理想的寄生树。

木豆是阳性喜温好肥树种。喜温湿气候和肥沃疏松的土壤。一般适合种植在山坡中、下部、溪河岸边，道路两旁及房前屋后的零星地。此种树木寿命短，不抗寒。耐虫率为20%~40%，胶质一般。

木豆3~4月发芽，展叶，抽梢；花期长，11月至翌年3月；果熟期1~4月。

其他的优良寄主树还有秧青、火绳树和合欢树等。秧青、火绳树适合云南栽培，合欢树适合四川栽培。

2. 苗木繁育

寄主植物种类较多，以南岭黄檀为例，介绍苗木繁育和管理。南岭黄檀栽培技术简单，播种、扦插都可育苗，繁殖容易，对造林整地、抚育要求不高。

2.1 播种繁殖

选取成熟饱满(长0.6~0.9cm，宽0.4~0.5cm，厚0.2cm以上)的种子，用50℃的温水浸种8h。浸种过后进行催芽，方法是将泡好的种子晾成半干，装入洁净的纱布袋，吊在温暖的地方，每隔2h用手轻轻上下抖动布袋，使水分和受热均匀，补充氧气，2d后种子发芽即可播种。播种期为3月，采用条播或散播。条播种子为9kg/hm²，条距为25cm，按行距开浅沟，每隔5cm播种一粒，覆土1.5cm，再用稻草覆盖，浇水；散播每公顷约187.5kg，采用散播必须进行分床。发芽后要及时揭开稻草。

2.2 扦插

选取一二年生枝条，取枝条的中下部位，插条粗1cm以上，长15~20 cm，上端平切，下端斜切。扦插季节以春季新芽开始萌动时为宜。插条株行距为20cm×20cm。插条斜端用0.1 g/kg生长素溶液浸泡30~50 min后再扦插。扦插时要保留1个芽以上在地面，插后要立即浇水、覆草，插条生根后拿掉盖草。

3. 栽培管理

3.1 栽植

3.1.1 造林地的选择
造林地应选择在中下坡、山窝、谷地、河岸等土层深厚、土壤比较肥沃、湿润的地方。造林整地必须在前一年的冬季完成。

3.1.2 栽植
造林时应选壮苗，容易成林；用小苗造林容易老化，特别是土壤瘠薄的条件下更是如此。造林时间选在3月左右苗木未开叶时为宜。种植时采用大穴（规格为50cm×50cm×40cm），表土回穴浅种。苗木放入穴里，四周填入疏松土壤后，用手将苗轻轻往上提，扶直，然后把苗四周的土壤压实，再盖上土。造林密度根据立地条件和土壤肥力而定，成片种植以株行距4m×4m为宜，单排种植以株距2.5m为宜，土壤瘠薄则适当密植。

3.2 水肥管理
苗木生长期间应抓紧追肥。当苗木高至10cm时追施一次速效氮肥，追肥时要结合中耕除草、松土、培土，促使苗木生长。在苗木定植时每穴施草木灰1 kg，种植后两个月采用混合肥（尿素150g加过磷酸钙250g）追肥，追肥方法是在树冠滴水线下开深0.3m、宽0.15m的环沟，施肥后复松土。一年以后可用同样方法再施一次肥，亦可根据土壤的肥力情况和树的长势决定是否再施肥。施肥后，要及时进行浇水。

3.3 修枝
修枝是为了培育丰产树形和减少病虫害发生。南岭黄檀株高1.5m左右时要控制顶端优势，促使2~3条侧枝生长，培育最多的有效胶枝。同时要剪掉平行枝、病枝、弱枝、近地面枝，使树枝通风透气，为紫胶虫的生长提供良好的生长环境。

3.4 病虫害防治
病害主要是煤烟病，此病影响树的光合作用，减少胶虫寄生的有效枝条面积，降低产胶量，可用2.00~3.33g/L托布津溶液喷洒防治。主要虫害有蛀梢蛾、夜蛾和卷叶象。前面两种害虫可用1L敌敌畏溶液喷洒，效果很好。卷叶象可利用成虫的假死性，在清晨、傍晚或阴天成虫不活跃时，人工震落捕杀；在成虫产卵期摘除卷苞，集中烧掉，消灭虫源；紫胶虫放养前用1g/L敌敌畏溶液喷杀越冬成虫。

3.5 采收种子
南岭黄檀种子的成熟期因地理位置不同而有所不同。成熟时果夹呈棕黄色，种子呈赤色或棕色。成熟时应及时采收，过熟（果夹变棕黑色）采种会因树震动而脱落，影响到采集量。采种方法一般可用高枝剪将果枝剪下，也可以上树直接采种。采回来的果夹在阳光晒后锤打，使夹壳与种子分离，用筛子筛选出干净的种子，也可以直接把果夹晒干后保存。

4. 收割紫胶

一般二三年生苗木即可放虫种，此时放养的紫胶虫生产的紫胶胶质好，出胶量大。

种胶的采收：种胶是用于挂放紫胶生产的胶源，只有胶被厚、丰硕连片、颜色正常、鲜枝活虫、无病虫害的胶梗才能做种胶。割胶时间在中秋前后20d左右，割早了影响产量，迟了会严重影响到树体的健康，不利于翌年的生产，同时也会影响虫胶的质量。

任务35　皂荚栽培

皂荚果是医药食品、保健品、化妆品及洗涤用品的天然原料；皂荚种子可消积化食开胃，并含有一种植物胶（瓜尔豆胶）是重要的战略原料；皂荚刺内含黄酮苷、酚类、氨基酸，有很高的经济价值。

皂荚种子含有丰富的半乳甘露聚糖胶和蛋白质成分，半乳甘露聚糖胶因其独特的流变性，而被用作增稠剂、稳定剂、黏合剂、胶凝剂、浮选剂、絮凝剂、分散剂等，广泛应用于石油钻采、食品医药、纺织印染、采矿选矿、兵工炸药、日化陶瓷、建筑涂料、木材加工、造纸、农药等行业。

种子含胶量高达30%~40%，制胶的皂荚下脚料中蛋白质含量高于30%，可用于制作饲料原料或提取绿色蛋白质。皂荚豆含有丰富的粗蛋白、聚糖，含油量超过大豆。

1. 良种选育

1.1　分布

原产中国长江流域，分布极广，自中国北部至南部及西南均有分布。多生于平原、山谷及丘陵地区。但在温暖地区可分布在海拔1 600m处。

性喜光而稍耐阴，喜温暖湿润的气候及深厚肥沃适当的湿润土壤，但对土壤要求不严，在石灰质及盐碱甚至黏土或砂土均能正常生长。

皂荚的生长速度慢但寿命很长，可达六七百年，属于深根性树种。需要6~8年的营养生长才能开花结果，但其结实期可长达数百年。

皂荚树为生态经济型树种，耐旱节水，根系发达，可用做防护林和水土保持林。皂荚树耐热、耐寒抗污染，可用于城乡景观林、道路绿化。皂荚树具有固氮、适应性广、抗逆性强等综合价值，是退耕还林的首选树种。用皂荚营造草原防护林能有效防止牧畜破坏，是林牧结合的优选树种。

1.2 种类

皂荚为苏木科皂荚属落叶乔木或小乔木,高可达30m;枝灰色至深褐色;刺粗壮,圆柱形,常分枝,多呈圆锥状,长达16cm。叶为一回羽状复叶,总状花序腋生,花冠淡绿色、黄白色。果带形,紫红色或黑白色,弯曲,木质,经冬不落。种子长圆形,扁平,亮棕色。树皮暗灰色或灰黑色,粗糙,且多具分枝,刺基部粗圆,长10cm,红褐色,具光泽。花期3~5月,果期5~12月。

皂荚属的常见种类有:山皂荚、日本皂荚、猪牙皂、野皂荚、水皂荚。

(1)大皂角皂荚

又名皂角树,是我国特有的苏木科皂荚属树种之一,生长旺盛,雌雄异株,雌树结荚(皂角)能力强。它属于落叶乔木,树高可达15~20m,树冠可达15m,棘刺粗壮,红褐色,常分枝,双数羽状复叶,荚角直而扁平,有光泽,黑紫色,被白色粉,长12~30cm,种子多数扁平,长椭圆形,长约10mm,红袍色有光泽。

(2)野皂荚

灌木或小乔木,高2~4m;枝灰白色至浅棕色;幼枝被短柔毛,老时脱落;刺不粗壮,长针形,长1.5~6.5cm,有少数短小分枝。叶为一回或二回羽状复叶(具羽片2~4对),荚果扁薄,斜椭圆形或斜长圆形,长3~6cm,宽1~2cm,红棕色至深褐色,无毛,先端有纤细的短喙,果颈长1~2cm;种子1~3颗,扁卵形或长圆形,长7~10mm,宽6~7mm,褐棕色,光滑。生于山坡阳处或路边,海拔130~1 300m。

2. 苗木繁育

皂荚的繁殖可采用播种、嫁接两种方法。

2.1 播种繁殖

2.1.1 育苗地的选择

育苗地应选择地势平坦、灌溉方便、排水良好、土壤肥沃的砂壤土地。播种前5~6d,进行整地、作床、施肥、灌水。施肥量为腐熟的有机肥45 000kg~75 000kg/hm²,硫酸亚铁1 050~1 500 kg/hm²。

2.1.2 播种

皂荚种子的种皮厚而坚硬,透水性差,发芽率低,播种前可采用层积沙藏处理、热水浸种、浓硫酸处理等方法进行催芽处理。播种时间为5月上旬,播种量为150kg/hm²。播种方式可采用高床条播、平床条播、垄作点播三种。

(1)高床条播

苗床高出地面15~25cm,床面长4~5 m,宽1.0~1.2 m。苗床与苗床间设步道,宽40~50cm,横床每隔20~25cm开6~8cm深的条沟进行播种,种子间距4~6cm。播种后及时覆土,覆土厚度4~5cm。高床便于排水、灌溉,床面不易板结。

(2)平床条播

苗床高与地面相平,床面长及宽同高床,条播作业同高床。平床有较好的保墒性能,可使种苗避免因床面坍塌而受到伤害。

(3) 垄作点播

垄宽 50~60cm，长 4~5m，顺垄向开 6~8cm 深的沟进行点播，种子间距 4~6cm。垄作灌溉不做渠，通风透光性好，苗木根系发达、健壮。

2.2 嫁接

一般在春季树液开始流动且皮层尚未剥离时，或者当砧木皮层剥离但接穗尚未萌动时进行。将接穗截成长 5~8cm，带有~4 个饱满芽，把接穗削成两个削面，一长一短，即扁楔形；然后选择地径为 1~2cm 的皂荚（砧木），在离地面 3~5cm 处平茬。选砧木皮厚、光滑的一侧，用嫁接刀在断面皮层内略带木质部的地方垂直切下，深度 2cm 左右。此时，把接穗的长面向里，插入砧木切口，务必使接穗和砧木的形成层对准靠齐，如果不能两面都对齐，对齐一面也可以。

3. 栽培管理

3.1 栽植

皂荚属喜光树种，喜光不耐阴。第 2 年春，在温暖向阳处选择土壤肥沃的地方进行换床分级定植。采用 40cm×50cm 的株行距，栽前把幼苗挖起，稍加修剪，每穴栽 1 株皂荚幼苗，覆土压实，再覆松土（稍高于地面），浇水定根。

3.2 水肥管理

3.2.1 灌溉排水

皂荚幼苗既怕旱又怕涝，土壤过湿会导致根系腐烂，过干会使苗木失水死亡。雨后应及时排水，防止积水；遇到干旱时应及时进行灌溉，防止苗木因失水而死亡。

3.2.2 施肥

每年追肥 3~4 次，每次间隔 3~4 周，结合中耕锄草进行，以沟施和撒施方法为主。肥料氮、磷、钾的比例为 3:2:1。

3.3 抹芽与修枝

在苗木生长过程中，根据主干的长势定干高，定期进行抹芽，整形带以下发出的芽全部抹去，促进主干迅速生长，获得干形通直、树冠茂匀称的苗木。

3.4 病虫害管理

整地时进行深翻，可有效防治蛴螬、蝼蛄等地下害虫。播种前，用 50% 辛硫磷乳油 500 倍液拌细土或细沙撒入土壤进行消毒。幼苗出土后，用 75% 辛硫磷和 25% 异丙磷 800~1 000 倍液浇灌。在皂荚苗木生长过程中，常见的害虫主要有蚜虫，结果后主要害虫有皂荚豆象、皂荚食心虫等。

(1) 蚜虫

①危害 危害叶片、树枝、果实等。

②防治 当有蚜虫发生时，喷洒蚜虱净2 000倍液；蚜虫发生量大时，可喷40%氧化乐果、50%马拉硫磷乳剂或40%乙酰甲胺磷1 000~1 500倍液或鱼藤精1 000~2 000倍液。

(2) 皂荚豆象

①危害 以幼虫在种子内越冬，翌年4月中旬咬破种子钻出，等皂结荚后，产卵于荚果上，幼虫孵化后，钻入种子内危害。

②防治 可用90℃热水浸泡20~30s，或用药剂熏蒸，消灭种子内的幼虫。

(3) 皂荚食心虫

①危害 幼虫在果荚内或在枝干皮缝内结茧越冬，每年发生3代，第1代4月上旬化蛹，5月初成虫开始羽化。第2代成虫发生在6月中下旬，第3代在7月中下旬。

②防治 秋后至翌春3月前，处理荚果，防止越冬幼虫化蛹成蛾，及时处理被害荚果，消灭幼虫。

4. 果实采收和贮藏

皂荚果实成熟期在10月份，果实成熟后长期宿存枝上不易自然脱落，应及时采摘。皂荚种子采集时可用手摘，也可用钩刀剔取。果实采收后应及时摊开晾晒，待种子干燥后压碎去皮得到纯净种子。将纯净种子装入布袋或木桶中，放在低温、干燥、通风、阴凉的仓库内贮藏。为了避免虫蛀，可用石灰粉、木炭屑等拌种，用量约为种子重量的0.1%~0.3%。

任务36 苏木栽培

为苏木科苏木属植物，苏木的干燥心材入药，为清血剂，有祛痰、止痛、活血、散风之功效。近年来云南植物研究所从苏木的心材中提取一种苏木素，可用于生物制片的染色，效果不亚于进口的巴西苏木素。本种边材黄色微红，心材赭褐色，纹理斜，结构细，材质坚重，有光泽，干燥后少开裂，为细木工用材。

1. 良种选育

1.1 分布

苏木主要分布于我国云南、贵州、四川、广西、广东、福建和台湾等地。云南金沙江河谷(元谋、巧家)和红河河谷有野生分布。原产印度、缅甸、越南、马来半岛及斯里兰卡。苏木多栽培于园边、地边、村前村后。

苏木喜向阳，忌阴和积水，耐旱。多分布在雨量较少的地区。耐轻霜。一般热带和南亚热带地区都可种植。对土壤要求不严，适于砂壤、黏壤及冲积土上种植。

1.2 种类

苏木科植物大部分为乔木或灌木,全世界有180属3 000种,主要分布于热带和亚热带地区,在我国有21个属(其中6~7个属已引入栽培),主要产于我国南部和西南部地区。苏木为苏木科苏木属植物,落叶乔木。小乔木,高达6m,具疏刺,除老枝、叶下面和荚果外,多少被细柔毛;枝上的皮孔密而显著。二回羽状复叶长30~45cm;羽片7~13对,对生,长8~12cm,小叶10~17对,紧靠,无柄,小叶片纸质,长圆形至长圆状菱形,长1~2cm,宽5~7mm,先端微缺,基部歪斜,以斜角着生于羽轴上;侧脉纤细,在两面明显,至边缘附近联结。圆锥花序顶生或腋生,长约与叶相等;苞片大,披针形,早落;花梗长15mm,被细柔毛;花托浅钟形;萼片5,稍不等,下面一片比其他的大,呈兜状;花瓣黄色,阔倒卵形,长约9mm,最上面一片基部带粉红色,具柄;雄蕊稍伸出,花丝下部密被柔毛;子房被灰色绒毛,具柄,花柱细长,被毛,柱头截平。荚果木质,稍压扁,近长圆形至长圆状倒卵形,长约7cm,宽3.5~4cm,基部稍狭,先端斜向截平,上角有外弯或上翘的硬喙,不开裂,红棕色,有光泽;种子3~4颗,长圆形,稍扁,浅褐色。花期5~10月;果期7月至翌年3月。

2. 苗木繁育

苏木一般采用播种育苗。

2.1 种子处理

苏木种子具有硬实现象,不易吸水膨胀,影响出苗,在自然条件下,出苗率在30%以下。所以,在播种前必须经过种子处理,具体办法是先将种皮轻度磨破,以不伤种胚为度,然后用30~4 0℃的温水浸泡20~24h,使种子充分吸胀捞出滤去水分即可用于播种。

2.2 播种

可采用开行点播和直接播种两种方法。

(1)开行点播

每隔20cm开一播种沟,沟内每距6cm点播一粒种子,每亩用种量为20kg左右,覆土2~3cm,盖上盖草。

(2)直播

直播种植应在4~6月进行,每穴播种2~3粒,覆土略高于地面呈龟背形,防止积水,加盖草保持土壤湿润。

3. 栽培管理

3.1 栽植地的选择

苏木喜温暖,适生于热带和亚热带地区,种植地海拔500~1 800m,年平均气温20℃

以上，能耐轻霜，但幼苗怕寒冷，当气温降至8℃以下时受冷死亡；在阳光充足的地方生长快，荫蔽条件下生长不良，忌积水，对土壤要求不严，在砂质土、黏性黄土和平原河旁冲积土等土壤上均能良好生长。在丘陵及石山地区也可发展种植，也可种于房前屋后、村边道旁、村前村后、零星的田边地角和林缘 由于苏木有刺、分枝多、生长快、不遮阴、易整形等特点，还可以种于菜园、果园、苗圃地 池塘等边缘兼作围篱。

3.2　栽植技术

移栽地以2m×2m株行距开穴，植穴规格为50cm×50cm×40cm，每穴施腐熟农家肥5~10kg与表土混台做基肥。实生苗在翌年3~5月苗高达60cm以上时可移栽定植，移栽最好在阴雨天，苗栽直，覆土后轻轻往上提，使根系舒展，踏实，填土应略高于地面，以防积水，晴天应淋足定根水。

3.3　水肥管理

田间管理苗期需经常除草、松土、浇水、保证成活，苗高2.5m以后，管理可以粗放。采伐后留下的树桩，进行松土施肥，浇水，促使萌发更新。

3.4　整形修剪

移栽定植或直播一年后，为了使主干粗大，应适当修剪主干基部的下垂枝、弱枝。

3.5　病虫害管理

苏木的虫害主要是吹绵介壳虫，为害嫩茎和叶，若虫期可用0.5°Bé石硫合剂或50%马拉硫磷乳剂600倍液喷雾。成虫期用乙硫磷1 000~2 000倍液或25%亚胺硫磷乳剂1 000倍液喷雾防治

4. 采收与储藏

（1）种子采收

果实于2~3月成熟，在果实变黄时即时采收，如晚至果实变黑时采收，则种子多遭虫蛀。用木棒或竹竿敲落果实，待果皮晒干，敲开果实取出种子即可。

（2）木材采收与贮藏

苏木种植后8年可采入药。把树干砍下，削去外围的白色边材，截成每段长60cm，粗者对半剖开，阴干后，扎捆置阴凉干燥处储藏。

参考文献

王立新.2003.经济林栽培[M].北京：中国林业出版社.
林向群、牛焕琼.2013.植物引种栽培技术[M]昆明：云南科学技术出版社.
许邦丽.2011.果树栽培技术[M].北京：中国农业大学出版社.
石卓功.2013.经济林栽培学[M]昆明：云南科学技术出版社.
马骏，蒋锦标.2006.果树生产技术[M].北京：中国农业出版社.
郗荣庭，刘孟军.2005.中国干果[M].北京：中国林业出版社.
王德全.1995.经济林栽培学[M].北京：中国林业出版社.
胡芳名.1983.经济林栽培学[M].北京：中国林业出版社.
邹学忠，钱拴提.2014.林木种苗生产技术[M].北京：中国林业出版社.
王亚丽，李基平.2011.林木良种繁育与基地建设实用技术[M].云南科学技术出版社.
宋扬.2014.植物组织培养[M].北京.中国农业大学出版社.
沈海龙.2005.植物组织培养[M].北京.中国林业出版社.
李志强.2006.设施园艺[M].北京：高等教育出版社.
李晓烨.2010.容器育苗技术[J].林业科技.
郭小伟.2010.林木容器育苗技术及其在我国应用现状[J].中国科技财富.
何永芳.2014.花椒栽培技术[J].现代农业科技，(6).
李张良.2014.花椒的栽培技术[J].现代园艺，(7).
李玉萍.2014.花椒丰产栽培管理技术[J].现代园艺，(11).
周淑荣，董昕瑜，郭文场，等.2013.八角的栽培管理与利用[J].特种经济动植物，(4).
黄家理.2014.八角高产栽培技术[J].农业与技术，(1).
吴东霞，吴志怀.2012.八角栽培技术[J].现代农业科技，(8).
梁仰贞.2005.肉桂的栽培与加工[J].特种经济动植物，(10).
凡飞.林光美.2009.肉桂的利用价值及其栽培[J].特种经济动植物，(6).
余觉来，张乃华，蒋念亮，等.2014.香椿丰产栽培技术[J]现代农业科技，(7).
杨艳华.2014.香椿高效栽培技术[J].吉林农业，(7).
李延海.2013.刺五加种苗繁育及栽培技术[J].现代园艺，(5).
邱作真.2014.刺五加栽培技术[J].农林科学技术，(8).
武姝，刘昕.2012.刺五加苗木繁殖方法及栽培管理[J].特种经济动植物，(5).
谢碧霞，张美琼.1995.野生植物资源开发与利用学[M].北京：中国林业出版社.
孙岩，张毅.2002.果实嫁接新技术图谱[M].济南：山东科学技术出版社.
辽宁省林业学校.1995.经济林栽培学[M].北京：中国林业出版社.
艾军，沈育杰.2012.特种经济果树规范化高效栽培技术[M].北京：化学工业出版社.

李荣和，于景华.2010.林下经济作物种植新模式[M].北京：科学技术文献出版社.
谢永刚.2010.山野菜高产优质栽培[M].沈阳：辽宁科学技术出版社.
刘兴权，常维春等.2001.山野菜栽培技术[M].北京：中国农业科技出版社.
宁盛，李恩彪.2005.树莓栽培与贮藏加工新技术[M].北京：中国农业出版社.
刘春静.2012.榛子栽培实用技术[M].北京：化学工业出版社.
王彦辉，张清华.2003.树莓优良品种与栽培技术[M].北京：金盾出版社.
徐海英.2002.浆果类名特优新果品产销指南[M].北京：中国农业出版社.
张佰顺，王清君.2008.林下经济植物栽培技术[M].北京：中国林业出版社.
艾军.2006.五味子栽培与贮藏加工技术[M].北京：中国农业出版社.
夏国京，郝萍，等.2002.野生浆果栽培与加工技术[M].北京：中国农业出版社.
赵进春.2010.21世纪果树优良新品种[M].北京：中国林业出版社.
丁自勉.2008.无公害中药材安全生产手册[M].北京：中国农业出版社.
梁维坚，董德芬.2002.大果榛子育种与栽培[M].北京：中国林业出版社.
王树杞.1993.大扁杏—甜仁杏栽培与利用[M].北京：中国林业出版社.
闫灵玲，韩少庆.2004.杜仲、厚朴、黄柏高效栽培技术[M].郑州：河南科学技术出版社.
陈瑛，陈震，等.1979.中草药栽培技术[M].北京：人民卫生出版社.
杨继祥.1993.药用植物栽培学[M].北京：农业出版社.
李书心.1988.辽宁植物志[M].沈阳：辽宁科学技术出版社.
徐志远等.1982.长白山植物药志[M].长春：吉林人民出版社.
张美萍，高玉刚.2005.不同生境与不同肥料处理对龙牙楤木生长的影响[J].黑龙江八一农垦大学学报，(1).
张文庆.1991.刺龙芽种子育苗试验研究[J].中国林副特产，(1).
朴泰浩，赵成顺，等.1993.龙牙楤木埋根繁殖试验[J].特产研究，(1).
余启高，姚茂贵.2010.浓硫酸处理对黄柏种子发芽的影响[J].安徽农学通报，(16).
都长明，袁长友等.1995.山葡萄的优质育苗技术[J].中国林副特产，(1).
张春泽，张东霞.2013.山葡萄扦插育苗技术[J].现代农业，(9).
陈晓阳，沈熙环.2005.林木育种学[M].北京：高等教育出版社.
罗伟祥，刘广全，李嘉玉，等.2006.西北主要树种培育技术[M].北京：中国林业出版社.
中国林木志编委会.1981.中国主要树种造林技术[M].北京：中国林业出版社.
沈国舫.2001.森林培育学[M].北京：中国林业出版社.
国家林业局.2010.LY/T 1894—2010漆树栽培技术规程[M].北京：中国标准出版社.
罗强，夏明忠，刘建林.2005.漆树的生物学特性及繁殖栽培技术要点[J].中国林副特产，(5).
梁廷杰，李瑞平.2010.太行山区漆树及育苗造林技术[J].山西林业科技，(2).
张飞龙，陈振峰，张武桥，等.2004.秦巴山区漆树资源可持续发展及规模化管理模式研究[J]. 中国生漆, (1).

魏朔南, 陈振峰. 2005. 陕西秦巴山区漆树分布特征研究[J]. 西北林学院学报, (4).

陈又清, 姚万军. 2007. 世界紫胶资源现状与利用[J]. 世界林业研究, (1).

林永珍 叶思群. 2013. 南岭黄檀的栽培技术与效益分析[J]. 广东林业科技, (1).

孙永玉, 李昆. 2002. 紫胶虫寄主植物研究现状与展望[J]. 西南林学院学报, (3).

崔纪平. 2014. 皂荚播种育苗与栽培技术[J]. 山西林业科技, (4).

郭立民. 2011. 皂荚的繁育栽培技术及用途[J]. 山西林业科技, (3).

张凤娟, 徐兴友, 孟宪东, 等. 2004. 皂荚种子休眠解除及促进萌发[J]. 福建林学院学报, (2).

江伦祥. 2013. 皂荚育苗与栽培技术[J]. 农技服务, (1).

陈立舟, 黄程远, 潘冠好, 等. 2014. 苏木高优栽培综合利用研究[J]. 绿色科技, (12).

郝海坤, 莫雅芳, 李文付. 2013. 不同预处理方法对苏木种子萌发的影响[J]. 种子, (2).

李文付. 2011. 石山地区苏木的栽培[J]. 林业实用技术, (11).

李林业, 马麟, 夏德明. 2009. 枸杞育苗方法[J]. 北方果树, (3).

高国红. 2013. 枸杞育苗与管理技术[J]. 现代农村科技, (23).

常金财. 2014. 现代枸杞栽培管理技术概述[J]. 农学学报, 4(11).

冯刚利, 王承南, 曹福祥, 等. 2008. 云南萝芙木规范化种植操作规程[J]. 林业科技开发, 22(1).

王琳. 2005. 云南罗芙木栽培技术[J]. 农村实用技术, (10).

云南省林业厅老科协. 2012. 国外经济树种引种栽培技术[M]. 昆明: 云南科学技术出版社.

邵屹, 高荣海, 姜力耘, 等. 2009. 我国经济林生产现状及发展趋势[J]. 农业科技与装备, (4).

黄家雄, 李贵平, 杨世贵. 2009. 咖啡种类及优良品种简介[J]. 农村实用技术, (1).